生乳、巴氏杀菌乳、灭菌乳和复原乳产品检测标准与方法指南

◎ 李松励　郑　楠　王加启　主编

中国农业科学技术出版社

图书在版编目(CIP)数据

生乳、巴氏杀菌乳、灭菌乳和复原乳产品检测标准与方法指南 / 李松励，郑楠，王加启主编. —北京：中国农业科学技术出版社，2018.4

ISBN 978-7-5116-3431-3

Ⅰ.①生… Ⅱ.①李…②郑…③王… Ⅲ.①乳制品-食品检验-标准 Ⅳ.①TS252.7-65

中国版本图书馆CIP数据核字(2017)第321077号

责任编辑 崔改泵 金 迪
责任校对 马广洋

出 版 者 中国农业科学技术出版社
北京市中关村南大街12号 邮编：100081
电 话 (010) 82109194 (编辑室) (010) 82109702 (发行部)
(010) 82109709 (读者服务部)
传 真 (010) 82106625
网 址 http://www.castp.cn
经 销 者 各地新华书店
印 刷 者 北京科信印刷有限公司
开 本 787 mm×1 092 mm 1/16
印 张 23.5
字 数 569千字
版 次 2018年4月第1版 2018年4月第1次印刷
定 价 98.00元

版权所有·翻印必究

《生乳、巴氏杀菌乳、灭菌乳和复原乳产品检测标准与方法指南》

编 委 会

主　　编： 李松励　郑　楠　王加启

副 主 编： 郝欣雨　叶巧燕　赵慧芬

参编人员： 张养东　赵圣国　文　芳　李慧颖　祝杰妹
李　享　谷　美　李　鹏　兰　图　苏传友
王峰恩　刘慧敏　孟　璐　方　芳　郑君杰
高　星　张雪林　单吉浩　夏双梅　张　进
刘亚兵　董李学　张立田　段晓然　项爱丽
杨红东　阴竹梅　姚一萍　王丽芳　贺显书
程春芝　李　琴　陶大利　戴春风　韩奕奕
张树秋　赵善仓　邓立刚　李增梅　周振新
蒋蕙岚　李　胜　赵彩会　唐　煜　梁　斌
刘维华　高建龙　王　成　王富兰

前　言

随着人民生活水平的日益提升，广大消费者更加关注食品质量安全。奶制品质量安全，更是关系到婴幼儿、学生和老年人的营养健康，是政府高度重视的问题和社会广泛关注的焦点。为此，国家加大了对奶及奶制品的监管力度，建立健全了全国奶及奶制品质量安全监测体系，为确保奶及奶制品质量安全提供了有力技术支撑。

为帮助从事奶及奶制品生产、经营、监管人员，广大消费者和社会各界及时了解和掌握检测技术标准变化情况，提升检验检测工作水平，中国农业科学院北京畜牧兽医研究所奶业创新团队组织有关技术人员，摘编了这本生乳、巴氏杀菌乳、灭菌乳和复原乳产品检测标准与方法指南。

本书共分为6个部分，包括理化指标、污染物指标、真菌毒素指标、微生物指标、违禁添加物指标和农兽药残留指标，摘编了截至2018年3月前，有关奶及奶制品检测现行有效标准和方法32项，梳理了我国农兽药残留检测方法清单。

在编写过程中，因时间和水平有限，难免有疏漏和不足之处，恳请广大读者批评指正，我们将在今后的工作中予以完善。书中如有与原标准不一致之处，以标准所述为准。

编　者

2018年3月

目　　录

第一章

理化指标

食品卫生检验方法　理化部分　总则

Methods of food hygienic analysis—Physical and chemical section—General principles

标 准 号：GB/T 5009. 1—2003

发布日期：2003-08-11　　**实施日期：2004-01-01**

发布单位：中华人民共和国卫生部、中国国家标准化管理委员会

前　言

本标准代替 GB/T 5009. 1—1996《食品卫生检验方法　理化部分　总则》

本标准与 GB/T 5009. 1—1996 相比主要修改如下：

按照 GB/T 20001. 4—2001《标准编写规则　第 4 部分:化学分析方法》对原标准的结构进行了修改。

本标准的附录 A 为规范性附录，附录 B 和附录 C 为资料性附录。

本标准由中华人民共和国卫生部提出并归口。

本标准由卫生部食品卫生监督检验所负责起草。

本标准于 1985 年首次发布，于 1996 年第一次修订，本次为第二次修订。

1　范围

本标准规定了食品卫生检验方法理化部分的检验基本原则和要求。

本标准适用于食品卫生检验方法理化部分。

2　规范性引用文件

下列文件中的条款通过本标准的引用而成为本标准的条款。凡是注日期的引用文件，其随后所有的修改单（不包括勘误的内容）或修订版均不适用于本标准，然而，鼓励根据本标准达成协议的各方研究是否可使用这些文件的最新版本。凡是不注日期的引用文件，其最新版本适用于本标准。

GB/T 601　化学试剂　标准滴定溶液的制备

GB/T 602　化学试剂　杂质测定用标准溶液的制备

GB/T 5009. 3—2003　食品中水分的测定

GB/T 5009. 6—2003　食品中脂肪的测定

GB/T 5009. 20—2003　食品中有机磷农药残留量的测定

GB/T 5009. 26—2003　食品中 N-亚硝胺类的测定

GB/T 5009.34—2003 食品中亚硫酸盐的测定

GB/T 8170 数值修约规则

JJF 1027 测量误差及数据处理

3 检验方法的一般要求

3.1 称取：用天平进行的称量操作，其准确度要求用数值的有效数位表示，如“称取20.0 g……”指称量准确至±0.1 g；“称取20.00 g……”指称量准确至±0.01 g。

3.2 准确称取：用天平进行的称量操作，其准确度为±0.000 1 g。

3.3 恒量：在规定的条件下，连续两次干燥或灼烧后称定的质量差异不超过规定的范围。

3.4 量取：用量筒或量杯取液体物质的操作。

3.5 吸取：用移液管、刻度吸量管取液体物质的操作。

3.6 试验中所用的玻璃量器如滴定管、移液管、容量瓶、刻度吸管、比色管等所量取体积的准确度应符合国家标准对该体积玻璃量器的准确度要求。

3.7 空白试验：除不加试样外，采用完全相同的分析步骤、试剂和用量（滴定法中标准滴定液的用量除外），进行平行操作所得的结果。用于扣除试样中试剂本底和计算检验方法的检出限。

4 检验方法的选择

4.1 标准方法如有两个以上检验方法时，可根据所具备的条件选择使用，以第一法为仲裁方法。

4.2 标准方法中根据适用范围设几个并列方法时，要依据适用范围选择适宜的方法。在GB/T 5009.3、GB/T 5009.6、GB/T 5009.20、GB/T 5009.26、GB/T 5009.34中由于方法的适用范围不同，第一法与其他方法属并列关系（不是仲裁方法）。此外，未指明第一法的标准方法，与其他方法也属并列关系。

5 试剂的要求及其溶液浓度的基本表示方法

5.1 检验方法中所使用的水，未注明其他要求时，系指蒸馏水或去离子水。未指明溶液用何种溶剂配制时，均指水溶液。

5.2 检验方法中未指明具体浓度的硫酸、硝酸、盐酸、氨水时，均指市售试剂规格的浓度（参见附录C）。

5.3 液体的滴：系指蒸馏水自标准滴管流下的一滴的量，在20℃时20滴约相当于1 mL。

5.4 配制溶液的要求

5.4.1 配制溶液时所使用的试剂和溶剂的纯度应符合分析项目的要求。应根据分析任务、分析方法、对分析结果准确度的要求等选用不同等级的化学试剂。

5.4.2 试剂瓶使用硬质玻璃。一般碱液和金属溶液用聚乙烯瓶存放。需避光试剂贮于棕色瓶中。

5.5 溶液浓度表示方法

5.5.1 标准滴定溶液浓度的表示（参见附录B），应符合GB/T 601的要求。

5.5.2　标准溶液主要用于测定杂质含量，应符合 GB/T 602 的要求。

5.5.3　几种固体试剂的混合质量份数或液体试剂的混合体积份数可表示为（1+1）（4+2+1）等。

5.5.4　溶液的浓度可以质量分数或体积分数为基础给出，表示方法应是“质量（或体积）分数是 0.75”或“质量（或体积）分数是 75%”。质量和体积分数还能分别用 5 μg/g 或 4.2 mL/m^3 这样的形式表示。

5.5.5　溶液浓度可以质量、容量单位表示，可表示为克每升或以其适当分倍数表示（g/L 或 mg/mL 等）。

5.5.6　如果溶液由另一种特定溶液稀释配制，应按照下列惯例表示：

“稀释 $V_1 \rightarrow V_2$”表示，将体积为 V_1 的特定溶液以某种方式稀释，最终混合物的总体积为 V_2；

“稀释 V_1+V_2”表示，将体积为 V_1 的特定溶液加到体积为 V_2 的溶液中（1+1）（2+5）等。

6　温度和压力的表示

6.1　一般温度以摄氏度表示，写作℃；或以开氏度表示，写作 K（开氏度＝摄氏度＋273.15）。

6.2　压力单位为帕斯卡，表示为 Pa（kPa、MPa）。

1 atm＝760 mmHg

＝101 325 Pa＝101.325 kPa＝0.101 325 MPa（atm 为标准大气压，mmHg 为毫米汞柱）

7　仪器设备要求

7.1　玻璃量器

7.1.1　检验方法中所使用的滴定管、移液管、容量瓶、刻度吸管、比色管等玻璃量器均应按国家有关规定及规程进行检定校正。

7.1.2　玻璃量器和玻璃器皿应经彻底洗净后才能使用，洗涤方法和洗涤液配制参见附录 C。

7.2　控温设备

检验方法所使用的马弗炉、恒温干燥箱、恒温水浴锅等均应按国家有关规程进行测试和检定校正。

7.3　测量仪器

天平、酸度计、温度计、分光光度计、色谱仪等均应按国家有关规程进行测试和检定校正。

7.4　检验方法中所列仪器

为该方法所需要的主要仪器，一般实验室常用仪器不再列入。

8　样品的要求

8.1　采样应注意样品的生产日期、批号、代表性和均匀性（掺伪食品和食物中毒样品除外)。采集的数量应能反映该食品的卫生质量和满足检验项目对样品量的需要，一式三份，供检验、复验、备查或仲裁，一般散装样品每份不少于 0.5 kg。

8.2　采样容器根据检验项目，选用硬质玻璃瓶或聚乙烯制品。

8.3　液体、半流体饮食品如植物油、鲜乳、酒或其他饮料，如用大桶或大罐盛装者，应先充分混匀后再采样。样品应分别盛放在三个干净的容器中。

8.4　粮食及固体食品应自每批食品上、中、下三层中的不同部位分别采取部分样品，混合后按四分法对角取样，再进行几次混合，最后取有代表性样品。

8.5　肉类、水产等食品应按分析项目要求分别采取不同部位的样品或混合后采样。

8.6　罐头、瓶装食品或其他小包装食品，应根据批号随机取样，同一批号取样件数，250 g以上的包装不得少于 6 个，250 g 以下的包装不得少于 10 个。

8.7　掺伪食品和食物中毒的样品采集，要具有典型性。

8.8　检验后的样品保存：一般样品在检验结束后，应保留一个月，以备需要时复检。易变质食品不予保留，保存时应加封并尽量保持原状。检验取样一般皆系指取可食部分，以所检验的样品计算。

8.9　感官不合格产品不必进行理化检验，直接判为不合格产品。

9　检验要求

9.1　严格按照标准方法中规定的分析步骤进行检验，对试验中不安全因素（中毒、爆炸、腐蚀、烧伤等）应有防护措施。

9.2　理化检验实验室应实行分析质量控制。

9.3　检验人员应填写好检验记录。

10　分析结果的表述

10.1　测定值的运算和有效数字的修约应符合 GB/T 8170、JJF 1027 的规定，技术参数和数据处理见附录 A。

10.2　结果的表述：报告平行样的测定值的算术平均值，并报告计算结果表示到小数点后的位数或有效位数，测定值的有效数的位数应能满足卫生标准的要求。

10.3　样品测定值的单位应使用法定计量单位。

10.4　如果分析结果在方法的检出限以下，可以用“未检出”表述分析结果，但应注明检出限数值。

GB/T 5009.1—2003

附　录　A
（规范性附录）
检验方法中技术参数和数据处理

A.1　灵敏度的规定

把标准曲线回归方程中的斜率（b）作为方法灵敏度（参照第 A.5 章），即单位物理量的响应值。

A.2　检出限

把 3 倍空白值的标准偏差（测定次数 $n \geqslant 20$）相对应的质量或浓度称为检出限。

A.2.1　色谱法（GC. HPLC）

设：色谱仪最低响应值为 $S=3N$（N 为仪器噪音水平），则检出限按式（A.1）进行计算。

$$\text{检出限}=\frac{\text{最低相应值}}{b}=\frac{S}{b} \qquad \text{(A.1)}$$

式中：

b——标准曲线回归方程中的斜率，响应值/μg 或响应值/ng；

S——为仪器噪音的 3 倍，即仪器能辨认的最小的物质信号。

A.2.2　吸光法和荧光法

按国际理论与应用化学家联合（IUPAC）规定。

A.2.2.1　全试剂空白响应值

全试剂空白响应值按式（A.2）进行计算。

$$X_L=\bar{X}_i+Ks \qquad \text{(A.2)}$$

式中：

X_L——全试剂空白响应值（按 3.7 操作以溶剂调节零点）；

$\bar{X}_i$——测定 n 次空白溶液的平均值（$n \geqslant 20$）；

s——n 次空白值的标准偏差；

K——根据一定置信度确定的系数。

A.2.2.2　检出限

检出限按式（A.3）进行计算。

$$L=\frac{X_L-\bar{X}_i}{b}=\frac{Ks}{b} \qquad \text{(A.3)}$$

式中：

L——检出限；

X_L、X_i、K、s、b——同式（A.2）注释；

K——一般为 3。

A.3　精密度

同一样品的各测定值的符合程度为精密度。

A.3.1　测定

在某一实验室，使用同一操作方法，测定同一稳定样品时，允许变化的因素有操作者、时间、试剂、仪器等，测定值之间的相对偏差即为该方法在实验室内的精度。

A.3.2　表示

A.3.2.1　相对偏差

相对偏差按式（A.4）进行计算。

$$相对偏差(\%)=\frac{X_i-\bar{X}}{X}\times 100 \qquad \cdots\cdots\cdots\cdots\cdots\cdots(A.4)$$

式中：

X_i——某一次的测定值；

$\bar{X}$——测定值的平均值。

平行样相对误差按式（A.5）进行计算。

$$平行样相对误差(\%)=\frac{|X_1-X_2|}{\frac{X_1+X_2}{2}}\times 100 \qquad \cdots\cdots\cdots\cdots\cdots\cdots(A.5)$$

A.3.2.2　标准偏差

A.3.2.2.1　算术平均值：多次测定值的算术平均值可按式（A.6）计算。

$$\bar{X}=\frac{X_1+X_2+\cdots\cdots+X_n}{n}=\frac{\sum_{i=1}^{n}X_i}{n} \qquad \cdots\cdots\cdots\cdots\cdots\cdots(A.6)$$

式中：

$\bar{X}$——n 次重复测定结果的算术平均值；

n——重复测定次数；

X_i——n 次测定中第 i 个测定值。

A.3.2.2.2　标准偏差：它反映随机误差的大小，用标准差（S）表示，按式（A.7）进行计算。

$$S=\sqrt{\frac{\sum_{i=1}^{n}(X_i-\bar{X})^2}{n-1}}=\sqrt{\frac{\sum_{i=1}^{n}X_i^2-(\sum_{i=1}^{n}X_i)^2/n}{n-1}} \qquad \cdots\cdots\cdots\cdots\cdots\cdots(A.7)$$

式中：

$\bar{X}$——n 次重复测定结果的算术平均值；

n——重复测定次数；

X_i——n 次测定中第 i 个测定值；

S——标准差。

A. 3. 2. 3 相对标准偏差

相对标准偏差按式（A. 8）进行计算。

$$RSD=\frac{S}{\bar{X}}\times 100 \quad \cdots\cdots\cdots\cdots\cdots\cdots \text{（A. 8）}$$

式中：

RSD——相对标准偏差；

S、$\bar{X}$——同 A. 3. 2. 2. 2。

A.4 准确度

测定的平均值与真值相符的程度。

A. 4. 1 测定

某一稳定样品中加入不同水平已知量的标准物质（将标准物质的量作为真值）称加标样品；同时测定样品和加标样品；加标样品扣除样品值后与标准物质的误差即为该方法的准确度。

A. 4. 2 用回收率表示方法的准确度

加入的标准物质的回收率按式（A. 9）进行计算。

$$P=\frac{X_1-X_0}{m}\times 100\% \quad \cdots\cdots\cdots\cdots\cdots\cdots \text{（A. 9）}$$

式中：

P——加入的标准物质的回收率；

m——加入的标准物质的量；

X_1——加标试样的测定值；

X_0——未加标试样的测定值。

A.5 直线回归方程的计算

在绘制标准曲线时，可用直线回归方程式计算，然后根据计算结果绘制。用最小二乘法计算直线回归方程的公式见式（A. 10）~式（A. 13）。

$$y=a+bX \quad \cdots\cdots\cdots\cdots\cdots\cdots \text{（A. 10）}$$

$$a=\frac{\sum X^2(\sum Y)-(\sum X)(\sum XY)}{n\sum X^2-(\sum X)^2} \quad \cdots\cdots\cdots\cdots\cdots\cdots \text{（A. 11）}$$

$$b=\frac{n(\sum XY)-(\sum X)(\sum Y)}{n\sum X^2-(\sum X)^2} \quad \cdots\cdots\cdots\cdots\cdots\cdots \text{（A. 12）}$$

$$r=\frac{n(\sum XY)-(\sum X)(\sum Y)}{\sqrt{[n\sum X^2-(\sum X)^2][n\sum Y^2-(\sum Y)^2]}} \quad \cdots\cdots\cdots\cdots\cdots\cdots \text{（A. 13）}$$

式中：

X——自变量，为横坐标上的值；

Y——应变量，为纵坐标上的值；

b——直线的斜率；

a——直线在 Y 轴上的截距；

n——测定值；

r——回归直线的相关系数。

A.6　有效数字

食品理化检验中直接或间接测定的量，一般都用数字表示，但它与数学中的“数”不同，而仅仅表示量度的近似值。在测定值中只保留一位可疑数字，如 0.012 3 与 1.23 都为三位有效数字。当数字末端的“0”不作为有效数字时，要改写成用乘以 10^n 来表示。如 24 600 取三位有效数字，应写作 2.46×10^4。

A.6.1　运算规则

A.6.1.1　除有特殊规定外，一般可疑数表示末位 1 个单位的误差。

A.6.1.2　复杂运算时，其中间过程多保留一位有效数，最后结果须取应有的位数。

A.6.1.3　加减法计算的结果，其小数点以后保留的位数，应与参加运算各数中小数点后位数最少的相同。

A.6.1.4　乘除法计算的结果，其有效数字保留的位数，应与参加运算各数中有效数字位数最少的相同。

A.6.2　方法测定中按其仪器准确度确定了有效数的位数后，先进行运算，运算后的数值再修约。

A.7　数字修约规则

A.7.1　在拟舍弃的数字中，若左边第一个数字小于 5（不包括 5）时，则舍去，即所拟保留的末位数字不变。

例如，将 14.243 2 修约到保留一位小数。

修约前	修约后
14.243 2	14.2

A.7.2　在拟舍弃的数字中，若左边第一个数字大于 5（不包括 5）则进一，即所拟保留的末位数字加一。

例如，将 26.484 3 修约到只保留一位小数。

修约前	修约后
26.484 3	26.5

A.7.3　在拟舍弃的数字中，若左边第一位数字等于 5，其右边的数字并非全部为零时，则进一，即所拟保留的末位数字加一。

例如，将 1.050 1 修约到只保留一位小数。

修约前	修约后
1.050 1	1.1

A.7.4　在拟舍弃的数字中，若左边第一个数字等于 5，其右边的数字皆为零时，所拟保留的末位数字若为奇数则进一，转为偶数（包括“0”）则不进。

例如，将下列数字修约到只保留一位小数。

修约前	修约后
0. 350 0	0. 4
0. 450 0	0. 4
1. 050 0	1. 0

A. 7. 5 所拟舍弃的数字，若为两位以上数字时，不得连续进行多次修约，应根据所拟舍弃数字中左边第一个数字的大小，按上述规定一次修约出结果。

例如，将 15. 454 6 修约成整数。

正确的做法是：

修约前	修约后
15. 454 6	15

不正确的做法是：

修约前	一次修约	二次修约	三次修约	四次修约（结果）
15. 454 6	15. 454 5	15. 46	15. 5	16

GB/T 5009.1—2003

附 录 B
(资料性附录)
标准滴定溶液

检验方法中某些标准滴定溶液的配制及标定应按下列规定进行，应符合 GB/T 601 的要求。

B.1 盐酸标准滴定溶液

B.1.1 配制

B.1.1.1 盐酸标准滴定溶液［c(HCl) = 1 mol/L］：量取 90 mL 盐酸，加适量水并稀释至 1 000 mL。

B.1.1.2 盐酸标准滴定溶液［c(HCl) = 0.5 mol/L］：量取 45 mL 盐酸，加适量水并稀释至 1 000 mL。

B.1.1.3 盐酸标准滴定溶液［c(HCl) = 0.1 moL/L］：量取 9 mL 盐酸，加适量水并稀释至 1 000 mL。

B.1.1.4 溴甲酚绿-甲基红混合指示液：量取 30 mL 溴甲酚绿乙醇溶液（2 g/L），加入 20 mL 甲基红乙醇溶液（1 g/L），混匀。

B.1.2 标定

B.1.2.1 盐酸标准滴定溶液［c(HCl) = 1 mol/L］：准确称取约 1.5 g 在 270～300℃干燥至恒量的基准无水碳酸钠，加 50 mL 水使之溶解，加 10 滴溴甲酚绿-甲基红混合指示液，用本溶液滴定至溶液由绿色转变为紫红色，煮沸 2 min，冷却至室温，继续滴定至溶液由绿色变为暗紫色。

B.1.2.2 盐酸标准溶液［c(HCl) = 0.5 mol/L］：按 B.1.2.1 操作，但基准无水碳酸钠量改为约 0.8 g。

B.1.2.3 盐酸标准溶液［c(HCl) = 0.1 mol/L］：按 B.1.2.1 操作，但基准无水碳酸钠量改为约 0.15 g。

B.1.2.4 同时做试剂空白试验。

B.1.3 计算

盐酸标准滴定溶液的浓度按式（B.1）计算。

$$c_1 = \frac{m}{(V_1 - V_2) \times 0.0530} \quad \cdots\cdots (B.1)$$

式中：

c_1——盐酸标准滴定溶液的实际浓度，单位为摩尔每升（mol/L）；

m——基准无水碳酸钠的质量，单位为克（g）；

V_1——盐酸标准溶液用量，单位为毫升（mL）；

V_2——试剂空白试验中盐酸标准溶液用量，单位为毫升（mL）；

0.053 0——与 1.00 mL 盐酸标准滴定溶液 [c(HCl) = 1 mol/L] 相当的基准无水碳酸钠的质量，单位为克（g）。

B.2 盐酸标准滴定溶液 [c(HCl) = 0.02 mol/L、c(HCl) = 0.01 mol/L]

临用前取盐酸标准溶液 [c(HCl) = 0.1 mol/L]（B.1.1.3）加水稀释制成。必要时重新标定浓度。

B.3 硫酸标准滴定溶液

B.3.1 配制

B.3.1.1 硫酸标准滴定溶液 [$c(1/2H_2SO_4)$ = 1 mol/L]：量取 30 mL 硫酸，缓缓注入适量水中，冷却至室温后用水稀释至 1 000 mL，混匀。

B.3.1.2 硫酸标准滴定溶液 [$c(1/2H_2SO_4)$ = 0.5 mol/L]：按 B.3.1.1 操作，但硫酸量改为 15 mL。

B.3.1.3 硫酸标准滴定溶液 [$c(1/2H_2SO_4)$ = 0.1 mol/L]：按 B.3.1.1 操作，但硫酸量改为 3 mL。

B.3.2 标定

B.3.2.1 硫酸标准滴定溶液 [$c(1/2H_2SO_4)$ = 1.0 mol/L]：按 B.1.2.1 操作。

B.3.2.2 硫酸标准滴定溶液 [$c(1/2H_2SO_4)$ = 0.5 mol/L]：按 B.1.2.2 操作。

B.3.2.3 硫酸标准滴定溶液 [$c(1/2H_2SO_4)$ = 0.1 mol/L]：按 B.1.2.3 操作。

B.3.3 计算

硫酸标准滴定溶液浓度按式（B.2）计算。

$$c_2=\frac{m}{(V_1-V_2)\times 0.0530} \qquad \text{(B.2)}$$

式中：

c_2——硫酸标准滴定溶液的实际浓度，单位为摩尔每升（mol/L）；

m——基准无水碳酸钠的克数，单位为克（g）；

V_1——硫酸标准溶液用量，单位为毫升（mL）；

V_2——试剂空白试验中硫酸标准溶液用量，单位为毫升（mL）；

0.053 0——与 1.00 mL 硫酸标准溶液 [$c(1/2H_2SO_4)$ = 1 mol/L] 相当的基准无水碳酸钠的质量，单位为克（g）。

B.4 氢氧化钠标准滴定溶液

B.4.1 配制

B.4.1.1 氢氧化钠饱和溶液：称取 120 g 氢氧化钠，加 100 mL 水，振摇使之溶解成饱和溶液，冷却后置于聚乙烯塑料瓶中，密塞，放置数日，澄清后备用。

B.4.1.2 氢氧化钠标准溶液 [c(NaOH) = 1 mol/L]：吸取 56 mL 澄清的氢氧化钠饱和溶液，加适量新煮沸过的冷水至 1 000 mL，摇匀。

B.4.1.3 氢氧化钠标准溶液 [c(NaOH) = 0.5 mol/L]：按 B.4.1.2 操作，但吸取澄清的

氢氧化钠饱和溶液改为 28 mL。

B. 4. 1. 4 氢氧化钠标准溶液 [c(NaOH) = 0. 1 mol/L]：按 B. 4. 1. 2 操作，但吸取澄清的氢氧化钠饱和溶液改为 5. 6 mL。

B. 4. 1. 5 酚酞指示液：称取酚酞 1 g 溶于适量乙醇中再稀释至 100 mL。

B. 4. 2 标定

B. 4. 2. 1 氢氧化钠标准溶液 [c(NaOH) = 1 mol/L]：准确称取约 6 g 在 105～110℃干燥至恒量的基准邻苯二甲酸氢钾，加 80 mL 新煮沸过的冷水，使之尽量溶解，加 2 滴酚酞指示液，用本溶液滴定至溶液呈粉红色，0. 5 min 不褪色。

B. 4. 2. 2 氢氧化钠标准溶液 [c(NaOH) = 0. 5 mol/L]：按 B. 4. 2. 1 操作，但基准邻苯二甲酸氢钾量改为约 3 g。

B. 4. 2. 3 氢氧化钠标准溶液 [c(NaOH) = 0. 1 mol/L]：按 B. 4. 2. 1 操作，但基准邻苯二甲酸氢钾量改为约 0. 6 g。

B. 4. 2. 4 同时做空白试验。

B. 4. 3 计算

氢氧化钠标准滴定溶液的浓度按式（B. 3）计算。

$$c_3 = \frac{m}{(V_1 - V_2) \times 0.2042} \quad \cdots\cdots\cdots\cdots\cdots\cdots \text{(B. 3)}$$

式中：

c_3——氢氧化钠标准滴定溶液的实际浓度，单位为摩尔每升（mol/L）；

m——基准邻苯二甲酸氢钾的质量，单位为克（g）；

V_1——氢氧化钠标准溶液用量，单位为毫升（mL）；

V_2——空白试验中氢氧化钠标准溶液用量，单位为毫升（mL）；

0. 204 2——与 1. 00 mL 氢氧化钠标准滴定溶液 [c(NaOH) = 1 mol/L] 相当的基准邻苯二甲酸氢钾的质量，单位为克（g）。

B.5 氢氯化钠标准滴定溶液 [c(NaOH) = 0. 02 mol/L、c(NaOH) = 0. 01 mol/L]

临用前取氢氧化钠标准溶液 [c(NaOH) = 0. 1 mol/L]，加新煮沸过的冷水稀释制成。必要时用盐酸标准滴定溶液 [c(HCl) = 0. 02 mol/L、c（HCl）= 0. 01 mol/L] 标定浓度。

B.6 氢氧化钾标准滴定溶液 [c(KOH) = 0. 1 mol/L]

B. 6. 1 配制

称取 6 g 氢氧化钾，加入新煮沸过的冷水溶解，并稀释至 1 000 mL，混匀。

B. 6. 2 标定

按 B. 4. 2. 3 和 B. 4. 2. 4 操作。

B. 6. 3 计算

按 B. 4. 3 中式（B. 3）计算。

B.7 高锰酸钾标准滴定溶液 [$c(1/5KMnO_4)=0.1$ mol/L]

B.7.1 配制

称取约 3.3 g 高锰酸钾，加 1 000 mL 水。煮沸 15 min。加塞静置 2 d 以上，用垂融漏斗过滤，置于具玻璃塞的棕色瓶中密塞保存。

B.7.2 标定

准确称取约 0.2 g 在 110℃干燥至恒量的基准草酸钠。加入 250 mL 新煮沸过的冷水、10 mL 硫酸，搅拌使之溶解。迅速加入约 25 mL 高锰酸钾溶液，待褪色后，加热至 65℃，继续用高锰酸钾溶液滴定至溶液呈微红色，保持 0.5 min 不褪色。在滴定终了时，溶液温度应不低于 55℃。同时做空白试验。

B.7.3 计算

高锰酸钾标准滴定溶液的浓度按式（B.4）计算。

$$c_4=\frac{m}{(V_1-V_2)\times 0.0670} \qquad \text{(B.4)}$$

式中：

c_4——高锰酸钾标准滴定溶液的实际浓度，单位为摩尔每升（mol/L）；

m——基准草酸钠的质量，单位为克（g）；

V_1——高锰酸钾标准溶液用量，单位为毫升（mL）；

V_2——试剂空白试验中高锰酸钾标准溶液用量，单位为毫升（mL）；

0.067 0——与 1.00 mL 高锰酸钾标准滴定溶液 [$c(1/5KMnO_4)=0.1$ mol/L] 相当的基准草酸钠的质量，单位为克（g）。

B.8 高锰酸钾标准滴定溶液 [$c(1/5KMnO_4)=0.01$ mol/L]

临用前取高锰酸钾标准溶液 [$c(1/5KMnO_4)=0.1$ mol/L] 稀释制成，必要时重新标定浓度。

B.9 草酸标准滴定溶液 [$c(1/2H_2C_2O_4\cdot 2H_2O)=0.1$ mol/L]

B.9.1 配制

称取约 6.4 g 草酸，加适量的水使之溶解并稀释至 1 000 mL，混匀。

B.9.2 标定

吸取 25.00 mL 草酸标准溶液，按 B.7.2 自“加入 250 mL 新煮沸过的冷水……”操作。

B.9.3 计算

草酸标准滴定溶液的浓度按式（B.5）计算。

$$c_5=\frac{(V_1-V_2)\times c}{V} \qquad \text{(B.5)}$$

式中：

c_5——草酸标准滴定溶液的实际浓度，单位为摩尔每升（mol/L）；

V_1——高锰酸钾标准溶液用量，单位为毫升（mL）；

V_2——试剂空白试验中高锰酸钾标准溶液用量，单位为毫升（mL）；

c——高锰酸钾标准滴定溶液的浓度，单位为摩尔每升（mol/L）；

V——草酸标准溶液用量，单位为毫升（mL）。

B.10　草酸标准滴定溶液［$c(1/2H_2C_2O_4 \cdot 2H_2O)=0.01$ mol/L］

临用前取草酸标准滴定溶液［$c(1/2H_2C_2O_4 \cdot 2H_2O)=0.1$ mol/L］稀释制成。

B.11　硝酸银标准滴定溶液［$c(AgNO_3)=0.1$ mol/L］

B.11.1　配制

B.11.1.1　称取 17.5 g 硝酸银，加入适量水使之溶解，并稀释至 1 000 mL，混匀，避光保存。

B.11.1.2　需用少量硝酸银标准溶液时，可准确称取约 4.3 g 在硫酸干燥器中干燥至恒重的硝酸银（优级纯），加水使之溶解，移至 250 mL 容量瓶中，并稀释至刻度，混匀，避光保存。

B.11.1.3　淀粉指示液：称取 0.5 g 可溶性淀粉，加入约 5 mL 水，搅匀后缓缓倾入 100 mL沸水中，随加随搅拌，煮沸 2 min，放冷，备用。此指示液应临用时配制。

B.11.1.4　荧光黄指示液：称取 0.5 g 荧光黄，用乙醇溶解并稀释至 100 mL。

B.11.2　标定

B.11.2.1　采用 B.11.1.1 配制的硝酸银标准溶液的标定：准确称取约 0.2 g 在 270℃干燥至恒量的基准氯化钠，加入 50 mL 水使之溶解。加入 5 mL 淀粉指示液，边摇动边用硝酸银标准溶液避光滴定，近终点时，加入 3 滴荧光黄指示液，继续滴定混浊液由黄色变为粉红色。

B.11.2.2　采用 B.11.1.2 配制的硝酸银标准溶液不需要标定。

B.11.3　计算

B.11.3.1　由 B.11.1.1 配制的硝酸银标准滴定溶液的浓度按式（B.6）计算。

$$c_6=\frac{m}{V\times 0.05844} \qquad \text{(B.6)}$$

式中：

c_6——硝酸银标准滴定溶液的实际浓度，单位为摩尔每升（mol/L）；

m——基准氯化钠的质量，单位为克（g）；

V——硝酸银标准溶液用量，单位为毫升（mL）；

0.058 44——与 1.00 mL 硝酸银标准滴定溶液［$c(AgNO_3)=1$ mol/L］相当的基准氯化钠的质量，单位为克（g）。

B.11.3.2　由 B.11.1.2 配制的硝酸银标准滴定溶液的浓度按式（B.7）计算。

$$c_7=\frac{m}{V\times 0.1699} \qquad \text{(B.7)}$$

式中：

c_7——硝酸银标准滴定溶液的实际浓度，单位为摩尔每升（mol/L）；

m——硝酸银（优级纯）的质量，单位为克（g）；

V——配制成的硝酸银标准溶液的体积，单位为毫升（mL）；

0.169 9——与1.00 mL硝酸银标准滴定溶液［$c(AgNO_3)=0.100\ 0$ mol/L］相当的硝酸银的质量，单位为克（g）。

B.12 硝酸银标准滴定溶液［$c(AgNO_3)=0.02$ mol/L、$c(AgNO_3)=0.01$ mol/L］

临用前取硝酸银标准滴定溶液［$c(AgNO_3)=0.1$ mol/L］稀释制成。

B.13 碘标准滴定溶液［$c(1/2I_2)=0.1$ mol/L］

B.13.1 配制

B.13.1.1 称取13.5 g碘，加36 g碘化钾、50 mL水，溶解后加入3滴盐酸及适量水稀释至1 000 mL。用垂融漏斗过滤，置于阴凉处，密闭，避光保存。

B.13.1.2 酚酞指示液：称取1 g酚酞用乙醇溶解并稀释至100 mL。

B.13.1.3 淀粉指示液：同B.11.1.3。

B.13.2 标定

准确称取约0.15 g在105℃干燥1 h的基准三氧化二砷，加入10 mL氢氧化钠溶液（40 g/L），微热使之溶解。加入20 mL水及2滴酚酞指示液，加入适量硫酸（1+35）至红色消失，再加2 g碳酸氢钠、50 mL水及2 mL淀粉指示液。用碘标准溶液滴定至溶液显浅蓝色。

B.13.3 计算

碘标准滴定溶液浓度按式（B.8）计算。

$$c_8=\frac{m}{V\times 0.049\ 46} \qquad \cdots\cdots\cdots\cdots\cdots\cdots \text{(B.8)}$$

式中：

c_8——碘标准滴定溶液的实际浓度，单位为摩尔每升（mol/L）；

m——基准三氧化二砷的质量，单位为克（g）；

V——碘标准溶液用量，单位为毫升（mL）；

0.049 46——与0.100 mL碘标准滴定溶液［$c(1/2I_2)=1.000$ mol/L］相当的三氧化砷的质量，单位为克（g）。

B.14 碘标准滴定溶液［$c(1/2I_2)=0.02$ mol/L］

临用前取碘标准滴定溶液［$c(1/2I_2)=0.1$ mol/L］稀释制成。

B.15 硫代硫酸钠标准滴定溶液［$c(Na_2S_2O_3\cdot 5H_2O)=0.100$ mol/L］

B.15.1 配制

B.15.1.1 称取26 g硫代硫酸钠及0.2 g碳酸钠，加入适量新煮沸过的冷水使之溶解，并稀释至1 000 mL，混匀，放置一个月后过滤备用。

B.15.1.2　淀粉指示液：同 B.11.1.3。

B.15.1.3　硫酸（1+8）：吸取 10 mL 硫酸，慢慢倒入 80 mL 水中。

B.15.2　标定

B.15.2.1　准确称取约 0.15 g 在 120℃ 干燥至恒量的基准重铬酸钾，置于 500 mL 碘量瓶中，加入 50 mL 水使之溶解。加入 2 g 碘化钾，轻轻振摇使之溶解。再加入 20 mL 硫酸（1+8），密塞，摇匀，放置暗处 10 min 后用 250 mL 水稀释。用硫代硫酸钠标准溶液滴至溶液呈浅黄绿色，再加入 3 mL 淀粉指示液，继续滴定至蓝色消失而显亮绿色。反应液及稀释用水的温度不应高于 20℃。

B.15.2.2　同时做试剂空白试验。

B.15.3　计算

硫代硫酸钠标准滴定溶液的浓度按式（B.9）计算。

$$c_9 = \frac{m}{(V_1 - V_2) \times 0.049\ 03} \qquad \text{(B.9)}$$

式中：

c_9——硫代硫酸钠标准滴定溶液的实际浓度，单位为摩尔每升（mol/L）；

m——基准重铬酸钾的质量，单位为克（g）；

V_1——硫代硫酸钠标准溶液用量，单位为毫升（mL）；

V_2——试剂空白试验中硫代硫酸钠标准溶液用量，单位为毫升（mL）；

0.049 03——与 1.00 mL 硫代硫酸钠标准滴定溶液 [$c(Na_2S_2O_3 \cdot 5H_2O) = 1.000$ mol/L] 相当的重铬酸钾的质量，单位为克（g）。

B.16　硫代硫酸钠标准溶液 [$c(Na_2S_2O_3 \cdot 5H_2O) = 0.02$ mol/L、$c(Na_2S_2O_3 \cdot 5H_2O) = 0.01$ mol/L]

临用前取 0.10 mol/L 硫代硫酸钠标准溶液，加新煮沸过的冷水稀释制成。

B.17　乙二胺四乙酸二钠标准滴定溶液（$C_{10}H_{14}N_2O_8Na_2 \cdot 2H_2O$）

B.17.1　配制

B.17.1.1　乙二胺四乙酸二钠标准滴定溶液 [$c(_{10}H_{14}N_2O_8Na_2 \cdot 2H_2O) = 0.05$ mol/L]：称取 20 g 乙二胺四乙酸二钠（$C_{10}H_{14}N_2O_8Na_2 \cdot 2H_2O$），加入 1 000 mL 水，加热使之溶解，冷却后摇匀。置于玻璃瓶中，避免与橡皮塞、橡皮管接触。

B.17.1.2　乙二胺四乙酸二钠标准滴定溶液 [$c(C_{10}H_{14}N_2O_8Na_2 \cdot 2H_2O) = 0.02$ mol/L]：按 B.17.1.1 操作，但乙二胺四乙酸二钠的量改为 8 g。

B.17.1.3　乙二胺四乙酸二钠标准滴定溶液 [$c(C_{10}H_{14}N_2O_8Na_2 \cdot 2H_2O) = 0.01$ mol/L]：按 B.17.1.1 操作，但乙二胺四乙酸二钠的量改为 4 g。

B.17.1.4　氨水-氯化铵缓冲液（pH=10）：称取 5.4 g 氯化铵，加适量水溶解后，加入 35 mL 氨水，再加水稀释至 100 mL。

B.17.1.5　氨水（4→10）：量取 40 mL 氨水，加水稀释至 100 mL。

B.17.1.6　铬黑 T 指示剂：称取 0.1 g 铬黑 T [6-硝基-1-(1-萘酚-4-偶氮)-2-萘酚-4-

磺酸钠]，加入 10 g 氯化钠，研磨混合。

B. 17. 2　标定

B. 17. 2. 1　乙二胺四乙酸二钠标准滴定溶液［$c(C_{10}H_{14}N_2O_8Na_2 \cdot 2H_2O)$ = 0. 05 mol/L］：准确称取约 0. 4 g 在 800℃灼烧至恒量的基准氧化锌，置于小烧杯中，加入 1 mL 盐酸，溶解后移入 100 mL 容量瓶，加水稀释至刻度，混匀。吸取 30. 00～35. 00 mL 此溶液，加入 70 mL 水，用氨水（4→10）中和至 pH7～8，再加 10 mL 氨水－氯化铵缓冲液（pH10），用乙二胺四乙酸二钠标准溶液滴定，接近终点时加入少许铬黑 T 指示剂，继续滴定至溶液自紫色转变为纯蓝色。

B. 17. 2. 2　乙二胺四乙酸二钠标准滴定溶液［$c(C_{10}H_{14}N_2O_8Na_2 \cdot 2H_2O)$ = 0. 02 mol/L］：按 B. 17. 2. 1 操作，但基准氧化锌量改为 0. 16 g；盐酸量改为 0. 4 mL，

B. 17. 2. 3　乙二胺四乙酸二钠标准滴定溶液［$c(C_{10}H_{14}N_2O_8Na_2 \cdot 2H_2O)$ = 0. 02 mol/L］：按 B. 17. 2. 2 操作，但容量瓶改为 200 mL。

B. 17. 2. 4　同时做试剂空白试验。

B. 17. 3　计算

乙二胺四乙酸二钠标准滴定溶液浓度按式（B. 10）计算。

$$c_{10} = \frac{m}{(V_1 - V_2) \times 0.08138} \qquad \text{(B. 10)}$$

式中：

c_{10}——乙二胺四乙酸二钠标准滴定溶液的实际浓度，单位为摩尔每升（mol/L）；

m——用于滴定的基准氧化锌的质量，单位为毫克（mg）；

V_1——乙二胺四乙酸二钠标准溶液用量，单位为毫升（mL）；

V_2——试剂空白试验中乙二胺四乙酸二钠标准溶液用量，单位为毫升（mL）；

0. 081 38——与 1. 00 mL 乙二胺四乙酸二钠标准滴定溶液［$c(C_{10}H_{14}N_2O_8Na_2 \cdot 2H_2O)$ = 1. 000 mol/L］相当的基准氧化锌的质量，单位为克（g）。

GB/T 5009.1—2003

附 录 C
(资料性附录)
常用酸碱浓度表

C.1 常用酸碱浓度表(市售商品)

表 C.1

试剂名称	分子量	含量/%(质量分数)	相对密度	浓度/(mol/L)
冰乙酸	60.05	99.5	1.05(约)	17(CH_3COOH)
乙酸	60.05	36	1.04	6.3(CH_3COOH)
甲酸	46.02	90	*1.20	23(HCOOH)
盐酸	36.5	36~38	1.18(约)	12(HCl)
硝酸	63.02	65~68	1.4	16(HNO_3)
高氯酸	100.5	70	1.67	12($HClO_4$)
磷酸	98.0	85	1.70	15(H_3PO_4)
硫酸	98.1	96~98	1.84(约)	18(H_2SO_4)
氨水	17.0	25~28	0.8~8(约)	15($NH_3 \cdot H_2O$)

C.2 常用洗涤液的配制和使用方法

C.2.1 重铬酸钾-浓硫酸溶液(100 g/L)(洗液):称取化学纯重铬酸钾 100 g 于烧杯中,加入 100 mL 水,微加热,使其溶解。把烧杯放于水盆中冷却后,慢慢加入化学纯硫酸,边加边用玻璃棒搅动,防止硫酸溅出,开始有沉淀析出,硫酸加到一定量沉淀可溶解,加硫酸至溶液总体积为 1 000 mL。

该洗液是强氧化剂,但氧化作用比较慢,直接接触器皿数分钟至数小时才有作用,取出后要用自来水充分冲洗 7~10 次,最后用纯水淋洗 3 次。

C.2.2 肥皂洗涤液、碱洗涤液、合成洗涤剂洗涤液:配制一定浓度,主要用于油脂和有机物的洗涤。

C.2.3 氢氧化钾-乙醇洗涤液(100 g/L):取 100 g 氢氧化钾,用 50 mL 水溶解后,加工业乙醇至 1L,它适用洗涤油垢、树脂等。

C.2.4 酸性草酸或酸性羟胺洗涤液:称取 10 g 草酸或 1 g 盐酸羟胺,溶于 10 mL 盐酸(1+4)中,该洗液洗涤氧化性物质。对沾污在器皿上的氧化剂,酸性草酸作用较慢,羟胺作用快且易洗净。

C.2.5 硝酸洗涤液:常用浓度(1+9)或(1+4),主要用于浸泡清洗测定金属离子时的器皿。一般浸泡过夜,取出用自来水冲洗,再用去离子水或亚沸水冲洗。

洗涤后玻璃仪器应防止二次污染。

食品相对密度的测定

标 准 号：GB 5009.2—2016

发布日期：2016-08-31　　　　实施日期：2017-03-01

发布单位：中华人民共和国国家卫生和计划生育委员会

前　言

本标准代替GB/T 5009.2—2003《食品的相对密度的测定》、GB 5413.33—2010《食品安全国家标准　生乳相对密度的测定》和NY 82.5—1988《果汁测定方法　相对密度的测定》。

本标准与GB/T 5009.2—2003、GB 5413.33—2010相比，主要变化如下：

——标准名称修改为“食品安全国家标准　食品相对密度的测定”；

——将食品、生乳和果汁中相对密度检测方法整合为统一标准，共三种方法，并且整合了NY 82.5—1988方法。

1　范围

本标准规定了液体试样相对密度的测定方法。

本标准适用于液体试样相对密度的测定。

第一法　密度瓶法

2　原理

在20℃时分别测定充满同一密度瓶的水及试样的质量，由水的质量可确定密度瓶的容积即试样的体积，根据试样的质量及体积可计算试样的密度，试样密度与水密度比值为试样相对密度。

3　仪器和设备

3.1　密度瓶：精密密度瓶，如图1所示。

3.2　恒温水浴锅。

3.3　分析天平。

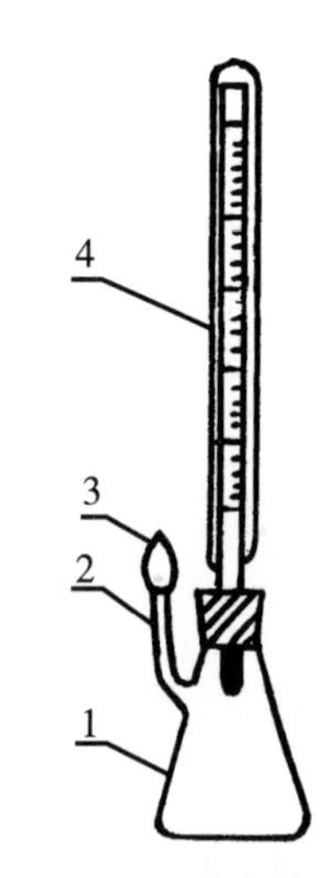

图1　密度瓶

说明：1——密度瓶；2——支管标线；3——支管上小帽；4——附温度计的瓶盖。

4　分析步骤

取洁净、干燥、恒重、准确称量的密度瓶，装满试样后，置20℃水浴中浸0.5 h，使内容物的温度达到20℃，盖上瓶盖，并用细滤纸条吸去支管标线上的试样，盖好小帽后取出，用滤纸将密度瓶外擦干，置天平室内0.5 h，称量。再将试样倾出，洗净密度瓶，装满水，以下按上述自“置20℃水浴中浸0.5 h，使内容物的温度达到20℃，盖上瓶盖，并用细滤纸条吸去支管标线上的试样，盖好小帽后取出，用滤纸将密度瓶外擦干，置天平室内0.5 h，称量。”密度瓶内不应有气泡，天平室内温度保持20℃恒温条件，否则不应使用此方法。

5　分析结果的表述

试样在20℃时的相对密度按式（1）进行计算：

$$d=\frac{m_2-m_0}{m_1-m_0} \qquad \cdots\cdots\cdots\cdots\cdots\cdots (1)$$

式中：

d——试样在20℃时的相对密度；

m_0——密度瓶的质量，单位为克（g）；

m_1——密度瓶加水的质量，单位为克（g）；

m_2——密度瓶加液体试样的质量，单位为克（g）。

计算结果表示到称量天平的精度的有效数位（精确到0.001）。

6　精密度

在重复性条件下获得的两次独立测定结果的绝对差值不得超过算术平均值的5%。

第二法　天平法

7　原理

20℃时，分别测定玻锤在水及试样中的浮力，由于玻锤所排开的水的体积与排开的试样的体积相同，玻锤在水中与试样中的浮力可计算试样的密度，试样密度与水密度比值为试样的相对密度。

8　仪器和设备

8.1　韦氏相对密度天平：如图2所示。

8.2　分析天平：感量1 mg。

8.3　恒温水浴锅。

9　分析步骤

测定时将支架置于平面桌上，横梁架于刀口处，挂钩处挂上砝码，调节升降旋钮至适宜高度，旋转调零旋钮，使两指针吻合。然后取下砝码，挂上玻锤，将玻璃圆筒内加水至4/5处，使玻锤沉于玻璃圆筒内，调节水温至20℃（即玻锤内温度计指示温度），试放四种游码，主横梁上两指针吻合，读数为P_1，然后将玻锤取出擦干，加欲测试样于干净圆筒中，使玻锤浸入至以前相同的深度，保持试样温度在20℃，试放四种游码，至横梁上

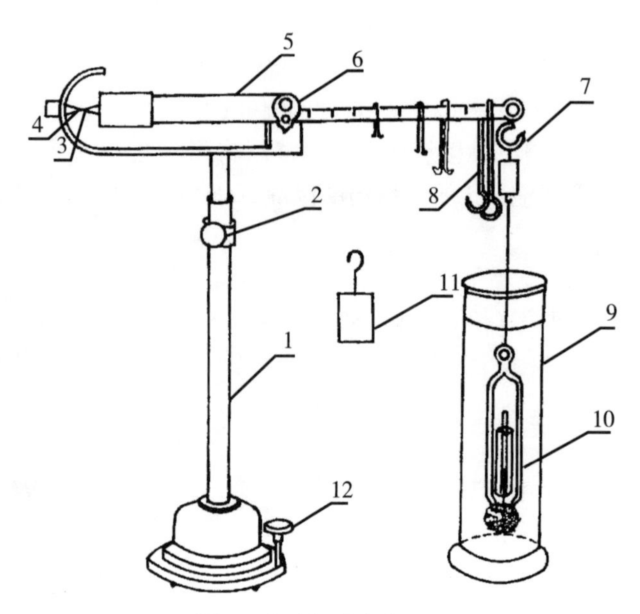

图 2　韦氏相对密度天平

说明：1——支架；2——升降调节旋钮；3、4——指针；5——横梁；6——刀口；7——挂钩；8——游码；9——玻璃圆筒；10——玻锤；11——砝码；12——调零旋钮

两指针吻合，记录读数为 P_2。玻锤放入圆筒内时，勿使碰及圆筒四周及底部。

10　分析结果的表述

试样的相对密度按式（2）计算：

$$d=\frac{P_2}{P_1} \qquad \cdots\cdots\cdots\cdots\cdots\cdots (2)$$

式中：

d——试样的相对密度；

P_1——浮锤浸入水中时游码的读数，单位为克（g）；

P_2——浮锤浸入试样中时游码的读数，单位为克（g）。

计算结果表示到韦氏相对密度天平精度的有效数位（精确到 0.001）。

11　精密度

在重复性条件下获得的两次独立测定结果的绝对差值不得超过算术平均值的 5%。

第三法　比重计法

12　原理

比重计利用了阿基米德原理，将待测液体倒入一个较高的容器，再将比重计放入液体中。比重计下沉到一定高度后呈漂浮状态。此时液面的位置在玻璃管上所对应的刻度就是该液体的密度。测得试样和水的密度的比值即为相对密度。

13　仪器和设备

比重计：上部细管中有刻度标签，表示密度读数。

14　分析步骤

将比重计洗净擦干，缓缓放入盛有待测液体试样的适当量筒中，勿使其碰及容器四周及底部，保持试样温度在20℃，待其静置后，再轻轻按下少许，然后待其自然上升，静置至无气泡冒出后，从水平位置观察与液面相交处的刻度，即为试样的密度。分别测试试样和水的密度，两者比值即为试样相对密度。

15　精密度

在重复性条件下获得的两次独立测定结果的绝对差值不得超过算术平均值的5%。

食品中水分的测定

标 准 号：GB 5009.3—2016

发布日期：2016-08-31 **实施日期：2017-03-01**

发布单位：中华人民共和国国家卫生和计划生育委员会

前 言

本标准代替 GB 5009.3—2010《食品安全国家标准 食品中水分的测定》、GB/T 12087—2008《淀粉水分测定 烘箱法》、GB/T 18798.3—2008《固态速溶茶 第3部分：水分测定》、GB/T 21305—2007《谷物及谷物制品水分的测定 常规法》、GB/T 5497—1985《粮食、油料检验 水分测定法》、GB/T 8304—2013《茶 水分测定》、GB/T 12729.6—2008《香辛料和调味品 水分含量的测定（蒸馏法）》、GB/T 9695.15—2008《肉与肉制品 水分含量测定》、GB/T 8858—1988《水果、蔬菜产品中干物质和水分含量的测定方法》、SN/T 0919—2000《进出口茶叶水分测定方法》。

本标准与 GB 5009.3—2010 相比，主要修改如下：

——修改了“第一法 直接干燥法”“第二法 减压干燥法”“第三法 蒸馏法”和“第四法 卡尔·费休容量法”的适用范围；

——修改了“第一法 直接干燥法”中的试剂、精密度、注释和分析步骤；

——修改了“第三法 蒸馏法”的分析步骤；

——删除了“第四法 卡尔·费休法”有关卡尔·费休库仑法的文字描述。

1 范围

本标准规定了食品中水分的测定方法。

本标准第一法（直接干燥法）适用于在 101～105℃下，蔬菜、谷物及其制品、水产品、豆制品、乳制品、肉制品、卤菜制品、粮食（水分含量低于 18%）、油料（水分含量低于 13%）、淀粉及茶叶类等食品中水分的测定，不适用于水分含量小于 0.5 g/100 g的样品。第二法（减压干燥法）适用于高温易分解的样品及水分较多的洋品（如糖、味精等食品）中水分的测定，不适用于添加了其他原料的糖果（如奶糖、软糖等食品）中水分的测定，不适用于水分含量小于 0.5 g/100 g 的样品（糖和味精除外）。第三法（蒸馏法）适用于含水较多又有较多挥发性成分的水果、香辛料及调味品、肉与肉制品等食品中水分的测定，不适用于水分含量小于 1 g/100 g 的样品。第四法（卡尔·费休法）适用于食品中含微量水分的测定，不适用于含有氧化剂、还原剂、碱性氧化物、氢氧化物、碳酸盐、硼酸等食品中水分的测定。卡尔·费休容量法适用于水分含量大于 1.0×10^{-3} g/100 g的样品。

第一法 直接干燥法

2 原理

利用食品中水分的物理性质，在 101.3 kPa（一个大气压），温度 101~105℃下采用挥发方法测定样品中干燥减失的重量，包括吸湿水、部分结晶水和该条件下能挥发的物质，再通过干燥前后的称量数值计算出水分的含量。

3 试剂和材料

除非另有说明，本方法所用试剂均为分析纯，水为 GB/T 6682 规定的三级水。

3.1 试剂

3.1.1 氢氧化钠（NaOH）。

3.1.2 盐酸（HCl）。

3.1.3 海砂。

3.2 试剂配制

3.2.1 盐酸溶液（6 mol/L）：量取 50 mL 盐酸，加水稀释至 100 mL。

3.2.2 氢氧化钠溶液（6 mol/L）：称取 24 g 氢氧化钠，加水溶解并稀释至 100 mL。

3.2.3 海砂：取用水洗去泥土的海砂、河砂、石英砂或类似物，先用盐酸溶液（6 mol/L）煮沸 0.5 h，用水洗至中性，再用氢氧化钠溶液（6 mol/L）煮沸 0.5 h，用水洗至中性，经 105℃干燥备用。

4 仪器和设备

4.1 扁形铝制或玻璃制称量瓶。

4.2 电热恒温干燥箱。

4.3 干燥器：内附有效干燥剂。

4.4 天平：感量为 0.1 mg。

5 分析步骤

5.1 固体试样：取洁净铝制或玻璃制的扁形称量瓶，置于 101~105℃干燥箱中，瓶盖斜支于瓶边，加热 1.0 h，取出盖好，置干燥器内冷却 0.5 h，称量，并重复干燥至前后两次质量差不超过 2 mg，即为恒重。将混合均匀的试样迅速磨细至颗粒小于 2 mm，不易研磨的样品应尽可能切碎，称取 2~10 g 试样（精确至 0.000 1 g），放入此称量瓶中，试样厚度不超过 5 mm，如为疏松试样．厚度不超过 10 mm，加盖，精密称量后，置于 101~105℃干燥箱中，瓶盖斜支于瓶边，干燥 2~4 h 后，盖好取出，放入干燥器内冷却 0.5 h 后称量。然后再放入 101~105℃干燥箱中干燥 1 h 左右，取出，放入干燥器内冷却 0.5 h 后再称量。并重复以上操作至前后两次质量差不超过 2 mg，即为恒重。

注：两次恒重值在最后计算中，取质量较小的一次称量值。

5.2 半固体或液体试样：取洁净的称量瓶，内加 10 g 海砂（实验过程中可根据需要适当增加海砂的质量）及一根小玻棒，置于101~105℃干燥箱中，干燥1.0 h后取出，放入干燥器内冷却0.5 h后称量，并重复干燥至恒重。然后称取5~10 g试样（精确至0.000 1 g），置于称量瓶中，用小玻棒搅匀放在沸水浴上蒸干，并随时搅拌，擦去瓶底的水滴，置于101~105℃干燥箱中干燥4 h后盖好取出，放入干燥器内冷却0.5 h后称量。然后再放入101~105℃干燥箱中干燥1 h左右，取出，放入干燥器内冷却0.5 h后再称量。并重复以上操作至前后两次质量差不超过2 mg，即为恒重。

6 分析结果的表述

试样中的水分含量，按式（1）进行计算：

$$X=\frac{m_1-m_2}{m_1-m_3}\times 100 \qquad \cdots\cdots (1)$$

式中：

X——试样中水分的含量，单位为克每百克（g/100g）；

m_1——称量瓶（加海砂、玻棒）和试样的质量，单位为克（g）；

m_2——称量瓶（加海砂、玻棒）和试样干燥后的质量，单位为克（g）；

m_3——称量瓶（加海砂、玻棒〉的质量，单位为克（g）；

100——单位换算系数。

水分含量≥1 g/100 g时，计算结果保留三位有效数字；水分含量<1 g/100 g时，计算结果保留两位有效数字。

7 精密度

在重复性条件下获得的两次独立测定结果的绝对差值不得超过算术平均值的10%。

第二法　减压干燥法

8 原理

利用食品中水分的物理性质，在达到40~53 kPa压力后加热至60℃±5℃，采用减压烘干方法去除试样中的水分，再通过烘干前后的称量数值计算出水分的含量。

9 仪器和设备

9.1 扁形铝制或玻璃制称量瓶。

9.2 真空干燥箱。

9.3 干燥器：内附有效干燥剂。

9.4 天平：感量为0.1 mg。

10 分析步骤

10.1 试样制备：粉末和结晶试样直接称取；较大块硬糖经研钵粉碎，混匀备用。

10.2 测定：取已恒重的称量瓶称取2~10 g（精确至0.000 1 g）试样，放入真空干燥箱内，将真空干燥箱连接真空泵，抽出真空干燥箱内空气（所需压力一般为40~53 kPa），并同时加热至所需温度60℃±5℃。关闭真空泵上的活塞，停止抽气，使真空干燥箱内保持一定的温度和压力，经4 h后，打开活塞，使空气经干燥装置缓缓通入至真空干燥箱内，待压力恢复正常后再打开。取出称量瓶，放入干燥器中0.5 h后称量，并重复以上操作至前后两次质量差不超过2 mg，即为恒重。

11　分析结果的表述

同第6章。

12　精密度

在重复性条件下获得的两次独立测定结果的绝对差值不得超过算术平均值的10%。

第三法　蒸馏法

13　原理

利用食品中水分的物理化学性质，使用水分测定器将食品中的水分与甲苯或二甲苯共同蒸出，根据接收的水的体积计算出试样中水分的含量。本方法适用于含较多其他挥发性物质的食品，如香辛料等。

14　试剂和材料

除非另有说明，本方法所用试剂均为分析纯，水为GB/T 6682规定的三级水。

14.1　试剂

甲苯（C_7H_8）或二甲苯（C_8H_{10}）。

14.2　试剂配制

甲苯或二甲苯制备：取甲苯或二甲苯，先以水饱和后，分去水层，进行蒸馏，收集馏出液备用。

15　仪器和设备

15.1　水分测定器：如图1所示（带可调电热套）。水分接收管容量5 mL，最小刻度值0.1 mL，容量误差小于0.1 mL。

15.2　天平：感量为0.1 mg。

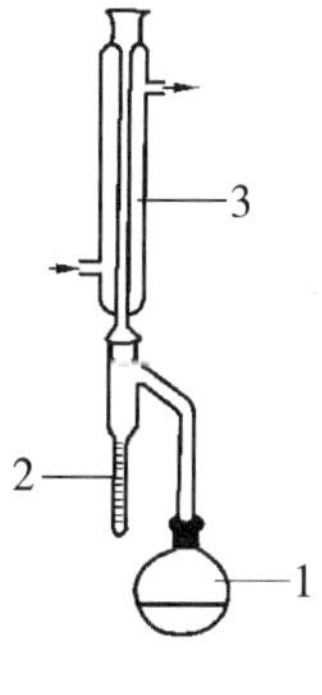

图1　水分测定器

说明：1——250 mL蒸馏瓶；
2——水分接收管，有刻度；3——冷凝管。

16　分析步骤

准确称取适量试样（应使最终蒸出的水在2~5 mL，但最多取样量不得超过蒸馏瓶的2/3），放入250 mL蒸馏瓶中，加入新蒸馏的甲苯（或二甲苯）75 mL，连接冷凝管与水分接收管，从冷凝管顶端注入甲苯，装满水分接收管。同时做甲苯（或二甲苯）的试剂空白。

加热慢慢蒸馏，使每秒钟的馏出液为 2 滴，待大部分水分蒸出后，加速蒸馏约每秒钟 4 滴，当水分全部蒸出后，接收管内的水分体积不再增加时，从冷凝管顶端加入甲苯冲洗。如冷凝管壁附有水滴，可用附有小橡皮头的铜丝擦下，再蒸馏片刻至接收管上部及冷凝管壁无水滴附着，接收管水平面保持 10 min 不变为蒸馏终点，读取接收管水层的容积。

17 分析结果的表述

试样中水分的含量，按式（2）进行计算：

$$X=\frac{V-V_0}{m}\times 100 \qquad \cdots\cdots\cdots\cdots\cdots\cdots （2）$$

式中：

X——试样中水分的含量，单位为毫升每百克（mL/100 g）（或按水在 20℃的相对密度 0.998，20 g/mL 计算质量）；

V——接收管内水的体积，单位为毫升（mL）；

V_0——做试剂空白时，接收管内水的体积，单位为毫升（mL）；

m——试样的质量，单位为克（g）；

100——单位换算系数。

以重复性条件下获得的两次独立测定结果的算术平均值表示，结果保留三位有效数字。

18 精密度

在重复性条件下获得的两次独立测定结果的绝对差值不得超过算术平均值的 10%。

第四法 卡尔·费休法

19 原理

根据碘能与水和二氧化硫发生化学反应，在有吡啶和甲醇共存时，1 mol 碘只与 1 mol 水作用，反应式如下：

$$C_5H_5N\cdot I_2+C_5H_5N\cdot SO_2+C_5H_5N+H_2O+CH_3OH\rightarrow 2C_5H_5N\cdot HI+C_5H_6N[SO_4CH_3]$$

卡尔·费休水分测定法又分为库仑法和容量法。其中容量法测定的碘是作为滴定剂加入的，滴定剂中碘的浓度是已知的，根据消耗滴定剂的体积，计算消耗碘的量，从而计量出被测物质水的含量。

20 试剂和材料

20.1 卡尔·费休试剂。

20.2 无水甲醇（CH_4O）：优级纯。

21 仪器和设备

21.1 卡尔·费休水分测定仪。

21.2 天平：感量为 0.1 mg。

22 分析步骤

22.1 卡尔·费休试剂的标定（容量法）

在反应瓶中加一定体积（浸没铂电极）的甲醇，在搅拌下用卡尔·费休试剂滴定至终点。加入 10 mg 水（精确至 0.000 1 g），滴定至终点并记录卡尔·费休试剂的用量（V）。卡尔·费休试剂的滴定度按式（3）计算：

$$T=\frac{m}{V} \qquad (3)$$

式中：

T——卡尔·费休试剂的滴定度，单位为毫克每毫升（mg/mL）；

m——水的质量，单位为毫克（mg）；

V——滴定水消耗的卡尔·费休试剂的用量，单位为毫升（mL）。

22.2 试样前处理

可粉碎的固体试样要尽量粉碎，使之均匀。不易粉碎的试样可切碎。

22.3 试样中水分的测定

于反应瓶中加一定体积的甲醇或卡尔·费休测定仪中规定的溶剂浸没铂电极，在搅拌下用卡尔·费休试剂滴定至终点。迅速将易溶于甲醇或卡尔·费休测定仪中规定的溶剂的试样直接加入滴定杯中；对于不易溶解的试样，应采用对滴定杯进行加热或加入已测定水分的其他溶剂辅助溶解后用卡尔·费休试剂滴定至终点。建议采用容量法测定试样中的含水量应大于 100 μg。对于滴定时，平衡时间较长且引起漂移的试样，需要扣除其漂移量。

22.4 漂移量的测定

在滴定杯中加入与测定样品一致的溶剂，并滴定至终点，放置不少于 10 min 后再滴定至终点，两次滴定之间的单位时间内的体积变化即为漂移量（D）。

23 分析结果的表述

同体试样中水分的含量按式（4），液体试样中水分的含量按式（5）进行计算：

$$X=\frac{(V_1-D\times t)\times T}{m}\times 100 \qquad (4)$$

$$X=\frac{(V_1-D\times t)\times T}{V_2\times \rho}\times 100 \qquad (5)$$

式中：

X——试样中水分的含量，单位为克每百克（g/100g）；

V_1——滴定样品时卡尔·费休试剂体积，单位为毫升（mL）；

D——漂移量，单位为毫升每分钟（mL/min）；

t——滴定时所消耗的时间，单位为分钟（min）；

T——卡尔·费休试剂的滴定度，单位为克每毫升（g/mL）；

m——样品质量，单位为克（g）；

100——单位换算系数；

V_2——液体样品体积，单位为毫升（mL）；

ρ——液体样品的密度，单位为克每毫升（g/mL）。

水分含量≥1 g/100 g时，计算结果保留三位有效数字；水分含量<1 g/100 g时，计算结果保留两位有效数字。

24 精密度

在重复性条件下获得的两次独立测定结果的绝对差值不得超过算术平均值的10%。

食品中灰分的测定

标 准 号：GB 5009.4—2016
发布日期：2016-08-31　　　　　　　　**实施日期：2017-03-01**
发布单位：中华人民共和国国家卫生和计划生育委员会

前　　言

本标准代替 GB 5009.4—2010《食品安全国家标准　食品中灰分的测定》、GB/T 5505—2008《粮油检验　灰分测定法》、GB/T 22427.1—2008《淀粉灰分测定》、GB/T 9695.18—2008《肉与肉制品　总灰分测定》、GB/T 12532—2008《食用菌灰分测定》、GB/T 9824—2008《油料饼粕中总灰分的测定》、GB/T 9825—2008《油料饼粕盐酸不溶性灰分测定》、GB/T 12729.7—2008《香辛料和调味品　总灰分的测定》、GB/T 12729.8—2008《香辛料和调味品　水不溶性灰分测定》、GB/T 12729.9—2008《香辛料和调味品　酸不溶性灰分测定》、GB/T 17375—2008《动植物油脂　灰分测定》、GB/T 22510—2008《谷物、豆类及副产品　灰分含量测定》、GB/T 8306—2013《茶　总灰分测定》、GB/T 8307—2013《茶　水溶性灰分和水不溶性灰分测定》、GB/T 8308—2013《茶　酸不溶性灰分测定》、SN/T 0925—2000《进出口茶叶总灰分测定方法》、SN/T 0921—2000《进出口茶叶水溶性灰分和水不溶性灰分测定方法》、SN/T 0923—2000《进出口茶叶酸不溶灰分测定方法》、NY82.8—1988《果汁测定方法　总灰分的测定》。

本标准与 GB 5009.4—2010 相比，主要修改如下：

——本标准按照 GB/T 22427.1—2008 增加了淀粉及其衍生物中灰分的测定；

——按照 GB/T 12729.8—2008、GB/T 12729.9—2008、GB/T 8307—2013、GB/T 8308—2013 增加了部分食品中水溶性灰分与水不溶性灰分的测定、酸溶性灰分与酸不溶性灰分的测定。

1　范围

本标准第一法规定了食品中灰分的测定方法，第二法规定了食品中水溶性灰分和水不溶性灰分的测定方法，第三法规定了食品中酸不溶性灰分的测定方法。

本标准第一法适用于食品中灰分的测定（淀粉类灰分的方法适用于灰分质量分数不大于 2%的淀粉和变性淀粉），第二法适用于食品中水溶性灰分和水不溶性灰分的测定，第三法适用于食品中酸不溶性灰分的测定。

第一法　食品中总灰分的测定

2　原理

食品经灼烧后所残留的无机物质称为灰分。灰分数值系用灼烧、称重后计算得出。

3 试剂和材料

除非另有说明，本方法所用试剂均为分析纯，水为 GB/T 6682 规定的三级水。

3.1 试剂

3.1.1 乙酸镁［$(CH_3COO)_2Mg \cdot 4H_2O$］。

3.1.2 浓盐酸（HCl）。

3.2 试剂配制

3.2.1 乙酸镁溶液（80 g/L）：称取 8.0 g 乙酸镁加水溶解并定容至 100 mL，混匀。

3.2.2 乙酸镁溶液（240 g/L）：称取 24.0 g 乙酸镁加水溶解并定容至 100 mL，混匀。

3.2.3 10%盐酸溶液：量取 24 mL，分析纯浓盐酸用蒸馏水稀释至 100 mL。

4 仪器和设备

4.1 高温炉：最高使用温度 ≥950℃。

4.2 分析天平：感量分别为 0.1 mg、1 mg、0.1 g。

4.3 石英坩埚或瓷坩埚。

4.4 干燥器（内有干燥剂）。

4.5 电热板。

4.6 恒温水浴锅：控温精度 ±2℃。

5 分析步骤

5.1 坩埚预处理

5.1.1 含磷量较高的食品和其他食品

取大小适宜的石英坩埚或瓷坩埚置高温炉中，在 550℃±25℃下灼烧 30 min，冷却至 200℃左右，取出，放入干燥器中冷却 30 min，准确称量。重复灼烧至前后两次称量相差不超过 0.5 mg 为恒重。

5.1.2 淀粉类食品

先用沸腾的稀盐酸洗涤，再用大量自来水洗涤，最后用蒸馏水冲洗。将洗净的坩埚置于高温炉内，在 900℃±25℃下灼烧 30 min，并在干燥器内冷却至室温，称重，精确至 0.000 1 g。

5.2 称样

含磷量较高的食品和其他食品：灰分大于或等于 10 g/100 g 的试样称取 2~3 g（精确至 0.000 1 g）；灰分小于或等于 10 g/100 g 的试样称取 3~10 g（精确至 0.000 1 g，对于灰分含量更低的样品可适当增加称样量）。淀粉类食品：迅速称取样品 2~10 g（马铃薯淀粉、小麦淀粉以及大米淀粉至少称 5 g，玉米淀粉和木薯淀粉称 10 g），精确至 0.000 1 g。将样品均匀分布在坩埚内，不要压紧。

5.3　测定

5.3.1　含磷量较高的豆类及其制品、肉禽及其制品、蛋及其制品、水产及其制品、乳及乳制品

5.3.1.1　称取试样后，加入 1.00 mL 乙酸镁溶液（240 g/L）或 3.00 mL 乙酸镁溶液（80 g/L），使试样完全润湿。放置 10 min 后，在水浴上将水分蒸干，在电热板上以小火加热使试样充分炭化至无烟，然后置于高温炉中，在 550℃±25℃灼烧 4 h。冷却至 200℃左右，取出，放入干燥器中冷却 30 min，称量前如发现灼烧残渣有炭粒时，应向试样中滴入少许水湿润，使结块松散，蒸干水分再次灼烧至无炭粒即表示灰化完全，方可称量。重复灼烧至前后两次称量相差不超过 0.5 mg 为恒重。

5.3.1.2　吸取 3 份与 5.3.1.1 相同浓度和体积的乙酸镁溶液，做 3 次试剂空白试验。当 3 次试验结果的标准偏差小于 0.003 g 时，取算术平均值作为空白值。若标准偏差大于或等于 0.003 g 时，应重新做空白值试验。

5.3.2　淀粉类食品

将坩埚置于高温炉口或电热板上，半盖坩埚盖，小心加热使样品在通气情况下完全炭化至无烟，即刻将坩埚放入高温炉内，将温度升高至 900℃±25℃，保持此温度直至剩余的碳全部消失为止，一般 1 h 可灰化完毕，冷却至 200℃左右，取出，放入干燥器中冷却 30 min，称量前如发现灼烧残渣有炭粒时，应向试样中滴入少许水湿润，使结块松散，蒸干水分再次灼烧至无炭粒即表示灰化完全，方可称量。重复灼烧至前后两次称量相差不超过 0.5 mg 为恒重。

5.3.3　其他食品

液体和半固体试样应先在沸水浴上蒸干。固体或蒸干后的试样，先在电热板上以小火加热使试样充分炭化至无烟，然后置于高温炉中，在 550℃±25℃灼烧 4 h。冷却至 200℃左右，取出，放入干燥器中冷却 30 min，称量前如发现灼烧残渣有炭粒时，应向试样中滴入少许水湿润，使结块松散，蒸干水分再次灼烧至无炭粒即表示灰化完全，方可称量。重复灼烧至前后两次称量相差不超过 0.5 mg 为恒重。

6　分析结果的表述

6.1　以试样质量计

6.1.1　试样中灰分的含量，加了乙酸镁溶液的试样，按式（1）计算：

$$X_1=\frac{m_1-m_2-m_0}{m_3-m_2}\times 100 \qquad (1)$$

式中：

X_1——加了乙酸镁溶液试样中灰分的含量，单位为克每百克（g/100g）；

m_1——坩埚和灰分的质量，单位为克（g）；

m_2——坩埚的质量，单位为克（g）；

m_0——氧化镁（乙酸镁灼烧后生成物）的质量，单位为克（g）；

m_3——坩埚和试样的质量，单位为克（g）；

100——单位换算系数。

6.1.2　试样中灰分的含量，未加乙酸镁溶液的试样，按式（2）计算：

$$X_2=\frac{m_1-m_2}{m_3-m_2}\times 100 \quad \cdots\cdots\cdots\cdots\cdots\cdots (2)$$

式中：

X_2——未知乙酸镁溶液试样中灰分的含量，单位为克每百克（g/100g）；

m_1——坩埚和灰分的质量，单位为克（g）；

m_2——坩埚的质量，单位为克（g）；

m_3——坩埚和试样的质量，单位为克（g）；

100——单位换算系数。

6.2　以干物质计

6.2.1　加了乙酸镁溶液的试样中灰分的含量，按式（3）计算：

$$X_1=\frac{m_1-m_2-m_0}{(m_3-m_2)\times\omega}\times 100 \quad \cdots\cdots\cdots\cdots\cdots\cdots (3)$$

式中：

X_1——加了乙酸镁溶液试样中灰分的含量，单位为克每百克（g/100g）；

m_1——坩埚和灰分的质量，单位为克（g）；

m_2——坩埚的质量，单位为克（g）；

m_0——氧化镁（乙酸镁灼烧后生成物）的质量，单位为克（g）；

m_3——坩埚和试样的质量，单位为克（g）；

ω——试样干物质含量（质量分数），%；

100——单位换算系数。

6.2.2　未加乙酸镁溶液的试样中灰分的含量，按式（4）计算：

$$X_2=\frac{m_1-m_2}{(m_3-m_2)\times\omega}\times 100 \quad \cdots\cdots\cdots\cdots\cdots\cdots (4)$$

式中：

X_2——未加乙酸镁溶液试样中灰分的含量，单位为克每百克（g/100g）；

m_1——坩埚和灰分的质量，单位为克（g）；

m_2——坩埚的质量，单位为克（g）；

m_3——坩埚和试样的质量，单位为克（g）；

ω——试样干物质含量（质量分数），%；

100——单位换算系数。

试样中灰分含量≥10 g/100 g时，保留三位有效数字；试样中灰分含量<10 g/100 g时，保留两位有效数字。

7　精密度

在重复性条件下获得的两次独立测定结果的绝对差值不得超过算术平均值的5%。

第二法　食品中水溶性灰分和水不溶性灰分的测定

8　原理

用热水提取总灰分，经无灰滤纸过滤、灼烧、称量残留物，测得水不溶性灰分，由总灰分和水不溶性灰分的质量之差计算水溶性灰分。

9　试剂和材料

除非另有说明，本方法所用水为 GB/T 6682 规定的三级水。

10　仪器和设备

10.1　高温炉：最高温度≥950℃。

10.2　分析天平：感量分别为 0.1 mg、1 mg，0.1 g。

10.3　石英坩埚或瓷坩埚。

10.4　干燥器（内有干燥剂）。

10.5　无灰滤纸。

10.6　漏斗。

10.7　表面皿：直径 6 cm。

10.8　烧杯（高型）：容量 100 mL。

10.9　恒温水浴锅：控温精度 ±2℃。

11　分析步骤

11.1　坩埚预处理

方法见“5.1　坩埚预处理”。

11.2　称样

方法见“5.2　称样”。

11.3　总灰分的制备

见“5.3　测定”。

11.4　测定

用约 25 mL 热蒸馏水分次将总灰分从坩埚中洗入 100 mL 烧杯中，盖上表面皿，用小火加热至微沸，防止溶液溅出。趁热用无灰滤纸过滤，并用热蒸馏水分次洗涤杯中残渣，直至滤液和洗涤体积约达 150 mL 为止，将滤纸连同残渣移入原坩埚内，放在沸水浴锅上小心地蒸去水分，然后将坩埚烘干并移入高温炉内，以 550℃±25℃灼烧至无炭粒（一般需 1 h）。待炉温降至 200℃时，放入干燥器内，冷却至室温，称重（准确至 0.000 1 g）。再放入高温炉内，以 550℃±25℃灼烧 30 min，如前冷却并称重。如此重复操作，直至连续两次称重之差不超过 0.5 mg 为止，记下最低质量。

12 分析结果的表述

12.1 以试样质量计

12.1.1 水不溶性灰分的含量，按式（5）计算：

$$X_1=\frac{m_1-m_2}{m_3-m_2}\times100 \qquad \cdots\cdots\cdots\cdots\cdots\cdots (5)$$

式中：

X_1——水不溶性灰分的含量，单位为克每百克（g/100g）；

m_1——坩埚和水不溶性灰分的质量，单位为克（g）；

m_2——坩埚的质量，单位为克（g）；

m_3——坩埚和试样的质量，单位为克（g）；

100——单位换算系数。

12.1.2 水溶性灰分的含量，按式（6）计算：

$$X_2=\frac{m_4-m_5}{m_0}\times100 \qquad \cdots\cdots\cdots\cdots\cdots\cdots (6)$$

式中：

X_2——水溶性灰分的质量，单位为克每百克（g/100g）；

m_0——试样的质量，单位为克（g）；

m_4——总灰分的质量，单位为克（g）；

m_5——水不溶性灰分的质量，单位为克（g）；

100——单位换算系数。

12.2 以干物质计

12.2.1 水不溶性灰分的含量，按式（7）计算：

$$X_1=\frac{m_1-m_2}{(m_3-m_2)\times\omega}\times100 \qquad \cdots\cdots\cdots\cdots\cdots\cdots (7)$$

式中：

X_1——水不溶性灰分的含量，单位为克每百克（g/100g）；

m_1——坩埚和水不溶性灰分的质量，单位为克（g）；

m_2——坩埚的质量，单位为克（g）；

m_3——坩埚和试样的质量，单位为克（g）；

ω——试样干物质含量（质量分数），%；

100——单位换算系数。

12.2.2 水溶性灰分的含量，按式（8）计算：

$$X_2=\frac{m_4-m_5}{m_0\times\omega}\times100 \qquad \cdots\cdots\cdots\cdots\cdots\cdots (8)$$

式中：

X_2——水溶性灰分的质量，单位为克每百克（g/100g）；

m_0——试样的质量，单位为克（g）；

m_4——总灰分的质量，单位为克（g）；
m_5——水不溶性灰分的质量，单位为克（g）；
ω——试样干物质含量（质量分数），%；
100——单位换算系数。

试样中灰分含量≥10 g/100 g时，保留三位有效数字；试样中灰分含量<10 g/100 g时，保留两位有效数字。

13　精密度

在重复性条件下获得的两次独立测定结果的绝对差值不得超过算术平均值的5%。

第三法　食品中酸不溶性灰分的测定

14　原理

用盐酸溶液处理总灰分，过滤、灼烧、称量残留物。

15　试剂和材料

除非另有说明，本方法所用试剂均为分析纯，水为GB/T 6682规定的三级水。

15.1　试剂

浓盐酸（HCl）。

15.2　试剂配制

10%盐酸溶液，24 mL分析纯浓盐酸用蒸馏水稀释至100 mL。

16　仪器和设备

16.1　高温炉：最高温度≥950℃。
16.2　分析天平：感量分别为0.1 mg、1 mg、0.1 g。
16.3　石英坩埚或瓷坩埚。
16.4　干燥器（内有干燥剂）。
16.5　无灰滤纸
16.6　漏斗。
16.7　表面皿：直径6 cm。
16.8　烧杯（高型）：容量100 mL。
16.9　恒温水浴锅：控温精度±2℃。

17　分析步骤

17.1　坩埚预处理

方法见“5.1　坩埚预处理”。

17.2　称样

方法见“5.2　称样”。

17.3　总灰分的制备

见“5.3　测定”。

17.4　测定

用 25 mL 10%盐酸溶液将总灰分分次洗入 100 mL 烧杯中，盖上表面皿，在沸水浴上小心加热，至溶液由浑浊变为透明时，继续加热 5 min，趁热用无灰滤纸过滤，用沸蒸馏水少量反复洗涤烧杯和滤纸上的残留物，直至中性（约 150 mL）。将滤纸连同残渣移入原坩埚内，在沸水浴上小心蒸去水分，移入高温炉内，以 550℃±25℃灼烧至无炭粒（一般需 1 h）。待炉温降至 200℃时，取出坩埚，放入干燥器内，冷却至室温，称重（准确至 0.000 1 g）。再放入高温炉内，以 550℃±25℃灼烧 30 min，如前冷却并称重。如此重复操作，直至连续两次称重之差不超过 0.5 mg 为止，记下最低质量。

18　分析结果的表述

18.1　以试样质量计，酸不溶性灰分的含量，按式（9）计算：

$$X_1=\frac{m_1-m_2}{m_3-m_2}\times 100 \qquad (9)$$

式中：

X_1——酸不溶性灰分的含量，单位为克每百克（g/100g）；

m_1——坩埚和酸不溶性灰分的质量，单位为克（g）；

m_2——坩埚的质量，单位为克（g）；

m_3——坩埚和试样的质量，单位为克（g）；

100——单位换算系数。

18.2　以干物质计，酸不溶性灰分的含量，按式（10）计算：

$$X_1=\frac{m_1-m_2}{(m_3-m_2)\times\omega}\times 100 \qquad (10)$$

式中：

X_1——酸不溶性灰分的含量，单位为克每百克（g/100g）；

m_1——坩埚和酸不溶性灰分的质量，单位为克（g）；

m_2——坩埚的质量，单位为克（g）；

m_3——坩埚和试样的质量，单位为克（g）；

ω——试样干物质含量（质量分数），%；

100——单位换算系数。

试样中灰分含量≥10 g/100 g 时，保留三位有效数字；试样中灰分含量<10 g/100g 时，保留两位有效数字。

19　精密度

在重复性条件下同一样品获得的测定结果的绝对差值不得超过算术平均值的 5%。

食品中蛋白质的测定

标 准 号：GB 5009.5—2016
发布日期：2016-12-23　　　　　　　　　　实施日期：2017-06-23
发布单位：中华人民共和国国家卫生和计划生育委员会、国家食品药品监督管理总局

前　　言

本标准代替 GB 5009.5—2010《食品安全国家标准　食品中蛋白质的测定》、GB/T 14489.2—2008《粮油检验　植物油料粗蛋白质的测定》、GB/T 15673—2009《食用菌中粗蛋白含量的测定》、GB/T 5511—2008《谷物和豆类　氮含量测定和粗蛋白质含量计算　凯氏法》、GB/T 9695.11—2008《肉与肉制品　氮含量测定》和 GB/T 9823—2008《粮油检验　植物油料饼粕总含氮量的测定》。

本标准与 GB 5009.5—2010 相比，主要变化如下：

——增加附录 A 蛋白质折算系数。

1　范围

本标准规定了食品中蛋白质的测定方法。

本标准第一法和第二法适用于各种食品中蛋白质的测定，第三法适用于蛋白质含量在 10 g/100 g 以上的粮食、豆类奶粉、米粉、蛋白质粉等固体试样的测定。

本标准不适用于添加无机含氮物质、有机非蛋白质含氮物质的食品的测定。

第一法　凯氏定氮法

2　原理

食品中的蛋白质在催化加热条件下被分解，产生的氨与硫酸结合生成硫酸铵。碱化蒸馏使氨游离，用硼酸吸收后以硫酸或盐酸标准滴定溶液滴定，根据酸的消耗量计算氮含量，再乘以换算系数，即为蛋白质的含量。

3　试剂和材料

3.1　试剂

除非另有说明，本方法所用试剂均为分析纯，水为 GB/T 6682 规定的三级水。

3.1.1　硫酸铜（$CuSO_4 \cdot 5H_2O$）。

3.1.2　硫酸钾（K_2SO_4）。

3.1.3　硫酸（H_2SO_4）。

3.1.4　硼酸（H_3BO_3）。

3.1.5　甲基红指示剂（$C_{15}H_{15}N_3O_2$）。
3.1.6　溴甲酚绿指示剂（$C_{21}H_{14}Br_4O_5S$）。
3.1.7　亚甲基蓝指示剂（$C_{16}H_{18}ClN_3S \cdot H_2O$）。
3.1.8　氢氧化钠（NaOH）。
3.1.9　95%乙醇（C_2H_5OH）。

3.2　试剂配制

3.2.1　硼酸溶液（20 g/L）：称取 20 g 硼酸，加水溶解后并稀释至 1 000 mL。
3.2.2　氢氧化钠溶液（400 g/L）：称取 40 g 氢氧化钠加水溶解后，放冷，并稀释至 100 mL。
3.2.3　硫酸标准滴定溶液 [$c(\frac{1}{2}H_2SO_4)$] 0.050 0 mol/L 或盐酸标准滴定溶液 [$c(HCl)$] 0.050 0 mol/L。
3.2.4　甲基红乙醇溶液（1 g/L：称取 0.1 g 甲基红，溶于 95%乙醇，用 95%乙醇稀释至 100 mL。
3.2.5　亚甲基蓝乙醇溶液（1 g/L）：称取 0.1 g 亚甲基蓝，溶于 95%乙醇，用 95%乙醇稀释至 100 mL。
3.2.6　溴甲酚绿乙醇溶液（1 g/L）：称取 0.1 g 溴甲酚绿，溶于 95%乙醇，用 95%乙醇稀释至 100 mL。
3.2.7　A 混合指示液：2 份甲基红乙醇溶液与 1 份亚甲基蓝乙醇溶液临用时混合。
3.2.8　B 混合指示液：1 份甲基红乙醇溶液与 5 份溴甲酚绿乙醇溶液临用时混合。

4　仪器和设备

4.1　天平：感量为 1 mg。
4.2　定氮蒸馏装置：如图 1 所示。
4.3　自动凯氏定氮仪。

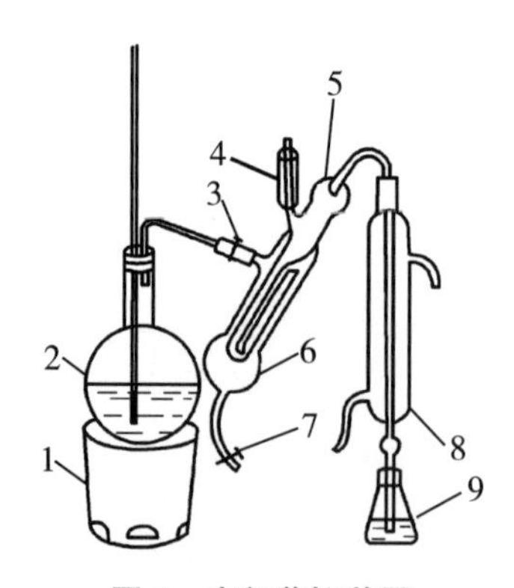

图 1　定氮蒸馏装置

说明：1——电炉；2——水蒸气发生器（2 L 烧瓶）；3——螺旋夹；4——小玻杯及棒状玻塞；5——反应室；6——反应室外层；7——橡皮管及螺旋夹；8——冷凝管；9——蒸馏液接收瓶。

5 分析步骤

5.1 凯氏定氮法

5.1.1 试样处理：称取充分混匀的固体试样 0.2~2 g、半固体试样 2~5 g 或液体试样 10~25 g（约当于 30~40 mg 氮），精确至 0.001 g，移入干燥的 100 mL、250 mL 或 500 mL 定氮瓶中，加入 0.4 g 硫酸铜、6 g 硫酸钾及 20 mL 硫酸，轻摇后于瓶口放一小漏斗，将瓶以 45℃ 角斜支于有小孔的石棉网上。小心加热，待内容物全部碳化，泡沫完全停止后，加强火力，并保持瓶内液体微沸，至液体呈蓝绿色并澄清透明后，再继续加热 0.5~1 h。取下放冷，小心加入 20 mL 水，放冷后，移入 100 mL 容量瓶中，并用少量水洗定氮瓶，洗液并入容量瓶中，再加水至刻度，混匀备用。同时做试剂空白试验。

5.1.2 测定：按图 1 装好定氮蒸馏装置，向水蒸气发生器内装水至 2/3 处，加入数粒玻璃珠，加甲基红乙醇溶液数滴及数毫升硫酸，以保持水呈酸性，加热煮沸水蒸气发生器内的水并保持沸腾。

5.1.3 向接受瓶内加入 10.0 mL 硼酸溶液及 1~2 滴 A 混合指示剂或 B 混合指示剂，并使冷凝管的下端插入液面下，根据试样中氮含量，准确吸取 2.0~10.0 mL 试样处理液由小玻杯注入反应室，以 10 mL 水洗涤小玻杯并使之流入反应室内，随后塞紧棒状玻塞。将 10.0 mL 氢氧化钠溶液倒入小玻杯，提起玻塞使其缓缓流入反应室，立即将玻塞盖紧，并水封。夹紧螺旋夹，开始蒸馏。蒸馏 10 min 后移动蒸馏液接收瓶，液面离开冷凝管下端，再蒸馏 1 min。然后用少量水冲洗冷凝管下端外部，取下蒸馏液接收瓶。尽快以硫酸或盐酸标准滴定溶液滴定至终点，如用 A 混合指示液，终点颜色为灰蓝色；如用 B 混合指示液，终点颜色为浅灰红色。同时做试剂空白。

5.2 自动凯氏定氮仪法

称取充分混匀的固体试样 0.2~2 g、半固体试样 2~5 g 或液体试样 10~25 g（约当于 30~40 mg 氮），精确至 0.001 g，至消化管中，再加入 0.4 g 硫酸铜、6 g 硫酸钾及 20 mL 硫酸于消化炉进行消化。当消化炉温度达到 420℃ 之后，继续消化 1 h，此时消化管中的液体呈绿色透明状，取出冷却后加入 50 mL 水，于自动凯氏定氮仪（使用前加入氢氧化钠溶液，盐酸或硫酸标准溶液以及含有混合指示剂 A 或 B 的硼酸溶液）上实现自动加液、蒸馏、滴定和记录滴定数据的过程。

6 分析结果的表述

试样中蛋白质的含量按式（1）计算：

$$X=\frac{(V_1-V_2)\times c\times 0.0140}{m\times V_3/100}\times F\times 100 \qquad (1)$$

式中：

X——试样中蛋白质的含量，单位为克每百克（g/100g）；

V_1——试液消耗硫酸或盐酸标准滴定液的体积，单位为毫升（mL）；

V_2——试剂空白消耗硫酸或盐酸标准滴定液的体积，单位为毫升（mL）；

c——硫酸或盐酸标准滴定溶液浓度，单位为摩尔每升（mol/L）；

0.014 0——1.0 mL 硫酸 [$c(\frac{1}{2}H_2SO_4)$ = 1.000 mol/L] 或盐酸 [$c(HCl)$ = 1.000 mol/L] 标准滴定溶液相当的氮的质量，单位为克（g）；

m——试样的质量，单位为克（g）；

V_3——吸取消化液的体积，单位为毫升（mL）；

F——氮换算为蛋白质的系数，各种食品中氮转换系数见附录 A；

100——换算系数。

蛋白质含量≥1 g/100 g 时，结果保留三位有效数字；蛋白质含量<1 g/100 g 时，结果保留两位有效数字。

注：当只检测氮含量时，不需要乘蛋白质换算系数 F。

7 精密度

在重复条件下获得的两次独立测定结果的绝对差值不得超过算术平均值的 10%。

第二法　分光光度法

8 原理

食品中的蛋白质在催化加热条件下被分解，分解产生的氨与硫酸结合生成硫酸铵，在 pH4.8 的乙酸钠-乙酸缓冲溶液中与乙酰丙酮和甲醛反应生成黄色的 3,5-二乙酰-2,6-二甲基-1,4-二氢化吡啶化合物。在波长 400mn 下测定吸光度值，与标准系列比较定量，结果乘以换算系数，即为蛋白质含量。

9 试剂和材料

9.1 试剂

除非另有说明，本方法所用试剂均为分析纯，水为 GB/T 6682 规定的三级水。

9.1.1 硫酸铜（$CuSO_4 \cdot 5H_2O$）。

9.1.2 硫酸钾（K_2SO_4）。

9.1.3 硫酸（H_2SO_4）：优级纯。

9.1.4 氢氧化钠（NaOH）。

9.1.5 对硝基苯酚（$C_6H_5NO_3$）。

9.1.6 乙酸钠（$CH_3COONa \cdot 3H_2O$）。

9.1.7 无水乙酸钠（CH_3COONa）。

9.1.8 乙酸（CH_3COOH）：优级纯。

9.1.9 37%甲醛（HCHO）。

9.1.10 乙酰丙酮（$C_5H_8O_2$）。

9.2 试剂配制

9.2.1 氢氧化钠溶液（300 g/L）：称取 30 g 氢氧化钠加水溶解后，放冷，并稀释至 100 mL。

9.2.2　对硝基苯酚指示剂溶液（1 g/L）：称取 0.1 g 对硝基笨酚指示剂溶于 20 mL 95%乙醇中，加水稀释至 100 mL。
9.2.3　乙酸溶液（1 mol/L）：量取 5.8 mL 乙酸，加水稀释至 100 mL。
9.2.4　乙酸钠溶液（1 mol/L）：称取 41 g 无水乙酸钠或 68 g 乙酸钠，加水溶解稀释至 500 mL。
9.2.5　乙酸钠-乙酸缓冲溶液：量取 60 mL 乙酸钠溶液与 40 mL 乙酸溶液混合，该溶液 pH 4.8。
9.2.6　显色剂：15 mL 甲醛与 7.8 mL 乙酰丙酮混合，加水稀释至 100 mL，剧烈振摇混匀（室温下放置稳定 3d）。
9.2.7　氨氮标准储备溶液（以氮计）（1.0 g/L）：称取 105℃干燥 2 h 的硫酸铵 0.472 0 g 加水溶解后移于 100 mL 容量瓶中，并稀释至刻度，混匀，此溶液每毫升相当于 1.0 mg氮。
9.2.8　氨氮标准使用溶液（0.1 g/L）：用移液管吸取 10.00 mL 氨氮标准储备液于 100 mL容量瓶内，加水定容至刻度，混匀，此溶液每毫升相当于 0.1 mg 氮。

10　仪器和设备

10.1　分光光度计。
10.2　电热恒温水浴锅：100℃±0.5℃。
10.3　10 mL 具塞玻璃比色管。
10.4　天平：感量为 1 mg。

11　分析步骤

11.1　试样消解

称取充分混匀的固体试样 0.1~0.5 g（精确至 0.001 g）、半固体试样 0.2~1 g（精确至 0.001 g）或液体试样 1~5 g（精确至 0.001 g），移入干燥的 100 mL 或 250 mL 定氮瓶中，加入 0.1 g 硫酸铜、1 g 硫酸钾及 5 mL 硫酸，摇匀后于瓶口放一小漏斗，将定氮瓶以 45°角斜支于有小孔的石棉网上。缓慢加热，待内容物全部炭化，泡沫完全停止后，加强火力，并保持瓶内液体微沸，至液体里蓝绿色澄清透明后，再继续加热 0.5 h。取下放冷，慢慢加入 20 mL 水，放冷后移入 50 mL 或 100 mL 容量瓶中，并用少量水洗定氮瓶，洗液并入容量瓶中，再加水至刻度，混匀备用。按同一方法做试剂空白试验。

11.2　试样溶液的制备

吸取 2.00~5.00 mL 试样或试剂空白消化液于 50 mL 或 100 mL 容量瓶内，加 1~2 滴对硝基苯酚指示剂溶液，摇匀后滴加氢氧化钠溶液中和至黄色，再滴加乙酸溶液至溶液无色，用水稀释至刻度，混匀。

11.3　标准曲线的绘制

吸取 0.00 mL、0.05 mL、0.10 mL、0.20 mL、0.40 mL、0.60 mL、0.80 mL 和 1.00 mL氨氮标准使用溶液（相当于 0.00 μg、5.00 μg、10.0 μg、20.0 μg、40.0 μg、60.0 μg、80.0 μg 和 100.0 μg 氮），分别置于 10 mL 比色管中。加 4.0 mL 乙酸钠-乙酸缓

冲溶液及 4.0 mL 显色剂，加水稀释至刻度，混匀。置于 100℃水浴中加热 15 min。取出用水冷却至室温后，移入 1 cm 比色杯内，以零管为参比，于波长 400 nm 处测量吸光度值，根据标准各点吸光度值绘制标准曲线或计算线性回归方程。

11.4 试样测定

吸取 0.50~2.00 mL（约相当于氮<100 μg）试样溶液和同量的试剂空白溶液，分别于 10 mL 比色管中。加 4.0 mL 乙酸钠-乙酸缓冲溶液及 4.0 mL 显色剂，加水稀释至刻度，混匀。置于 100℃水浴中加热 15 mm。取出用水冷却至室温后，移入 1 cm 比色杯内，以零管为参比，于波长 400 nm 处测量吸光度值，试样吸光度值与标准曲线比较定量或代入线性回归方程求出含量。

12 分析结果的表述

试样中蛋白质的含量按式（2）计算：

$$X=\frac{(C-C_0)\times V_1\times V_3}{m\times V_2\times V_4\times 1\,000\times 1\,000}\times 100\times F \qquad (2)$$

式中：

X——试样中蛋白质的含量，单位为克每百克（g/100g）；

C——试样测定液中氮的含量，单位为微克（μg）；

C_0——试剂空白测定液中氮的含量，单位为微克（μg）；

V_1——试样消化液定容体积，单位为毫升（mL）；

V_3——试样溶液总体积，单位为毫升（mL）；

m——试样质量，单位为克（g）；

V_2——制备试样溶液的消化液体积，单位为毫升（mL）；

V_4——测定用试样溶液体积，单位为毫升（mL）；

1 000——换算系数；

100——换算系数；

F——氮换算为蛋白质的系数。

蛋白质含量≥1 g/100 g 时，结果保留三位有效数字；蛋白质含氧<1 g/100 g 时，结果保留两位有效数字。

13 精密度

在重复性条件下获得的两次独立测定结果的绝对差值不得超过算术平均值的 10%。

第三法 燃烧法

14 原理

试样在 900~1 200℃高温下燃烧，燃烧过程中产生混合气体，其中的碳、硫等干扰气体和盐类被吸收管吸收，氮氧化物被全部还原成氮气，形成的氮气气流通过热导检测器（TCD）进行检测。

15　仪器和设备

15.1　氮/蛋白质分析仪。

15.2　天平：感量为 0.1 mg。

16　分析步骤

按照仪器说明书要求称取 0.1～1.0 g 充分混匀的试样（精确至 0.000 1 g），用锡箔包裹后置于样品盘上。试样进入燃烧反应炉（900～1 200℃）后，在高纯氧（≥99.99%）中充分燃烧。燃烧炉中的产物（NO_x）被载气二氧化碳或氦气运送至还原炉（800℃）中，经还原生成氮气后检测其含量。

17　分析结果的表述

试样中蛋白质的含量按式（3）计算：

$$X = C \times F \qquad \cdots\cdots\cdots\cdots (3)$$

式中：

X——试样中蛋白质的含量，单位为克每百克（g/100g）；

C——试样中氮的含量，单位为克每百克（g/100g）；

F——氮换算为蛋白质的系数。

结果保留三位有效数字。

18　精密度

在重复条件下获得的两次独立测定结果的绝对差值不得超过算术平均值的 10%。

19　其他

本方法第一法当称样量为 5.0 g 时，检出限为 8 mg/100g。

本方法第二法当称样量为 5.0 g 时，检出限为 0.1 mg/100g。

附　录　A
常见食物中的氮折算成蛋白质的折算系数

常见食物中的氮折算成蛋白质的折算系数见表 A. 1。

表 A. 1　蛋白质折算系数表

食品类别		折算系数
小麦	全小麦粉	5. 83
	麦糠麸皮	6. 31
	麦胚芽	5. 80
	麦胚粉、黑麦、普通小麦、面粉	5. 70
燕麦、大麦、黑麦粉		5. 83
小米、裸麦		5. 83
玉米、黑小麦、饲料小麦、高粱		6. 25
油料	芝麻、棉籽、葵花籽、蓖麻、红花籽	5. 30
	其他油料	6. 25
	菜籽	5. 53
坚果、种子类	巴西果	5. 46
	花生	5. 46
	杏仁	5. 18
	核桃、榛子、椰果等	5. 30
大米及米粉		5. 95
鸡蛋	鸡蛋（全）	6. 25
	蛋黄	6. 12
	蛋白	6. 32
肉与肉制品		6. 25
动物明胶		5. 55
纯乳与纯乳制品		6. 38
复合配方食品		6. 25
酪蛋白		6. 40
胶原蛋白		5. 79
豆类	大豆及其粗加工制品	5. 71
	大豆蛋白制品	6. 25
其他食品		6. 25

食品中脂肪的测定

标 准 号：GB 5009.6—2016
发布日期：2016-12-23　　　　实施日期：2017-06-23
发布单位：中华人民共和国国家卫生和计划生育委员会、国家食品药品监督管理总局

前　　言

本标准代替 GB/T 5009.6—2003《食品中脂肪的测定》、GB/T 9695.1—2008《肉与肉制品　游离脂肪含量测定》、GB 5413.3—2010《食品安全国家标准　婴幼儿食品和乳品中脂肪的测定》、GB/T 9695.7—2008《肉与肉制品　总脂肪含量测定》、GB/T 14772—2008《食品中粗脂肪的测定》、GB/T 5512—2008《粮油检验　粮食中粗脂肪含量测定》、GB/T 15674—2009《食用菌中粗脂肪含量的测定》、GB/T 22427.3—2008《淀粉总脂肪测定》、GB/T 10359—2008《油料饼粕　含油量的测定　第1部分：己烷（或石油醚）提取法》。

本标准与 GB/T 5009.6—2003 相比，主要变化如下：

——标准名称修改为“食品安全国家标准　食品中脂肪的测定”；

——修改了肉制品、淀粉的酸水解及抽提步骤；

——增加了碱水解法、盖勃法。

1　范围

本标准规定了食品中脂肪含量的测定方法。

本标准第一法适用于水果、蔬菜及其制品、粮食及粮食制品、肉及肉制品、蛋及蛋制品、水产及其制品、焙烤食品、糖果等食品中游离态脂肪含的测定。

本标准第二法适用于水果、蔬菜及其制品、粮食及粮食制品、肉及肉制品、蛋及蛋制品、水产及其制品、焙烤食品、糖果等食品中游离态脂肪及结合态脂肪总量的测定。

本标准第三法适用于乳及乳制品、婴幼儿配方食品中脂肪的测定。

本标准第四法适用于乳及乳制品、婴幼儿配方食品中脂肪的测定。

第一法　索氏抽提法

2　原理

脂肪易溶于有机溶剂。试样直接用无水乙醚或石油醚等溶剂抽提后，蒸发除去溶剂，干燥，得到游离态脂肪的含量。

3　试剂和材料

除非另有说明，本方法所用试剂均为分析纯，水为 GB/T 6682 规定的三级水。

3.1 试剂

3.1.1 无水乙醚（$C_4H_{10}O$）。

3.1.2 石油醚（C_nH_{2n+2}）：石油醚沸程为30～60℃。

3.2 材料

3.2.1 石英砂。

3.2.2 脱脂棉。

4 仪器和设备

4.1 索氏抽提器。

4.2 恒温水浴锅。

4.3 分析天平：感量0.001 g和0.000 1 g。

4.4 电热鼓风干燥箱。

4.5 干燥器：内装有效干燥剂，如硅胶。

4.6 滤纸筒。

4.7 蒸发皿。

5 分析步骤

5.1 试样处理

5.1.1 固体试样：称取充分混匀后的试样2～5 g，准确至0.001 g，全部移入滤纸筒内。

5.1.2 液体或半固体试样：称取混匀后的试样5～10 g，准确至0.001 g，置于蒸发皿中，加入约20 g石英砂，于沸水浴上蒸干后，在电热鼓风干燥箱中于100℃±5℃干燥30 min后，取出，研细，全部移入滤纸筒内。蒸发皿及粘有试样的玻璃棒，均用沾有乙醚的脱脂棉擦净，并将棉花放入滤纸筒内。

5.2 抽提

将滤纸筒放入索氏抽提器的抽提筒内，连接已干燥至恒重的接收瓶，由抽提器冷凝管上端加入无水乙醚或石油醚至瓶内容积的2/3处，于水浴上加热，使无水乙醚或石油醚不断回流抽提（6~8次/h），一般抽提6～10 h。提取结束时，用磨砂玻璃棒接取1滴提取液，磨砂玻璃棒上无油斑表明提取完毕。

5.3 称量

取下接收瓶，回收无水乙醚或石油醚，待接收瓶内溶剂剩余1～2 mL时在水浴上蒸干，再于100℃±5℃干燥1 h，放干燥器内冷却0.5 h后称量。重复以上操作直至恒重（直至两次称量的差不超过2 mg）。

6 分析结果的表述

试样中脂肪的含量按式（1）计算：

$$X=\frac{m_1-m_0}{m_2}\times 100 \qquad \cdots\cdots\cdots\cdots\cdots\cdots (1)$$

式中：

X——试样中脂肪的含量，单位为克每百克（g/100g）；

m_1——恒重后接收瓶和脂肪的含量，单位为克（g）；

m_0——接收瓶的质量，单位为克（g）；

m_2——试样的质量，单位为克（g）；

100——换算系数。

计算结果表示到小数点后一位。

7　精密度

在重复性条件下获得的两次独立测定结果的绝对差值不得超过算术平均值的10%。

第二法　酸水解法

8　原理

食品中的结合态脂肪必须用强酸使其游离出来，游离出的脂肪易溶于有机溶剂。试样经盐酸水解后用无水乙醚或石油醚提取，除去溶剂即得游离态和结合态脂肪的总含量。

9　试剂和材料

除非另有说明，本方法所用试剂均为分析纯，水为GB/T 6682规定的三级水。

9.1　试剂

9.1.1　盐酸（HCl）。

9.1.2　乙醇（C_2H_5OH）。

9.1.3　无水乙醚（$C_4H_{10}O$）。

9.1.4　石油醚（C_nH_{2n+2}）：沸程为30~60℃。

9.1.5　碘（I_2）。

9.1.6　碘化钾（KI）。

9.2　试剂的配制

9.2.1　盐酸溶液（2 mol/L）：量取50 mL盐酸，加入到250 mL水中，混匀。

9.2.2　碘液（0.05 mol/L）：称取6.5 g碘和25 g碘化钾于少量水中溶解，稀释至1L。

9.3　材料

9.3.1　蓝色石蕊试纸。

9.3.2　脱脂棉。

9.3.3　滤纸：中速。

10　仪器和设备

10.1　恒温水浴锅。

10.2　电热板：满足200℃高温。

10.3　锥形瓶。

10.4　分析天平：感量为0.1 g和0.001 g。

10.5 电热鼓风干燥箱。

11 分析步骤

11.1 试样酸水解

11.1.1 肉制品

称取混匀后的试样3~5 g，准确至0.001 g，置于锥形瓶（250 mL）中，加入50 mL 2 mol/L盐酸溶液和数粒玻璃细珠，盖上表面皿，于电热板上加热至微沸，保持1 h，每10 min旋转摇动1次。取下锥形瓶，加入150 mL热水，混匀，过滤。锥形瓶和表面皿用热水洗净，热水一并过滤。沉淀用热水洗至中性（用蓝色石蕊试纸检验，中性时试纸不变色）。将沉淀和滤纸置于大表面皿上，于100℃±5℃干燥箱内干燥1 h，冷却。

11.1.2 淀粉

根据总脂肪含量的估计值，称取混匀后的试样25~50 g，准确至0.1 g，倒入烧杯并加入100 mL水。将100 mL盐酸缓慢加到200 mL水中，并将该溶液在电热板上煮沸后加入样品液中，加热此混合液至沸腾并维持5 min，停止加热后，取几滴混合液于试管中，待冷却后加入1滴碘液，若无蓝色出现，可进行下一步操作。若出现蓝色，应继续煮沸混合液，并用上述方法不断地进行检查，直至确定混合液中不含淀粉为止，再进行下一步操作。

将盛有混合液的烧杯置于水浴锅（70~80℃）中30 min，不停地搅拌，以确保温度均匀，使脂肪析出。用滤纸过滤冷却后的混合液，并用干滤纸片取出粘附于烧杯内壁的脂肪。为确保定量的准确性，应将冲洗烧杯的水进行过滤。在室温下用水冲洗沉淀和干滤纸片，直至滤液用蓝色石蕊试纸检验不变色。将含有沉淀的滤纸和干滤纸片折叠后，放置于大表面皿上，在100℃±5℃的电热恒温干燥箱内干燥1 h。

11.1.3 其他食品

11.1.3.1 固体试样：称取约2~5 g，准确至0.001 g，置于50 mL试管内，加入8 mL水，混匀后再加10 mL盐酸，将试管放入70~80℃水浴中，每隔5~10 min以玻璃棒搅拌1次，至试样消化完全为止，约40~50 min。

11.1.3.2 液体试样：称取约10 g，准确至0.001 g，置于50 mL试管内，加10 mL盐酸。其余操作同11.1.3.1。

11.2 抽提

11.2.1 肉制品、淀粉

将干燥后的试样装入滤纸筒内，其余抽提步骤同5.2。

11.2.2 其他食品

取出试管，加入10 mL乙醇，混合。冷却后将混合物移入100 mL具塞量筒中，以25 mL无水乙醚分数次洗试管，一并倒入量筒中。待无水乙醚全部倒入量筒后，加塞振摇1 min，小心开塞，放出气体，再塞好，静置12 min，小心开塞，并用乙醚冲洗塞及量筒口附着的脂肪。静置10~20 min，待上部液体清晰，吸出上清液于已恒重的锥形瓶内，再加5 mL无水乙醚于具塞量筒内，振摇，静置后，仍将上层乙醚吸出，放入原锥形瓶内。

11.3 称量

同5.3。

12 分析结果的表述

同6。

13 精密度

在重复性条件下获得的两次独立测定结果的绝对差值不得超过算术平均值的10%。

第三法 碱水解法

14 原理

用无水乙醚和石油醚抽提样品的碱（氨水）水解液，通过蒸馏或蒸发去除溶剂，测定溶于溶剂中的抽提物的质量。

15 试剂和材料

除非另有说明，本方法所用试剂均为分析纯，水为GB/T 6682规定的三级水。

15.1 试剂

15.1.1 淀粉酶：酶活力≥1.5U/mg。

15.1.2 氨水（$NH_3 \cdot H_2O$）：质量分数约25%。

注：可使用比此浓度更高的氨水。

15.1.3 乙醇（C_2H_5OH）：体积分数至少为95%。

15.1.4 无水乙醚（$C_4H_{10}O$）。

15.1.5 石油醚（C_nH_{2n+2}）：沸程为30~60℃。

15.1.6 刚果红（$C_{32}H_{22}N_6N_{a2}O_6S_2$）。

15.1.7 盐酸（HCl）。

15.1.8 碘（I_2）。

15.2 试剂配制

15.2.1 混合溶剂：等体积混合乙醚和石油醚，现用现配。

15.2.2 碘溶液（0.1 mol/L）：称取碘12.7 g和碘化钾25 g，于水中溶解并定容至1L。

15.2.3 刚果红溶液：将1 g刚果红溶于水中，稀释至100 mL。

注：可选择性地使用。刚果红溶液可使溶剂和水相界面清晰，也可使用其他能使水相染色而不影响测定结果的溶液。

15.2.4 盐酸溶液（6 mol/L）：量取50 mL盐酸缓慢倒入40 mL水中，定容至100 mL，混匀。

16 仪器和设备

16.1 分析天平：感量为0.000 1 g。

16.2 离心机：可用于放置抽脂瓶或管，转速为 500～600 r/min，可在抽脂瓶外端产生 80～90 g 的重力场。

16.3 电热鼓风干燥箱。

16.4 恒温水浴锅。

16.5 干燥器：内装有效干燥剂，如硅胶。

16.6 抽脂瓶：抽脂瓶应带有软木塞或其他不影响溶剂使用的瓶塞（如硅胶或聚四氟乙烯）。软木塞应先浸泡于乙醚中，后放入 60℃或 60℃以上的水中保持至少 15 min，冷却后使用。不用时需浸泡在水中，浸泡用水每天更换 1 次。

注：也可使用带虹吸管或洗瓶的抽脂管（或烧瓶），但操作步骤有所不同，见附录 A 中规定。接头的内部长支管下端可成勺状。

17 分析步骤

17.1 试样碱水解

17.1.1 巴氏杀菌乳、灭菌乳、生乳、发酵乳、调制乳

称取充分混匀试样 10 g（精确至0.000 1 g）于抽脂瓶中。加入 2.0 mL 氨水，充分混合后立即将抽脂瓶放入 65℃±5℃的水浴中，加热 15～20 min，不时取出振荡。取出后，冷却至室温。静置 30s。

17.1.2 乳粉和婴幼儿食品

称取混匀后的试样，高脂乳粉、全脂乳粉、全脂加糖乳粉和婴幼儿食品约 1 g（精确至 0.000 1 g），脱脂乳粉、乳清粉、酪乳粉约 1.5 g（精确至 0.000 1 g），其余操作同 17.1.1。

17.1.2.1 不含淀粉样品

加入 10 mL 65℃±5℃的水，将试样洗入抽脂瓶的小球，充分混合，直到试样完全分散，放入流动水中冷却。

17.1.2.2 含淀粉样品

将试样放入抽脂瓶中，加入约 0.1 g 的淀粉酶，混合均匀后，加入 8～10 mL 45℃的水，注意液面不要太高。盖上瓶塞于搅拌状态下，置 65℃±5℃水浴中 2 h，每隔 10 min 摇混 1 次。为检验淀粉是否水解完全可加入 2 滴约 0.1 mol/L 的碘溶液，如无蓝色出现说明水解完全，否则将抽脂瓶重新置于水浴中，直至无蓝色产生。抽脂瓶冷却至室温。

其余操作同 17.1.1。

17.1.3 炼乳

脱脂炼乳、全脂炼乳和部分脱脂炼乳一般称取 3～5 g、高脂炼乳称取约 1.5 g（精确至 0.000 1 g），用 10 mL 水，分次洗入抽脂瓶小球中，充分混合均匀。其余操作同 17.1.1。

17.1.4 奶油、稀奶油

先将奶油试样放入温水浴中溶解并混合均匀后，称取试样约 0.5 g（精确至 0.000 1 g），稀奶油称取约 1 g 于抽脂瓶中，加入 8～10 mL 约 45℃的水。再加 2 mL 氨水充分混匀。其余操作同 17.1.1。

17.1.5　干酪

称取约 2 g 研碎的试样（精确至 0.000 1 g）于抽脂瓶中，加 10 mL 6 mol/L 盐酸，混匀，盖上瓶塞，于沸水中加热 20~30 min，取出冷却至室温，静置 30s。

17.2　抽提

17.2.1　加入 10 mL 乙醇，缓和但彻底地进行混合，避免液体太接近瓶颈。如果需要，可加入 2 滴刚果红溶液。

17.2.2　加入 25 mL 乙醚，塞上瓶塞，将抽脂瓶保持在水平位置，小球的延伸部分朝上夹到摇混器上，按约 100 次/min 振荡 1 min，也可采用手动振摇方式。但均应注意避免形成持久乳化液。抽脂瓶冷却后小心地打开塞子，用少量的混合溶剂冲洗塞子和瓶颈，使冲洗液流入抽脂瓶。

17.2.3　加入 25 mL 石油醚，塞上重新润湿的塞子，按 17.2.2 所述，轻轻振荡 30s。

17.2.4　将加塞的抽脂瓶放入离心机中，在 500~600 r/min 下离心 5 min，否则将抽脂瓶静置至少 30 min，直到上层液澄清，并明显与水相分离。

17.2.5　小心地打开瓶塞，用少量的混合溶剂冲洗塞子和瓶颈内壁，使冲洗液流入抽脂瓶。

如果两相界面低于小球与瓶身相接处，则沿瓶壁边缘慢慢地加入水，使液面高于小球和瓶身相接处［见图 1（a）］，以便于倾倒。

17.2.6　将上层液尽可能地倒入已准备好的加入沸石的脂肪收集瓶中，避免倒出水层［见图 1（b）］。

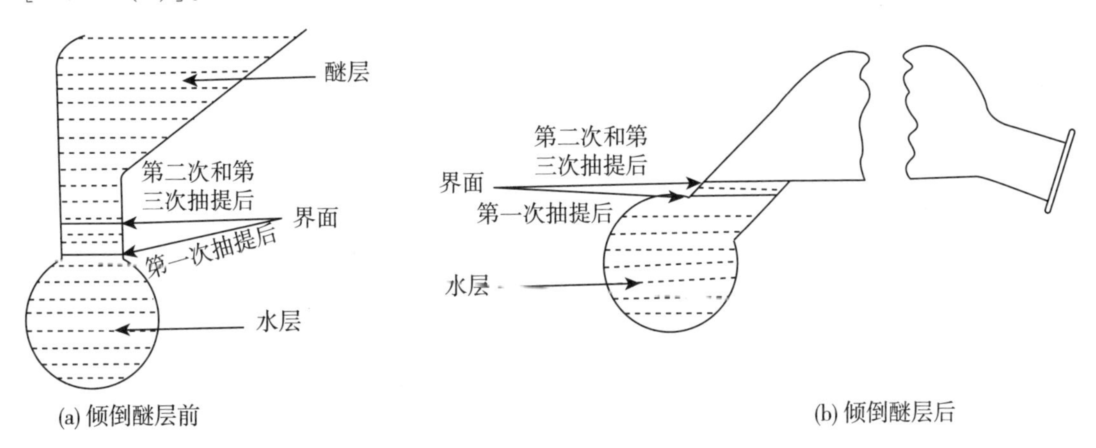

图 1　操作示意

17.2.7　用少量混合溶剂冲洗瓶颈外部，冲洗液收集在脂肪收集瓶中。应防止溶剂溅到抽脂瓶的外面。

17.2.8　向抽脂瓶中加入 5 mL 乙醇，用乙醇冲洗瓶颈内壁，按 17.2.1 所述进行混合。重复 17.2.2~17.2.7 操作，用 15 mL 无水乙醚和 15 mL 石油醚，进行第 2 次抽提。

17.2.9　重复 17.2.2~17.2.7 操作，用 15 mL 无水乙醚和 15 mL 石油醚，进行第 3 次抽提。

17.2.10　空白试验与样品检验同时进行，采用 10 mL 水代替试样，使用相同步骤和相同试剂。

17.3　称量

合并所有提取液，既可采用蒸馏的方法除去脂肪收集瓶中的溶剂，也可于沸水浴上蒸发至干来除掉溶剂。蒸馏前用少量混合溶剂冲洗瓶颈内部。将脂肪收集瓶放入 100℃±5℃ 的烘箱中干燥 1 h，取出后置于干燥器内冷却 0.5 h 后称量。重复以上操作直至恒重（直至两次称量的差不超过 2 mg）。

18　分析结果的表述

试样中脂肪的含量按式（2）计算：

$$X=\frac{(m_1-m_2)-(m_3-m_4)}{m}\times 100 \qquad \cdots\cdots\cdots\cdots\cdots\cdots (2)$$

式中：

X——试样中脂肪的含量，单位为克每百克（g/100g）；

m_1——恒重后脂肪收集瓶和脂肪的质量，单位为克（g）；

m_2——脂肪收集瓶的质量，单位为克（g）；

m_3——空白试验中，恒重后脂肪收集瓶和抽提物的质量，单位为克（g）；

m_4——空白试验中脂肪收集瓶的质量，单位为克（g）；

m——样品的质量，单位为克（g）；

100——换算系数。

结果保留 3 位有效数字。

19　精密度

当样品中脂肪含量≥15%时，两次独立测定结果之差≤0.3 g/100 g；

当样品中脂肪含量在 5%～15%时，两次独立测定结果之差≤0.2 g/100 g；

当样品中脂肪含量≤5%时，两次独立测定结果之差≤0.1 g/100 g。

第四法　盖勃法

20　原理

在乳中加入硫酸破坏乳胶质性和覆盖在脂肪球上的蛋白质外膜，离心分离脂肪后测量其体积。

21　试剂和材料

除非另有说明，本方法所用试剂均为分析纯，水为 GB/T 6682 规定的三级水。

21.1　硫酸（H_2SO_4）。

21.2　异戊醇（$C_5H_{12}O$）。

22　仪器和设备

22.1　乳脂离心机。

22.2 盖勃氏乳脂计：最小刻度值为 0.1%，见图 2。

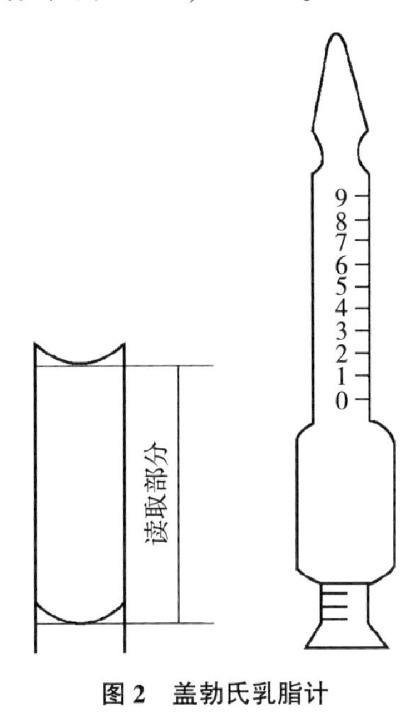

图 2 盖勃氏乳脂计

22.3 10.75 mL 单标乳吸管。

23 分析步骤

于盖勃氏乳脂计中先加入 10 mL 硫酸，再沿着管壁小心准确加入 10.75 mL 试样，使试样与硫酸不要混合，然后加 1 mL 异戊醇，塞上橡皮塞，使瓶口向下，同时用布包裹以防冲出，用力振摇使呈均匀棕色液体，静置数分钟（瓶口向下），置 65~70℃水浴中 5 min，取出后置于乳脂离心机中以 1 100 r/min 的转速离心 5 min，再置于 65~70℃水浴水中保温 5 min（注意水浴水面应高于乳脂计脂肪层）。取出，立即读数，即为脂肪的百分数。

24 精密度

在重复性条件下获得的两次独立测定结果的绝对差值不得超过算术平均值的 5%。

GB 5009.6—2016

附 录 A
使用带虹吸管或洗瓶的抽脂管的操作步骤

A.1 试样碱水解

A.1.1 巴氏杀菌、灭菌乳、生乳、发酵乳、调制乳

称取充分混匀样品 10 g（精确至 0.001 g）于抽脂管底部。加入 2 mL 氨水，与管底部已稀释的样品彻底混合。将抽指管放入 65℃±5℃ 的水浴中，加热 15~20 min，偶尔振荡样品管，然后冷却至室温。

A.1.2 乳粉及乳基婴幼儿食品

称取混匀后的样品高脂乳粉、全脂乳粉、全脂加糖乳粉和乳基婴幼儿配方食品：约 1 g，脱脂乳粉、乳清粉、酪乳粉：约 1.5 g（精确至 0.001 g），于抽脂管底部，加入 10 mL 65℃±5℃的水，充分混合，直到样品完全分散，放入流动水中冷却。其余操作同 A.1.1。

A.1.3 炼乳

脱脂炼乳称取约 10 g、全脂炼乳和部分脱脂炼乳一般称取 3~5 g；高脂炼乳称取约 1.5 g（精确至 0.001 g），于抽脂管底部。加入 10 mL 水，充分混合均匀。其余操作同 A.1.1。

A.1.4 奶油、稀奶油

先将奶油样品放入温水浴中溶解并混合均匀后，奶油称取约 0.5 g 样品，稀奶油称取 1 g 于抽脂管底部（精确至 0.001 g）。其余操作同 A.1.1。

A.1.5 干酪

称取约 2 g 研碎的样品（精确至 0.001 g）。加水 9 mL、氨水 2 mL，用玻璃棒搅拌均匀后微微加热使酪蛋白溶解，用盐酸中和后再加盐酸 10 mL，加海砂 0.5 g，盖好玻璃盖，以文火煮沸 5 min，冷却后将烧杯内容物移入抽脂管底部，用 25 mL 无水乙醚冲洗烧杯，洗液并入抽脂管中。

A.2 抽提

A.2.1 加入 10 mL 无水乙醇，在管底部轻轻彻底地混合，必要时加入两滴刚果红溶液。

A.2.2 加入 25 mL 无水乙醚，加软木塞（已被水饱和），或用水浸湿的其他瓶塞，上下反转 1 min，不要过度（避免形成持久性乳化液）。必要时，将管子放入流动的水中冷却，然后小心地打开软木塞，用少量的混合溶剂（使用洗瓶）冲洗塞子和管颈，使冲洗液流入管中。

A.2.3 加入 25 mL 石油醚，加塞（塞子重新用水润湿），按 A.2.2 所述轻轻振荡 30s。

A.2.4 将加塞的管子放入离心机中，在 500~600 r/min 下离心 1~5 min。或静置至少 30 min，直到上层液澄清，并明显地与水相分离，冷却。

A.2.5 小心地打开软木塞，用少量混合溶剂洗塞子和管颈，使冲洗液流入管中。

A.2.6 将虹吸管或洗瓶接头插入管中，向下压长支管，直到距两相界面的上方 4 mm处，内部长支管应与管轴平行。

小心地将上层液移入含有沸石的脂肪收集瓶中，也可用金属皿。避免移入任何水相。用少量混合溶剂冲洗长支管的出口，收集冲洗液于脂肪收集瓶中。

A.2.7　松开管颈处的接头，用少量的混合溶剂冲洗接头和内部长支管的较低部分，重新插好接头，将冲洗液移入脂肪收集瓶中。

用少量的混合溶剂冲洗出口，冲洗液收集于瓶中，必要时，按 17.3 所述，通过蒸馏或蒸发去除部分溶剂。

A.2.8　再松开管颈处的接头，微微抬高接头，加入 5 mL 乙醇，用乙醇冲洗长支管，如 A.2.1 所述混合。

A.2.9　重复 A.2.2～A.2.7 步骤进行第 2 次抽提，但仅用 15 mL 乙醚和 15 mL 石油醚，抽提之后，在移开管接头时，用乙醚冲洗内部长支管。

A.2.10　重复 A.2.2～A.2.7 步骤，不加乙醇，进行第 3 次抽提，仅用 15 mL 无水乙醚和 15 mL 石油醚。

注：如果产品中脂肪的质量分数低于 5%，可省略第 3 次抽提。

A.2.11　以下按 17.3 所述进行。

食品酸度的测定

标 准 号：GB 5009.239—2016

发布日期：2016-08-31　　　　实施日期：2017-03-01

发布单位：中华人民共和国国家卫生和计划生育委员会

前　言

本标准代替 GB 5413.34—2010《食品安全国家标准　乳和乳制品酸度的测定》、GB/T 22427.9—2008《淀粉及其衍生物酸度测定》和 GB/T 5517—2010《粮油检验　粮食及制品酸度测定》。

本标准与 GB 5413.34—2010、GB/T 22427.9—2008 和 GB/T 5517—2010 相比，主要变化如下：

——标准名称修改为“食品安全国家标准　食品酸度的测定”；

——本标准整合了 GB 5413.34—2010、GB/T 22427.9—2008、GB/T 5517—2010 中食品酸度的测定方法。

1　范围

本标准规定了生乳及乳制品、淀粉及其衍生物酸度和粮食及制品酸度的测定方法。

本标准第一法适用于生乳及乳制品、淀粉及其衍生物、粮食及制品酸度的测定；第二法适用乳粉酸度的测定；第三法适用于乳及其他乳制品中酸度的测定。

第一法　酚酞指示剂法

2　原理

试样经过处理后，以酚酞作为指示剂，用 0.100 0 mol/L 氢氧化钠标准溶液滴定至中性，消耗氢氧化钠溶液的体积数，经计算确定试样的酸度。

3　试剂和材料

除非另有说明，本方法所用试剂均为分析纯，水为 GB/T 6682 规定的三级水。

3.1　试剂

3.1.1　氢氧化钠（NaOH）。

3.1.2　七水硫酸钴（$CoSO_4 \cdot 7H_2O$）。

3.1.3　酚酞。

3.1.4　95%乙醇。

3.1.5　乙醚。

3.1.6　氮气：纯度为 98%。

3.1.7 三氯甲烷（$CHCl_3$）。

3.2 试剂配制

3.2.1 氢氧化钠标准溶液（0.1000 mol/L）

称取0.75 g于105~110℃电烘箱中干燥至恒重的工作基准试剂邻苯二中酸氢钾，加50 mL无二氧化碳的水溶解，加2滴酚酞指示液（10 g/L），用配制好的氢氧化钠溶液滴定至溶液呈粉红色，并保持30s。同时做空白试验。

注：把二氧化碳（CO_2）限制在洗涤瓶或者干燥管，避免滴管中NaOH因吸收CO_2而影响其浓度。可通过盛有10%氢氧化钠溶液洗涤瓶连接的装有氢氧化钠溶液的滴定管，或者通过连接装有新鲜氢氧化钠或氢氧化钙的滴定管末尾而形成一个封闭的体系，避免此溶液吸收二氧化碳（CO_2）。

3.2.2 参比溶液

将3 g七水流酸钴溶解于水中，并定容至100 mL。

3.2.3 酣酞指示液

称取0.5 g酚酞溶于75 mL体积分数为95%的乙醇中，并加入20 mL水，然后滴加氢氧化钠溶液（3.2.1）至微粉色，再加入水定容至100 mL。

3.2.4 中性乙醇-乙醚混合液

取等体积的乙醇、乙醚混合后加3滴酚酞指示液，以氢氧化钠溶液（0.1 mol/L）滴至微红色。

3.2.5 不含二氧化碳的蒸馏水

将水煮沸15 min，逐出二氧化碳，冷却，密闭。

4 仪器和设备

4.1 分析天平：感量为0.001 g。

4.2 碱式滴定管：容量10 mL，最小刻度0.05 mL。

4.3 碱式滴定管：容量25 mL，最小刻度0.1 mL。

4.4 水浴锅。

4.5 锥形瓶：100 mL、150 mL、250 mL。

4.6 具塞磨口锥形瓶：250 mL。

4.7 粉碎机：可使粉碎的样品95%以上通过CQ16筛［相当于孔径0.425 mm（40目）］，粉碎样品时磨膛不应发热。

4.8 振荡器：往返式，振荡频率为100次/min。

4.9 中速定性滤纸。

4.10 移液管：10 mL、20 mL，

4.11 量筒：50 mL、250 mL。

4.12 玻璃漏斗和漏斗架。

5 分析步骤

5.1 乳粉

5.1.1 试样制备

将样品全部移入到约两倍于样品体积的洁净干燥容器中（带密封盖），立即盖紧容器，反复旋转振荡，使样品彻底混合。在此操作过程中，应尽量避免样品暴露在空气中。

5.1.2 测定

称取4 g样品（精确到0.01 g）于250 mL锥形瓶中。用量筒量取96 mL约20℃的水（3.2.5），使样品复溶，搅拌，然后静置20 min。

向一只装有96 mL约20℃的水（3.2.5）的锥形瓶中加入2.0 mL参比溶液，轻轻转动，使之混合，得到标准参比颜色。如果要测定多个相似的产品，则此参比溶液可用于整个测定过程，但时间不得超过2 h。

向另一只装有样品溶液的锥形瓶中加入2.0 mL酚酞指示液，轻轻转动，使之混合。用25 mL碱式滴定管向该锥形瓶中滴加氢氧化钠溶液，边滴加边转动烧瓶，直到颜色与参比溶液的颜色相似，且5 s内不消退，整个滴定过程应在45 s内完成。滴定过程中，向锥形瓶中吹氮气，防止溶液吸收空气中的二氧化碳。记录所用氢氧化钠溶液的毫升数（V_1），精确至0.05 mL，代入式（1）计算。

5.1.3 空白滴定

用96 mL水（3.2.5）做空白实验，读取所消耗氢氧化钠标准溶液的毫升数（V_0）。空白所消耗的氢氧化钠的体积应不小于零，否则应重新制备和使用符合要求的蒸馏水。

5.2 乳及其他乳制品

5.2.1 制备参比溶液

向装有等体积相应溶液的锥形瓶中加入2.0 mL参比溶液，轻轻转动，使之混合，得到标准参比颜色。如果要测定多个相似的产品，则此参比溶液可用于整个测定过程，但时间不得超过2 h。

5.2.2 巴氏杀菌乳、灭菌乳、生乳、发酵乳

称取10 g（精确到0.001 g）已混匀的试样，置于150 mL锥形瓶中，加20 mL新煮沸冷却至室温的水，混匀，加入2.0 mL酚酞指示液，混匀后用氢氧化钠标准溶液滴定，边滴加边转动烧瓶，直到颜色与参比溶液的颜色相似，且5 s内不消退，整个滴定过程应在45 s内完成。滴定过程中，向锥形瓶中吹氮气，防止溶液吸收空气中的二氧化碳。记录消耗的氢氧化钠标准滴定溶液毫升数（V_2），代入式（2）中进行计算。

5.2.3 奶油

称取10 g（精确到0.001 g）已混匀的试样，置于250 mL锥形瓶中，加30 mL中性乙醇-乙醚混合液，混匀，加入2.0 mL酚酞指示液，混匀后用氢氧化钠标准溶液滴定，边滴加边转动烧瓶，直到颜色与参比溶液的颜色相似，且5 s内不消退，整个滴定过程应在45 s内完成。滴定过程中，向锥形瓶中吹氮气，防止溶液吸收空气中的二氧化碳。记录消耗的氢氧化钠标准滴定溶液毫升数（V_2），代入式（2）中进行计算。

5.2.4　炼乳

称取10 g（精确到0.001 g）已混匀的试样，置于250 mL锥形瓶中，加60 mL新煮沸冷却至室温的水溶解，混匀，加入2.0 mL酚酞指示液，混匀后用氢氧化钠标准溶液滴定，边滴加边转动烧瓶，直到颜色与参比溶液的颜色相似，且5 s内不消退，整个滴定过程应在45 s内完成。滴定过程中，向锥形瓶中吹氮气，防止溶液吸收空气中的二氧化碳。记录消耗的氢氧化钠标准滴定溶液毫升数（V_2），代入式（2）中进行计算。

5.2.5　干酪素

称取5 g（精确到0.001 g）经研磨混匀的试样于锥形瓶中，加入50 mL水（3.2.5），于室温下（18~20℃）放置4~5 h，或在水浴锅中加热到45℃并在此温度下保持30 min，再加50 mL水（3.2.5），混匀后，通过干燥的滤纸过滤。吸取滤液50 mL于锥形瓶中，加入2.0 mL酚酞指示液，混匀后用氢氧化钠标准溶液滴定，边滴加边转动烧瓶，直到颜色与参比溶液的颜色相似，且5 s内不消退，整个滴定过程应在45 s内完成。滴定过程中，向锥形瓶中吹氮气，防止溶液吸收空气中的二氧化碳。记录消耗的氢氧化钠标准滴定溶液毫升数（V_3），代入式（3）进行计算。

5.2.6　空白滴定

用等体积的水（3.2.5）做空白实验，读取耗用氢氧化钠标准溶液的毫升数（V_0）（适用于5.2.2、5.2.4、5.2.5）。用30 mL中性乙醇-乙醚混合液做空白实验，读取耗用氢氧化钠标准溶液的毫升数（V_0）（适用于5.2.3）。

空白所消耗的氢氧化钠的体积应不小于零，否则应重新制备和使用符合要求的蒸馏水或中性乙醇-乙醚混合液。

5.3　淀粉及其衍生物

5.3.1　样品预处理

样品应充分混匀。

5.3.2　称样

称取样品10 g（精确至0.1 g），移入250 mL锥形瓶内，加入100 mL水，振荡并混合均匀。

5.3.3　滴定

向一只装有100 mL约20℃的水的锥形瓶中加入2.0 mL参比溶液，轻轻转动，使之混合，得到标准参比颜色。如果要测定多个相似的产品，则此参比溶液可用于整个测定过程，但时间不得超过2 h。

向装有样品的锥形瓶中加入2~3滴酚酞指示剂，混匀后用氢氧化钠标准溶液滴定，边滴加边转动烧瓶，直到颜色与参比溶液的颜色相似，且5 s内不消退，整个滴定过程应在45 s内完成。滴定过程中，向锥形瓶中吹氮气，防止溶液吸收空气中的二氧化碳。读取耗用氢氧化钠标准溶液的毫升数（V_4），代入式（4）中进行计算。

5.3.4　空白滴定

用100 mL水（3.2.5）做空白实验，读取耗用氢氧化钠标准溶液的毫升数（V_0）。

空白所消耗的氢氧化钠的体积应不小于零，否则应重新制备和使用符合要求的蒸馏水。

5.4 粮食及制品

5.4.1 试样制备

取混合均匀的样品 80~100 g，用粉碎机粉碎，粉碎细度要求 95%以上通过 CQ16 筛 [孔径 0.425 mm（40 目）]，粉碎后的全部筛分样品充分混合，装入磨口瓶中，制备好的样品应立即测定。

5.4.2 测定

称取试样（5.4.1）15 g，置入 250 mL 具塞磨口锥形瓶，加水（3.2.5）150 mL（V_{51}）（先加少量水与试样混成稀糊状，再全部加入），滴入三氯甲烷 5 滴，加塞后摇匀，在室温下放置提取 2 h，每隔 15 min 摇动 1 次（或置于振荡器上振荡 70 min），浸提完毕后静置数分钟用中速定性滤纸过滤，用移液管吸取滤液 10 mL（V_{52}），注入 100 mL 锥形瓶中，再加水（3.2.5）20 mL 和酚酞指示剂 3 滴，混匀后用氢氧化钠标准溶液滴定，边滴加边转动烧瓶，直到颜色与参比溶液的颜色相似，且 5s 内不消退，整个滴定过程应在 45s 内完成。滴定过程中，向锥形瓶中吹氮气，防止溶液吸收空气中的二氧化碳。记下所消耗的氢氧化钠标准溶液毫升数（V_5），代入式（5）中进行计算。

5.4.3 空白滴定

用 30 mL 水（3.2.5）做空白试验，记下所消耗的氢氧化钠标准溶液毫升数（V_0）。

注：三氯甲烷有毒，操作时应在通风良好的通风橱内进行。

6 分析结果的表述

乳粉试样中的酸度数值以（°T）表示，按式（1）计算：

$$X_1=\frac{c_1\times(V_1-V_0)\times12}{m_1\times(1-\omega)\times0.1} \quad \cdots\cdots\cdots\cdots\cdots\cdots (1)$$

式中：

X_1——试样的酸度，单位为度（°T）[以 100 g 干物质为 12%的复原乳所消耗的 0.1 mol/L氢氧化钠毫升数计，单位为毫升每 100 克（mL/100g）]；

c_1——氢氧化钠标准溶液的浓度，单位为摩尔每升（mol/L）；

V_1——滴定时所消耗氢氧化钠标准溶液的体积，单位为毫升（mL）；

V_0——空白实验所消耗氢氧化钠标准溶液的体积，单位为毫升（mL）；

12——12 g 乳粉相当 100 mL 复原乳（脱脂乳粉应为 9，脱脂乳清粉应为 7）；

m_1——称取样品的质量，单位为克（g）；

ω——试样中水分的质量分数，单位为克每百克（g/100g）；

$1-\omega$——试样中乳粉的质量分数，单位为克每百克（g/100g）；

0.1——酸度理论定义氢氧化钠的摩尔浓度，单位为摩尔每升（mol/L）。

以重复性条件下获得的两次独立测定结果的算术平均值表示，结果保留三位有效数字。

注：若以乳酸含量表示样品的酸度，那么样品的乳酸含量（g/100g）= $T\times0.009$。T 为样品的滴定酸度（0.009 为乳酸的换算系数，即 1 mL 0.1 mol/L 的氢氧化钠标准溶液相当于 0.009 g 乳酸）。

巴氏杀菌乳、灭菌乳、生乳、发酵乳、奶油和炼乳试样中的酸度数值以（°T）表示，按式（2）计算：

$$X_2=\frac{c_2\times(V_2-V_0)\times100}{m_2\times0.1} \quad\cdots\cdots\cdots\cdots\cdots\cdots(2)$$

式中：

X_2——试样的酸度，单位为度（°T）[以 100 g 样品所消耗的 0.1 mol/L 氢氧化钠毫升数计，单位为毫升每百克（mL/100g）]；

c_2——氢氧化钠标准溶液的摩尔浓度，单位为摩尔每升（mol/L）；

V_2——滴定时所消耗氢氧化钠标准溶液的体积，单位为毫升（mL）；

V_0——空白实验所消耗氢氧化钠标准溶液的体积，单位为毫升（mL）；

100——100 g 试样；

m_2——试样的质量，单位为克（g）；

0.1——酸度理论定义氢氧化钠的摩尔浓度，单位为摩尔每升（mol/L）。

以重复性条件下获得的两次独立测定结果的算术平均值表示，结果保留三位有效数字。

干酪素试样中的酸度数值以（°T）表示，按式（3）计算：

$$X_3=\frac{c_3\times(V_3-V_0)\times100\times2}{m_3\times0.1} \quad\cdots\cdots\cdots\cdots\cdots\cdots(3)$$

式中：

X_3——试样的酸度，单位为度（°T）[以 100 g 样品所消耗的 0.1 mol/L 氢氧化钠毫升数计，单位为毫升每百克（mL/100g）]；

c_3——氢氧化钠标准溶液的摩尔浓度，单位为摩尔每升（mol/L）；

V_3——滴定时所消耗氢氧化钠标准溶液的体积，单位为毫升（mL）；

V_0——空白实验所消耗氢氧化钠标准溶液的体积，单位为毫升（mL）；

100——100 g 试样；

2——试样的稀释倍数；

m_3——试样的质量，单位为克（g）；

0.1——酸度理论定义氢氧化钠的摩尔浓度，单位为摩尔每升（mol/L）。

以重复性条件下获得的两次独立测定结果的算术平均值表示，结果保留三位有效数字。

淀粉及其衍生物试样中的酸度数值以（°T）表示，按式（4）计算：

$$X_4=\frac{c_4\times(V_4-V_0)\times10}{m_4\times0.1000} \quad\cdots\cdots\cdots\cdots\cdots\cdots(4)$$

式中：

X_4——试样的酸度，单位为度（°T）[以 10 g 样品所消耗的 0.1 mol/L 氢氧化钠毫升数计，单位为毫升每十克（mL/10g）]；

c_4——氢氧化钠标准溶液的摩尔浓度，单位为摩尔每升（mol/L）；

V_4——滴定时所消耗氢氧化钠标准溶液的体积，单位为毫升（mL）；

V_0——空白实验所消耗氢氧化钠标准溶液的体积，单位为毫升（mL）；

10——10 g 试样；

m_4——试样的质量，单位为克（g）；

0.100 0——酸度理论定义氢氧化钠的摩尔浓度，单位为摩尔每升（mol/L）。

以重复性条件下获得的两次独立测定结果的算术平均值表示，结果保留三位有效数字。

粮食及制品试样中的酸度数值以（°T）表示，按式（5）计算：

$$X_5=(V_5-V_0)\times\frac{V_{51}}{V_{52}}\times\frac{c_5}{0.100\ 0}\times\frac{10}{m_5} \quad\cdots\cdots\cdots\cdots\cdots\cdots(5)$$

式中：

X_5——试样的酸度，单位为度（°T）［以 10 g 样品所消耗的 0.1 mol/L 氢氧化钠毫升数计，单位为毫升每十克（mL/10g）］；

V_5——试样滤液消耗的氢氧化钾标准溶液体积，单位为毫升（mL）；

V_0——空白实验所消耗氢氧化钾标准溶液的体积，单位为毫升（mL）；

V_{51}——浸提试样的水体积，单位为毫升（mL）；

V_{52}——用于滴定的试样滤液体积，单位为毫升（mL）；

c_5——氢氧化钾标准溶液的浓度，单位为摩尔每升（mol/L）；

0.100 0——酸度理论定义氢氧化钠的摩尔浓度，单位为摩尔每升（mol/L）；

10——10 g 试样；

m_5——试样的质量，单位为克（g）。

以重复性条件下获得的两次独立测定结果的算术平均值表示，结果保留三位有效数字。

7 精密度

在重复性条件下获得的两次独立测定结果的绝对差值不得超过算术平均值的 10%。

第二法 pH 计法

8 原理

中和试样溶液至 pH 值为 8.30 所消耗的 0.100 0 mol/L 氢氧化钠体积，经计算确定其酸度。

9 试剂和材料

除非另有说明，本方法所用试剂均为分析纯，水为 GB/T 6682 规定的三级水。

9.1 氢氧化钠标准溶液：同 3.2.1。

9.2 氮气：纯度为 98%。

9.3 不含二氧化碳的蒸馏水：同 3.2.5。

10　仪器和设备

10.1　分析天平：感量为0.001 g。

10.2　碱式滴定管：分刻度0.1 mL，可准确至0.05 mL。或者自动滴定管满足同样的使用要求。

注：可以进行手工滴定，也可以使用自动电位滴定仪。

10.3　pH计：带玻璃电极和适当的参比电极。

10.4　磁力搅拌器。

10.5　高速搅拌器，如均质器。

10.6　恒温水浴锅。

11　分析步骤

11.1　试样制备

将样品全部移入到约两倍于样品体积的洁净干燥容器中（带密封盖），立即盖紧容器，反复旋转振荡，使样品彻底混合。在此操作过程中，应尽量避免样品暴露在空气中。

11.2　测定

称取4 g样品（精确到0.01 g）于250 mL锥形瓶中。用量筒量取96 mL约20℃的水（9.3），使样品复溶，搅拌，然后静置20 min。

用滴定管向锥形瓶中滴加氢氧化钠标准溶液（9.1），直到pH稳定在8.30±0.01处4~5 s。滴定过程中，始终用磁力搅拌器进行搅拌，同时向锥形瓶中吹氮气（9.2），防止溶液吸收空气中的二氧化碳。整个滴定过程应在1 min内完成。记录所用氢氧化钠溶液的毫升数（V_6），精确至0.05 mL，代入式（6）计算。

11.3　空白滴定

用100 mL蒸馏水（9.3）做空白实验，读取所消耗氢氧化钠标准溶液的毫升数（V_0）。

注：空白所消耗的氢氧化钠的体积应不小于零，否则应重新制备和使用符合要求的蒸馏水。

12　分析结果的表述

乳粉试样中的酸度数值以（°T）表示，按式（6）计算：

$$X_6=\frac{c_6\times(V_6-V_0)\times 12}{m_6\times(1-\omega)\times 0.1} \quad \cdots\cdots\cdots\cdots\cdots\cdots (6)$$

式中：

X_6——试样的酸度，单位为度（°T）；

c_6——氢氧化钠标准溶液的浓度，单位为摩尔每升（mol/L）；

V_6——滴定时所消耗氢氧化钠标准溶液的体积，单位为毫升（mL）；

V_0——空白实验所消耗氢氧化钠标准溶液的体积，单位为毫升（mL）；

12——12 g 乳粉相当 100 mL 复原乳（脱脂乳粉应为 9，脱脂乳清粉应为 7）；
m_6——称取样品的质量，单位为克（g）；
ω——试样中水分的质量分数，单位为克每百克（g/100g）；
$1-\omega$——试样中乳粉质量分数，单位为克每百克（g/100g）；
0.1——酸度理论定义氢氧化钠的摩尔浓度，单位为摩尔每升（mol/L）。

以重复性条件下获得的两次独立测定结果的算术平均值表示，结果保留三位有效数字。

注：若以乳酸含量表示样品的酸度，那么样品的乳酸含量（g/100g）= $T\times0.009$。T 为样品的滴定酸度（0.009 为乳酸的换算系数，即 1 mL 0.1 mol/L 的氢氧化钠标准溶液相当于 0.009 g 乳酸）。

13 精密度

在重复性条件下获得的两次独立测定结果的绝对差值不得超过算术平均值的 10%。

第三法 电位滴定仪法

14 原理

中和 100 g 试样至 pH 值为 8.3 所消耗的 0.100 0 mol/L 氢氧化钠体积，经计算确定其酸度。

15 试剂和材料

除非另有说明，本方法所用试剂均为分析纯，水为 GB/T 6682 规定的三级水。

15.1 氢氧化钠标准溶液：同 3.2.1。

15.2 氮气：纯度为 98%。

15.3 中性乙醇-乙醚混合液：同 3.2.4。

15.4 不含二氧化碳的蒸馏水：同 3.2.5。

16 仪器和设备

16.1 分析天平：感量为 0.001 g。

16.2 电位滴定仪。

16.3 碱式滴定管：分刻度为 0.1 mL。

16.4 水浴锅。

17 分析步骤

17.1 巴氏杀菌乳、灭菌乳、生乳、发酵乳

称取 10 g（精确到 0.001 g）已混匀的试样，置于 150 mL 锥形瓶中，加 20 mL 新煮沸冷却至室温的水，混匀，用氢氧化钠标准溶液电位滴定至 pH 8.3 为终点。滴定过程中，

向锥形瓶中吹氮气，防止溶液吸收空气中的二氧化碳。记录消耗的氢氧化钠标准滴定溶液毫升数（V_7），代入式（7）中进行计算。

17.2　奶油

称取10 g（精确到0.001 g）已混匀的试样，置于250 mL锥形瓶中，加30 mL中性乙醇-乙醚混合液，混匀，用氢氧化钠标准溶液电位滴定至pH 8.3为终点。滴定过程中，向锥形瓶中吹氮气，防止溶液吸收空气中的二氧化碳。记录消耗的氢氧化钠标准滴定溶液毫升数（V_7），代入式（7）中进行计算。

17.3　炼乳

称取10 g（精确到0.001 g）已混匀的试样，置于250 mL锥形瓶中，加60 mL新煮沸冷却至室温的水溶解，混匀，用氢氧化钠标准溶液电位滴定至pH 8.3为终点。滴定过程中，向锥形瓶中吹氮气，防止溶液吸收空气中的二氧化碳。记录消耗的氢氧化钠标准滴定溶液毫升数（V_7），代入式（7）中进行计算。

17.4　干酪素

称取5 g（精确到0.001 g）经研磨混匀的试样于锥形瓶中，加入50 mL水（15.4），于室温下（18~20℃）放置4~5 h，或在水浴锅中加热到45℃并在此温度下保持30 min，再加50 mL水（15.4），混匀后，通过干燥的滤纸过滤。吸取滤液50 mL于锥形瓶中，用氢氧化钠标准溶液电位滴定至pH 8.3为终点。滴定过程中，向锥形瓶中吹氮气，防止溶液吸收空气中的二氧化碳。记录消耗的氢氧化钠标准滴定溶液毫升数（V_8），代入式（8）进行计算。

17.5　空白滴定

用相应体积的蒸馏水（15.4）做空白实验，读取耗用氢氧化钠标准溶液的毫升数（V_0）（适用于17.1、17.3、17.4）。用30 mL中性乙醇-乙醚混合液做空白实验，读取耗用氢氧化钠标准溶液的毫升数（V_0）（适用于17.2）。

注：空白所消耗的氢氧化钠的体积应不小于零，否则应重新制备和使用符合要求的蒸馏水或中性乙醇-乙醚混合液。

18　分析结果的表述

巴氏杀菌乳、灭菌乳、生乳、发酵乳、奶油和炼乳试样中的酸度数值以（°T）表示，按式（7）计算：

$$X_7=\frac{c_7\times(V_7-V_0)\times100}{m_7\times0.1} \qquad \cdots\cdots\cdots\cdots(7)$$

式中：

X_7——试样的酸度，单位为度（°T）；

c_7——氢氧化钠标准溶液的摩尔浓度，单位为摩尔每升（mol/L）；

V_7——滴定时所消耗氢氧化钠标准溶液的体积，单位为毫升（mL）；

V_0——空白实验所消耗氢氧化钠标准溶液的体积，单位为毫升（mL）；

100——100 g试样；

m_7——试样的质量，单位为克（g）；

0.1——酸度理论定义氢氧化钠的摩尔浓度，单位为摩尔每升（mol/L）。

以重复性条件下获得的两次独立测定结果的算术平均值表示，结果保留三位有效数字。

干酪素试样中的酸度数值以（°T）表示，按式（8）计算：

$$X_8=\frac{c_8\times(V_8-V_0)\times100\times2}{m_8\times0.1} \quad\cdots\cdots(8)$$

式中：

X_8——试样的酸度，单位为度（°T）；

c_8——氢氧化钠标准溶液的摩尔浓度，单位为摩尔每升（mol/L）；

V_8——滴定时所消耗氢氧化钠标准溶液的体积，单位为毫升（mL）；

V_0——空白实验所消耗氢氧化钠标准溶液的体积，单位为毫升（mL）；

100——100 g 试样；

2——试样的稀释倍数；

m_8——试样的质量，单位为克（g）；

0.1——酸度理论定义氢氧化钠的摩尔浓度，单位为摩尔每升（mol/L）。

以重复性条件下获得的两次独立测定结果的算术平均值表示，结果保留三位有效数字。

19 精密度

在重复性条件下获得的两次独立测定结果的绝对差值不得超过算术平均值的10%。

乳和乳制品杂质度的测定

标 准 号：GB 5413.30—2016

发布日期：2016-12-23　　**实施日期：2017-06-23**

发布单位：中华人民共和国国家卫生和计划生育委员会、国家食品药品监督管理总局

前　言

本标准代替GB 5413.30—2010《食品安全国家标准　乳和乳制品杂质度的测定》。

本标准与GB 5413.30—2010相比，主要变化如下：

——增加了杂质度过滤板技术要求；

——简化了附录A的检验步骤，并将附录中测量杂质损失量修改为测量杂质残留量；

——将附录B中的杂质度参考标准板制作修改为液体乳和乳粉类两种标准板制作方法；

——重新确定了杂质组成成分及颗粒度的大小。

1　范围

本标准规定了乳和乳制品杂质度的测定方法。

本标准适用于生鲜乳、巴氏杀菌乳、灭菌乳、炼乳及乳粉杂质度的测定，不适用于添加影响过滤的物质及不溶性有色物质的乳和乳制品。

2　原理

生鲜乳、液体乳、用水复原的乳粉类样品经杂质度过滤板过滤，根据残留于杂质度过滤板上直观可见非白色杂质与杂质度参考标准板比对确定样品杂质的限量。

3　试剂和材料

除非另有说明，本方法所用试剂均为分析纯，水为GB/T 6682规定的三级水。

3.1　杂质度过滤板：直径32 mm、质量135 mg±15 mg、厚度0.8~1.0 mm的白色棉质板，应符合附录A的要求。杂质度过滤板按附录A进行检验。

3.2　杂质度参考标准板：杂质度参考标准板的制作方法见附录B。

4　仪器和设备

4.1　天平：感量为0.1 g。

4.2　过滤设备：杂质度过滤机或抽滤瓶，可采用正压或负压的方式实现快速过滤（每升水的过滤时间为10~15s）。安放杂质度过滤板后的有效过滤直径为28.6 mm±0.1 mm。

5 分析步骤

5.1 样品溶液的制备

5.1.1 液体乳样品充分混匀后，用量筒量取500 mL立即测定。

5.1.2 准确称取62.5 g±0.1 g乳粉样品于1 000 mL烧杯中，加入500 mL 40℃±2℃的水，充分搅拌溶解后，立即测定。

5.2 测定

将杂质度过滤板放置在过滤设备上，将制备的样品溶液倒入过滤设备的漏斗中，但不得溢出漏斗，过滤。用水多次洗净烧杯，并将洗液转入漏斗过滤。分次用洗瓶洗净漏斗过滤，滤干后取出杂质度过滤板，与杂质度标准板比对即得样品杂质度。

6 分析结果的表述

过滤后的杂质度过滤板与杂质度参考标准板比对得出的结果，即为该样品的杂质度。

当杂质度过滤板上的杂质量介于两个级别之间时，应判定为杂质量较多的级别。如出现纤维等外来异物，判定杂质度超过最大值。

7 精密度

按本标准所述方法对同一样品做两次测定，其结果应一致。

GB 5413.30—2016

附 录 A
杂质度过滤板的检验

A.1 试剂和材料

A.1.1 试剂

A.1.1.1 无水乙醇（C_2H_5OH）。

A.1.1.2 甲醛（HCHO）。

A.1.1.3 角豆胶：生化试剂。

A.1.1.4 蔗搪。

A.1.2 试剂配制

A.1.2.1 甲醛溶液（40%）：量取 40 mL 甲醛到 100 mL 容量瓶中，用水定容至 100 mL，过滤备用。

A.1.2.2 角豆胶溶液：称取 0.75 g±0.01 g 角豆胶至 250 mL 烧杯中，加 2 mL 无水乙醇润湿，再加 50 mL 水，充分混合。缓慢加热排除气泡后，煮沸，使角豆胶充分溶解后，冷却。加 2 mL 已过滤的 40%甲醛溶液，混匀后转入 100 mL 容量瓶，用水定容。

A.1.2.3 蔗糖溶液：称取 750 g±0.1 g 蔗糖于 1 000 mL 烧杯中，加水 750 mL 充分溶解，过滤备用。

A.1.3 材料

杂质：用地面灰土经过恒温干燥箱 100℃±1℃烘干，用标准筛收集颗粒大小为 75~106 μm 的灰土成分，然后烘干至恒重。

A.2 仪器和设备

A.2.1 天平：感量分别为 0.1 g 和 0.1 mg。

A.2.2 标准筛。

A.2.3 干燥器：含有效干燥剂。

A.2.4 恒温干燥箱：精度为 ±1℃。

A.2.5 过滤设备：同 4.2。

A.3 检验步骤

A.3.1 杂质溶液制备：称取 2.00 g±0.001 g 杂质加入 250 mL 烧杯中，用 5 mL 无水乙醇润湿。加入 46 mL 角豆胶溶液，再加 40 mL 蔗糖溶液，充分混合后，转入 100 mL 容量瓶加蔗糖溶液定容，充分混匀。移取 10 mL（相当于 200 mg 杂质）于 1 000 mL 容量瓶中，用水定容，充分混匀。

A.3.2 将杂质度过滤板，放入 100℃±1℃恒温干燥箱中烘干至恒重，记录质量 N_1。

A.3.3 将杂质度过滤板放置在过滤设备上，准确移取 60 mL（相当于 12 mg 杂质）经过充分混匀的杂质溶液，过滤，用水洗净移液器，洗液一并过滤，用 200 mL 40℃±2℃的水分多次清洗过滤板，滤干后取下杂质度过滤板，在 100℃±1℃恒温干燥箱中烘干至恒重，记录质量 N_2。

A.4 评价

A.4.1 $M=N_2-N_1$，M 应≥10 mg。并且用锋利的刀片将杂质度过滤板上表层切下，查看余下部分不应出现杂质。

A.4.2 每千片检验 10 片，不足 1 000 片按 1 000 片计。

GB 5413.30—2016

附 录 B
杂质度参考标准板的制作

B.1 试剂和材料

B.1.1 试剂

B.1.1.1 阿拉伯胶：生化试剂。

B.1.1.2 蔗糖。

B.1.1.3 牛粪和焦粉：分别收集牛粪和焦粉，粉碎后在100℃±1℃恒温干燥箱中烘干。

B.1.2 试剂配制

B.1.2.1 阿拉伯胶溶液（0.75%）：称取1.875 g阿拉伯胶于100 mL烧杯中，加入20 mL水并加热溶解后，冷却。用水转移至250 mL容量瓶并定容，过滤。

B.1.2.2 蔗糖溶液（50%）：称取1 000 g蔗糖于1 000 mL烧杯中，加入500 mL水溶解，用水转移至2 000 mL容量瓶并定容，过滤。

B.1.3 材料制备

B.1.3.1 牛粪

B.1.3.1.1 A：用标准筛收集颗粒大小为0.150~0.200 mm的牛粪，备用。

B.1.3.1.2 B：用标准筛收集颗粒大小为0.125~0.150 mm的牛粪，备用。

B.1.3.1.3 C：用标准筛收集颗粒大小为0.106~0.125 mm的牛粪，备用。

B.1.3.2 焦粉

B.1.3.2.1 D：用标准筛收集颗粒大小为0.300~0.450 mm的焦粉，备用。

B.1.3.2.2 E：用标准筛收集颗粒大小为0.200~0.300 mm的焦粉，备用。

B.1.3.2.3 F：用标准筛收集颗粒大小为0.150~0.200 mm的焦粉，备用。

B.2 仪器和设备

B.2.1 天平：感量分别为0.1 g和0.1 mg。

B.2.2 标准筛。

B.2.3 过滤设备：同4.2。

B.3 液体乳参考标准杂质板制作步骤

B.3.1 液体乳杂质参考标准液的配制

B.3.1.1 分别准确称取500.0 mg牛粪A、B、C于3个100 mL烧杯中。加水2 mL，加阿拉伯胶溶液23 mL，充分混匀后，用蔗糖溶液转入500 mL容量瓶中并定容，充分混匀直到杂质均匀分布，得到浓度为1.0 mg/mL的牛粪杂质参考标准液a_0、b_0、c_0。

B.3.1.2 分别吸取牛粪杂质参考标准液a_0、b_0、c_0各100 mL于500 mL容量瓶中，用蔗糖溶液稀释并定容，得浓度为0.2 mg/mL的牛粪杂质参考标准中间液a_1、b_1、c_1。

B. 3. 1. 3　分别吸取牛粪杂质参考标准中间液 a_1、b_1、c_1 各 10 mL 于 100 mL 容量瓶中，用蔗糖溶液稀释并定容，得浓度为 0. 02 mg/mL 的牛粪杂质参考标准工作液 a_2、b_2、c_2。

B. 3. 2　液体乳参考标准杂质板的制作

B. 3. 2. 1　量取 100 mL 蔗糖溶液，在已放置好杂质度过滤板的过滤设备上过滤，用 100 mL 40℃±2℃的水分多次清洗过滤板，晾干，此杂质板为液体乳中杂质相对含量 0 mg/kg 的杂质度参考标准板 A_1。

B. 3. 2. 2　准确吸取 6. 25 mL 牛粪杂质参考标准工作液 c_2 于 100 mL 容量瓶中，用蔗糖溶液稀释并定容，混匀后并在已放置好杂质度过滤板的过滤设备上过滤，用水洗净容量瓶，洗液一并过滤。再用 100 mL 40℃±2℃的水分多次清洗过滤板，晾干，此杂质板为液体乳中杂质相对含量 2 mg/8 L 的杂质度参考标准板 A_2。

B. 3. 2. 3　准确吸取 12. 5 mL 牛粪杂质参考标准工作液 b_2 于 100 mL 容量瓶中，用蔗糖溶液稀释并定容，混匀后并在已放置好杂质度过滤板的过滤设备上过滤，用水洗净容量瓶，洗液一并过滤。再用 100 mL 40℃±2℃的水分多次清洗过滤板，晾干，此杂质板为液体乳中杂质相对含量 4 mg/8 L 的杂质度参考标准板 A_3。

B. 3. 2. 4　准确吸取 18. 75 mL 牛粪杂质参考标准工作液 a_2 于 100 mL 容量瓶中，用蔗糖溶液稀释并定容，混匀后并在已放置好杂质度过滤板的过滤设备上过滤，用水洗净容量瓶，洗液一并过滤。再用 100 mL 40℃±2℃的水分多次清洗过滤板，晾干，此杂质板为液体乳中杂质相对含量 6 mg/8 L 的杂质度参考标准板 A_4。

B. 3. 3　以 500 mL 液体乳为取样量，按表 B. 1 液体乳杂质度参考标准板比对表中制得的液体乳杂质度参考标准板见图 B. 1。

表 B. 1　液体乳杂质度参考标准板比对表

参考标准板号	A_1	A_2	A_3	A_4
杂质液浓度/（mg/mL）	0	0. 02	0. 02	0. 02
取杂质液体积/mL	0	6. 25	12. 5	18. 75
杂质绝对含量/（mg/500 mL）	0	0. 125	0. 250	0. 375
杂质相对含量/（mg/8 L）	0	2	4	6

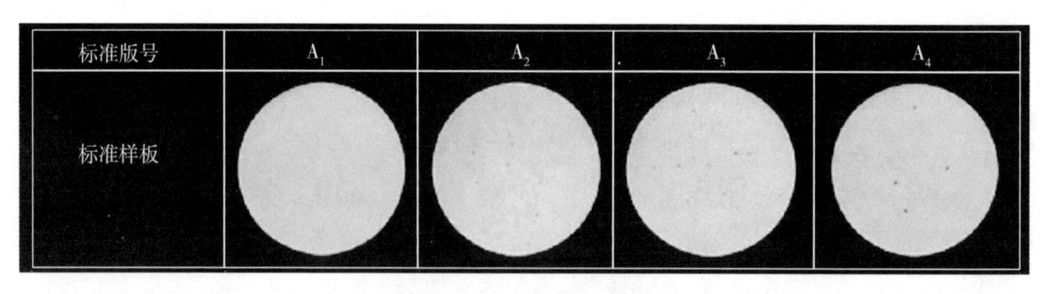

图 B. 1　液体乳杂质度参考标准版

B.4 乳粉杂质度参考标准板制作步骤

B.4.1 乳粉杂质参考标准液的配制

B.4.1.1 分别准确称取500.0 mg焦粉D、E、F于3个100 mL烧杯中。加水2 mL，加阿拉伯胶溶液23 mL，充分混匀后，用蔗糖溶液转入500 mL容量瓶中并定容，充分混匀直到杂质均匀分布，得到浓度为1.0 mg/mL的焦粉杂质参考标准液d_0、e_0、f_0。

B.4.1.2 分别吸取焦粉杂质参考标准液d_0、e_0、f_0各100 mL，于500 mL容量瓶中，用蔗糖溶液稀释并定容，得到浓度为0.2 mg/mL的焦粉杂质参考标准工作液d_1、e_1、f_1。

B.4.2 乳粉参考标准杂质板的制作

B.4.2.1 准确吸取2.5 mL焦粉杂质参考标准工作液f_1于100 mL容量瓶中，用蔗糖溶液稀释并定容，混匀后并在已放置好杂质度过滤板的过滤设备上过滤，用水洗净容量瓶，洗液一并过滤。再用100 mL，40℃±2℃的水分多次清洗过滤板，晾干，此杂质板为乳粉中杂质相对含量8 mg/kg的杂质度参考标准板B_1。

B.4.2.2 准确吸取3.75 mL焦粉杂质参考标准工作液e_1于100 mL容量瓶中，用蔗糖溶液稀释并定容，混匀后并在已放置好杂质度过滤板的过滤设备上过滤，用水洗净容量瓶，洗液一并过滤。再用100 mL 40℃±2℃的水分多次清洗过滤板，晾干，此杂质板为乳粉中杂质相对含量12 mg/kg的杂质度参考标准板B_2。

B.4.2.3 准确吸取5 mL焦粉杂质参考标准工作液d_1于100 mL容量瓶中，用蔗糖溶液稀释并定容，混匀后并在已放置好杂质度过滤板的过滤设备上过滤，用水洗净容量瓶，洗液一并过滤。再用100 mL 40℃±2℃的水分多次清洗过滤板，晾干，此杂质板为乳粉中杂质相对含量16 mg/kg的杂质度参考标准板B_3。

B.4.2.4 准确吸取3.75 mL焦粉杂质参考标准工作液d_1和2.5 mL粉杂质参考标准工作液e_1于100 mL容量瓶中，用蔗糖溶液稀释并定容，混匀后并在已放置好杂质度过滤板的过滤设备上过滤，用水洗净容量瓶，洗液一并过滤。再用100 mL 40℃±2℃的水分多次清洗过滤板，晾干，此杂质板为乳粉中杂质相对含量20 mg/kg的杂质度参考标准板B_4。

B.4.3 以62.5 g乳粉为取样量，按表B.2乳粉杂质度参考标准板比对表中制得的乳粉杂质度参考标准板见图B.2。

表B.2 乳粉杂质度参考标准板比对表

参考标准板号	B_1	B_2	B_3	B_4
杂质液浓度/（mg/mL）	0.2	0.2	0.2	0.2
取杂质液体积/mL	2.5	3.75	5.0	6.25
杂质绝对含量/（mg/62.5g）	0.500	0.750	1.000	1.250
杂质相对含量/（mg/kg）	8	12	16	20

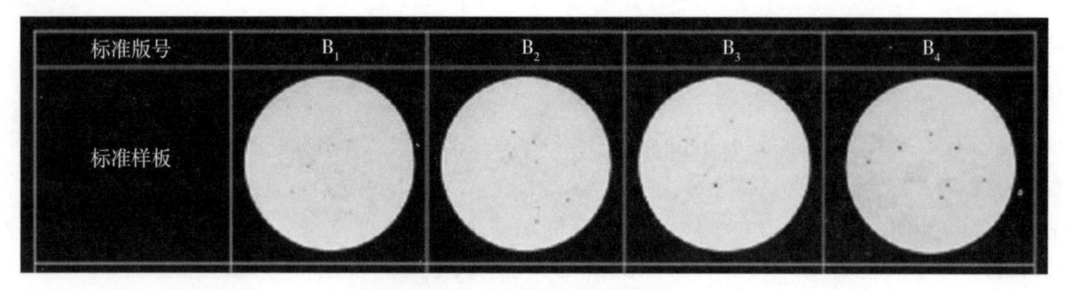

图 B. 2　乳粉杂质度参考标准版

生乳冰点的测定

标 准 号：GB 5413.38—2016

发布日期：2016-08-31　　　　　　**实施日期：2017-03-01**

发布单位：中华人民共和国国家卫生和计划生育委员会

前　　言

本标准代替 GB 5413.38—2010《食品安全国家标准　生乳冰点的测定》。

本标准与 GB 5413.38—2010 相比，主要变化如下：

——修改了原理；

——修改了“试剂和材料”；

——在“试剂和材料”的“氯化钠标准溶液”中增加“标准溶液 C”；

——在“分析步骤”的“仪器校准”中增加“C 校准”和“质控校准”。

1　范围

本标准规定了热敏电阻冰点仪测定生乳冰点的方法。

本标准适用于生乳冰点的测定。

2　原理

生乳样品过冷至适当温度，当被测乳样冷却到 -3℃时，通过瞬时释放热量使样品产生结晶，待样品温度达到平衡状态，并在 20 s内温度回升不超过 0.5 m℃，此时的温度即为样品的冰点。

3　试剂和材料

除非另有说明，本方法所用试剂均为分析纯或以上等级，水为 GB/T 6682 规定的二级水。

3.1　试剂

3.1.1　乙二醇（$C_2H_6O_2$）。

3.1.2　氯化钠（NaCl）。

3.2　试剂配制

3.2.1　氯化钠（NaCl）：氯化钠磨细后置于干燥箱中，130℃±2℃干燥 24 h 以上，于干燥器中冷却至室温。

3.2.2　冷却液：量取 330 mL 乙二醇（3.1.1）于 1 000 mL 容量瓶中，用水定容至刻度并摇匀，其体积分数为 33%。

3.3　氯化钠标准溶液

3.3.1　标准溶液 A：称取 6.731 g 氯化钠（3.2.1），溶于 1 000 g±0.1 g 水中。将标准溶

液分装贮存于容量不超过 250 mL 的聚乙烯塑料瓶中，并置于 5℃左右冰箱冷藏，保存期限为两个月。其冰点值为 -400 m℃。

3.3.2　标准溶液 B：称取 9.422 g 氯化钠（3.2.1），溶于 1 000 g±0.1 g 水中。将标准溶液分装贮存于容量不超过 250 mL 的聚乙烯塑料瓶中，并置于 5℃左右冰箱冷藏，保存期限为两个月。其冰点值为 -557 m℃。

3.3.3　标准溶液 C：称取 10.161 g 氯化钠（3.2.1），溶于 1 000 g±0.1 g 水中。将标准溶液分装贮存于容量不超过 250 mL 的聚乙烯塑料瓶中，并置于 5℃左右冰箱冷藏，保存期限为两个月。其冰点值为 -600 m℃。

4　仪器和设备

4.1　分析天平：感量 0.000 1 g。

4.2　热敏电阻冰点仪：检测装置、冷却装置、搅拌金属棒、结晶装置（见图 1）及温度显示仪。

a）检测装置及冷却装置

温度传感器为直径为 1.60 mm±0.4 mm 的玻璃探头，在 0℃时的电阻在 3~30 kΩ。传感器转轴的材质和直径应保证向样品的热传递值控制在 2.5×10^{-3} J/s 以内。当探头在测量位置时，热敏电阻的顶部应位于样品管的中轴线，且顶部离内壁与管底保持相等距离（见图 1）。温度传感器和相应的电子线路在 -600~400 m℃测量分辨率为 1 m℃。冷却装置应保持冷却液体的温度恒定在 -7℃±0.5℃。

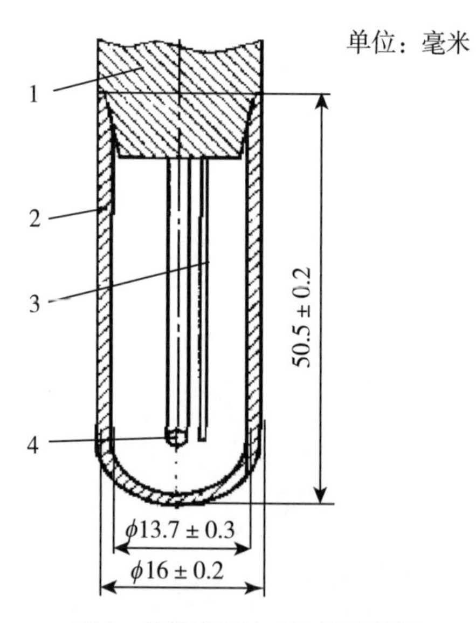

图 1　热敏电阻冰点仪检测装置

说明：1——顶杆；2——样品管；3——搅拌金属棒；4——热敏探头。

仪器正常工作时，此循环系统在 -600~-400 m℃范围之间任何一个点的线性误差应不超过 1 m℃。

b）搅拌金属棒

耐腐蚀，在冷却过程中搅拌测试样品。

搅拌金属棒应根据相应仪器的安放位置来调整振幅。正常搅拌时金属棒不得碰撞玻璃传感器或样品管壁。

c）结晶装置

当测试样品达到 -3.0℃时，启动结晶的机械振动装置，在结晶时使搅拌金属棒在 1~2 s 内加大振幅，使其碰撞样品管壁。

4.3 干燥箱：温度可控制在 130℃±2℃。

4.4 样品管：硼硅玻璃，长度 50.5 mm±0.2 mm，外部直径为 16.0 mm±0.2 mm，内部直径为 13.7 mm±0.3 mm。

4.5 称量瓶。

4.6 容量瓶：1 000 mL，符合 GB/T 12806—2011 等级 A 的要求。

4.7 干燥器：内有硅胶湿度计。

4.8 移液器：1~5 mL。

4.9 聚乙烯瓶：容量不超过 250 mL。

5 分析步骤

5.1 试样制备

测试样品要保存在 0~6℃的冰箱中并于 48 h 内完成测定。测试前样品应放至室温，且测试样品和氯化钠标准溶液测试时的温度应保持一致。

5.2 仪器预冷

开启热敏电阻冰点仪（4.2），等待热敏电阻冰点仪传感探头升起后，打开冷阱盖，按生产商规定加入相应体积冷却液（3.2.2），盖上盖子，冰点仪进行预冷。预冷 30 min 后，开始测量。

5.3 校准

5.3.1 原则

校准前应按表 1 配制不同冰点值的氯化钠标准溶液。可选择表 1 中两个不同冰点值的氯化钠标准溶液进行仪器校准，两个氯化钠标准溶液冰点差值不应少于 100 m℃，且覆盖到被测样品相近冰点值范围。

表 1 氯化钠标准溶液的冰点

氯化钠溶液/ (g/kg)	氯化钠溶液[a]（20℃）/ (g/L)	冰点/ m℃
6.763	6.731	-400.0
6.901	6.868	-408.0
7.625	7.587	-450.0
8.489	8.444	-500.0
8.662	8.615	-510.0

（续表）

氯化钠溶液/（g/kg）	氯化钠溶液[a]（20℃）/（g/L）	冰点/m℃
8.697	8.650	-512.0
8.835	8.787	-520.0
9.008	8.959	-530.0
9.181	9.130	-540.0
9.354	9.302	-550.0
9.475	9.422	-557.0
10.220	10.161	-600.0

[a] 当称取此列中氯化钠的量配制标准溶液时，应将水煮沸，冷却保持至20℃±2℃，并定容至1 000 mL。

5.3.2　仪器校准

5.3.2.1　A校准：分别取2.5 mL标准溶液A（3.3.1），依次放入三个样品管中，在启动后的冷阱中插入装有校准液A的样品管。当重复测量值在-400 m℃±2 m℃校准值时，完成校准。

5.3.2.2　B校准：分别取2.5 mL标准溶液B（3.3.2），依次放入三个样品管中，在启动后的冷阱中插入装有校准液B的样品管。当重复测量值在-557 m℃±2 m℃校准值时，完成校准。

5.3.2.3　C校准：测定生羊乳时，还应使用C校准。分别取2.5 mL标准溶液C（3.3.3），依次放入三个样品管中，在启动后的冷阱中插入装有校准溶液C的样品管。当重复测量值在-600 m℃±2 m℃校准值时，完成校准。

5.3.3　质控校准

在每次开始测试前应使用质控校准。连续测定乳样时，冰点仪每小时至少进行一次质控校准，如两次测量的算术平均值与氯化钠标准溶液（-512 m℃）差值大于2 m℃时，应重新开展仪器校准（5.3.2）。

5.4　样品测定

5.4.1　轻轻摇匀待测试样（5.1），应避免混入空气产生气泡。移取2.5 mL试样至一个干燥清洁的样品管中，将样品管放到已校准过的热敏电阻冰点仪（4.2）的测量孔中。开启冰点仪冷却试样，当温度达到-3.0℃±0.1℃时试样开始冻结，当温度达到平衡（在20 s内温度回升不超过0.5 m℃）时，冰点仪停止测量，传感头升起，显示温度即为样品冰点值。测试结束后，应保证探头和搅拌金属棒清洁、干燥。

5.4.2　如果试样在温度达到-3.0℃±0.1℃前已开始冻结，需重新取样测试（5.4.1）。如果第二次测试的冻结仍然太早发生，那么将剩余的样品于40℃±2℃加热5 min，以融化结晶脂肪，再重复样品测定步骤（5.4.1）。

5.4.3　测定结束后，移走样品管，并用水冲洗温度传感器和搅拌金属棒并擦拭干净。

5.4.4　记录试样的冰点测定值。

6 分析结果的表述

生乳样品的冰点测定值取两次测定结果的平均值，单位以 m℃计，保留三位有效数字。

7 精密度

在重复性条件下获得的两次独立测定结果的绝对差值不超过 4 m℃。

8 其他

方法检出限为 2 m℃。

乳和乳制品中非脂乳固体的测定

National food safety standard

Determination of nonfal total milk solids in milk and milk products

标 准 号：GB 5413.39—2010
发布日期：2010-03-26　　　　实施日期：2010-06-01
发布单位：中华人民共和国卫生部

前　　言

本标准代替 GB/T 5409—1985《牛乳检验方法》、GB/T 5416—1985《奶油检验方法》。

本标准所代替标准的历次版本发布情况为：

——GB/T 5409—1985；

——GB/T 5416—1985。

1　范围

本标准规定了生乳、巴氏杀菌乳、灭菌乳、调制乳、发酵乳中非脂乳固体的测定方法。

本标准适用于生乳、巴氏杀菌乳、灭菌乳、调制乳、发酵乳中非脂乳固体的测定。

2　规范性引用文件

本标准中引用的文件对于本标准的应用是必不可少的。凡是注日期的引用文件，仅所注日期的版本适用于本标准。凡是不注日期的引用文件，其最新版本（包括所有的修改单）适用于本标准。

3　原理

先分别测定出乳及乳制品中的总固体含量、脂肪含量（如添加了蔗糖等非乳成分含量，也应扣除），再用总固体减去脂肪和蔗糖等非乳成分含量，即为非脂乳固体。

4　试剂和材料

除非另有规定，本方法所用试剂均为分析纯，水为 GB/T 6682 规定的三级水。

4.1　平底皿盒：高 20~25 mm，直径 50~70 mm 的带盖不诱钢或铝皿盒，或玻璃称量皿。

4.2　短玻璃棒：适合于皿盒的直径，可斜放在皿盒内，不影响盖盖。

4.3　石英砂或海砂：可通过 500 μm 孔径的筛子，不能通过 180 μm 孔径的筛子，并通过下列适用性测试：将约 20 g 的海砂同短玻棒一起放于一皿盒中，然后敞盖在 100℃±2℃的干燥箱中至少烘 2 h。把皿盒盖盖后放入干燥器中冷却至室温后称量，准确至 0.1 mg，用

5 mL 水将海砂润湿，用短玻棒混合海砂和水，将其再次放入干燥箱中干燥 4 h。把皿盒盖盖后放入干燥器中冷却至室温后称量，精确至 0. 1 mg，两次称量的差不应超过 0. 5 mg。如果两次称量的质量差超过了 0. 5 mg，则需对海砂进行下面的处理后，才能使用：

将海砂在体积分数为 25%的盐酸溶液中浸泡 3 d，经常搅拌。尽可能地倾出上清液，用水洗涤海砂，直到中性。在 160℃条件下加热海砂 4 h。然后重复进行适用性测试。

5 仪器和设备

5. 1 天平：感量为 0. 1 mg。

5. 2 干燥箱。

5. 3 水浴锅。

6 分析步骤

6. 1 总固体的测定

在平底皿盒（4. 1）中加入 20 g 石英砂或海砂（4. 3），在 100℃±2℃的干燥箱中干燥 2 h，于干燥器冷却 0. 5 h，称量，并反复干燥至恒重。称取 5. 0 g（精确至 0. 000 1 g）试样于恒重的皿内，置水浴上蒸干，擦去皿外的水渍，于 100℃±2℃干燥箱中干燥 3 h，取出放入干燥器中冷却 0. 5 h，称量，再于 100℃±2℃干燥箱中干燥 1 h，取出冷却后称量，至前后两次质量相差不超过 1. 0 mg。试样中总固体的含量按式（1）计算：

$$X=\frac{m_1-m_2}{m}\times 100 \qquad \cdots\cdots\cdots\cdots\cdots\cdots (1)$$

式中：

X——试样中总固体的含量，单位为克每百克（g/100g）；

m_1——皿盒、海砂加试样干燥后质量，单位为克（g）；

m_2——皿盒、海砂的质量，单位为克（g）；

m——试样的质量，单位为克（g）。

6. 2 脂肪的测定（按 GB 5413. 3 中规定的方法测定）。

6. 3 蔗糖的测定（按 GB 5413. 5 中规定的方法测定）。

7 分析结果的表述

$$X_{NFT}=X-X_1-X_2 \qquad \cdots\cdots\cdots\cdots\cdots\cdots (2)$$

式中：

X_{NFT}——试样中非脂乳固体的含量，单位为克每百克（g/100g）；

X——试样中总固体的含量，单位为克每百克（g/100g）；

X_1——试样中脂肪的含量，单位为克每百克（g/100g）；

X_2——试样中蔗糖的含量，单位为克每百克（g/100g）。

以重复性条件下获得的两次独立测定结果的算术平均值表示，结果保留三位有效数字。

生鲜牛乳中体细胞测定方法

Enumeration of somatic cells in raw milk

(ISO 13366—1：1997，Milk—Enumeration of somatic cells—Part 1：Microscopic method，ISO 13366—2：1997，Milk—Enumeration of somatic cells—Part 2：Electronic particle counter method，ISO 13366—3：1997，Milk—Enumeration of somatic cells—Part 3：Fluoro—opto—electronic method，MOD)

标 准 号：(NY/T 800—2004)

发布日期：2004-04-16 **实施日期：2004-06-01**

发布单位：中华人民共和国农业部

前　言

本标准修改采用ISO 13366—1：1997《牛奶　体细胞测定方法 第一部分 显微镜法》、ISO 13366—2：1997《牛奶　体细胞测定方法　第二部分　电子粒子计数法》和ISO 13366—3：1997《牛奶　体细胞测定方法　第三部分　荧光光电计数法》。

本标准由中华人民共和国农业部提出。

本标准起草单位：农业部乳品质量监督检验测试中心、农业部食品质量监督检验测试中心（上海）、农业部食品质量监督检验测试中心（佳木斯）和农业部食品质量监督检验测试中心（石河子）。

本标准主要起草人：王金华、张宗城、刘宁、孟序、陆静、张春林、王南云、罗小玲、程春芝。

1　范围

本标准规定了生鲜牛乳中体细胞的测定方法。

本标准适用于标准样、体细胞仪的校准以及生鲜牛乳中体细胞数的测定。

2　规范性引用文件

下列文件中的条款通过本标准的引用而成为本标准的条款。凡是注日期的引用文件，其随后所有的修改单（不包括勘误的内容）或修订版均不适用于本标准，然而，鼓励根据本标准达成协议的各方研究是否可使用这些文件的最新版本。凡是不注日期的引用文件，其最新版本适用于本标准。

GB 6682 分析实验室用水规格和试验方法

3　显微镜法

3.1　原理

将测试的生鲜牛乳涂抹在载玻片上成样膜，干燥、染色，显微镜下对细胞核可被亚甲基蓝清晰染色的细胞计数。

3.2　试剂

除非另有说明，在分析中仅使用化学纯和蒸馏水。

3.2.1　乙醇，95%。

3.2.2　四氯乙烷（$C_2H_2Cl_4$）或三氯乙烷（$C_2H_3Cl_3$）。

3.2.3　亚甲基蓝（$C_{16}H_{18}ClN_3S \cdot 3H_2O$）。

3.2.4　冰醋酸（CH_3COOH）。

3.2.5　硼酸（H_3BO_3）。

3.3　仪器

3.3.1　显微镜：放大倍数×500 或×1 000，带刻度目镜、测微尺和机械台。

3.3.2　微量注射器：容量 0.01 mL。

3.3.3　载玻片：具有外槽圈定的范围，可采用血球计数板。

3.3.4　水浴锅：恒温 65℃±5℃。

3.3.5　水浴锅：恒温 35℃±5℃。

3.3.6　电炉：加热温度 40℃±10℃。

3.3.7　砂芯漏斗：孔径≤10 μm。

3.3.8　干发型吹风机。

3.3.9　恒温箱：恒温 40~45℃。

3.4　染色溶液制备

在 250 mL 三角瓶中加入 54.0 mL 乙醇（3.2.1）和 40.0 mL 四氯乙烷（3.2.2），摇匀；在 65℃水浴锅（3.3.4）中加热 3 min，取出后加入 0.6 g 亚甲基蓝（3.2.3），仔细混匀；降温后，置入冰箱中冷却至 4℃；取出后，加入 6.0 mL 冰醋酸（3.2.4），混匀后用砂芯漏斗（3.3.7）过滤；装入试剂瓶，常温贮存。

3.5　试样的制备

3.5.1　采集的生鲜牛乳应保存在 2~6℃条件下。若 6 h 内未测定，应加硼酸（3.2.5）防腐。硼酸在样品中的浓度不大于 0.6 g/100 mL，贮存温度 2~6℃，贮存时间不超过 24 h。

3.5.2　将生鲜牛乳样在 35℃水浴锅（3.3.5）中加热 5 min，摇匀后冷却至室温。

3.5.3　用乙醇（3.2.1）将载玻片（3.3.3）清洗后，用无尘镜头纸擦干，火焰烤干，冷却。

3.5.4　用无尘镜头纸擦净微量注射器（3.3.2）针头后抽取 0.01 mL 试样（3.5.2），用无尘镜头纸擦干微量注射器针头外残样。将试样平整地注射在有外围的载玻片（3.3.3）上，立刻置于恒温箱（3.3.9）中，水平放置 5 min，形成均匀厚度样膜。在电炉（3.3.6）上烤干，将载玻片上干燥样膜浸入染色溶液（3.4）中，计时 10 min，取出后晾干。若室内湿度大，则可用干发型吹风机（3.3.8）吹干；然后，将染色的样膜浸入水中洗去剩余的染色溶液，干燥后防尘保存。

3.6 测定

3.6.1 将载玻片固定在显微镜（3.3.1）的载物台上，用自然光或为增大透射光强度用电光源、聚光镜头、油浸高倍镜。

3.6.2 单向移动机械台对逐个视野中载玻片上染色体细胞计数，明显落在视野内或在视野内显示一半以上形体的体细胞被用于计数，计数的体细胞不得少于400个。

3.7 结果计算

样品中体细胞数按式（1）计算。

$$X=\frac{100\times N\times S}{a\times d} \quad \cdots\cdots (1)$$

式中：

X——样品中体细胞数，单位为个每毫升（个/mL）；

N——显微镜体细胞计数，单位为个；

S——样膜复盖面积，单位为平方毫米（mm^2）；

a——单向移动机械台进行镜下计数的长度，单位为毫米（mm）；

d——显微镜视野直径，单位为毫米（mm）。

3.8 允许差

相对相差≤5%。

4 电子粒子计数体细胞仪法

4.1 原理

样品中加入甲醛溶液固定体细胞，加入乳化剂电解质混合液，将包含体细胞的脂肪球加热破碎，体细胞经过狭缝，由阻抗增值产生的电压脉冲数记录，读出体细胞数。

4.2 试剂

所有试剂均为分析纯试剂，实验用水应符合GB 6682中一级水的规格或相当纯度的水。

4.2.1 伊红Y（$C_{20}H_8Br_4O_5$）。

4.2.2 甲醛溶液，35%~40%。

4.2.3 乙醇，95%。

4.2.4 曲拉通X—100（Triton X—100）（$C_{34}H_{62}O_{11}$）。

4.2.5 0.09 g/L氯化钠溶液：在1L水中溶入0.09 g氯化钠。

4.2.6 硼酸（H_3BO_3）。

4.3 仪器

4.3.1 砂芯漏斗，孔径≤0.5 μm。

4.3.2 电子粒子计数体细胞仪。

4.3.3 水浴锅：恒温40℃±1℃。

4.4 固定液制备

4.4.1 在100 mL容量瓶中加入0.02 g伊红Y（4.2.1）和9.40 mL甲醛（4.2.2），用水

溶解后定容。混匀后，用砂芯漏斗（4.3.1）过滤，滤液装入试剂瓶，常温保存。

4.4.2 可使用电子粒子计数体细胞仪生产厂提供的固定液。

4.5 乳化剂电解质混合液制备

4.5.1 在1L烧杯中加入125 mL乙醇（4.2.3）和20.0 mL曲拉通X—100（4.2.4），仔细混匀；加入885 mL氯化钠溶液（4.2.5），混匀后，用砂芯漏斗（4.3.1）过滤；滤液装入试剂瓶，常温保存。

4.5.2 或使用电子粒子计数体细胞仪专用的乳化剂电解质混合液。

4.6 试样的制备

4.6.1 采集的生鲜牛乳应保存在2~6℃条件下。若6 h内未测定，应加硼酸（4.2.6）防腐，硼酸在样品中的浓度不大于0.6 g/100 mL，贮存温度2~6℃，贮存时间不超过24 h。

4.6.2 采样后应立即固定体细胞，即在混匀的样品中吸取10 mL样品，加入0.2 mL固定液（4.4），可在采样前在采样管内预先加入以上比例的固定液（4.4），但采样管应密封，以防甲醛挥发。

4.7 测定

将试样（4.6）置于水浴锅（4.3.3）中加热5 min，取出后颠倒9次，再水平振摇5~8次，然后在不低于30℃条件下置入电子粒子计数体细胞仪测定。

4.8 结果

直接读数，单位为千个每毫升。

4.9 允许差

相对相差≤15%。

4.10 校正

4.10.1 在以下情况之一应进行校正：

a）连续进行2个月；

b）经长期停用，开始使用时；

c）体细胞仪维修后开始使用时。

4.10.2 校正使用专用标样，连续测定5次，取出平均值。

4.10.3 标样中体细胞含量为每毫升40万~50万个，测定平均值与标样指标值的相对误差应为≤10%。

4.11 稳定性试验

4.11.1 在1个工作日内对体细胞含量为每毫升50万个左右的样品，以每50个样作规律性的间隔计数。

4.11.2 在1个工作日结束时，按式（2）计算变异系数。

$$CV(\%)=\frac{S}{n}\times 100 \qquad (2)$$

式中：

CV——变异系数，单位为百分率（%）；

S——数次测定的标准差，单位为个每毫升（个/mL）；

n——数次测定的平均值，单位为个每毫升（个/mL）。

4.11.3　变异系数应≤5%。

5　荧光光电计数体细胞仪法

5.1　原理

样品在荧光光电计数体细胞仪中与染色—缓冲溶液混合后，由显微镜感应细胞核内脱氧核糖核酸染色后产生荧光的染色细胞，转化为电脉冲，经放大记录，直接显示读数。

5.2　试剂

所有试剂均为分析纯试剂，实验用水应符合 GB 6682 中一级水的规格或相当纯度的水。

5.2.1　溴化乙锭（$C_{21}H_{20}BrN_3$）。

5.2.2　柠檬酸三钾（$C_6H_5O_7K_3 \cdot H_2O$）。

5.2.3　柠檬酸（$C_6H_8O_7 \cdot H_2O$）。

5.2.4　曲拉通 X-100（TritonX-100）（$C_{34}H_{62}O_{11}$）。

5.2.5　氢氧化铵溶液，25%。

5.2.6　硼酸（H_3BO_3）。

5.2.7　重铬酸钾（$K_2Cr_2O_7$）。

5.2.8　叠氮化钠（NaN_3）。

5.3　仪器

5.3.1　荧光光电计数体细胞仪。

5.3.2　水浴锅：恒温 40℃±1℃。

5.4　染色—缓冲溶液制备

5.4.1　染色—缓冲储备液

在 5 L 试剂瓶中加入 1 L 水，在其中溶入 2.5 g 溴化乙锭（5.2.1），搅拌，可加热到 40~60℃，加速溶解；使其完全溶解后，加入 400 g 柠檬酸三钾（5.2.2）和 14.5 g 柠檬酸（5.2.3），再加入 4 L 水，搅拌，使其完全溶解；然后，边搅拌边加入 50 g 曲拉通 X-100（5.2.4），混匀，贮存在避光、密封和阴凉的环境中，90 d 内有效。

5.4.2　染色—缓冲工作液

将 1 份体积染色—缓冲储备液（5.4.1）与 9 份体积水混合，7 d 内有效。

5.4.3　或使用荧光光电计数体细胞仪专用的染色—缓冲工作液。

5.5　清洗液制备

5.5.1　将 10 g 曲拉通 X-100（5.2.4）和 25 mL 氢氧化铵溶液（5.2.5）溶入 10 L水，仔细搅拌，完全溶解后贮存在密封、阴凉的环境中，25 d内有效。

5.5.2　或使用荧光光电计数体细胞仪专用清洗液。

5.6　试样的防腐

5.6.1　采样管内生鲜牛乳中加入荧光光电计数体细胞仪专用防腐剂，溶解后充分摇匀。

5.6.2　如无以上防腐剂，则在生鲜牛乳采样后加入以下 1 种防腐剂（24 h 内）：

a）硼酸（5.2.6）：在样品中浓度不超过 0.6 g/100mL，在 6~12℃ 条件下可保存 24 h；

b）重铬酸钾（5.2.7）：在样品中浓度不超过 0.2 g/100mL，在 6~12℃ 条件下可保存

72 h。

5.7　测定

将试样（5.6）置于水浴锅（5.3.2）中加热 5 min，取出后颠倒 9 次，再水平振摇 5~8 次，然后在不低于 30℃条件下置入仪器测定。

5.8　结果

直接读数，单位为千个每毫升。

5.9　允许差

相对相差≤15%。

5.10　校正

5.10.1　在以下情况之一应进行校正：

a）连续进行 2 个月；

b）经长期停用，开始使用时；

c）体细胞仪维修后开始使用时。

5.10.2　校正使用专用标样，连续测定 5 次，得出平均值。

5.10.3　标样中体细胞含量为每毫升 40 万~50 万个，测定平均值与标样指标值的相对误差应≤10%。

5.11　稳定性试验

5.11.1　在 1 个工作日内对体细胞含量为每毫升 50 万个左右的样品，以每 50 个样作规律性的间隔计数。

5.11.2　在 1 个工作日结束时，按式（3）计算变异系数。

$$CV(\%)=\frac{S}{n}\times 100 \qquad (3)$$

式中：

CV——变异系数，单位为百分率（%）；

S——数次测定的标准差，单位为个每毫升（个/mL）；

n——数次测定的平均值，单位为个每毫升（个/mL）。

5.11.3　变异系数应≤5%。

乳及乳制品中共轭亚油酸（CLA）含量测定　气相色谱法
Determination of conjugated linoleic acid（CLA）content in milk and milk products　Gas chromatography

标 准 号：NY/T 1671—2008
发布日期：2008-08-28　　　　实施日期：2008-10-01
发布单位：中华人民共和国农业部

前　　言

本标准中附录 A 为资料性附录。

本标准由中华人民共和国农业部畜牧业司提出。

本标准由全国畜牧业标准化技术委员会归口。

本标准起草单位：中国农业科学院北京畜牧兽医研究所、农业部奶及奶制品质量监督检验测试中心（北京）。

本标准主要起草人：卜登攀、魏宏阳、王加启、周凌云、许晓敏、刘仕军。

1　范围

本标准规定了乳及乳制品中共轭亚油酸（CLA）含量的气相色谱测定方法。

本标准适用于乳及乳制品中 CLA 含量的测定。

本方法中，顺式 9,反式 11 共轭亚油酸（cis9，trans11 CLA）和反式 10,顺式 12 共轭亚油酸（trans10,cis12 CLA）的最低检出量分别为 9.0 ng和 13.8 ng。

2　规范性引用文件

下列文件中的条款通过本标准的引用而成为本标准的条款。凡是注日期的引用文件，其随后所有的修改单（不包括勘误的内容）或修订版均不适用于本标准。然而，鼓励根据本标准达成协议的各方研究是否可使用这些文件的最新版本。凡是不注日期的引用文件，其最新版本适用于本标准。

GB/T 6682　分析实验室用水规格和试验方法

3　术语和定义

下列术语和定义适用于本标准。

3.1　共轭亚油酸　conjugated linoleic acid，CLA

具有共轭双键的亚油酸统称为共轭亚油酸（conjugated linoleic acid）。本标准特指顺式 9,反式 11 共轭亚油酸（cis9，trans11 CLA）和反式 10,顺式 12 共轭亚油酸（trans10,cis12 CLA）两种异构体。

4 原理

乳及乳制品经有机溶剂提取粗脂肪后，经碱皂化和酸酯化处理生成共轭亚油酸甲酯，再经正己烷萃取，气相色谱柱分离，用氢火焰离子化检测器测定，用外标法定量。

5 试剂

除非另有规定，在分析中仅使用确认为分析纯的试剂和 GB/T 6682 中规定的一级水。

5.1 无水硫酸钠［Na_2SO_4］。

5.2 正己烷［$CH_3(CH_2)_4CH_3$］：色谱纯。

5.3 异丙醇［$(CH_3)_2CHOH$］。

5.4 氢氧化钠甲醇溶液：称 2.0 g 氢氧化钠溶于 100 mL 无水甲醇中，混合均匀，其浓度为 20 g/L。现用现配。

5.5 100 mL/L 盐酸甲醇溶液：取 10 mL 氯乙酰［CH_3COCl］缓慢注入盛有 100 mL 无水甲醇的 250 mL 三角瓶中，混合均匀，其体积分数为 100 mL/L。现用现配。

警告：氯乙酰注入甲醇时，应在通风橱中进行，以防外溅。

5.6 硫酸钠溶液：称取 6.67 g 无水硫酸钠（5.1）溶于 100 mL 水中，其浓度为 66.7 g/L。

5.7 正己烷异丙醇混合液（3+2）：将 3 体积正己烷（5.2）和 2 体积异丙醇（5.3）混合均匀。

5.8 共轭亚油酸（CLA）标准溶液：分别称取顺式 9,反式 11 共轭亚油酸（cis9，trans11 CLA）甲酯和反式 10,顺式 12 共轭亚油酸（trans10，cis12 CLA）甲酯标准品各 10.0 mg，置于 100 mL 棕色容量瓶中，正己烷（5.2）溶解并定容至刻度，混匀。顺式 9,反式 11 共扼亚油酸（cis9，trans11 CLA）和反式 10,顺式 12 共轭亚油酸（trans10，cis12 CLA）的浓度均为 95.2 μg/mL。

6 仪器

常用设备和以下仪器。

6.1 冷冻离心机：工作温度可在 0~8℃调节，离心力应大于 2 500 g。

6.2 气相色谱仪：带 FID 检测器。

6.3 色谱柱：100% 聚甲基硅氧烷涂层毛细管柱，长 100 m，内径 0.32 mm，膜厚 0.25 μm。

6.4 分析天平：感量 0.000 1 g。

6.5 带盖离心管：10 mL。

6.6 恒温水浴锅：40~90℃，精度 ±0.5℃。

6.7 带盖耐高温试管。

6.8 涡旋振荡器。

7 分析步骤

7.1 试样称取：做两份试料的平行测定。称取含粗脂肪50~100 mg的均匀试样，精确到0.1 mg，置于带盖离心管（6.5）中。

7.2 粗脂肪的提取：在试样（7.1）中加入正己烷异丙醇混合液（5.7）4 mL，涡旋振荡2 min。加入2 mL硫酸钠溶液（5.6），涡旋振荡2 min后，于4℃、2 500 g离心10 min。

7.3 皂化与酯化：将上层正己烷相移至带盖耐高温试管（6.7）中，加入2 mL氢氧化钠甲醇溶液（5.4），拧紧试管盖，摇匀，于50℃水浴皂化15 min。冷却至室温后，加入2 mL盐酸甲醇溶液（5.5），于90℃水浴酯化2.5 h。

7.4 试液的制备：冷却至室温后，在酯化后的溶液（7.3）中加入2 mL水，分别用2 mL正己烷（5.2）浸提3次，合并正己烷层转移至10 mL棕色容量瓶中，用正己烷（5.2）定容。加入约0.5 g无水硫酸钠（5.1），涡旋振荡20~30 s，静置10~20 min。取上清液作为试液。

7.5 气相色谱参考条件：采用具有100%聚甲基硅氧烷涂层的毛细管柱（6.3）结合二阶程序升温分离检测。

升温程序：120℃维持10 min，然后以3.2℃/min升温至230℃，维持35 min。

进样口温度：250℃。

检测器温度：300℃。

载气：氮气。

柱前压：190 kPa。

分流比：1∶50。

氢气和空气流速：分别为30 mL/min和400 mL/min。

7.6 测定：取共轭亚油酸（CLA）标准溶液（5.8）及试液（7.4）各2 μL进样，以色谱峰面积定量。标准溶液和试液色谱图见附录A。

8 结果计算

CLA：试样中CLA含量以质量分数X_i计，数值以毫克每千克（mg/kg）表示，按式（1）计算：

$$X_i = \frac{A_i \times C_i \times V}{A_{is} \times m} \quad \cdots\cdots (1)$$

式中：

A_i——试液中第i种CLA峰面积；

A_{is}——标准溶液中第i种CLA峰面积；

C_i——标准溶液中第i种CLA浓度，单位为微克每毫升（μg/mL）；

V——试液总体积，单位为毫升（mL）；

m——试样质量，单位为克（g）。

试样中CLA总量以质量分数X计，单位以毫克每千克（mg/kg）表示，按式（2）计算：

$$X = X_1 + X_2 \quad \cdots\cdots\cdots\cdots\cdots\cdots (2)$$

测定结果用平行测定的算术平均值表示，保留三位有效数字。

9　精密度

在重复性条件下获得的两次独立测定结果的绝对差值不得超过算术平均数的 10%。

在再现性条件下获得的两次独立测定结果的绝对差值不得超过算术平均数的 20%。

NY/T 1671—2008

附　录　A
(资料性附录)
标准溶液图谱和试液图谱

A.1　气相色谱法测定 CLA 甲酯标准溶液的图谱见图 A.1。

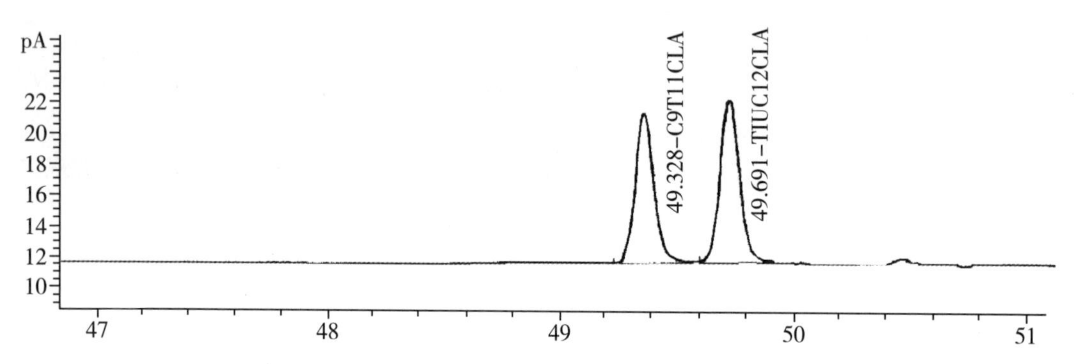

注：出峰顺序依次为：顺 9,反 11 共轭亚油酸（cis9,trans11 CLA）甲酯；反 10,顺 12 共轭亚油酸（trans10,cis12 CLA）甲酯。

图 A.1　气相色谱法测定 CLA 甲酯标准溶液图谱

A.2　气相色谱法测定 CLA 甲酯试液的图谱见图 A.2。

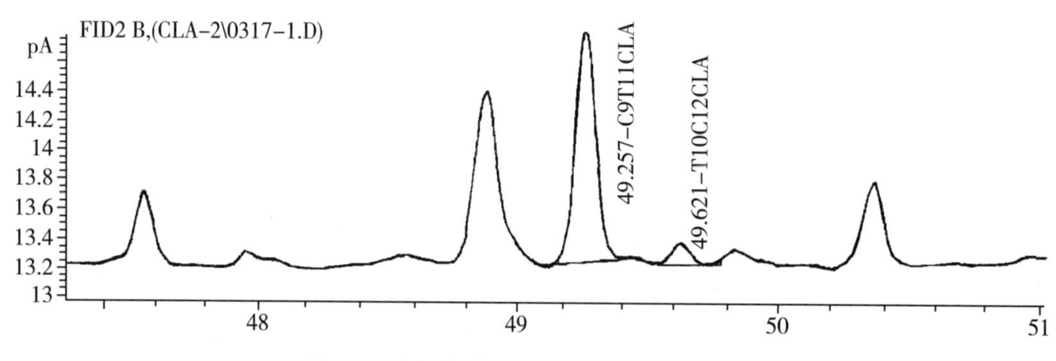

图 A.2　气相色谱法测定 CLA 甲酯试液图谱

参考文献

Technical committee ISO/TC 34, food products, subcommittee SC 5, Milk and milk product, and the IDF/AOAC international. 2002. ISO 15884 | IDF 182：2002（E）Milk fat-preparation of fatty acid methyl esters [S]. ISO and IDF and separately by AOAC internation.

Technical cominittee ISO/TC 34, food products, subcommittee SC 5, Milk and milk product, and the IDF/AOAC international. 2002. ISO 15885 | IDF 184: 2002 (E) Milk fat-determination of the fatty acid composition by gas-liquid chromatography [S]. ISO and IDF and separately by AOAC internation.

Technical committee ISO/TC 34, food products, subcommittee SC 5, Milk and milk product, and the IDF/AOAC international. 2001. ISO 14156 | IDF 172: 2001 (E). Milk and milk product-Extraction methods for lipids and liposolube compounds [S]. ISO and IDF and separately by AOAC internation.

Technical committee ISO/TC 34, food products, subcommittee SC 5, Milk and milk product, and the IDF/AOAC internation. 2004. ISO 1740 | IDF 6: 2004 (E) milk fat products and butter-determination of fat acidity (reference method) [S]. ISO and IDF and separately by AOAC internation.

Cunniff P. 1995. Fatty acids in oils and fats, preparation of methyl esters, boron trifluoride method [M]. Official Methods of Analysis of AOAC International. 16th ed., Vol. 2, AOAC Internation, Arlington.

Palmquist DL, Jenkins TC. 2003. Challenges with fats and fatty acid methods [J]. Journal of Animal Science, 81: 3250-3254.

Kramer J K G, Fellner V, Dugan M E R, et al. 1997. Evaluating acid and base catalysts in the methylation of milk and rumen fatty acids with special emphasis on conjugated dicncs and total trans fatty acids [J]. Lipids, 32: 1219-1228.

Hara A, Radin N S. 1978. Lipid extraction of tissues with a low toxicity solvent [J]. Analytical Biochemistry, 90: 420-426.

卜登攀，刘仕军，王加启等，2006，牛奶脂肪酸及 CLA 的分析方法的改进［J］. 中国农学通报，22：7-10。

王加启，卜登攀，周凌云等，2005，一种快速检测牛奶共轭业油酸（CLA）组成和含量的方法：中国，ZL200510090054. 2［P］.

巴氏杀菌乳和 UHT 灭菌乳中复原乳的鉴定

Identification of reconstituted milk in pasteurized and UHT milk

标 准 号：NY/T 939—2016
发布日期：2016-03-23　　　　实施日期：2016-04-01
发布单位：中华人民共和国农业部

前　　言

本标准按照 GB/T 1.1—2009 给出的规则起草。

与 NY/T 939—2005 相比，主要变化如下：

——修改了巴氏杀菌乳中复原乳鉴定的指标值；

——修改了 UHT 灭菌乳中复原乳鉴定的指标值；

——修改了糠氨酸测定前处理方法；

——增加了糠氨酸的 UPLC 测定方法；

——修改了乳果糖的测定方法。

本标准由农业部畜牧业司提出。

本标准由全国畜牧业标准化技术委员会（SAC/TC 274）归口。

本标准起草单位：中国农业科学院北京畜牧兽医研究所、农业部奶产品质量安全风险评估实验室（北京）、农业部奶及奶制品质量监督检验测试中心（北京）。

本标准主要起草人：郑楠、文芳、王加启、李松励、张养东、赵圣国、李明、杨晋辉、陈冲冲、王晓晴、陈美霞、汪慧、兰欣怡、黄萌萌、卜登攀、魏宏阳、李树聪、于建国、周凌云。

1　范围

本标准规定了巴氏杀菌乳和 UHT 灭菌乳中复原乳的鉴定方法。

本标准适用于巴氏杀菌乳和 UHT 灭菌乳。

2　规范性引用文件

下列文件对于本文件的应用是必不可少的。凡是注日期的引用文件，仅注日期的版本适用于本文件。凡是不注日期的引用文件，其最新版本（包括所有的修改单）适用于本文件。

GB 5009.5　食品安全国家标准　食品中蛋白质的测定

GB/T 6682　分析实验室用水规格和试验方法

GB/T 10111　随机数的产生及其在产品质量抽样检验中的应用程序

3 术语和定义

下列术语和定义适用于本文件。

3.1 生乳 raw milk

从符合国家有关要求的健康奶畜乳房中，挤出的无任何成分改变的常乳。

3.2 复原乳 reconstituted milk

将干燥的或者浓缩的乳制品与水按比例混匀后获得的乳液。

3.3 热处理 heat treatment

采用加热技术且强度不低于巴氏杀菌，抑制微生物生长或杀灭微生物，同时控制受热对象物理化学性状只发生有限变化的操作。

3.4 巴氏杀菌 pasteurization

为有效杀灭病原性微生物而采用的加工方法，即经低温长时间（63~65℃，保持30 min）或经高温短时间（72~76℃，保持15s；或80~85℃，保持10~15 s）的处理方式。

3.5 巴氏杀菌乳 pasteurized milk

仅以生牛乳为原料，经巴氏杀菌等工序制得的液体产品，其乳果糖含量应小于100 mg/L。

3.6 超高温瞬时灭菌 ultra high-temperature，UHT

为有效杀灭微生物和抑制耐热芽孢而采用的加工方法，即在连续流动状态下加热到至少132℃并保持很短时间的热处理方式。

3.7 超高温瞬时灭菌乳（UHT灭菌乳） ultra high-temperature milk

以生牛乳为原料，添加或不添加复原乳，经超高温瞬时灭菌，再经无菌灌装等工序制成的液体产品。生牛乳经UHT灭菌处理后，乳果糖含量应小于600 mg/L。

3.8 糠氨酸 furosine

牛乳在加热过程中，氨基酸、蛋白质与乳糖通过美拉德反应生成ε-N-脱氧乳果糖基-L-赖氨酸（ε-N-deoxylactolusyl-L-lysine），经酸水解转换成更稳定的糠氨酸（ε-N-2-furoylmethyl-L-lysine，ε-N-2-呋喃甲基-L-赖氨酸）。

3.9 乳果糖 lactulose

牛乳在加热过程中，乳糖在酪蛋白游离氨基的催化下，碱基异构而形成的一种双糖。其化学名称为4-o-β-D-吡喃半乳糖基-D-果糖，可作为评价牛奶热处理效应的指标。

4 试验方法

4.1 糠氨酸含量的测定

4.1.1 原理

试样经盐酸水解后测定蛋白质含量，水解液经稀释后用高效液相色谱（HPLC）或超高效液相色谱（UPLC）在紫外（波长280 nm）检测器下进行分析，外标法定量。

4.1.2 试剂和材料

除非另有说明，本方法所用试剂均为分析纯，水为GB/T 6682规定的实验室一级水。

4.1.2.1　甲醇（CH_3OH）：色谱纯。

4.1.2.2　浓盐酸（HCl，密度为1.19 g/mL）。

4.1.2.3　三氟乙酸：色谱纯。

4.1.2.4　乙酸铵。

4.1.2.5　糠氨酸：$C_{12}H_{17}N_2O_4 \cdot xHCl$。

4.1.2.6　盐酸溶液（3 mol/L）：在7.5 mL水中加入2.5 mL浓盐酸，混匀。

4.1.2.7　盐酸溶液（10.6 mol/L）：在12 mL水中加入88 mL浓盐酸，混匀。

4.1.2.8　乙酸铵溶液（6 g/L）：准确称量6 g乙酸铵溶于水中，定容至1L，过0.22 μm水相滤膜，超声脱气10 min。

4.1.2.9　乙酸铵（6 g/L）含0.1%三氟乙酸溶液：准确称量6 g乙酸铵溶于部分水中，加入1 mL三氟乙酸，定容至1L，过0.22 μm水相滤膜，超声脱气10 min。

4.1.2.10　糠氨酸标准储备溶液（500.0 mg/L）：将糠氨酸标准品按标准品证书提供的肽纯度系数（Net Peptide Content）换算后，用3 mol/L盐酸溶液配制成标准储备溶液。-20℃条件下可储存24个月。

示例：糠氨酸标准品证书上标注肽纯度系数为69.1%，则称取7.24 mg糠氨酸标准品，用3 mol/L盐酸溶液溶解并定容至10 mL，标准储备溶液的浓度为500.0 mg/L。

4.1.2.11　糠氨酸标准工作溶液（2.0 mg/L）：移取100 μL糠氨酸标准储备溶液于25 mL容量瓶，以3 mol/L盐酸溶液定容。此标准工作溶液浓度即为2.0 mg/L。

4.1.2.12　水相滤膜：0.22 μm。

4.1.3　仪器

4.1.3.1　高效液相色谱仪：配有紫外检测器或二极管阵列检测器。

4.1.3.2　超高效液相色谱仪：配有紫外检测器或二极管阵列检测器。

4.1.3.3　干燥箱：110℃±2℃。

4.1.3.4　密封耐热试管：容积为20 mL。

4.1.3.5　天平：感量为0.01 mg，1 mg。

4.1.3.6　凯氏定氮仪。

4.1.4　采样

用于检测的巴氏杀菌乳储存和运输温度为2~6℃，UHT灭菌乳储存和运输温度须不高于25℃。

按GB/T 10111的规定取不少于250 mL样品，样品不应受到破坏或者在转运和储藏期间发生变化。监督抽检或仲裁检验等采样应到加工厂抽取成品库的待销产品，1周内测定。

4.1.5　分析步骤

4.1.5.1　试样水解液的制备

吸取2.00 mL试样，置于密闭耐热试管中，加入6.00 mL 10.6 mol/L盐酸溶液，混匀。密闭试管，置于干燥箱，在110℃下加热水解12~23 h。加热约1 h后，轻轻摇动试管。加热结束后，将试管从干燥箱中取出，冷却后用滤纸过滤，滤液供测定。

4.1.5.2　试样水解液中蛋白质含量的测定

移取2.00 mL试样水解液，按GB 5009.5的规定测定试样溶液中的蛋白质含量。

4.1.5.3　试样水解液中糠氨酸含量的测定

移取1.00 mL试样水解液，加入5.00 mL的6 g/L乙酸铵溶液，混匀，过0.22 μm水相滤膜，滤液供上机测定。根据实验室配备的液相色谱仪器，按以下两种方法之一测定。

a）HPLC法测定

1）色谱参考条件

色谱柱：C_{18}硅胶色谱柱，250 mm×4.6 mm，5 μm粒径，或相当者。

柱温：32℃。

流动相：0.1%三氟乙酸溶液为流动相A，甲醇为流动相B。

洗脱梯度：见表1。

表1　洗脱梯度

序号	时间/min	流速/（mL/min）	流动相A/%	流动相B/%
1	—	1.00	100.0	0.0
2	16.00	1.00	86.8	13.2
3	16.50	1.00	0.0	100.0
4	25.00	1.00	100.0	0.0
5	30.00	1.00	100.0	0.0

2）测定

利用流动相A和流动相B的混合液（50∶50）以1 mL/min的流速平衡色谱系统。然后，用初始流动相平衡系统直至基线平稳。注入10 μL 3 mol/L盐酸溶液，以检测溶剂的纯度。注入10 μL待测溶液测定糠氨酸含量。色谱图参见附录A。

b）UPLC法测定

1）色谱参考条件

色谱柱：HSS T3高强度硅胶颗粒色谱柱，100 mm×2.1 mm，1.8 μm粒径，或相当者。

柱温：35℃。

流动相：6 g/L乙酸铵含0.1%三氟乙酸水溶液为流动相A，甲醇为流动相B，纯水为流动相C。

洗脱条件：流动相A，等度洗脱，0.4 mL/min。

2）测定

宜使用流动相纯水和甲醇，依次冲洗色谱系统；仪器使用前，使用流动相纯水过渡，用流动相A以0.4 mL/min的流速平衡色谱柱。注入0.5 μL 3 mol/L盐酸溶液，以检测溶剂的纯度。注入0.5 μL待测溶液测定糠氨酸含量。色谱图参见附录A。

4.1.6　结果计算

4.1.6.1　试样中糠氨酸含量

糠氨酸含量以质量分数F计，数值以毫克每百克蛋白质（mg/100g蛋白质）表示，按式（1）计算。

$$F=\frac{A_t \times C_{std} \times D \times 100}{A_{std} \times m} \quad \cdots\cdots\cdots\cdots\cdots\cdots (1)$$

式中：

A_t——测试样品中糠氨酸峰面积的数值；

A_{std}——糠氨酸标准溶液中糠氨酸峰面积的数值；

C_{std}——糠氨酸标准溶液的浓度，单位为毫克每升（mg/L）；

D——测定时稀释倍数（$D=6$）；

m——样品水解液中蛋白质浓度，单位为克每升（g/L）。

计算结果保留至小数点后一位。

4.1.6.2　巴氏杀菌乳杀菌结束时糠氨酸含量

巴氏杀菌乳杀菌结束时，糠氨酸含量以 FT 计，数值以毫克每百克蛋白质（mg/100g 蛋白质）表示，按式（2）计算。

$$FT=F \quad \cdots\cdots\cdots\cdots\cdots\cdots (2)$$

计算结果保留至小数点后一位。

4.1.6.3　UHT 灭菌乳灭菌结束时糠氨酸含量

UHT 灭菌乳灭菌结束时糠氨酸含量以 FT 计，数值以毫克每百克蛋白质（mg/100g 蛋白质）表示，按公式（3）计算。

$$FT=F-0.7\times t \quad \cdots\cdots\cdots\cdots\cdots\cdots (3)$$

式中：

0.7——常温下样品每储存一天产生的糠氨酸含量，单位为毫克每百克蛋白质（mg/100g蛋白质）；

t——样品在常温下储存天数。

计算结果保留至小数点后一位。

4.1.7　精密度

在重复性条件下获得的两次独立测试结果的绝对差值不大于算术平均值的 10%。

在重现性条件下获得的两次独立测试结果的绝对差值不大于算术平均值的 20%。

4.1.8　检出限

HPLC 法和 UPLC 法的检出限均为 1.0 mg/100g 蛋白质。

4.2　乳果糖含量的测定

4.2.1　原理

试样经 β-D-半乳糖苷酶（β-D-galactosidase）水解后生产半乳糖（galactose）和果糖（fructose），通过酶法测定产生的果糖量计算乳果糖含量。

试样中加入硫酸锌和亚铁氰化钾溶液，沉淀脂肪和蛋白质。滤液中加入 β-D-半乳糖苷酶，在 β-D-半乳糖苷酶作用下乳糖水解为半乳糖和葡萄糖（glucose），乳果糖水解为半乳糖和果糖：

$$乳糖+H_2O \xrightarrow{\beta\text{-D-半乳糖苷酶}} 半乳糖+葡萄糖$$

$$乳果糖+H_2O \xrightarrow{\beta\text{-D-半乳糖苷酶}} 半乳糖+果糖$$

再加入葡萄糖氧化酶（glucose oxidase，GOD），将大部分葡萄糖氧化为葡萄糖酸：

$$葡萄糖+H_2O+O_2 \xrightarrow{葡萄糖氧化酶} 葡萄糖酸+H_2O_2$$

上述反应生成的过氧化氢，可以加入过氧化氢酶除去：

$$2H_2O_2 \xrightarrow{过氧化氢酶} 2H_2O_2+O_2$$

少量未被氧化的葡萄糖和乳果糖水解生成的果糖，在已糖激酶（hexokinase，HK）的催化作用下与腺苷三磷酸酯（Adenosine Trihosphate，ATP）反应，分别生成葡萄糖-6-磷酸酯（glucose-6-phosphate）和果糖-6-磷酸酯（fructose-6-phosphate）：

$$葡萄糖+ATP \xrightarrow{已糖激酶} 葡萄糖\text{-6-}磷酸酯+ADP$$

$$果糖+ATP \xrightarrow{已糖激酶} 果糖\text{-6-}磷酸酯+ADP$$

反应生成的葡萄糖-6-磷酸酯在葡萄糖-6-磷酸脱氢酶（glucose-6-phosphate dehydrogenase，G-6-PD）催化作用下，与氧化型辅酶Ⅱ，即烟酰胺腺嘌呤二核苷酸磷酸（nicotinamide adenine dinucleotide phosphate，$NADP^+$）反应生成还原型辅酶Ⅱ，即还原型烟酰胺腺嘌呤二核苷酸磷酸（NADPH）：

$$葡萄糖\text{-6-}磷酸酯+NADP^+ \xrightarrow{葡萄糖\text{-6-}磷酸脱氢酶} 6\text{-}磷酸葡萄糖酸盐+NADPH+H^+$$

反应生成的 NADPH 可在波长 340 nm 处测定。但是，果糖-6-磷酸酯需用磷酸葡萄糖异构酶（phosphoglucoie isomerase，PGI）转化为葡萄糖-6-磷酸酯：

$$果糖\text{-6-}磷酸酯 \xrightarrow{磷酸葡萄糖异构酶} 葡萄糖\text{-6-}磷酸酯$$

生成的葡萄糖-6-磷酸酯再与 $NADP^+$ 反应，并于波长 340 nm 处测定吸光值。通过两次测定结果之差计算乳果糖含量。样品原有的果糖，可通过空白样品的测定扣除。空白样品的测定与样品测定步骤完全相同，只是不加 β-D-半乳糖苷酶。

4.2.2 试剂和材料

除非另有说明，本方法所用试剂均为分析纯，水为 GB/T 6682 规定的实验室一级水。

4.2.2.1 灭菌水。

4.2.2.2 过氧化氢（H_2O_2，质量分数为 30%）。

4.2.2.3 辛醇（$C_8H_{18}O$）。

4.2.2.4 碳酸氢钠（$NaHCO_3$）。

4.2.2.5 硫酸锌（$ZnSO_4 \cdot 7H_2O$）。

4.2.2.6 亚铁氰化钾（$K_4[Fe(CN)_6] \cdot 3H_2O$）。

4.2.2.7 氢氧化钠（NaOH）。

4.2.2.8 硫酸铵［$(NH_4)_2SO_4$］。

4.2.2.9 磷酸氢二钠（Na_2HPO_4）。

4.2.2.10 磷酸二氢钠（$NaH_2PO_4 \cdot H_2O$）。

4.2.2.11 硫酸镁（$MgSO_4 \cdot 7H_2O$）。

4.2.2.12 三乙醇胺盐酸盐［$N(CH_2CH_2OH)_3HCl$］。

4.2.2.13　β-D-半乳糖苷酶（EC 3.2.1.23）：from Aspergillus oryzae，活性为12.6 IU/mg。
4.2.2.14　葡萄糖氧化酶（EC 1.1.3.4）：from Aspergiillus niger，活性为200 IU/mg。
4.2.2.15　过氧化氢酶（EC 1.11.1.6）：from beef liver，活性为65 000 IU/mg。
4.2.2.16　己糖激酶（EC 2.7.1.1）：from baker's yeast，活性为140 IU/mg。
4.2.2.17　葡萄糖-6-磷酸脱氢酶（EC 1.1.1.49）：from baker's yeast，活性为140 IU/mg。
4.2.2.18　磷酸葡萄糖异构酶（EC 5.3.1.9）：from yeast，活性为350 IU/mg。
4.2.2.19　5'-腺苷三磷酸二钠盐（5'-ATP-Na_2）。
4.2.2.20　烟酰胺腺嘌呤二核苷酸磷酸二钠盐（β-NADP-Na_2）。
4.2.2.21　硫酸锌溶液（168 g/L）：称取300 g硫酸锌溶于800 mL水中，定容至1L。
4.2.2.22　亚铁氰化钾溶液（130 g/L）：称取150 g亚铁氰化钾溶于800 mL水中，定容至1L。
4.2.2.23　氢氧化钠溶液（0.33 mol/L）：将1.32 g氢氧化钠溶于100 mL水中。
4.2.2.24　氢氧化钠溶液（1 mol/L）：将4 g氢氧化钠溶于100 mL水中。
4.2.2.25　硫酸铵溶液（3.2 mol/L）：将42.24 g硫酸铵溶于100 mL水中。
4.2.2.26　缓冲液A（pH为7.5）：称4.8 g磷酸氢二钠、0.86 g磷酸二氢钠和0.1 g硫酸镁溶解于80 mL水中，用1 mol/L氢氧化钠溶液调整pH值到7.5±0.1（20℃），定容到100 mL。
4.2.2.27　缓冲液B（pH为7.6）：称取14.00 g三乙醇胺盐酸盐和0.25 g硫酸镁溶解于80 mL水中，用1 mol/L氢氧化钠溶液调整pH值到7.6±0.1（20℃），定容到100 mL。
4.2.2.28　缓冲液C：量取40.0 mL缓冲液B，用水定容到100 mL，摇匀。
4.2.2.29　β-D-半乳糖苷酶悬浮液（150 mg/mL）：用3.2 mol/L硫酸铵溶液将活性为12.6 IU/mg的β-D-半乳糖苷酶制备成浓度为150 mg/mL的悬浮液。现用现配，配制时切勿振荡。
4.2.2.30　葡萄糖氧化酶悬浮液（20 mg/mL）：用灭菌水将活性为200 IU/mg的葡萄糖氧化酶制备成浓度为20 mg/mL的悬浮溶液。现用现配。
4.2.2.31　过氧化氢酶悬浮液（20 mg/mL）：用灭菌水将活性为65 000 IU/mg的过氧化氢酶制备成浓度为20 mg/mL的悬浮液。4℃保存，用前振荡使之均匀。
4.2.2.32　己糖激酶/葡萄糖-6-磷酸脱氢酶悬浮液：在1 mL 3.2 mol/L硫酸铵溶液中加入2 mg活性为140 IU/mg的己糖激酶和1 mg活性为140 IU/mg的葡萄糖-6-磷酸脱氢酶，轻轻摇动成悬浮液。-20℃保存。
4.2.2.33　磷酸葡萄糖异构酶悬浮液（2 mg/mL）：用3.2 mol/L硫酸铵溶液将活性为350 IU/mg的磷酸葡萄糖异构酶制备成浓度为2 mg/mL的悬浮液。4℃保存。
4.2.2.34　5'-腺苷三磷酸（ATP）溶液：将50 mg 5'-腺苷三磷酸二钠盐和50 mg碳酸氢钠溶于1 mL水中。-20℃保存。
4.2.2.35　烟酰胺腺嘌呤二核苷酸磷酸（NADP）溶液：将10 mg烟酰胺腺嘌呤二核苷酸磷酸二钠盐溶于1 mL水中。-20℃保存。

4.2.3 仪器

4.2.3.1 恒温培养箱：40℃±2℃，50℃±2℃。

4.2.3.2 分光光度计：340 nm。

4.2.4 采样

同4.1.4。

4.2.5 分析步骤

4.2.5.1 纯化

量取20.0 mL样品到200 mL锥形瓶，依次加入20.0 mL水、7.0 mL亚铁氰化钾溶液、7.0 mL硫酸锌溶液和26.0 mL缓冲液A。每加入一种溶液后，充分振荡均匀。全部溶液加完后，静置10 min，过滤，弃去最初的1~2 mL滤液，收集滤液。

4.2.5.2 水解乳糖和乳果糖

吸取5.00 mL滤液置于10 mL容量瓶中，加200 μL的β-D-半乳糖苷酶悬浮液。混匀后加盖，在50℃恒温培养箱中培养1 h。

4.2.5.3 葡萄糖氧化

在水解后的试液中依次加入2.0 mL缓冲液C，100 μL葡萄糖氧化酶悬浮液，1滴辛醇，0.5 mL 0.33 mol/L氢氧化钠溶液，50 mL过氧化氢和50 μL过氧化氢酶悬浮液。每加一种试剂后，应轻轻摇匀。全部溶液加完后，在40℃恒温培养箱中培养3 h。冷却后用水定容至10 mL，过滤。弃去最初的1~2 mL滤液，收集滤液。

4.2.5.4 空白

依照4.2.5.2到4.2.5.3步骤处理空白溶液，但不加β-D-半乳糖苷酶悬浮液。

4.2.5.5 测定

见表2。

表2 测定步骤

步骤	空白	样品
比色皿中依次加入		
缓冲液B	1.00 mL	1.00 mL
ATP溶液	0.100 mL	0.100 mL
NADP溶液	0.100 mL	0.100 mL
滤液	1.00 mL	1.00 mL
水	1.00 mL	1.00 mL
混合均匀后，静置3 min		
加入己糖激酶/葡萄糖-6-磷酸脱氢酶悬浮液	20 μL	20 μL
混合均匀，等反应停止后（约10 min），记录吸光值	A_{b1}	A_{s1}
加入磷酸葡萄糖异构酶悬浮液	20 μL	20 μL
混合均匀，等反应停止后（10~15 min），记录吸光值	A_{b2}	A_{s2}

注：1. 以上反应均在同一比色皿中完成。

2. 如果吸光值超过1.3，则减少滤液体积，增加水体积以保持总体积不变。

4.2.6 结果计算

4.2.6.1 吸光值差

样品吸光值差 $\triangle A_s$ 按式（4）计算。

$$\triangle A_s = A_{s2} - A_{s1} \quad \cdots\cdots\cdots\cdots\cdots\cdots\quad (4)$$

空白吸光值差 $\triangle A_b$ 按式（5）计算。

$$\triangle A_b = A_{b2} - A_{b1} \quad \cdots\cdots\cdots\cdots\cdots\cdots\quad (5)$$

样品净吸光值差 $\triangle A_L$ 按式（6）计算。

$$\triangle A_L = \triangle A_s - \triangle A_b \quad \cdots\cdots\cdots\cdots\cdots\cdots\quad (6)$$

4.2.6.2 乳果糖含量

乳果糖的含量以质量浓度 L 计，数值以毫克每升（mg/L）表示，按公式（7）计算。

$$L = \frac{M_L \times V_1 \times 8}{\varepsilon \times d \times V_2} \times \triangle A_L \quad \cdots\cdots\cdots\cdots\cdots\cdots\quad (7)$$

式中：

$\triangle A_L$——样品净吸光值差；

M_L——乳果糖的摩尔质量（342.3 g/mol）；

ε——NADPH 在 340 nm 处的摩尔吸光值（6.3L · $mmol^{-1}$ · cm^{-1}）；

V_1——比色皿液体总体积（3.240 mL）；

V_2——比色皿中滤液的体积，单位为毫升（mL）；

d——比色皿光通路长度（1.00 cm）；

8——稀释倍数。

计算结果保留至小数点后一位。

4.2.7 精密度

在重复性条件下获得的两次独立测试结果的绝对差值不大于算术平均值的 10%。

在重现性条件下获得的两次独立测试结果的绝对差值不大于算术平均值的 20%。

4.2.8 检出限

检出限为 4.2 mg/L。

4.3 乳果糖/糠氨酸比值的计算

样品中乳果糖/糠氨酸比值以 R 计，按式（8）计算。

$$R = \frac{L}{FT} \quad \cdots\cdots\cdots\cdots\cdots\cdots\quad (8)$$

计算结果保留至小数点后两位。

5 复原乳的鉴定

5.1 巴氏杀菌乳

当 $L<100.0$ mg/L 时，判定如下：

a）当 12.0 mg/100g 蛋白质 $<FT\leqslant 25.0$ mg/100g 蛋白质时，若 $R<0.50$，则判定为含有复原乳。

b）当 $FT>25.0$ mg/100g 蛋白质时，若 $R<1.00$，则判定为含有复原乳。

5.2 UHT 灭菌乳

当 $L<600.0$ mg/L、$FT>190.0$ mg/100g 蛋白质时，若 $R<1.80$，则判定为含有复原乳。

NY/T 939—2016

附　录　A
（资料性附录）
糠氨酸液相色谱图

A.1　高效液相色谱法（HPLC）色谱图

见图 A.1、图 A.2。

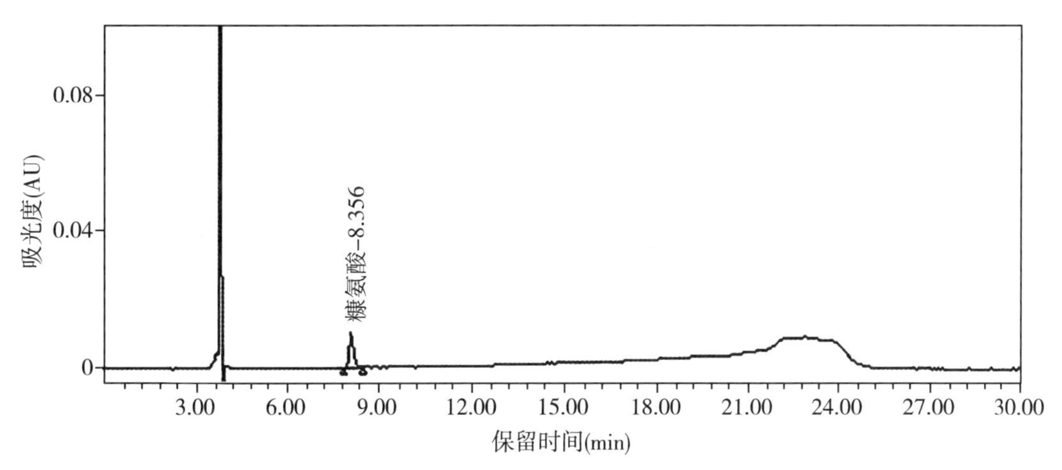

图 A.1　2 mg/L 糠氨酸标准溶液 HPLC 色谱图

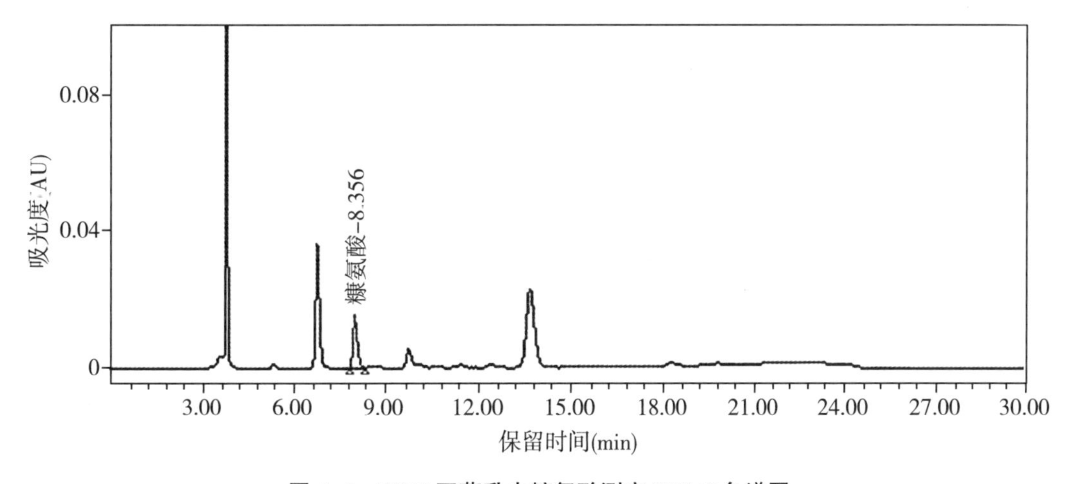

图 A.2　UHT 灭菌乳中糠氨酸测定 HPLC 色谱图

A.2 超高效液相色谱法（UPLC）色谱图

见图 A.3、图 A.4。

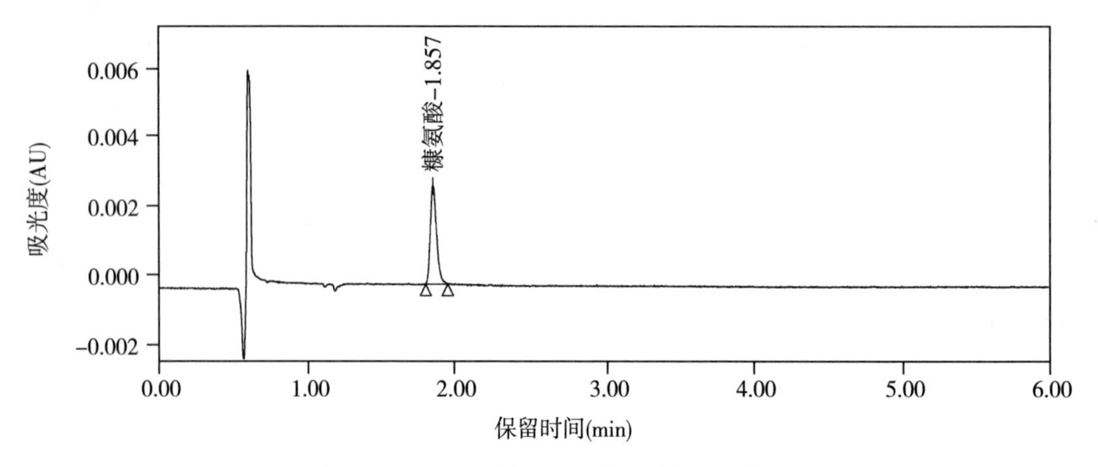

图 A.3 2 mg/L 糠氨酸标准溶液 UPLC 色谱图

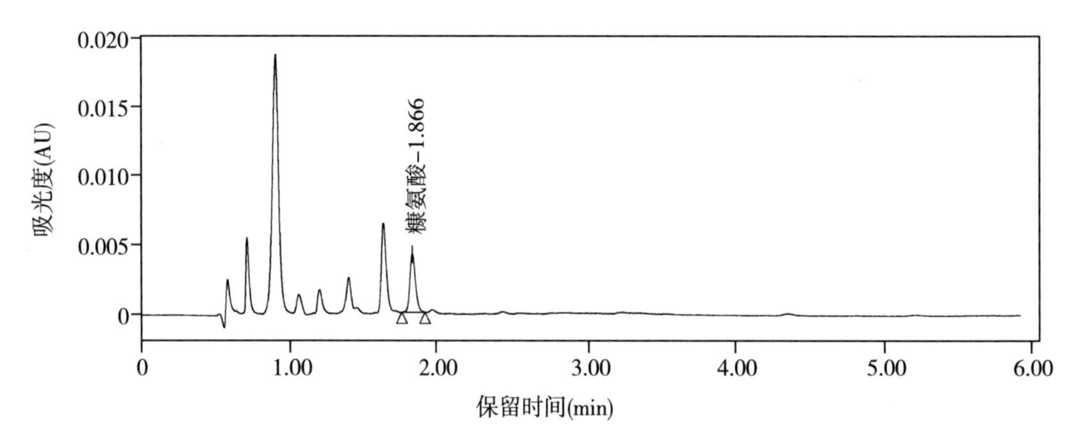

图 A.4 UHT 灭菌乳中糠氨酸测定 UPLC 色谱图

第二章

污染物指标

食品中总砷及无机砷的测定

标 准 号：GB 5009.11—2014
发布日期：2015-09-21　　　　　　　　　　实施日期：2016-03-21
发布单位：中华人民共和国国家卫生和计划生育委员会

前　　言

本标准代替 GB/T 5009.11—2003《食品中总砷及无机砷的测定》。

本标准与 GB/T 5009.11—2003 相比，主要变化如下：

——标准名称修改为“食品安全国家标准　食品中总砷及无机砷的测定”；

——取消了食品中总砷测定的砷斑法及硼氢化物还原比色法，取消了食品中无机砷测定的原子荧光法和银盐法；

——增加了食品中总砷测定的电感耦合等离子体质谱法（ICP-MS）；

——增加了食品中无机砷测定的液相色谱-原子荧光光谱法（LC-AFS）和液相色谱-电感耦合等离子体质谱法（LC-1CP-MS）。

1　范围

本标准第一篇规定了食品中总砷的测定方法。本标准第二篇规定了食品中无机砷含量测定的液相色谱-原子荧光光谱法、液相色谱-电感耦合等离子体质谱法。

本标准第一篇第一法、第二法和第三法适用于各类食品中总砷的测定。第二篇适用于稻米、水产动物、婴幼儿谷类辅助食品、婴幼儿罐装辅助食品中无机砷（包括砷酸盐和亚砷酸盐）含量的测定。

第一篇　总砷的测定

第一法　电感耦合等离子体质谱法

2　原理

样品经酸消解处理为样品溶液，样品溶液经雾化由载气送入 ICP 炬管中，经过蒸发、解离、原子化和离子化等过程，转化为带电荷的离子，经离子采集系统进入质谱仪，质谱仪根据质荷比进行分离。对于一定的质荷比，质谱的信号强度与进入质谱仪的离子数成正比，即样品浓度与质谱信号强度成正比。通过测量质谱的信号强度对试样溶液中的砷元素进行测定。

3　试剂和材料

注：除非另有说明，本方法所用试剂均为优级纯，水为 GB/T 6682 规定的一级水。

3.1　试剂

3.1.1　硝酸（HNO_3）：MOS 级（电子工业专用高纯化学品）、BV（Ⅲ）级。

3.1.2　过氧化氢（H_2O_2）。

3.1.3　质谱调谐液：Li、Y、Ce、Ti、Co，推荐使用浓度为 10ng/mL。

3.1.4　内标储备液：Ge，浓度为 100 μg/mL。

3.1.5　氢氧化钠（NaOH）。

3.2　试剂配制

3.2.1　硝酸溶液（2+98）：量取 20 mL 硝酸，缓缓倒入 980 mL 水中，混匀。

3.2.2　内标溶液 Ge 或 Y（1.0 mg/mL）：取 1.0 mL 内标溶液，用硝酸溶液（2+98）稀释并定容至 100 mL。

3.2.3　氢氧化钠溶液（100 g/L）：称取 10.0 g 氢氧化钠，用水溶解和定容至 100 mL。

3.3　标准品

三氧化二砷（As_2O_3）标准品：纯度≥99.5%。

3.4　标准溶液配制

3.4.1　砷标准储备液（100 mg/L，按 As 计）：准确称取于 100℃ 干燥 2 h 的三氧化二砷 0.013 2 g，加 1 mL 氢氧化钠溶液（100 g/L 和少量水溶解，转入 100 mL 容量瓶中，加入适量盐酸调整其酸度近中性，用水稀释至刻度。4℃ 避光保存，保存期一年。或购买经国家认证并授予标准物质证书的标准溶液物质。

3.4.2　砷标准使用液（1.00 mg/L，按 As 计）：准确吸取 1.00 mL 砷标准储备液（100 mg/L）于 100 mL 容量瓶中，用硝酸溶液（2+98）稀释定容至刻度。现用现配。

4　仪器和设备

注：玻璃器皿及聚四氟乙烯消解内罐均需以硝酸溶液（1+4）浸泡 24 h，用水反复冲洗，最后用去离子水冲洗干净。

4.1　电感耦合等离子体质谱仪（ICP-MS）。

4.2　微波消解系统。

4.3　压力消解器。

4.4　恒温干燥箱（50~300℃）。

4.5　控温电热板（50~200℃）。

4.6　超声水浴箱。

4.7　天平：感量为 0.1 mg 和 1 mg。

5　分析步骤

5.1　试样预处理

5.1.1　在采样和制备过程中，应注意不使试样污染。

5.1.2 粮食、豆类等样品去杂物后粉碎均匀，装入洁净聚乙烯瓶中，密封保存备用。

5.1.3 蔬菜、水果、鱼类、肉类及蛋类等新鲜样品，洗净晾干，取可食部分匀浆，装入洁净聚乙烯瓶中，密封，于4℃冰箱冷藏备用。

5.2 试样消解

5.2.1 *微波消解法*

蔬菜、水果等含水分高的样品，称取2.0~4.0 g（精确至0.001 g）样品于消解罐中，加入5 mL硝酸，放置30 min；粮食、肉类、鱼类等样品，称取0.2~0.5 g（精确至0.001 g）样品于消解罐中，加入5 mL硝酸，放置30 min，盖好安全阀，将消解罐放入微波消解系统中，根据不同类型的样品，设置适宜的微波消解程序（见表A.1~表A.3），按相关步骤进行消解，消解完全后赶酸，将消化液转移至25 mL容量瓶或比色管中，用少量水洗涤内罐3次，合并洗涤液并定容至刻度，混匀。同时做空白试验。

5.2.2 *高压密闭消解法*

称取固体试样0.20~1.0 g（精确至0.001 g），湿样1.0~5.0 g（精确至0.001 g）或取液体试样2.00~5.00 mL于消解内罐中，加入5 mL硝酸浸泡过夜。盖好内盖，旋紧不锈钢外套，放入恒温干燥箱，140~160℃保持3~4 h，自然冷却至室温，然后缓慢旋松不锈钢外套，将消解内罐取出，用少量水冲洗内盖，放在控温电热板上于120℃赶去棕色气体。取出消解内罐，将消化液转移至25 mL容量瓶或比色管中，用少量水洗涤内罐3次，合并洗涤液并定容至刻度，混匀。同时做空白试验。

5.3 仪器参考条件

RF功率1 550W；载气流速1.14 L/min；采样深度7 mm；雾化室温度2℃；Ni采样锥，Ni截取锥。

质谱干扰主要来源于同量异位素、多原子，双电荷离子等，可采用最优化仪器条件、干扰校正方程校正或采用碰撞池、动态反应池技术方法消除干扰。砷的干扰校正方程为：$^{75}As = ^{75}As - ^{77}M\ (3.127) + ^{82}M\ (2.733) - ^{83}M\ (2.757)$；采用内标校正、稀释样品等方法校正非质谱干扰。砷的m/z为75，选^{72}Ge为内标元素。

推荐使用碰撞/反应池技术，在没有碰撞/反应池技术的情况下使用干扰方程消除干扰的影响。

5.4 标准曲线的制作

吸取适量砷标准使用液（1.00 mg/L），用硝酸溶液（2+98）配制砷浓度分别为0.00 ng/mL、1.0 ng/mL、5.0 ng/mL、10 ng/mL、50 ng/mL和100 ng/mL的标准系列溶液。

当仪器真空度达到要求时，用调谐液调整仪器灵敏度、氧化物、双电荷、分辨率等各项指标，当仪器各项指标达到测定要求，编辑测定方法、选择相关消除干扰方法，引入内标，观测内标灵敏度、脉冲与模拟模式的线性拟合，符合要求后，将标准系列引入仪器。进行相关数据处理，绘制标准曲线、计算回归方程。

5.5 试样溶液的测定

相同条件下，将试剂空白、样品溶液分别引入仪器进行测定。根据回归方程计算出样品中砷元素的浓度。

6　分析结果的表述

试样中砷含量按式（1）计算：

$$X=\frac{(c-c_0)\times V\times 1\,000}{m\times 1\,000\times 1\,000} \quad \cdots\cdots\cdots\cdots\cdots\cdots (1)$$

式中：

X——试样中砷的含量，单位为毫克每千克（mg/kg）或毫克每升（mg/L）；

c——试样消化液中砷的测定浓度，单位为纳克每毫升（ng/mL）；

c_0——试样空白消化液中砷的测定浓度，单位为纳克每毫升（ng/mL）；

V——试样消化液总体积，单位为毫升（mL）；

m——试样质量，单位为克或毫升（g 或 mL）；

1 000——换算系数。

计算结果保留两位有效数字。

7　精密度

在重复性条件下获得的两次独立测定结果的绝对差值不得超过算术平均值的 20%。

8　其他

称样量为 1 g，定容体积为 25 mL 时，方法检出限为 0.003 mg/kg，方法定量限为 0.010 mg/kg。

第二法　氢化物发生原子荧光光谱法

9　原理

食品试样经湿法消解或干灰化法处理后，加入硫脲使五价砷预还原为三价砷，再加入硼氢化钠或硼氢化钾使还原生成砷化氢，由氩气载入石英原子化器中分解为原子态砷，在高强度砷空心阴极灯的发射光激发下产生原子荧光，其荧光强度在固定条件下与被测液中的砷浓度成正比，与标准系列比较定量。

10　试剂和材料

注：除非另有说明，本方法所用试剂均为优级纯，水为 GB/T 6682 规定的一级水。

10.1　试剂

10.1.1　氢氧化钠（NaOH）。

10.1.2　氢氧化钾（KOH）。

10.1.3　硼氢化钾（KBH_3）：分析纯。

10.1.4　硫脲（$CH_4N_2O_2S$）：分析纯。

10.1.5　盐酸（HCl）。

10.1.6　硝酸（HNO_3）。

10.1.7　硫酸（H_2SO_4）。

10.1.8　高氯酸（$HClO_4$）。

10.1.9　硝酸镁［$Mg(NO_3)_2 \cdot 6H_2O$］：分析纯。

10.1.10　氧化镁（MgO）：分析纯。

10.1.11　抗坏血酸（$C_6H_8O_6$）。

10.2　试剂配制

10.2.1　氢氧化钾溶液（5 g/L）：称取 5.0 g 氢氧化钾，溶于水并稀释至 1 000 mL。

10.2.2　硼氢化钾溶液（20 g/L）：称取硼氢化钾 20.0 g，溶于 1 000 mL 5 g/L 氢氧化钾溶液中，混匀。

10.2.3　硫脲+抗坏血酸瑢液：称取 10.0 g 硫脲，加约 80 mL 水，加热溶解，待冷却后加入 10.0 g 抗坏血酸，稀释至 100 mL，现用现配。

10.2.4　氢氧化钠溶液（100 g/L）：称取 10.0 g 氢氧化钠，溶于水并稀释至 100 mL。

10.2.5　硝酸镁溶液（150 g/L）：称取 15.0 g 硝酸镁，溶于水并稀释至 100 mL。

10.2.6　盐酸溶液（1+1）：量取 100 mL 盐酸，缓缓倒入 100 mL 水中，混匀。

10.2.7　硫酸溶液（1+9）：量取硫酸 100 mL，缓缓倒入 900 mL 水中，混匀。

10.2.8　硝酸溶液（2+98）：量取硝酸 20 mL，缓缓倒入 980 mL 水中，混匀。

10.3　标准品

三氧化二砷（As_2O_3）标准品：纯度≥99.5%。

10.4　标准溶液配制

10.4.1　砷标准储备液（100 mg/L，按 As 计）：准确称取于 100℃ 干燥 2 h 的三氧化二砷 0.013 2 g，加 100 g/L 氢氧化钠溶液 1 mL 和少量水溶解，转入 100 mL 容量瓶中，加入适量盐酸调整其酸度近中性，加水稀释至刻度，4℃ 避光保存，保存期一年。或购买经国家认证并授予标准物质证书的标准溶液物质。

10.4.2　砷标准使用液（1.00 mg/L，按 As 计）：准确吸取 1.00 mL 砷标准储备液（100 mg/L）于 100 mL 容量瓶中，用硝酸溶液（2+98）稀释至刻度。现用现配。

11　仪器和设备

注：玻璃器皿及聚四氟乙烯消解内罐均需以硝酸溶液（1+4）浸泡 24 h，用水反复冲洗，最后用去离子水冲洗干净。

11.1　原子荧光光谱仪。

11.2　天平：感量为 0.1 mg 和 1 mg。

11.3　组织匀浆器。

11.4　高速粉碎机。

11.5　控温电热板：50~200℃。

11.6　马弗炉。

12　分析步骤

12.1　试样预处理

见5.1。

12.2 试样消解

12.2.1 湿法消解

固体试样称取1.0~2.5 g、液体试样称取5.0~10.0 g（或mL）（精确至0.001 g），置于50~100 mL锥形瓶中，同时做两份试剂空白。加硝酸20 mL，高氯酸4 mL，硫酸1.25 mL，放置过夜。次日置于电热板上加热消解。若消解液处理至1 mL左右时仍有未分解物质或色泽变深，取下放冷，补加硝酸5~10 mL，再消解至2 mL左右，如此反复两三次，注意避免炭化。继续加热至消解完全后，再持续蒸发至高氯酸的白烟散尽，硫酸的白烟开始冒出。冷却，加水25 mL，再蒸发至冒硫酸白烟。冷却，用水将内溶物转入25 mL容量瓶或比色管中，加入硫脲+抗坏血酸溶液2 mL，补加水至刻度，混匀，放置30 min，待测。按同一操作方法做空白试验。

12.2.2 干灰化法

固体试样称取1.0~2.5 g，液体试样取4.00 mL（g）（精确至0.001 g），置于50~100 mL坩埚中，同时做两份试剂空白。加150 g/L硝酸镁10 mL混匀，低热蒸干，将1 g氧化镁覆盖在干渣上，于电炉上炭化至无黑烟，移入550℃马弗炉灰化4 h。取出放冷，小心加入盐酸溶液（1+1）10 mL以中和氧化镁并溶解灰分，转入25 mL容量瓶或比色管，向容量瓶或比色管中加入硫脲+抗坏血酸溶液2 mL，另用硫酸溶液（1+9）分次洗涤坩埚后合并洗涤液至25 mL刻度，混匀，放置30 min. 待测。按同一操作方法做空白试验。

12.3 仪器参考条件

负高压：260V；砷空心阴极灯电流：50 ~ 80 mA；载气：氩气；载气流速：500 mL/min；屏蔽气流速：800 mL/min；测量方式：荧光强度；读数方式：峰面积。

12.4 标准曲线制作

取25 mL容量瓶或比色管6支，依次准确加入1.00 μg/mL砷标准使用液0.00 mL、0.10 mL、0.25 mL、0.50 mL、1.5 mL和3.0 mL（分别相当于砷浓度0.0 ng/mL、4.0 ng/mL、10 ng/mL、20 ng/mL、60 ng/mL、20 ng/mL），各加硫酸溶液（1+9）12.5 mL，硫脲+抗坏血酸溶液2 mL，补加水至刻度，混匀后放置30 min后测定。

仪器预热稳定后，将试剂空白、标准系列溶液依次引入仪器进行原子荧光强度的测定。以原子荧光强度为纵坐标，砷浓度为横坐标绘制标准曲线，得到回归方程。

12.5 试样溶液的测定

相同条件下，将样品溶液分别引入仪器进行测定。根据回归方程计算出样品中砷元素的浓度。

13 分析结果的表述

试样中总砷含量按式（2）计算：

$$X=\frac{(c-c_0)\times V\times 1\,000}{m\times 1\,000\times 1\,000} \quad \cdots\cdots\cdots\cdots (2)$$

式中：

X——试样中砷的含量，单位为毫克每千克（mg/kg）或毫克每升（mg/L）；
c——试样被测液中砷的测定浓度，单位为纳克每毫升（ng/mL）；
c_0——试样空白消化液中砷的测定浓度，单位为纳克每毫升（ng/mL）；
V——试样消化液总体积，单位为毫克（mL）；
m——试样质量，单位为克（g）或毫升（mL）；
1 000——换算系数。

计算结果保留两位有效数字。

14 精密度

在重复性条件下获得的两次独立测定结果的绝对差值不得超过算术平均值的20%。

15 检出限

称样量为1 g，定容体积为25 mL时，方法检出限为0.010 mg/kg，方法定量限为0.040 mg/kg。

第三法 银盐法

16 原理

试样经消化后，以碘化钾、氯化亚锡将高价砷还原为三价砷，然后与锌粒和酸产生的新生态氢生成砷化氢，经银盐溶液吸收后，形成红色胶态物，与标准系列比较定量。

17 试剂和材料

注：除非另有说明，本方法所用试剂均为优级纯．水为GB/T 6682规定的一级水。

17.1 试剂

17.1.1 硝酸（HNO_3）。

17.1.2 硫酸（H_2SO_4）。

17.1.3 盐酸（HCl）。

17.1.4 高氯酸（$HClO_4$）。

17.1.5 三氯甲烷（$CHCl_3$）：分析纯。

17.1.6 二乙基二硫代氨基甲酸银［$(C_2H_5)_2NCS_2Ag$］：分析纯。

17.1.7 氯化亚锡（$SnCl_2$）：分析纯。

17.1.8 硝酸镁：［$Mg(NO_3)_2 \cdot 6H_2O$］：分析纯。

17.1.9 碘化钾（KI）：分析纯。

17.1.10 氧化镁（MgO）：分析纯。

17.1.11 乙酸铅（$C_4H_6O_4Pb \cdot 3H_2O$）：分析纯。

17.1.12 三乙醇胺（$C_6H_{15}NO_3$）：分析纯。

17.1.13 无砷锌粒：分析纯。

17.1.14 氢氧化钠（NaOH）。

17.1.15　乙酸。

17.2　试剂配制

17.2.1　硝酸-高氧酸混合溶液（4+1）：量取 80 mL 硝酸，加入 20 mL 高氯酸，混匀。

17.2.2　硝酸镁溶液（150 g/L）：称取 15 g 硝酸镁，加水溶解并稀释定容至 100 mL。

17.2.3　碘化钾溶液（150 g/L）：称取 15 g 碘化钾，加水溶解并稀释定容至 100 mL，贮存于棕色瓶中。

17.2.4　酸性氯化亚锡溶液：称取 40 g 氯化亚锡，加盐酸溶解并稀释至 100 mL，加入数颗金属锡粒。

17.2.5　盐酸溶液（1+1）：量取 100 mL 盐酸，缓缓倒入 100 mL 水中，混匀。

17.2.6　乙酸铅溶液（100 g/L）：称取 11.8 g 乙酸铅，用水溶解，加入 1~2 滴乙酸，用水稀释定容至 100 mL。

17.2.7　乙酸铅棉花：用乙酸铅溶液（100 g/L）浸透脱脂棉后，压除多余溶液，并使之疏松，在 100℃以下干燥后，贮存于玻璃瓶中。

17.2.8　氢氧化钠溶液（200 g/L）：称取 20 g 氢氧化钠，溶于水并稀释至 100 mL。

17.2.9　硫酸溶液（6+94）：量取 6.0 mL 硫酸，慢慢加入 80 mL 水中，冷却后再加水稀释至 100 mL。

17.2.10　二乙基二硫代氨基甲酸银-三乙醇胺-三氯甲烷溶液：称取 0.25 g 二乙基二硫代氨基甲酸银置于乳钵中，加少量三氯甲烷研磨，移入 100 mL 量筒中，加入 1.8 mL 三乙醇胺，再用三氯甲烷分次洗涤乳钵，洗涤液一并移入量筒中，用三氯甲烷稀释至 100 mL，放置过夜。滤入棕色瓶中贮存。

17.3　标准品

三氧化二砷（As_2O_3）标准品：纯度≥99.5%。

17.4　标准溶液配制

17.4.1　砷标准储备液（100 mg/L，按 As 计）：准确称取于 100℃干燥 2 h 的三氧化二砷 0.132 0 g，加 5 mL 氢氧化钠溶液（200 g/L），溶解后加 25 mL 硫酸溶液（6+94），移入 1 000 mL 容量瓶中，加新煮沸冷却的水稀释至刻度，贮存于棕色玻塞瓶中。4℃避光保存。保存期一年。或购买经国家认证并授予标准物质证书的标准物质。

17.4.2　砷标准使用液（1.00 mg/L，按 As 计）：吸取 1.00 mL 砷标准储备液（100 mg/L）于 100 mL 容量瓶中，加 1 mL 硫酸溶液（6+94），加水稀释至刻度。现用现配。

18　仪器和设备

注：所用玻璃器皿均需以硝酸溶液（1+4）浸泡 24 h，用水反复冲洗，最后用去离子水冲洗干净。

18.1　分光光度计。

18.2　测砷装置：见图 1。

18.2.1　100~150 mL 锥形瓶：19 号标准口。

18.2.2　导气管：管口 19 号标准口或经碱处理后洗净的橡皮塞与锥形瓶密合时不应漏气。

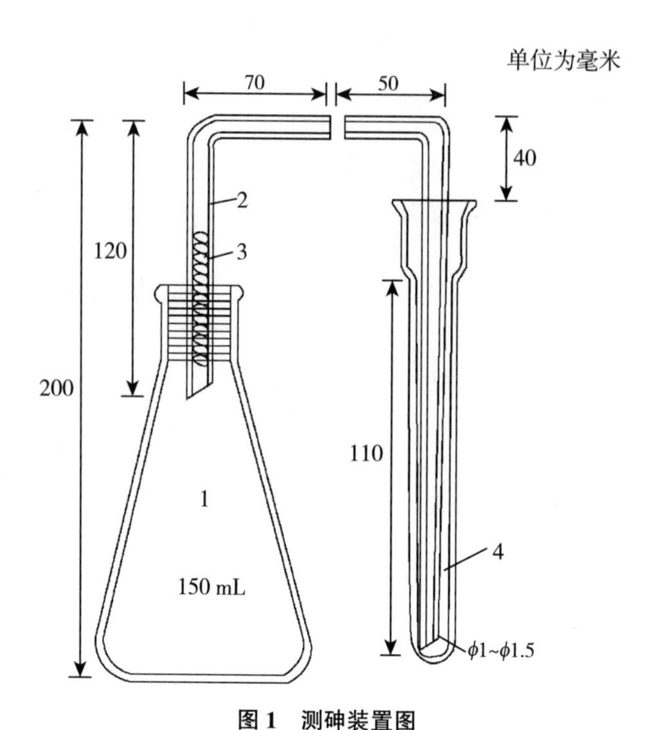

图1　测砷装置图

1——150 mL 锥形瓶；2——导气管；3——乙酸铅棉花；4——10 mL 刻度离心管。

管的另一端管径为 1.0 mm。

18.2.3　吸收管：10 mL 刻度离心管作吸收管用。

19　试样制备

19.1　试样预处理

见 5.1。

19.2　试样溶液制备

19.2.1　*硝酸-高氯酸-硫酸法*

19.2.1.1　粮食、粉丝、粉条、豆干制品、糕点、茶叶等及其他含水分少的固体食品

称取 5.0~10.0 g 试样（精确至 0.001 g），置于 250~500 mL 定氮瓶中，先加少许水湿润，加数粒玻璃珠、10~15 mL 硝酸-高氯酸混合液，放置片刻，小火缓缓加热，待作用缓和，放冷。沿瓶壁加入 5 mL 或 10 mL 硫酸，再加热，至瓶中液体开始变成棕色时，不断沿瓶壁滴加硝酸-高氯酸混合液至有机质分解完全，加大火力，至产生白烟，待瓶口白烟冒净后，瓶内液体再产生白烟为消化完全，该溶液应澄清透明无色或微带黄色，放冷。（在操作过程中应注意防止爆沸或爆炸）加 20 mL 水煮沸，除去残余的硝酸至产生白烟为止，如此处理两次，放冷。将冷后的溶液移入 50 mL 或 100 mL 容量瓶中，用水洗涤定氮瓶，洗涤液并入容量瓶中，放冷，加水至刻度，混匀。定容后的溶液每 10ml，相当于 1 g 试样，相当加入硫酸量 1 mL，取与消化试样相同量的硝酸-高氯酸混合液和硫酸，按同一方法做空白试验。

19.2.1.2 蔬菜、水果

称取25.0~50.0 g（精确至0.001 g）试样，置于250~500 mL定氮瓶中，加数粒玻璃珠、10~15 mL硝酸-高氯酸混合液，以下按19.2.1.1自“放置片刻”起依法操作，但定容后的溶液每10 mL相当于5 g试样，相当于加入硫酸1 mL。按同一操作方法做空白试验。

19.2.1.3 酱、酱油、醋、冷饮、豆腐、腐乳、酱腌菜等

称取10.0~20.0 g试样（精确至0.001 g），或吸取10.0~20.0 mL液体试样，置于250~500 mL定氮瓶中，加数粒玻璃珠、5~15 mL硝酸-高氯酸混合液。以下按19.2.1.1自“放置片刻”起依法操作，但定容后的溶液每10 mL相当于2 g或2 mL试样。按同一操作方法做空白试验。

19.2.1.4 含酒精性饮料或含二氧化碳饮料

吸取10.00~20.00 mL试样，置于250~500 mL定氮瓶中，加数粒玻璃珠，先用小火加热除去乙醇或二氧化碳，再加5~10 mL硝酸-高氯酸混合液，混匀后，以下按19.2.1.1自“放置片刻”起依法操作，但定容后的溶液每10 mL相当于2 mL试样。按同一操作方法做空白试验。

19.2.1.5 含糖量高的食品

称取5.0~10.0 g试样（精确至0.001 g），置于250~500 mL定氮瓶中，先加少许水使湿润，加数粒玻璃珠、5~10 mL硝酸-高氯酸混合后，摇匀。缓缓加入5 mL或10 mL硫酸，待作用缓和停止起泡沫后，先用小火缓缓加热（糖分易炭化），不断沿瓶壁补加硝酸-高氯酸混合液，待泡沫全部消失后，再加大火力，至有机质分解完全，发生白烟，溶液应澄明无色或微带黄色，放冷。以下按19.2.1.1自“加20 mL水煮沸”起依法操作。按同一操作方法做空白试验。

19.2.1.6 水产品

称取试样5.0~10.0 g（精确至0.001 g）（海产藻类、贝类可适当减少取样量），置于250~500 mL定氮瓶中，加数粒玻璃珠，5~10 mL硝酸-高氯酸混合液，混匀后，以下按19.2.1.1自“沿瓶壁加入5 mL或10 mL硫酸”起依法操作。按同一操作方法做空白试验。

19.2.2 硝酸-硫酸法

以硝酸代替硝酸-高氯酸混合液进行操作。

19.2.3 灰化法

19.2.3.1 粮食、茶叶及其他含水分少的食品

称取试样5.0 g（精确至0.001 g），置于坩埚中，加1 g氧化镁及10 mL硝酸镁溶液，混匀，浸泡4 h。于低温或置水浴锅上蒸干，用小火炭化至无烟后移入马弗炉中加热至550℃，灼烧3~4 h，冷却后取出。加5 mL水湿润后，用细玻棒搅拌，再用少量水洗下玻棒上附着的灰分至坩埚内。放水浴上蒸干后移入马弗炉550℃灰化2 h，冷却后取出。加5 mL水湿润灰分，再慢慢加入10 mL盐酸溶液（1+1），然后将溶液移入50 mL容量瓶中，坩埚用盐酸溶液（1+1）洗涤3次，每次5 mL，再用水洗涤3次，每次5 mL，洗涤液均并入容量瓶中，再加水至刻度，混匀。定容后的溶液每10 mL相当于1 g试样，其加入盐酸量不少于（中和需要量除外）1.5 mL。全量供银盐法测定时，不必再加盐酸。按同一

操作方法做空白试验。

19.2.3.2　植物油

称取 5.0 g 试样（精确至 0.001 g），置于 50 mL 瓷坩埚中，加 10 g 硝酸镁，再在上面覆盖 2 g 氧化镁，将坩埚置小火上加热，至刚冒烟，立即将坩埚取下，以防内容物溢出，待烟小后，再加热至炭化完全。将坩埚移至马弗炉中，550℃以下灼烧至灰化完全，冷后取出。加 5 mL 水湿润灰分，再缓缓加入 15 mL 盐酸溶液（1+1），然后将溶液移入 50 mL 容量瓶中，坩埚用盐酸溶液（1+1）洗涤 5 次，每次 5 mL，洗涤液均并入容量瓶中，加盐酸溶液（1+1）至刻度，混匀。定容后的溶液每 10 mL 相当于 1 g 试样，相当于加入盐酸量（中和需要量除外）1.5 mL，按同一操作方法做空白试验。

19.2.3.3　水产品

称取试样 5.0 g 置于坩埚中（精确至 0.001 g），加 1 g 氧化镁及 10 mL 硝酸镁溶液，混匀，浸泡 4 h。以下按 19.2.3.1 自“于低温或置水浴锅上蒸干”起依法操作。

20　分析步骤

吸取一定量的消化后的定容溶液（相当于 5 g 试样）及同量的试剂空白液，分别置于 150 mL 锥形瓶中，补加硫酸至总量为 5 mL，加水至 50~55 mL。

20.1　标准曲线的绘制

分别吸取 0.0 mL、2.0 mL、4.0 mL、6.0 mL、8.0 mL、10 mL 砷标准使用液（相当 0.0 μg、2.0 μg、4.0 μg、6.0 μg、8.0 μg、10 μg）置于 6 个 150 mL 锥形瓶中，加水至 40 mL，再加 10 mL 盐酸溶液（1+1）。

20.2　用湿法消化液

于试样消化液、试剂空白液及砷标准溶液中各加 3 mL 碘化钾溶液（150 g/L），0.5 mL酸性氯化亚锡溶液，混匀，静置 15 min。各加入 3 g 锌粒，立即分别塞上装有乙酸铅棉花的导气管，并使管尖端插入盛有 4 mL 银盐溶液的离心管中的液面下，在常温下反应 45 min 后，取下离心管，加三氯甲烷补足 4 mL。用 1 cm 比色杯，以零管调节零点，于波长 520 nm 处测吸光度，绘制标准曲线。

20.3　用灰化法消化液

取灰化法消比液及试剂空白液分别置于 150 mL 锥形瓶中。吸取 0.0 mL、2.0 mL、4.0 mL、6.0 mL、8.0 mL、10 mL 砷标准使用液（相当 0.0 μg、2.0 μg、4.0 μg、6.0 μg、8.0 μg、10 μg 砷），分别置于 150 mL 锥形瓶中，加水至 43.5 mL，再加 6.5 mL 盐酸。以下按 20.2 自“于试样消化液”起依法操作。

21　分析结果的表述

试样中的砷含量按式（3）进行计算：

$$X=\frac{(A_1-A_2)\times V_1\times 1\,000}{m\times V_2\times 1\,000\times 1\,000} \qquad \cdots\cdots\cdots\cdots\cdots\cdots (3)$$

式中：

X——试样中砷的含量，单位为毫克每千克（mg/kg）或毫克每升（mg/L）；

A_1——测定用试样消化液中砷的质量，单位为纳克（ng）；
A_2——试剂空白液中砷的质量，单位为纳克（ng）；
V_1——试样消化液的总体积，单位为毫升（mL）；
m——试样质量（体积），单位为克（g）或毫升（mL）；
V_2——测定用试样消化液的体积，单位为毫升（mL）。
计算结果保留两位有效数字。

22　精密度

在重复性条件下获得的两次独立测定结果的绝对差值不得超过算术平均值的20%。

23　检出限

称样量为1 g，定容体积为25 mL时，方法检出限为0.2 mg/kg，方法定量限为0.7 mg/kg。

第二篇　食品中无机砷的测定

第一法　液相色谱-原子荧光光谱法（LC-AFS）

24　原理

食品中无机砷经稀硝酸提取后，以液相色谱进行分离，分离后的目标化合物在酸性环境下与KBH_4反应，生成气态砷化合物，以原子荧光光谱仪进行测定。按保留时间定性，外标法定量。

25　试剂和材料

注：除非另有说明，本方法所用试剂均为优级纯，水为GB/T 6682规定的一级水。

25.1　试剂

25.1.1　磷酸二氢铵（$NH_4H_2PO_4$）：分析纯。

25.1.2　硼氢化钾（KBH_4）：分析纯。

25.1.3　氢氧化钾（KOH）。

25.1.4　硝酸（HNO_3）。

25.1.5　盐酸（HCl）。

25.1.6　氨水（$NH_3 \cdot H_2O$）。

25.1.7　正己烷［$CH_3(CH_2)_4CH_3$］。

25.2　试剂配制

25.2.1　盐酸溶液［20%（体积分数）］：量取200 mL盐酸，溶于水并稀释至1 000 mL。

25.2.2　硝酸溶液（0.15 mol/L）：量取10 mL硝酸，溶于水并稀释至1 000 mL。

25.2.3　氢氧化钾溶液（100 g/L）：称取10 g氢氧化钾，溶于水并稀释至100 mL。

25.2.4　氢氧化钾溶液（5 g/L）：称取 5 g 氢氧化钾，溶于水并稀释至 1 000 mL。
25.2.5　硼氢化钾溶液（30 g/L）：称取 30 g 硼氢化钾，用 5 g/L 氢氧化钾溶液溶解并定容至 1 000 mL。现用现配。
25.2.6　磷酸二氢铵溶液（20 mmol/L）：称取 2.3 g 磷酸二氢铵，溶于 1 000 mL 水中，以氨水调节 pH 至 8.0，经 0.45 μm 水系滤膜过滤后，于超声水浴中超声脱气 30 min，备用。
25.2.7　磷酸二氢铵溶液（1 mmol/L）：量取 20 mmol/L 磷酸二氢铵溶液 50 mL，水稀释至 1 000 mL，以氨水调 pH 至 9.0，经 0.45 μm 水系滤膜过滤后，于超声水浴中超声脱气 30 min，备用。
25.2.8　磷酸二氢铵溶液（15 mmol/L）：称取 1.7 g 磷酸二氢铵，溶于 1 000 mL 水中，以氨水调节 pH 至 6.0，经 0.45 μm 水系滤膜过滤后，于超声水浴中超声脱气 30 min，备用。

25.3　标准品

25.3.1　三氧化二砷（As_2O_3）标准品：纯度≥99.5%。
25.3.2　砷酸二氢钾（KH_2AsO_4）标准品：纯度≥99.5%。

25.4　标准溶液配制

25.4.1　亚砷酸盐［As（Ⅲ）］标准储备液（100 mg/L，按 As 计）：准确称取三氧化二砷 0.013 2 g，加 100 g/L 氢氧化钾溶液 1 mL 和少量水溶解，转入 100 mL 容量瓶中，加入适量盐酸调整其酸度近中性，加水稀释至刻度。4℃保存，保存期一年。或购买经国家认证并授予标准物质证书的标准溶液物质。
25.4.2　砷酸盐［As（Ⅴ）］标准储备液（100 mg/L，按 As 计）：准确称取砷酸二氢钾 0.024 0 g，水溶解，转入 100 mL 容量瓶中并用水稀释至刻度。4℃保存，保存期一年。或购买经国家认证并授予标准物质证书的标准溶液物质。
25.4.3　As（Ⅲ）、As（Ⅴ）混合标准使用液（1.00 mg/L，按 As 计）：分别准确吸取 1.0 mL，As（Ⅲ）标准储备液（100 mg/L），1.0 mL As（Ⅴ）标准储备液（100 mg/L）于 100 mL 容量瓶中，加水稀释并定容至刻度。现用现配。

26　仪器和设备

注：所用玻璃器皿均需以硝酸溶液（1+4）浸泡 24 h，用水反复冲洗，最后用去离子水冲洗干净。

26.1　液相色谱-原子荧光光谱联用仪（LC-AFS）：由液相色谱仪（包括液相色谱泵和手动进样阀）与原子荧光光谱仪组成。
26.2　组织匀浆器。
26.3　高速粉碎机。
26.4　冷冻干燥机。
26.5　离心机：转速≥8 000 r/min。
26.6　pH 计：精度为 0.01。
26.7　天平：感量为 0.1 mg 和 1 mg。
26.8　恒温干燥箱（50~300℃）。
26.9　C_{18}净化小柱或等效柱。

27 分析步骤

27.1 试样预处理

见5.1。

27.2 试样提取

27.2.1 稻米样品

称取约1.0 g稻米试样（准确至0.001 g）于50 mL塑料离心管中，加入20 mL 0.15 mol/L硝酸溶液，放置过夜。于90℃恒温箱中热浸提2.5 h，每0.5 h振摇1 min。提取完毕，取出冷却至室温，8 000 r/min离心15 min，取上层清液，经0.45 μm有机滤膜过滤后进样测定。按同一操作方法做空白试验。

27.2.2 水产动物样品

称取约1.0 g水产动物湿样（准确至0.001 g），置于50 mL塑料离心管中，加入20 mL 0.15 mol/L硝酸溶液，放置过夜。于90℃恒温箱中热浸提2.5 h，每0.5 h振摇1 min。提取完毕，取出冷却至室温，8 000 r/min离心15 min。取5 mL上清液置于离心管中，加入5 mL正己烷，振摇1 min后，8 000 r/min离心15 min，弃去上层正己烷。按此过程重复一次。吸取下层清液，经0.45 μm有机滤膜过滤及C_{18}小柱净化后进样。按同一操作方法做空白试验。

27.2.3 婴幼儿辅助食品样品

称取婴幼儿辅助食品约1.0 g（准确至0.001 g）于15ml塑料离心管中，加入10 mL 0.15 mol/L硝酸溶液，放置过夜。于90℃恒温箱中热浸提2.5 h，每0.5 h振摇1 min，提取完毕，取出冷却至室温。8 000 r/min离心15 min。取5 mL上清液置于离心管中，加入5 mL正己烷，振摇1 min，8 000 r/min离心15 min，弃去上层正己烷。按此过程重复一次。吸取下层清液，经0.45 μm有机滤膜过滤及C_{18}小柱净化后进行分析。按同一操作方法做空白试验。

27.3 仪器参考条件

27.3.1 液相色谱参考条件

色谱柱：阴离子交换色谱柱（柱长250 mm，内径4 mm），或等效柱。阴离子交换色谱保护柱（柱长10 mm，内径4 mm），或等效柱。

流动相组成：

a）等度洗脱流动相：15 mmol/L磷酸二氢铵溶液（pH6.0），流动相洗脱方式：

等度洗脱。流动相流速：1.0 mL/min；进样体积：100 μL。等度洗脱适用于稻米及稻米加工食品。

b）梯度洗脱：流动相A：1 mmol/L磷酸二氢铵溶液（pH9.0）；流动相B：20 mmol/L磷酸二氢铵溶液（pH8.0）。（梯度洗脱程序见附录A中的表A.4。）流动相流速：1.0 mL/min；进样体积：100 μL。梯度洗脱适用于水产动物样品、含水产动物组成的样品、含藻类等海产植物的样品以及婴幼儿辅助食品。

27.3.2 原子荧光检测参考条件

负高压：320 V；砷灯总电流：90 mA，主电流/辅助电流：55/35；原子化方式：火焰原子化；原子化器温度：中温。

载液：20%盐酸溶液，流速 4 mL/min；还原剂：30 g/L 硼氢化钾溶液，流速 4 mL/min；载气流速：400 mL/min；辅且气流速：400 mL/min。

27.4 标准曲线制作

取 7 支 10 mL 容量瓶，分别准确加入 1.00 mg/L 混合标准使用液 0.00 mL、0.050 mL、0.10 mL、0.20 mL、0.30 mL、0.50 mL 和 1.0 mL，加水稀释至刻度，此标准系列溶液的浓度分别为 0.0 ng/mL、5.0 ng/mL、10 ng/mL、20 ng/mL、30 ng/mL、50 ng/mL 和 100 ng/mL。

吸取标准系列溶液 100 μL 注入液相色谱-原子荧光光谱联用仪进行分析，得到色谱图，以保留时间定性。以标准系列溶液中目标化合物的浓度为横坐标，色谱峰面积为纵坐标，绘制标准曲线。标准溶液色谱图见附录 B 中的图 B.1、图 B.2。

27.5 试样溶液的测定

吸取试样溶液 100 μL 注入液相色谱-原子荧光光谱联用仪中，得到色谱图，以保留时间定性，根据标准曲线得到试样溶液中 AS（Ⅲ）与 As（Ⅴ）含量，AS（Ⅲ）与 As（Ⅴ）含量的加和为总无机砷含量，平行测定次数不少于两次。

28 分析结果的表述

试样中无机砷的含量按式（4）计算：

$$X=\frac{(c-c_0)\times V\times 1\,000}{m\times 1\,000\times 1\,000} \quad \cdots\cdots (4)$$

式中：

X——样品中无机砷的含量（以 As 计），单位为毫克每千克（mg/kg）；

c_0——空白溶液中无机砷化合物浓度，单位为纳克每毫升（ng/mL）；

c——测定溶液中无机砷化合物浓度，单位为纳克每毫升（ng/mL）；

V——试样消化液体积，单位为毫升（mL）；

m——试样质量，单位为克（g）；

1 000——换算系数。

总无机砷含量等于 As（Ⅲ）含量与 As（Ⅴ）含量的加和。

计算结果保留两位有效数字。

29 精密度

在重复性条件下获得的两次独立测定结果的绝对差值不得超过算术平均值的 20%。

30 其他

本方法检出限：取样量为 1 g，定容体积为 20 mL 时，检出限为：稻米 0.02 mg/kg、水产动物 0.03 mg/kg、婴幼儿辅助食品 0.02 mg/kg；定量限为：稻米 0.05 mg/kg，水产动物 0.08 mg/kg、婴幼儿辅助食品 0.05 mg/kg。

第二法　液相色谱-电感耦合等离子质谱法（LC-ICP/MS）

31　原理

食品中无机砷经稀硝酸提取后，以液相色谱进行分离，分离后的目标化合物经过雾化由载气送入ICP炬焰中，经过蒸发、解离、原子化、电离等过程，大部分转化为带正电荷的正离子，经离子采集系统进入质谱仪，质谱仪根据质荷比进行分离测定。以保留时间定性和质荷比定性，外标法定量。

32　试剂和材料

注：除非另有说明，本方法所用试剂均为优级纯，水为GB/T 6682规定的一级水。

32.1　试剂

32.1.1　无水乙酸钠（$NaCH_3COO$）：分析纯。

32.1.2　硝酸钾（KNO_3）：分析纯。

32.1.3　磷酸二氢钠（NaH_2PO_4）：分析纯。

32.1.4　乙二胺四乙酸二钠（$C_{10}H_{14}Na_2O_8$）：分析纯。

32.1.5　硝酸（HNO_3）。

32.1.6　正己烷［$CH_3(CH_2)_4CH_3$］。

32.1.7　无水乙醇（CH_3CH_2OH）。

32.1.8　氨水（$NH_3 \cdot H_2O$）。

32.2　试剂配制

32.2.1　硝酸溶液（0.15 mol/L）：量取10 mL硝酸，加水稀释至1 000 mL。

32.2.2　流动相A相：含10 mmol/L无水乙酸钠、3 mmol/L硝酸钾、10 mmol/L磷酸二氢钠、0.2 mmol/L乙二胺四乙酸二钠的缓冲液（pH10）。分别准确称取0.820 g无水乙酸钠、0.303 g硝酸钾、1.56 g磷酸二氢钠、0.075 g乙二胺四乙酸二钠，用水定容至1 000 mL，氨水调节pH为10，混匀。经0.45 μm水系滤膜过滤后，于超声水浴中超声脱气30 min，备用。

32.2.3　氢氧化钾溶液（100 g/L）：称取10 g氢氧化钾，加水溶解并稀释至100 mL。

32.3　标准品

32.3.1　三氧化二砷（As_2O_3）标准品：纯度≥99.5%。

32.3.2　砷酸二氢钾（KH_2AsO_4）标准品：纯度≥99.5%。

32.4　标准溶液配制

32.4.1　亚砷酸盐［As（Ⅲ）］标准储备液（100 mg/L，按As计）：准确称取三氧化二砷0.013 2 g，加1 mL氢氧化钾溶液（100 g/L）和少量水溶解，转入100 mL容量瓶中，加入适量盐酸调整其酸度近中性，加水稀释至刻度。4℃保存，保存期一年。或购买经国家认证并授予标准物质证书的标准溶液物质。

32.4.2　砷酸盐［As（Ⅴ）］标准储备液（100 mg/L，按As计）：准确称取砷酸二氢钾0.024 0 g，水溶解，转入100 mL容量瓶中并用水稀释至刻度。4℃保存，保存期一年。

或购买经国家认证并授予标准物质证书的标准物质。

32.4.3　As（Ⅲ）、As（Ⅴ）混合标准使用液（1.00 mg/L，按 As 计）：分别准确吸取 1.0 mL As（Ⅲ）标准储备液（100 mg/L）、1.0 mL As（Ⅴ）标准储备液（100 mg/L）于 100 mL 容量瓶中，加水稀释并定容至刻度。现用现配。

33　仪器和设备

注：所用玻璃器皿均需以硝酸溶液（1+4）浸泡 24 h，用水反复冲洗，最后用去离子水冲洗干净。

33.1　液相色谱-电感耦合等离子质谱联用仪（LC-ICP/MS）：由液相色谱仪与电感耦合等离子质谱仪组成。

33.2　组织匀浆器。

33.3　高速粉碎机。

33.4　冷冻干燥机。

33.5　离心机：转速≥8 000 r/min。

33.6　pH 计：精度为 0.01。

33.7　天平：感量为 0.1 mg 和 1 mg。

33.8　恒温干燥箱（50～300℃）。

34　分析步骤

34.1　试样预处理

见 5.1。

34.2　试样提取

34.2.1　稻米样品

见 27.2.1。

34.2.2　水产动物样品

见 27.2.2。

34.2.3　婴幼儿辅助食品样品

见 27.2.3。

34.3　仪器参考条件

34.3.1　液相色谱参考条件

色谱柱：阴离子交换色谱分析柱（柱长 250 mm，内径 4 mm），或等效柱。阴离子交换色谱保护柱（柱长 10 mm，内径 4 mm）或等效柱。

流动相：（含 10 mmol/L 无水乙酸钠、3 mmol/L 硝酸钾、10 mmol/L 磷酸二氢钠、0.2 mmol/L乙二胺四乙酸二钠的缓冲液，氨水调节 pH 为 10）：无水乙醇=99∶1（体积比）。

洗脱方式：等度洗脱。

进样体积：50 μL。

34.3.2　电感耦合等离子体质谱仪参考条件

RF 入射功率 1 550 W；载气为高纯氩气；载气流速 0.85 L/min；补偿气 0.15 L/min。

泵速 0.3 rps；检测质量数 m/z=75（As），m/z=35（Cl）。

34.4　标准曲线制作

分别准确吸取 1.00 mg/L 混合标准使用液 0.00 mL、0.025 mL、0.050 mL、0.10 mL、0.50 mL 和 1.0 mL 于 6 个 10 mL 容量瓶，用水稀释至刻度，此标准系列溶液的浓度分别为 0.0 ng/mL、2.5 ng/mL、5 ng/mL、10 ng/mL、50 ng/mL 和 100 ng/mL。

用调谐液调整仪器各项指标，使仪器灵敏度、氧化物、双电荷、分辨率等各项指标达到测定要求。

吸取标准系列溶液 50 μL 注入液相色谱-电感耦合等离子质谱联用仪，得到色谱图，以保留时间定性。以标准系列容液中目标化合物的浓度为横坐标，色谱峰面积为纵坐标，绘制标准曲线。标准溶液色谱图见附录 B 中的图 B.3。

34.5　试样溶液的测定

吸取试样溶液 50 μL 注入液相色谱-电感耦合等离子质谱联用仪，得到色谱图，以保留时间定性。根据标准曲线得到试样溶液中 As（Ⅲ）与 As（Ⅴ）含量，As（Ⅲ）与 As（Ⅴ）含量的加和为总无机砷含量，平行测定次数不少于两次。

35　分析结果的表述

试样中无机冲的含量按式（5）计算：

$$X=\frac{(c-c_0)\times V\times 1\,000}{m\times 1\,000\times 1\,000} \quad \cdots\cdots(5)$$

式中：

X——样品中无机砷的含量（以 As 计），单位为毫克每千克（mg/kg）；

c_0——空白溶液中无机砷化合物浓度，单位为纳克每毫升（ng/mL）；

c——测定溶液中无机砷化合物浓度，单位为纳克每毫升（ng/mL）；

V——试样消化液体积，单位为毫升（mL）；

m——试样质量，单位为克（g）；

1 000——换算系数。

总无机砷含量等于 AS（Ⅲ）含量与 As（Ⅴ）含量的加和。

计算结果保留两位有效数字。

36　精密度

在重复性条件获得的两次独立测定结果的绝对差值不得超过算术平均值的 20%。

37　其他

本方法检出限：取样量为 1 g，定容体积为 20 mL 时，方法检出限为：稻米 0.01 mg/kg、水产动物 0.02 mg/kg、婴幼儿辅助食品 0.01 mg/kg；方法定量限为：稻米 0.03 mg/kg、水产动物 0.06 mg/kg、婴幼儿辅助食品 0.13 mg/kg。

CB 5009. 11—2014

附　录　A
微波消解参考条件

A.1　粮食、蔬菜类试样微波消解参考条件见表 A.1。

表 A.1　粮食、蔬菜类试样微波消解参考条件

步骤	功率		升温时间/min	控制温度/℃	保持时间/min
1	1 200W	100%	5	120	6
2	1 200W	100%	5	160	6
3	1 200W	100%	5	190	20

A.2　乳制品、肉类、鱼肉类试样微波消解参考条件见表 A.2。

表 A.2　乳制品、肉类、鱼肉类试样微波消解参考条件

步骤	功率		升温时间/min	控制温度/℃	保持时间/min
1	1 200W	100%	5	120	6
2	1 200W	100%	5	180	10
3	1 200W	100%	5	190	15

A.3　油脂、糖类试样微波消解参考条件见表 A.3。

表 A.3　油脂、糖类试样微波消解参考条件

步骤	功率/%	温度/℃	升温时间/min	保温时间/min
1	50	50	30	5
2	70	75	30	5
3	80	100	30	5
4	100	140	30	7
5	100	180	30	5

A.4　流动相梯度洗脱程序见表 A.4。

表 A.4　流动相梯度洗脱程序

组成	时间/min					
	0	8	10	20	22	32
流动相 A/%	100	100	0	0	100	100
流动相 B/%	0	0	100	100	0	0

附　录　B
色　谱　图

B.1　标准溶液色谱图（LC-AFS 法，等度洗脱）见图 B.1。

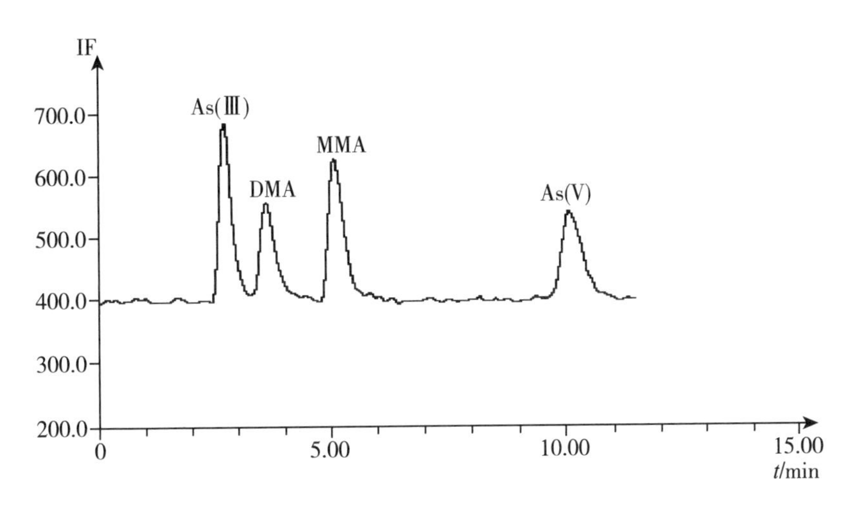

图 B.1　标准溶液色谱图（LC-AFS 法，等度洗脱）

说明：As（Ⅲ）——亚砷酸；DMA——二甲基砷；MMA——一甲基砷；As（V）——砷酸。

B.2　标准溶液色谱图（LC-AFS 法，梯度洗脱）见图 B.2。

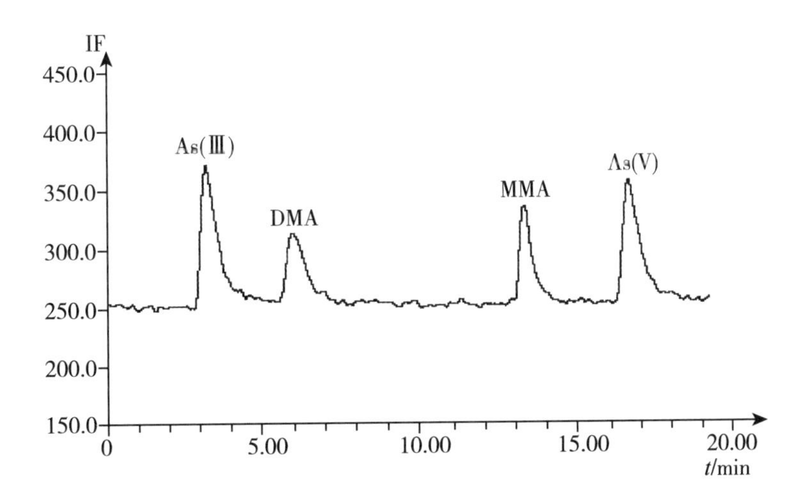

图 B.2　砷混合标准溶液色谱图（LC-AFS 法．梯度洗脱）

说明：As（Ⅲ）——亚砷酸；DMA——二甲基砷；MMA——一甲基砷；As（V）——砷酸。

B.3 标准溶液色谱图（LC-ICP-MS 法）见图 B.3。

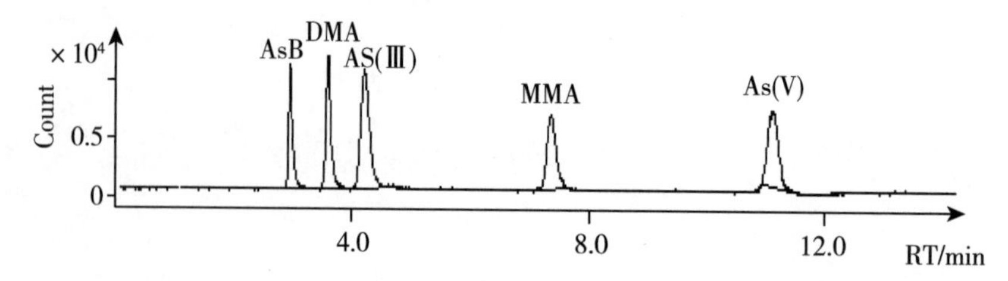

图 B.3　砷混合标准溶液色谱图（LC-ICP-MS 法，等度洗脱）

说明：AsB——砷甜菜碱；As（Ⅲ）——亚砷酸；DMA——二甲基砷；MMA——一甲基砷；As（V）——砷酸。

食品中铅的测定

标 准 号：GB 5009.12—2017
发布日期：2017-04-06　　　　实施日期：2017-10-06
发布单位：中华人民共和国国家卫生和计划生育委员会、国家食品药品监督管理总局

前　　言

本标准代替 GB 5009.12—2010《食品安全国家标准　食品中铅的测定》、GB/T 20380.3—2006《淀粉及其制品　重金属含量　第 3 部分：电热原子吸收光谱法测定铅含量》、GB/T 23870—2009《蜂胶中铅的测定　微波消解—石墨炉原子吸收分光光度法》、GB/T 18932.12—2002《蜂蜜中钾、钠、钙、镁、锌、铁、铜、锰、铬、铅、镉含量的测定方法　原子吸收光谱法》、NY/T 1100—2006《稻米中铅、镉的测定　石墨炉原子吸收光谱法》，SN/T 2211—2008《蜂皇浆中铅和镉的测定　石墨炉原子吸收光谱法》中铅的测定方法。

本标准与 GB 5009.12—2010 相比，主要变化如下：

——在前处理方法中，保留湿法消解和压力罐消解，删除干法灰化和过硫酸铵灰化法，增加微波消解。

——保留石墨炉原子吸收光谱法为第一法，采用磷酸二氢铵-硝酸钯溶液作为基体改进剂；保留火焰原子吸收光谱法为第三法；保留二硫腙比色法为第四法。

——增加电感耦合等离子体质谱法作为第二法。

——删除氢化物原子荧光光谱法、单扫描极谱法。

——增加了微波消解升温程序、石墨炉原子吸收光谱法和火焰原子吸收光谱法的仪器参考条件为附录。

1　范围

本标准规定了食品中铅含量测定的石墨炉原子吸收光谱法、电感耦合等离子体质谱法、火焰原子吸收光谱法和二硫腙比色法。

本标准适用于各类食品中铅含量的测定。

第一法　石墨炉原子吸收光谱法

2　原理

试样消解处理后，经石墨炉原子化，在 283.3 nm 处测定吸光度。在一定浓度范围内铅的吸光度值与铅含量呈正比，与标准系列比较定量。

3 试剂和材料

除非另有说明，本方法所用试剂均为优级纯，水为 GB/T 6682 规定的二级水。

3.1 试剂

3.1.1 硝酸（HNO_3）。

3.1.2 高氯酸（$HClO_4$）。

3.1.3 磷酸二氢铵（$NH_4H_2PO_4$）。

3.1.4 硝酸钯［$Pd(NO_3)_2$］。

3.2 试剂配制

3.2.1 硝酸溶液（5+95）：量取 50 mL 硝酸，缓慢加入到 950 mL 水中，混匀。

3.2.2 硝酸溶液（1+9）：量取 50 mL 硝酸，缓慢加入到 450 mL 水中，混匀。

3.2.3 磷酸二氢铵-硝酸钯溶液：称取 0.02 g 硝酸钯，加少量硝酸溶液（1+9）溶解后，再加入 2 g 磷酸二氢铵，溶解后用硝酸溶液（5+95）定容至 100 mL，混匀。

3.3 标准品

硝酸铅［$Pb(NO_3)_2$，CAS 号：10099-74-8］：纯度>99.99%。或经国家认证并授予标准物质证书的一定浓度的铅标准溶液。

3.4 标准溶液配制

3.4.1 铅标准储溶液（1 000 mg/L）：准确称取 1.598 5 g（精确至 0.000 1 g）硝酸铅，用少量硝酸溶液（1+9）溶解，移入 1 000 mL容量瓶，加水至刻度，混匀。

3.4.2 铅标准中间液（1.00 mg/L）：准确吸取铅标准储备液（1 000 mg/L）1.00 mL 于 1 000 mL 容量瓶中，加硝酸溶液（5+95）至刻度，混匀。

3.4.3 铅标准系列溶液：分别吸取铅标准中间液（1.00 mg/L）0 mL、0.500 mL、1.00 mL、2.00 mL、3.00 mL 和 4.00 mL 于 100 mL 容量瓶中，加硝酸溶液（5+95）至刻度，混匀。此铅标准系列溶液的质量浓度分别为 0 μg/L、5.00 μg/L、10.0 μg/L、20.0 μg/L、30.0 μg/L 和 40.0 μg/L。

注：可根据仪器的灵敏度及样品中铅的实际含量确定标准系列溶液中铅的质量浓度。

4 仪器和设备

注：所有玻璃器皿及聚四氟乙烯消解内罐均需硝酸溶液（1+5）浸泡过夜，用自来水反复冲洗，最后用水冲洗干净。

4.1 原子吸收光谱仪：配石墨炉原子化器，附铅空心阴极灯。

4.2 分析天平：感量 0.1 mg 和 1 mg。

4.3 可调式电热炉。

4.4 可调式电热板。

4.5 微波消解系统：配聚四氟乙烯消解内罐。

4.6 恒温干燥箱。

4.7 压力消解罐：配聚四氟乙烯消解内罐。

5 分析步骤

5.1 试样制备

注：在采样和试样制备过程中，应避免试样污染。

5.1.1 粮食、豆类样品

样品去除杂物后，粉碎，储于塑料瓶中。

5.1.2 蔬菜、水果、鱼类、肉类等样品

样品用水洗净，晾干，取可食部分，制成匀浆，储于塑料瓶中。

5.1.3 饮料、酒、醋、酱油、食用植物油、液态乳等液体样品

将样品摇匀。

5.2 试样前处理

5.2.1 湿法消解

称取固体试样 0.2~3 g（精确至 0.001 g）或准确移取液体试样 0.500~5.00 mL 于带刻度消化管中，加入 10 mL 硝酸和 0.5 mL 高氯酸，在可调式电热炉上消解［参考条件：120℃/(0.5~1) h；升至 180℃/(2~4) h、升至 200~220℃］。若消化液呈棕褐色，再加少量硝酸，消解至冒白烟，消化液呈无色透明或略带黄色，取出消化管，冷却后用水定容至 10 mL，混匀备用。同时做试剂空白试验。亦可采用锥形瓶，于可调式电热板上，按上述操作方法进行湿法消解。

5.2.2 微波消解

称取固体试样 0.2~0.8 g（精确至 0.001 g）或准确移取液体试样 0.500~3.00 mL 于微波消解罐中，加入 5 mL 硝酸，按照微波消解的操作步骤消解试样，消解条件参考附录 A。冷却后取出消解罐，在电热板上于 140~160℃ 赶酸至 1 mL 左右。消解罐放冷后，将消化液转移至 10 mL 容量瓶中，用少量水洗涤消解罐 2~3 次，合并洗涤液于容量瓶中并用水定容至刻度，混匀备用。同时做试剂空白试验。

5.2.3 压力罐消解

称取固体试洋 0.2~1 g（精确至 0.001 g）或准确移取液体试样 0.500~5.00 mL 于消解内罐中，加入 5 mL 硝酸。盖好内盖，旋紧不锈钢外套，放入恒温干燥箱，于 140~160℃下保持 4~5 h。冷却后缓慢旋松外罐，取出消解内罐，放在可调式电热板上于 140~160℃ 赶酸至 1 mL 左右。冷却后将消化液转移至 10 mL 容量瓶中，用少量水洗涤内罐和内盖 2~3 次，合并洗涤液于容量瓶中并用水定容至刻度，混匀备用。同时做试剂空白试验。

5.3 测定

5.3.1 仪器参考条件

根据各自仪器性能调至最佳状态。参考条件见附录 B。

5.3.2 标准曲线的制作

按质量浓度由低到高的顺序分别将 10 μL 铅标准系列溶液和 5 μL 磷酸二氢铵-硝酸钯溶液（可根据所使用的仪器确定最佳进样量）同时注入石墨炉，原子化后测其吸光度值，以质量浓度为横坐标，吸光度值为纵坐标，制作标准曲线。

5.3.3 试样溶液的测定

在与测定标准溶液相同的实验条件下，将 10 μL 空白溶液或试样溶液与 5 μL 磷酸二氢铵-硝酸钯溶液（可根据所使用的仪器确定最佳进样量）同时注入石墨炉，原子化后测其吸光度值，与标准系列比较定量。

6 分析结果的表述

试样中铅的含量按式（1）计算：

$$X=\frac{(\rho-\rho_0)\times V}{m\times 1\,000} \qquad \cdots\cdots\cdots\cdots\cdots\cdots (1)$$

式中：

X——试样中铅的含量，单位为毫克每千克或毫克每升（mg/kg 或 mg/L）；

ρ——试样溶液中铅的质量浓度，单位为微克每升（μg/L）；

ρ_0——空白溶液中铅的质量浓度，单位为微克每升（μg/L）；

V——试样消化液的定容体积，单位为毫升（mL）；

m——试样称样量或移取体积，单位为克或毫升（g 或 mL）；

1 000——换算系数。

当铅含量≥1.00 mg/kg（或 mg/L）时，计算结果保留三位有效数字；当铅含量<1.00 mg/kg（或 mg/L）时，计算结果保留两位有效数字。

7 精密度

在重复性条件下获得的两次独立测定结果的绝对差值不得超过算术平均值的 20%。

8 其他

当称样量为 0.5 g（或 0.5 mL），定容体积为 10 mL 时，方法的检出限为 0.02 mg/kg（或 0.02 mg/L），定量限为 0.04 mg/kg（或 0.04 mg/L）。

第二法　电感耦合等离子体质谱法

见 GB 5009.268。

第三法　火焰原子吸收光谱法

9 原理

试样经处理后，铅离子在一定 pH 条件下与二乙基二硫代氨基甲酸钠（DDTC）形成络合物，经 4-甲基-2-戊酮（MIBK）萃取分离，导入原子吸收光谱仪中，经火焰原子化，在 283.3 nm 处测定吸光度。在一定浓度范围内铅的吸光度值与铅含量成正比，与标准系列比较定量。

10 试剂和材料

注：除非另有说明，本方法所用试剂均为分析纯，水为 GB/T 6682 规定的二级水。

10.1　试剂

10.1.1　硝酸（HNO_3）：优级纯。

10.1.2　高氯酸（$HClO_4$）：优级纯。

10.1.3　硫酸铵［$(NH_4)_2SO_4$］。

10.1.4　柠檬酸铵［$C_6H_5O_7(NH_4)_3$］。

10.1.5　溴百里酚蓝（$C_{27}H_{28}O_5SBr_2$）。

10.1.6　二乙基二硫代氨基甲酸钠［DDTC，$(C_2H_5)_2NCSSNa \cdot 3H_2O$］。

10.1.7　氨水（$NH_3 \cdot H_2O$）：优级纯。

10.1.8　4-甲基-2-戊酮（MIBK，$C_6H_{12}O$）。

10.1.9　盐酸（HCl）：优级纯。

10.2　试剂配制

10.2.1　硝酸溶液（5+95）：量取 50 mL 硝酸，加入到 950 mL 水中，混匀。

10.2.2　硝酸溶液（1+9）：量取 50 mL 硝酸，加入到 450 mL 水中，混匀。

10.2.3　硫酸铵溶液（300 g/L）：称取 30 g 硫酸铵，用水溶解并稀释至 100 mL，混匀。

10.2.4　柠檬酸铵溶液（250 g/L）：称取 25 g 柠檬酸铵，用水溶解并稀释至 100 mL，混匀。

10.2.5　溴百里酚蓝水溶液（1 g/L）：称取 0.1 g 溴百里酚蓝，用水溶解并稀释至 100 mL，混匀。

10.2.6　DDTC 溶液（50 g/L）：称取 5 g DDTC，用水溶解并稀释至 100 mL，混匀。

10.2.7　氨水溶液（1+1）：吸取 100 mL 氨水，加入 100 mL 水，混匀。

10.2.8　盐酸溶液（1+11）：吸取 10ml，盐酸，加入 110 mL 水，混匀。

10.3　标准品

硝酸铅［$Pb(NO_3)_2$，CAS 号：10099-74-8］：纯度>99.99%。或经国家认证并授予标准物质证书的一定浓度的铅标准溶液。

10.4　标准溶液配制

10.4.1　铅标准储备液（1 000 mg/L）：准确称取 1.598 5 g（精确至 0.000 1 g）硝酸铅，用少量硝酸溶液（1+9）溶解，移入 1 000 mL 容量瓶，加水至刻度，混匀。

10.4.2　铅标准使用液（10.0 mg/L）：准确吸取铅标准储备液（1 000 mg/L）1.00 mL 于 100 mL 容量瓶中，加硝酸溶液（5+95）至刻度，混匀。

11　仪器和设备

注：所有玻璃器皿均需硝酸（1+5）浸泡过夜，用自来水反复冲洗，最后用水冲洗干净。

11.1　原子吸收光谱仪：配火焰原子化器，附铅空心阴极灯。

11.2　分析天平：感量 0.1 mg 和 1 mg。

11.3　可调式电热炉。

11.4　可调式电热板。

12 分析步骤

12.1 试样制备

同5.1。

12.2 试样前处理

同5.2.1。

12.3 测定

12.3.1 仪器参考条件

根据各自仪器性能调至最佳状态。参考条件参见附录C。

12.3.2 标准曲线的制作

分别吸取铅标准使用液0 mL、0.250 mL、0.500 mL、1.00 mL、1.50 mL和2.00 mL（相当0 μg、2.50 μg、5.00 μg、10.0 μg、15.0 μg和20.0 μg铅）于125 mL分液漏斗中，补加水至60 mL。加2 mL柠檬酸铵溶液（250 g/L，溴百里酚蓝水溶液（1 g/L）3~5滴，用氨水溶液（1+1）调pH至溶液由黄变蓝，加硫酸铵溶液（300 g/L）10 mL，DDTC溶液（1 g/L）10 mL，摇匀。放置5 min左右，加入10 mL MIBK，剧烈振摇提取1 min，静置分层后，弃去水层，将MIBK层放入10 mL带塞刻度管中，得到标准系列溶液。

将标准系列溶液按质量由低到高的顺序分别导入火焰原子化器，原子化后测其吸光度值，以铅的质量为横坐标，吸光度值为纵坐标，制作标准曲线。

12.3.3 试样溶液的测定

将试样消化液及试剂空白溶液分别置于125 mL分液漏斗中，补加水至60 mL。加2 mL柠檬酸铵溶液（250 g/L），溴百里酚蓝水溶液（1 g/L）3~5滴，用氨水溶液（1+1）调pH至溶液由黄变蓝，加硫酸铵溶液（300 g/L）10 mL，DDTC溶液（1 g/L）10 mL，摇匀。放置5 min左右，加入10 mL MIBK，剧烈振摇提取1 min，静置分层后，弃去水层，将MIBK层放入10 mL带塞刻度管中，得到试样溶液和空白溶液。

将试样溶液和空白溶液分别导入火焰原子化器，原子化后测其吸光度值，与标准系列比较定量。

13 分析结果的表述

试样中铅的含量按式（2）计算：

$$X=\frac{m_1-m_0}{m_2} \qquad \cdots\cdots\cdots\cdots\cdots\cdots (2)$$

式中：

X——试样中铅的含量，单位为毫克每千克或毫克每升（mg/kg或mg/L）；

m_1——试样溶液中铅的质量，单位为微克（μg）；

m_0——空白溶液中铅的质量，单位为微克（μg）；

m_2——试样称样量或移取体积，单位为克或毫升（g或mL）。

当铅含量≥10.0 mg/kg（或mg/L）时，计算结果保留三位有效数字；当铅含量<10.0 mg/kg（或mg/L）时，计算结果保留两位有效数字。

14　精密度

在重复性条件下获得的两次独立测定结果的绝对差值不得超过算术平均值的20%。

15　其他

以称样量0.5 g（或0.5 mL）计算，方法的检出限为0.4 mg/kg（或0.4 mg/L），定量限为1.2 mg/kg（或1.2 mg/L）。

第四法　二硫腙比色法

16　原理

试样经消化后，在pH 8.5~9.0时，铅离子与二硫腙生成红色络合物，溶于三氯甲烷。加入柠檬酸铵、氰化钾和盐酸羟胺等，防止铁、铜、锌等离子干扰。于波长510 nm处测定吸光度，与标准系列比较定量。

17　试剂和材料

除非另有说明，本方法所用试剂均为分析纯，水为GB/T 6682规定的三级水。

17.1　试剂

17.1.1　硝酸（HNO_3）：优级纯。

17.1.2　高氯酸（$HClO_4$）：优级纯。

17.1.3　氨水（$NH_3 \cdot H_2O$）：优级纯。

17.1.4　盐酸（HCl）：优级纯。

17.1.5　酚红（$C_{19}H_{14}O_5S$）。

17.1.6　盐酸羟胺（$NH_2OH \cdot HCl$）。

17.1.7　柠檬酸铵［$C_6H_5O_7(NH_4)_3$］。

17.1.8　氰化钾（KCN）。

17.1.9　三氯甲烷（CH_3Cl，不应含氧化物）。

17.1.10　二硫腙（$C_6H_5NHNHCSN=NC_6H_5$）。

17.1.11　乙醇（C_2H_5OH）：优级纯。

17.2　试剂配制

17.2.1　硝酸溶液（5+95）：量取50 mL硝酸，缓慢加入到950 mL水中，混匀。

17.2.2　硝酸溶液（1+9）：量取50 mL硝酸，缓慢加入到450 mL水中，混匀。

17.2.3　氨水溶液（1+1）：量取100 mL氨水，加入100 mL水，混匀。

17.2.4　氨水溶液（1+99）：量取10 mL氨水，加入990 mL水，混匀。

17.2.5　盐酸溶液（1+1）：量取100 mL盐酸，加入100 mL水，混匀。

17.2.6　酚红指示液（1 g/L）：称取0.1 g酚红，用少量多次乙醇溶解后移入100 mL容量瓶中并定容至刻度，混匀。

17.2.7　二硫腙-三氯甲烷溶液（0.5 g/L）：称取0.5 g二硫腙，用三氯甲烷溶解，并定容至 1 000 mL，混匀，保存于 0~5℃下，必要时用下述方法纯化。

称取 0.5 g 研细的二硫腙，溶于 50 mL 三氯甲烷中，如不全溶，可用滤纸过滤于 250 mL 分液漏斗中，用氨水溶液（1+99）提取三次，每次 100 mL，将提取液用棉花过滤至 500 mL 分液漏斗中，用盐酸溶液（1+1）调至酸性，将沉淀出的二硫腙用三氯甲烷提取 2~3 次，每次 20 mL，合并三氯甲烷层，用等量水洗涤两次，弃去洗涤液，在 50℃水浴上蒸去三氯甲烷。精制的二硫腙置硫酸干燥器中，干燥备用。或将沉淀出的二硫腙用 200 mL、200 mL、100 mL 三氯甲烷提取三次，合并三氯甲烷层为二硫腙-三氯甲烷溶液。

17.2.8　盐酸羟胺溶液（200 g/L）：称 20 g 盐酸羟胺，加水溶解至 50 mL，加 2 滴酚红指示液（1 g/L），加氨水溶液（1+1），调 pH 值至 8.5~9.0（由黄变红，再多加 2 滴），用二硫腙-三氯甲烷溶液（0.5 g/L）提取至三氯甲烷层绿色不变为止，再用三氯甲烷洗二次，弃去三氯甲烷层，水层加盐酸溶液（1+1）至呈酸性，加水至 100 mL，混匀。

17.2.9　柠檬酸铵溶液（200 g/L）：称取 50 g 柠檬酸铵，溶于 100 mL 水中，加 2 滴酚红指示液（1 g/L），加氨水溶液（1+1），调 pH 值至 8.5~9.0，用二硫腙-三氯甲烷溶液（0.5 g/L）提取数次，每次 10~20 mL，至二氯甲烷层绿色不变为止，弃去三氯甲烷层，再用三氯甲烷洗二次，每次 5 mL，弃去三氯甲烷层，加水稀释至 250 mL，混匀。

17.2.10　氰化钾溶液（100 g/L）：称取 10 g 氰化钾，用水溶解后稀释至 100 mL，混匀。

17.2.11　二硫腙使用液：吸取 1.0 mL 二硫腙-三氯甲烷溶液（0.5 g/L），加三氯甲烷至 10 mL，混匀。用 1 cm 比色杯，以三氯甲烷调节零点，于波长 510 nm 处测吸光度（A），用式（3）算出配制 100 mL 二硫腙使用液（70%透光率）所需二硫腙-三氯甲烷溶液（0.5 g/L）的毫升数（V）。量取计算所得体积的二硫腙-三氯甲烷溶液，用三氯甲烷稀释至 100 mL。

$$V=\frac{10\times(2-\lg 70)}{A}=\frac{1.55}{A} \qquad \cdots\cdots(3)$$

17.3　标准品

硝酸铅［$Pb(NO_3)_2$，CAS 号：10099-74-8］：纯度>99.99%。或经国家认证并授予标准物质证书的一定浓度的铅标准溶液。

17.4　标准溶液配制

同 10.4。

18　仪器和设备

注：所有玻璃器皿均需硝酸（1+5）浸泡过夜，用自来水反复冲洗，最后用水冲洗干净。

18.1　分光光度计。

18.2　分析天平：感量 0.1 mg 和 1 mg。

18.3　可调式电热炉。

18.4　可调式电热板。

19　分析步骤

19.1　试样制备

同5.1。

19.2　试样前处理

同5.2.1。

19.3　测定

19.3.1　仪器参考条件

根据各自仪器性能调至最佳状态。测定波长：510 nm。

19.3.2　标准曲线的制作

吸取0 mL、0.100 mL、0.200 mL、0.300 mL、0.400 mL和0.500 mL铅标准使用液（相当0 μg、1.00 μg、2.00 μg、3.00 μg、4.00 μg和5.00 μg铅）分别置于125 mL分液漏斗中，各加硝酸溶液（5+95）至20 mL。再各加2 mL柠檬酸铵溶液（200 g/L），1 mL盐酸羟胺溶液（200 g/L）和2滴酚红指示液（1 g/L），用氨水溶液（1+1）调至红色，再各加2 mL氰化钾溶液（100 g/L），混匀。各加5 mL二硫腙使用液，剧烈振摇1 min，静置分层后，三氯甲烷层经脱脂棉滤入1 cm比色杯中，以三氯甲烷调节零点于波长510 nm处测吸光度，以铅的质量为横坐标，吸光度值为纵坐标，制作标准曲线。

19.3.3　试样溶液的测定

将试样溶液及空白溶液分别置于125 mL分液漏斗中，各加硝酸溶液至20 mL。于消解液及试剂空白液中各加2 mL柠檬酸铵溶液（200 g/L），1 mL盐酸羟胺溶液（200 g/L）和2滴酚红指示液（1 g/L），用氨水溶液（1+1）调至红色，再各加2 mL氰化钾溶液（100 g/L），混匀。各加5 mL二硫腙使用液，剧烈振摇1 min，静置分层后，三氯甲烷层经脱脂棉滤入1 cm比色杯中，于波长510 nm处测吸光度，与标准系列比较定量。

20　分析结果的表述

同13。

21　精密度

在重复性条件下获得的两次独立测定结果的绝对差值不得超过算术平均值的10%。

22　其他

以称样量0.5 g（或0.5 mL）计算，方法的检出限为1 mg/kg（或1 mg/L），定量限为3 mg/kg（或3 mg/L）。

CB 5009. 12—2017

附　录　A
微波消解升温程序

微波消解升温程序见表 A. 1。

表 A. 1　微波消解升温程序

步骤	设定温度/℃	升温时间/min	恒温时间/min
1	120	5	5
2	160	5	10
3	180	5	10

CB 5009.12—2017

附　录　B
石墨炉原子吸收光谱法仪器参考条件

石墨炉原子吸收光谱法仪器参考条件见表 B.1。

表 B.1　石墨炉原子吸收光谱法仪器参考条件

元素	波长/nm	狭缝/nm	灯电流/mA	干燥	灰化	原子化
铅	283.3	0.5	8~12	85~120℃/（40~50）s	750℃/（20~30）s	2 300℃/（4~5）s

CB 5009.12—2017

附　录　C
火焰原子吸收光谱法仪器参考条件

火焰原子吸收光谱法仪器参考条件见表 C.1。

表 C.1　火焰原子吸收光谱法仪器参考条件

元素	波长/nm	狭缝/nm	灯电流/mA	燃烧头高度/mm	空气流量/(L/min)
铅	283.3	0.5	8~12	6	8

食品中总汞及有机汞的测定

标 准 号：**GB 5009.17—2014**
发布日期：**2015-09-21**　　实施日期：**2016-03-21**
发布单位：中华人民共和国国家卫生和计划生育委员会

前　　言

本标准代替 GB/T 5009.17—2003《食品中总汞及有机汞的测定》。

本标准与 GB/T 5009.17—2003 相比，主要变化如下：

——标准名称修改为“食品安全国家标准　食品中总汞及有机汞的测定”；

——取消了总汞测定的二硫腙比色法，有机汞测定的气相色谱法和冷原子吸收法；

——增加了甲基汞测定的液相色谱-原子荧光光谱法（LC-AFS）。

1　范围

本标准第一篇规定了食品中总汞的测定方法。

本标准第一篇适用于食品中总汞的测定。

本标准第二篇规定了食品中甲基汞含量测定的液相色谱-原子荧光光谱联用方法（LC-AFS）。

本标准第二篇适用于食品中甲基汞含量的测定。

第一篇　食品中总汞的测定

第一法　原子荧光光谱分析法

2　原理

试样经酸加热消解后，在酸性介质中，试样中汞被硼氢化钾或硼氢化钠还原成原子态汞，由载气（氩气）带入原子化器中，在汞空心阴极灯照射下，基态汞原子被激发至高能态，在由高能态回到基态时，发射出特征波长的荧光，其荧光强度与汞含量成正比，与标准系列溶液比较定量。

3　试剂和材料

注：除非另有说明，本方法所用试剂均为优级纯，水为 GB/T 6682 规定的一级水。

3.1　试剂

3.1.1　硝酸（HNO_3）。

3.1.2　过氧化氢（H_2O_2）。

3.1.3　硫酸（H_2SO_4）。

3.1.4　氢氧化钾（KOH）。

3.1.5　硼氢化钾（KBH_4）：分析纯。

3.2　试剂配制

3.2.1　硝酸溶液（1+9）：量取 50 mL 硝酸，缓缓加入 450 mL 水中。

3.2.2　硝酸溶液（5+95）量取 5 mL 硝酸，缓缓加入 95 mL 水中。

3.2.3　氢氧化钾溶液（5 g/L）：称取 5.0 g 氢氧化钾，纯水溶解并定容至 1 000 mL，混匀。

3.2.4　硼氢化钾溶液（5 g/L）：称取 5.0 g 硼氢化钾，用 5 g/L 的氢氧化钾溶液溶解并定容至 1 000 mL，混匀。现用现配。

3.2.5　重铬酸钾的硝酸溶液（0.5 g/L）：称取 0.05 g 重铬酸钾溶于 100 mL 硝酸溶液（5+95）中。

3.2.6　硝酸-高氯酸混合溶液（5+1）：量取 500 mL 硝酸，100 mL 高氯酸，混匀。

3.3　标准品

氯化汞（$HgCl_2$）：纯度≥99%。

3.4　标准溶液配制

3.4.1　汞标准储备液（1.00 mg/mL）：准确称取 0.135 4 g 经干燥过的氯化汞，用重铬酸钾的硝酸溶液（0.5 g/L）溶解并转移至 100 mL 容量瓶中，稀释至刻度，混匀。此溶液浓度为 1.00 mg/mL。于 4℃冰箱中避光保存，可保存两年。或购买经国家认证并授予标准物质证书的标准溶液物质。

3.4.2　汞标准中间液（10 μg/mL）：吸取 1.00 mL 汞标准储备液（1.00 mg/mL）于 100 mL容量瓶中，用重铬酸钾的硝酸溶液（0.5 g/L）稀释至刻度，混匀，此溶液浓度为 10 μg/mL。于 4℃冰箱中避光保存，可保存两年。

3.4.3　汞标准使用液（50 ng/mL）：吸取 0.50 mL 汞标准中间液（10 μg/mL）于 100 mL 容量瓶中，用 0.5 g/L 重铬酸钾的硝酸溶液稀释至刻度，混匀，此溶液浓度为 50 ng/mL，现用现配。

4　仪器和设备

注：玻璃器皿及聚四氟乙烯消解内罐均需以硝酸溶液（1+4）浸泡 24 h，用水反复冲洗，最后用去离子水冲洗干净。

4.1　原子荧光光谱仪。

4.2　天平：感量为 0.1 mg 和 1 mg。

4.3　微波消解系统。

4.4　压力消解器。

4.5　恒温干燥箱（50~300℃）。

4.6　控温电热板（50~200℃）。

4.7　超声水浴箱。

5　分析步骤

5.1　试样预处理

5.1.1　在采样和制备过程中，应注意不使试样污染。

5.1.2　粮食、豆类等样品去杂物后粉碎均匀，装入洁净聚乙烯瓶中，密封保存备用。

5.1.3　蔬菜、水果、鱼类、肉类及蛋类等新鲜样品，洗净晾干，取可食部分匀浆，装入洁净聚乙烯瓶中，密封，于4℃冰箱冷藏备用。

5.2　试样消解

5.2.1　*压力罐消解法*

称取固体试样0.2~1.0 g（精确到0.001 g），新鲜样品0.5~2.0 g或液体试样吸取1~5 mL称量（精确到0.001 g），置于消解内罐中，加入5 mL硝酸浸泡过夜。盖好内盖，旋紧不锈钢外套，放入恒温干燥箱，140~160℃保持4~5 h，在箱内自然冷却至室温，然后缓慢旋松不锈钢外套，将消解内罐取出，用少量水冲洗内盖，放在控温电热板上或超声水浴箱中，于80℃或超声脱气2~5 min赶去棕色气体。取出消解内罐，将消化液转移至25 mL容量瓶中，用少量水分3次洗涤内罐，洗涤液合并于容量瓶中并定容至刻度，混匀备用；同时做空白试验。

5.2.2　*微波消解法*

称取固体试样0.2~0.5 g（精确到0.001 g）、新鲜样品0.2~0.8 g或液体试样1~3 mL于消解罐中，加入5~8 mL硝酸，加盖放置过夜，旋紧罐盖，按照微波消解仪的标准操作步骤进行消解（消解参考条件见附录A表A.1）。冷却后取出，缓慢打开罐盖排气，用少量水冲洗内盖，将消解罐放在控温电热板上或超声水浴箱中，于80℃加热或超声脱气2~5 min，赶去棕色气体，取出消解内罐，将消化液转移至25 mL塑料容量瓶中，用少量水分3次洗涤内罐，洗涤液合并于容量瓶中并定容至刻度，混匀备用；同时做空白试验。

5.2.3　*回流消解法*

5.2.3.1　粮食

称取1.0~4.0 g（精确到0.001 g）试样，置于消化装置锥形瓶中，加玻璃珠数粒，加45 mL硝酸、10 mL硫酸，转动锥形瓶防止局部炭化。装上冷凝管后，小火加热，待开始发泡即停止加热，发泡停止后，加热回流2 h。如加热过程中溶液变棕色，再加5 mL硝酸，继续回流2 h，消解到样品完全溶解，一般呈淡黄色或无色，放冷后从冷凝管上端小心加20 mL水，继续加热回流10 min放冷，用适量水冲洗冷凝管，冲洗液并入消化液中，将消化液经玻璃棉过滤于100 mL容量瓶内，用少量水洗涤锥形瓶、滤器，洗涤液并入容量瓶内，加水至刻度，混匀。同时做空白试验。

5.2.3.2　植物油及动物油脂

称取1.0~3.0 g（精确到0.001 g）试样，置于消化装置锥形瓶中，加玻璃珠数粒，加入7 mL硫酸，小心混匀至溶液颜色变为棕色，然后加40 mL硝酸。以下按5.2.3.1“装上冷凝管后，小火加热……同时做空白试验”步骤操作。

5.2.3.3　薯类、豆制品

称取1.0~4.0 g（精确到0.001 g），置于消化装置锥形瓶中，加玻璃珠数粒及30 mL硝酸、5 mL硫酸，转动锥形瓶防止局部炭化。以下按5.2.3.1“装上冷凝管后，小火加热……同时做空白试验”步骤操作。

5.2.3.4　肉、蛋类

称取0.5~2.0 g（精确到0.001 g），置于消化装置锥形瓶中，加玻璃珠数粒及30 mL硝酸、5 mL硫酸、转动锥形瓶防止局部炭化。以下按5.2.3.1“装上冷凝管后，小火加热……同时做空白试验”步骤操作。

5.2.3.5　乳及乳制品

称取1.0~4.0 g（精确到0.001 g）乳或乳制品，置于消化装置锥形瓶中，加玻璃珠数粒及30 mL硝酸，乳加10 mL硫酸，乳制品加5 mL硫酸，转动锥形瓶防止局部炭化。以下按5.2.3.1“装上冷凝管后，小火加热……同时做空白试验”步骤操作。

5.3　测定

5.3.1　标准曲线制作

分别吸取50 ng/mL汞标准使用液0.00 mL、0.20 mL、0.50 mL、1.00 mL、1.50 mL、2.00 mL、2.50 mL于50 mL容量瓶中，用硝酸溶液（1+9）稀释至刻度，混匀。各自相当于汞浓度为0.00 ng/mL、0.20 ng/mL、0.50 ng/mL、1.00 ng/mL、1.50 ng/mL、2.00 ng/mL、2.50 ng/mL。

5.3.2　试样溶液的测定

设定好仪器最佳条件，连续用硝酸溶液（1+9）进样，待读数稳定之后，转入标准系列测量，绘制标准曲线。转入试样测量，先用硝酸溶液（1+9）进样，使读数基本回零，再分别测定试样空白和试样消化液，每测不同的试样前都应清洗进样器。试样测定结果按式（1）计算。

5.4　仪器参考条件

光电倍增管负高压：240 V；汞空心阴极灯电流：30 mA；原子化器温度：300℃；载气流速：500 mL/min；屏蔽气流速：1 000 mL/min。

6　分析结果的表述

试样中汞含量按式（1）计算：

$$X=\frac{(c-c_0)\times V\times 1\,000}{m\times 1\,000\times 1\,000} \quad \cdots\cdots\cdots\cdots (1)$$

式中：

X——试样中汞的含量，单位为毫克每千克或毫克每升（mg/kg或mg/L）；

c——测定样液中汞含量，单位为纳克每毫升（ng/mL）；

c_0——空白液中汞含量，单位为纳克每毫升（ng/mL）；

V——试样消化液定容总体积，单位为毫升（mL）；

1 000——换算系数；

m——试样质量，单位为克或毫升（g或mL）。

计算结果保留两位有效数字。

7　精密度

在重复性条件下获得的两次独立测定结果的绝对差值不得超过算术平均值的20%。

8　其他

当样品称样量为0.5 g，定容体积为25 mL时，方法检出限0.003 mg/kg，方法定量限0.010 mg/kg。

第二法　冷原子吸收光谱法

9　原理

汞蒸气对波长253.7 nm的共振线具有强烈的吸收作用。试样经过酸消解或催化酸消解使汞转为离子状态，在强酸性介质中以氯化亚锡还原成元素汞，载气将元素汞吹入汞测定仪，进行冷原子吸收测定，在一定浓度范围其吸收值与汞含量成正比，外标法定量。

10　试剂和材料

注：除非另有说明，所用试剂均为优级纯，水为GB/T 6682规定的一级水。

10.1　试剂

10.1.1　硝酸（HNO_3）。

10.1.2　盐酸（HCl）。

10.1.3　过氧化氢（H_2O_2）（30%）。

10.1.4　无水氯化钙（$CaCl_2$）：分析纯。

10.1.5　高锰酸钾（$KMnO_4$）：分析纯。

10.1.6　重铬酸钾（$K_2Cr_2O_7$）：分析纯。

10.1.7　氯化亚锡（$SnCl_2 \cdot 2H_2O$）：分析纯。

10.2　试剂配制

10.2.1　高锰酸钾溶液（50 g/L）：称取5.0 g高锰酸钾置于100 mL棕色瓶中，用水溶解并稀释至100 mL。

10.2.2　硝酸溶液（5+95）：量取5 mL硝酸，缓缓倒入95 mL水中，混匀。

10.2.3　重铬酸钾的硝酸溶液（0.5 g/L）：称取0.05 g重铬酸钾溶于100 mL硝酸溶液（5+95）中。

10.2.4　氯化亚锡溶液（100 g/L）：称取10 g氯化亚锡溶于20 mL盐酸中，90℃水浴中加热，轻微振荡，待氯化亚锡溶解成透明状后，冷却，纯水稀释定容至100 mL，加入几粒金属锡，置阴凉、避光处保存。一经发现浑浊应重新配制。

10.2.5　硝酸溶液（1+9）：量取50 mL硝酸，缓缓加入450 mL水中。

10.3 标准品

氯化汞（$HgCl_2$）：纯度≥99%。

10.4 标准溶液配制

10.4.1 汞标准储备液（1.00 mg/mL）：准确称取0.135 4 g干燥过的氯化汞，用重铬酸钾的硝酸溶液（0.5 g/L）溶解并转移至100 mL容量瓶中，定容。此溶液浓度为1.00 mg/mL。于4℃冰箱中避光保存，可保存两年。或购买经国家认证并授予标准物质证书的标准溶液物质。

10.4.2 汞标准中间液（10 μg/mL）：吸取1.00 mL汞标准储备液（1.00 mg/mL）于100 mL容量瓶中，用重铬酸钾的硝酸溶液（0.5 g/L）稀释和定容。溶液浓度为10 μg/mL。于4℃冰箱中避光保存，可保存两年。

10.4.3 汞标准使用液（50 ng/mL）：吸取0.50 mL汞标准中间液（10 μg/mL）于100 mL容量瓶中，用重铬酸钾的硝酸溶液（0.5 g/L）稀释和定容。此溶液浓度为50 ng/mL，现用现配。

11 仪器和设备

注：玻璃器皿及聚四氟乙烯消解内罐均需以硝酸溶液（1+4）浸泡24 h，用水反复冲洗，最后用去离子水冲洗干净。

11.1 测汞仪（附气体循环泵、气体干燥装置、汞蒸气发生装置及汞蒸气吸收瓶），或全自动测汞仪。

11.2 天平：感量为0.1 mg和1 mg。

11.3 微波消解系统。

11.4 压力消解器。

11.5 恒温干燥箱（200~300℃）。

11.6 控温电热板（50~200℃）

11.7 超声水浴箱。

12 分析步骤

12.1 试样预处理

见5.1。

12.2 试样消解

12.2.1 压力罐消解法

见5.2.1。

12.2.2 微波消解法

见5.2.2。

12.2.3 回流消解法

见5.2.3。

12.3 仪器参考条件

打开测汞仪，预热1 h，并将仪器性能调至最佳状态。

12.4　标准曲线的制作

分别吸取汞标准使用液（50 ng/mL）0.00 mL、0.20 mL、0.50 mL、1.00 mL、1.50 mL、2.00 mL、2.50 mL于50 mL容量瓶中，用硝酸溶液（1+9）稀释至刻度，混匀。各自相当于汞浓度为0.00 ng/mL、0.20 ng/mL、0.50 ng/mL、1.00 ng/mL、1.50 ng/mL、2.00 ng/mL和2.50 ng/mL。将标准系列溶液分别置于测汞仪的汞蒸气发生器中，连接抽气装置，沿壁迅速加入3.0 mL还原剂氯化亚锡（100 g/L），迅速盖紧瓶塞，随后有气泡产生，立即通过流速为1.0 L/min的氮气或经活性炭处理的空气，使汞蒸气经过氯化钙干燥管进入测汞仪中，从仪器读数显示的最高点测得其吸收值。然后，打开吸收瓶上的三通阀将产生的剩余汞蒸气吸收于高锰酸钾溶液（50 g/L）中，待测汞仪上的读数达到零点时进行下一次测定。同时做空白试验。求得吸光度值与汞质量关系的一元线性回归方程。

12.5　试样溶液的测定

分别吸取样液和试剂空白液各5.0mL置于测汞仪的汞蒸气发生器的还原瓶中，以下按照12.4“连接抽气装置……同时做空白试验”进行操作。将所测得吸光度值，代入标准系列溶液的一元线性回归方程中求得试样溶液中汞含量。

13　分析结果的表述

试样中汞含量按式（2）计算：

$$X=\frac{(m_1-m_2)\times V_1\times 1\,000}{m_1\times V_2\times 1\,000\times 1\,000} \quad \cdots\cdots\cdots\cdots\cdots\cdots (2)$$

式中：

X——试样中汞含量，单位为毫克每千克或毫克每升（mg/kg或mg/L）；

m_1——测定样液中汞质量，单位为纳克（ng）；

m_2——空白液中汞质量，单位为纳克（ng）；

V_1——试样消化液定容总体积，单位为毫升（mL）；

1 000——换算系数；

m——试样质量，单位为克或毫升（g或mL）；

V_2——测定样液体积，单位为毫升（mL）。

计算结果保留两位有效数字。

14　精密度

在重复性条件下获得的两次独立测定结果的绝对差值不得超过算术平均值的20%。

15　其他

当样品称样量为0.5 g，定容体积为25 mL时，方法检出限为0.002 mg/kg，方法定量限为0.007 mg/kg。

第二篇　食品中甲基汞的测定

液相色谱-原子荧光光谱联用方法

16　原理

食品中甲基汞经超声波辅助 5 mol/L 盐酸溶液提取后，使用 C_{18}反相色谱柱分离，色谱流出液进入在线紫外消解系统，在紫外光照射下与强氧化剂过硫酸钾反应，甲基汞转变为无机汞。酸性环境下，无机汞与硼氢化钾在线反应生成汞蒸气，由原子荧光光谱仪测定。由保留时间定性，外标法峰面积定量。

17　试剂和材料

注：除非另有说明，本方法所用试剂均为优级纯，水为 GB/T 6682 规定的一级水。

17.1　试剂

17.1.1　甲醇（CH_3OH）：色谱纯。

17.1.2　氢氧化钠（NaOH）。

17.1.3　氢氧化钾（KOH）。

17.1.4　硼氢化钾（KBH_4）：分析纯。

17.1.5　过硫酸钾（$K_2S_2O_8$）：分析纯。

17.1.6　乙酸铵（CH_3COONH_4）：分析纯。

17.1.7　盐酸（HCl）。

17.1.8　氨水（$NH_3 \cdot H_2O$）。

17.1.9　L-半胱氨酸（L-$HSCH_2CH(NH_2)COOH$）：分析纯。

17.2　试剂配制

17.2.1　流动相（5%甲醇+0.06 mol/L 乙酸铵+0.1%L-半胱氨酸）：称取 0.5 g L-半胱氨酸，2.2 g 乙酸铵，置于 500 mL 容量瓶中，用水溶解，再加入 25 mL 甲醇，最后用水定容至 500 mL。经 0.45 μm 有机系滤膜过滤后，于超声水浴中超声脱气 30 min。现用现配。

17.2.2　盐酸溶液（5 mol/L）：量取 208 mL 盐酸，溶于水并稀释至 500 mL。

17.2.3　盐酸溶液 10%（体积比）：量取 100 mL 盐酸，溶于水并稀释至 1 000 mL。

17.2.4　氢氧化钾溶液（5 g/L）：称取 5.0 g 氢氧化钾，溶于水并稀释至 1 000 mL。

17.2.5　氢氧化钠溶液（6 mol/L）：称取 24 g 氢氧化钠，溶于水并稀释至 100 mL。

17.2.6　硼氢化钾溶液（2 g/L）：称取 2.0 g 硼氢化钾，用氢氧化钾溶液（5 g/L）溶解并稀释至 1 000 mL。现用现配。

17.2.7　过硫酸钾溶液（2 g/L）：称取 1.0 g 过硫酸钾，用氢氧化钾溶液（5 g/L）溶解并稀释至 500 mL。现用现配。

17.2.8　L-半胱氨酸溶液（10 g/L）：称取 0.1 g L-半胱氨酸，溶于 10 mL 水中。现用现配。

17.2.9 甲醇溶液（1+1）：量取甲醇 100 mL，加入 100 mL 水中，混匀。

17.3 标准品

17.3.1 氯化汞（$HgCl_2$），纯度≥99%。

17.3.2 氯化甲基汞（$HgCH_3Cl$），纯度≥99%。

17.4 标准溶液配制

17.4.1 氯化汞标准储备液（200 μg/mL，以 Hg 计）：准确称取 0.027 0 g 氯化汞，用 0.5 g/L重铬酸钾的硝酸溶液溶解，并稀释、定容至 100 mL。于 4℃冰箱中避光保存，可保存两年。或购买经国家认证并授予标准物质证书的标准溶液物质。

17.4.2 甲基汞标准储备液（200 μg/mL，以 Hg 计）：准确称取 0.025 0 g 氯化甲基汞，加少量甲醇溶解，用甲醇溶液（1+1）稀释和定容至 100 mL。于 4℃冰箱中避光保存，可保存两年。或购买经国家认证并授予标准物质证书的标准溶液物质。

17.4.3 混合标准使用液（1.00 μg/mL，以 Hg 计）：准确移取 0.50 mL 甲基汞标准储备液和 0.50 mL 氯化汞标准储备液，置于 100 mL 容量瓶中，以流动相稀释至刻度，摇匀。此混合标准使用液中，两种汞化合物的浓度均为 1.00 μg/mL。现用现配。

18 仪器和设备

注：玻璃器皿均需以硝酸溶液（1+4）浸泡 24 h，用水反复冲洗，最后用去离子水冲洗干净。

18.1 液相色谱-原子荧光光谱联用仪（LC-AFS）：由液相色谱仪（包括液相色谱泵和手动进样阀）、在线紫外消解系统及原子荧光光谱仪组成。

18.2 天平：感量为 0.1 mg 和 1.0 mg。

18.3 组织匀浆器。

18.4 高速粉碎机。

18.5 冷冻干燥机。

18.6 离心机：最大转速 10 000 r/min。

18.7 超声清洗器。

19 分析步骤

19.1 试样预处理

见 5.1。

19.2 试样提取

称取样品 0.50~2.0 g（精确至 0.001 g），置于 15 mL 塑料离心管中，加入 10 mL 的盐酸溶液（5 mol/L），放置过夜。室温下超声水浴提取 60 min，期间振摇数次。4℃下以 8 000 r/min 转速离心 15 min。准确吸取 2.0 mL 上清液至 5 mL 容量瓶或刻度试管中，逐滴加入氢氧化钠溶液（6 mol/L），使样液 pH 值为 2~7。加入 0.1 mL 的 L-半胱氨酸溶液（10 g/L），最后用水定容至刻度。0.45 μm 有机系滤膜过滤，待测。同时做空白试验。

注：滴加氢氧化钠溶液（6 mol/L）时应缓慢逐滴加入，避免酸碱中和产生的热量来不及扩散，使温度很快升高，导致汞化合物挥发，造成测定值偏低。

19.3 仪器参考条件

19.3.1 液相色谱参考条件

液相色谱参考条件如下：

——色谱柱：C_{18}分析柱（柱长 150 mm，内径 4.6 mm，粒径 5 μm），C_{18}预柱（柱长 10 mm，内径 4.6 mm，粒径 5 μm）。

——流速：1.0 mL/min。

——进样体积：100 μL。

19.3.2 原子荧光检测参考条件

原子荧光检测参考条件如下：

——负高压：300 V；

——汞灯电流：30 mA；

——原子化方式：冷原子；

——载液：10%盐酸溶液；

——载液流速：4.0 mL/min；

——还原剂：2 g/L 硼氢化钾溶液；

——还原剂流速 4.0 mL/min；

——氧化剂：2 g/L 过硫酸钾溶液，氧化剂流速 1.6 mL/min；

——载气流速：500 mL/min；

——辅助气流速：600 mL/min。

19.4 标准曲线制作

取 5 支 10 mL 容量瓶，分别准确加入混合标准使用液（1.00 μg/mL）0.00 mL、0.010 mL、0.020 mL、0.040 mL、0.060 mL 和 0.10 mL，用流动相稀释至刻度。此标准系列溶液的浓度分别为 0.0 ng/mL、1.0 ng/mL、2.0 ng/mL、4.0 ng/mL、6.0 ng/mL 和 10.0 ng/mL。吸取标准系列溶液 100 μL 进样，以标准系列溶液中目标化合物的浓度为横坐标，以色谱峰面积为纵坐标，绘制标准曲线。

试样溶液的测定：将试样溶液 100 μL 注入液相色谱-原子荧光光谱联用仪中，得到色谱图，以保留时间定性。以外标法峰面积定量。平行测定次数不少于两次。标准溶液及试样溶液的色谱图参见附录 B。

20 分析结果的表述

试样中甲基汞含量按式（3）计算：

$$X=\frac{f\times(c-c_0)\times V\times 1\ 000}{m\times 1\ 000\times 1\ 000} \qquad \cdots\cdots (3)$$

式中：

X——式样中甲基汞的含量，单位为毫克每千克（mg/kg）；

f——稀释因子；

c——经标准曲线得到的测定液中甲基汞的浓度，单位为纳克每毫升（ng/mL）；

c_0——经标准曲线得到的空白溶液中甲基汞的浓度，单位为纳克每毫升（ng/mL）；

V——加入提取试剂的体积，单位为毫升（mL）；

1 000——换算系数；

m——试样称样量，单位为克（g）。

计算结果保留两位有效数字。

21　精密度

在重复性条件下获得的两次独立测定结果的绝对差值不得超过算术平均值的20%。

22　其他

当样品称样量为1 g，定容体积为10 mL时，方法检出限为0.008 mg/kg，方法定量限为0.025 mg/kg。

GB 5009.17—2014

附　录　A
微波消解参考条件

A.1　粮食、蔬菜、鱼肉类试样微波消解参考条件见表A.1。

表A.1　粮食、蔬菜、鱼肉类试样微波消解参考条件

步骤	功率（1 600W）变化/%	温度/℃	升温时间/min	保温时间/min
1	50	80	30	5
2	80	120	30	7
3	100	160	30	5

A.2　油脂、糖类试样微波消解参考条件见表A.2。

表A.2　油脂、糖类试样微波消解参考条件

步骤	功率（1 600W）变化/%	温度/℃	升温时间/min	保温时间/min
1	50	50	30	5
2	70	75	30	5
3	80	100	30	5
4	100	140	30	7
5	100	180	30	5

GB 5009.17—2014

附　录　B
色　谱　图

B.1　标准溶液色谱图见图 B.1。

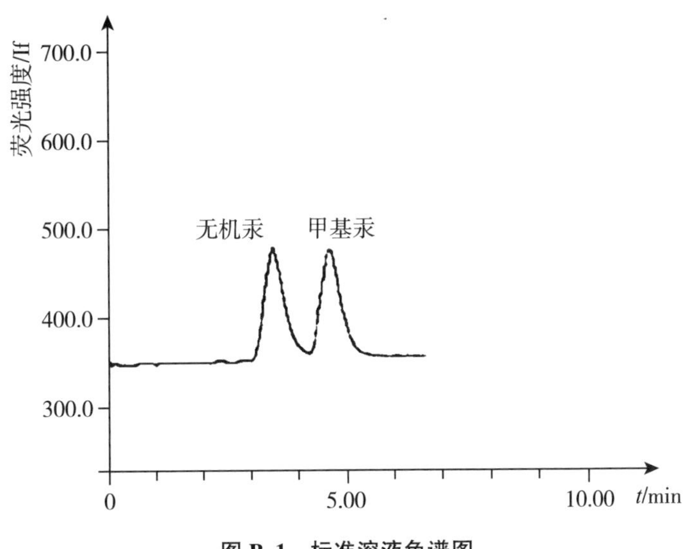

图 B.1　标准溶液色谱图

B.2　试样（鲤鱼肉）色谱图见图 B.2。

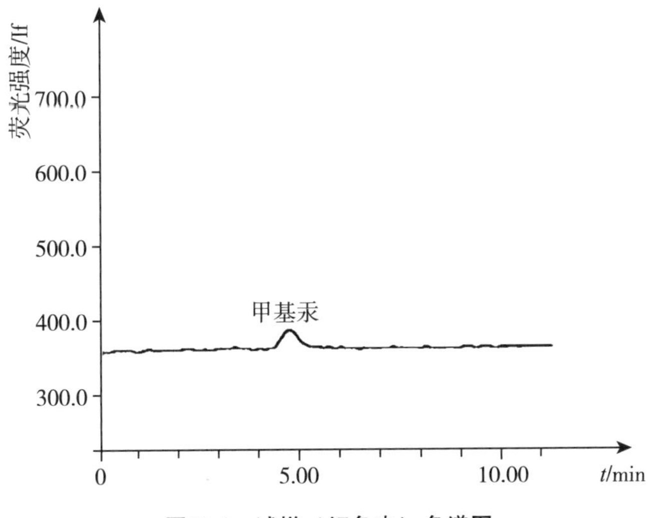

图 B.2　试样（鲤鱼肉）色谱图

食品中亚硝酸盐与硝酸盐的测定

标 准 号：GB 5009.33—2016

发布日期：2016-12-23　　　　　　实施日期：2017-06-23

发布单位：中华人民共和国国家卫生和计划生育委员会、国家食品药品监督管理总局

前　　言

本标准代替 GB 5009.33—2010《食品安全国家标准　食品中亚硝酸盐与硝酸盐的测定》、NY/T 1375—2007《植物产品中亚硝酸盐与硝酸盐的测定　离子色谱法》、NY/T 1279—2007《蔬菜、水果中硝酸盐的测定　紫外分光光度法》、SN/T 3151—2012《出口食品中亚硝酸盐和硝酸盐的测定　离子色谱法》。

本标准与 GB 5009.33—2010 相比，主要变化如下：

——合并原第二法、第三法为第二法；

——增加了蔬菜、水果中硝酸盐的测定的紫外分光光度法。

1　范围

本标准规定了食品中亚硝酸盐和硝酸盐的测定方法。

本标准适用于食品中亚硝酸盐和硝酸盐的测定。

第一法　离子色谱法

2　原理

试样经沉淀蛋白质、除去脂肪后，采用相应的方法提取和净化，以氢氧化钾溶液为淋洗液，阴离子交换柱分离，电导检测器或紫外检测器检测。以保留时间定性，外标法定量。

3　试剂和材料

除非另有说明，本方法所用试剂均为分析纯，水为 GB/T 6682 规定的一级水。

3.1　试剂

3.1.1　乙酸（CH_3COOH）。

3.1.2　氢氧化钾（KOH）。

3.2　试剂配制

3.2.1　乙酸溶液（3%）：量取乙酸 3 mL 于 100 mL 容量瓶中，以水稀释至刻度，混匀。

3.2.2　氢氧化钾溶液（1 mol/L）：称取 6 g 氢氧化钾，加入新煮沸过的冷水溶解，并稀释至 100 mL，混匀。

3.3 标准品

3.3.1 亚硝酸钠（$NaNO_2$，CAS号：7632-00-0）：基准试剂，或采用具有标准物质证书的亚硝酸盐标准溶液。

3.3.2 硝酸钠（$NaNO_3$，CAS号：7631-99-4）：基准试剂，或采用具有标准物质证书的硝酸盐标准溶液。

3.4 标准溶液的制备

3.4.1 亚硝酸盐标准储备液（100 mg/L，以 NO_2^- 计，下同）：准确称取0.150 0 g于110~120℃干燥至恒重的亚硝酸钠，用水溶解并转移至1 000 mL容量瓶中，加水稀释至刻度，混匀。

3.4.2 硝酸盐标准储备液（1 000 mg/L，以 NO_3^- 计，下同）：准确称取1.371 0 g于110~120℃干燥至恒重的硝酸钠，用水溶解并转移至1 000 mL容量瓶中，加水稀释至刻度，混匀。

3.4.3 亚硝酸盐和硝酸盐混合标准中间液：准确移取亚硝酸根离子（NO_2^-）和硝酸根离子（NO_3^-）的标准储备液各1.0 mL于100 mL容量瓶中，用水稀释至刻度，此溶液每升含亚硝酸根离子1.0 mg和硝酸根离子10.0 mg。

3.4.4 亚硝酸盐和硝酸盐混合标准使用液：移取亚硝酸盐和硝酸盐混合标准中间液，加水逐级稀释，制成系列混合标准使用液，亚硝酸根离子浓度分别为0.02 mg/L、0.04 mg/L、0.06 mg/L、0.08 mg/L、0.10 mg/L、0.15 mg/L、0.20 mg/L；硝酸根离子浓度分别为0.2 mg/L、0.4 mg/L、0.6 mg/L、0.8 mg/L、1.0 mg/L、1.5 mg/L、2.0 mg/L。

4 仪器和设备

4.1 离子色谱仪：配电导检测器及抑制器或紫外检测器，高容量阴离子交换柱，50 μL定量环。

4.2 食物粉碎机。

4.3 超声波清洗器。

4.4 分析天平：感量为0.1 mg和1 mg。

4.5 离心机：转速≥10 000 r/min，配50 mL离心管。

4.6 0.22 μm水性滤膜针头滤器。

4.7 净化柱：包括 C_{18} 柱、Ag柱和Na柱或等效柱。

4.8 注射器：1.0 mL和2.5 mL。

注：所有玻璃器皿使用前均需依次用2 mol/L氢氧化钾和水分别浸泡4 h，然后用水冲洗3~5次，晾干备用。

5 分析步骤

5.1 试样预处理

5.1.1 蔬菜、水果：将新鲜蔬菜、水果试样用自来水洗净后，用水冲洗，晾干后，取可食部切碎混匀。将切碎的样品用四分法取适量，用食物粉碎机制成匀浆，备用。如需加水应记录加水量。

5.1.2 粮食及其他植物样品：除去可见杂质后，取有代表性试样50~100g，粉碎后，过

0.30 mm孔筛，混匀，备用。

5.1.3　肉类、蛋、水产及其制品：用四分法取适量或取全部，用食物粉碎机制成匀浆，备用。

5.1.4　乳粉、豆奶粉、婴儿配方粉等固态乳制品（不包括干酪）：将试样装入能够容纳2倍试样体积的带盖容器中，通过反复摇晃和颠倒容器使样品充分混匀直到使试样均一化。

5.1.5　发酵乳、乳、炼乳及其他液体乳制品：通过搅拌或反复摇晃和颠倒容器使试样充分混匀。

5.1.6　干酪：取适量的样品研磨成均匀的泥浆状。为避免水分损失，研磨过程中应避免产生过多的热量。

5.2　提取

5.2.1　蔬菜、水果等植物性试样：称取试样5 g（精确至0.001 g，可适当调整试样的取样量，以下相同），置于150 mL具塞锥形瓶中，加入80 mL水，1 mL 1 mol/L氢氧化钾溶液，超声提取30 min，每隔5 min振摇1次，保持固相完全分散。于75℃水浴中放置5 min，取出放置至室温，定量转移至100 mL容量瓶中，加水稀释至刻度，混匀。溶液经滤纸过滤后，取部分溶液于10 000 r/min离心15 min，上清液备用。

5.2.2　肉类、蛋类、鱼类及其制品等：称取试样匀浆5 g（精确至0.001 g），置于150 mL具塞锥形瓶中，加入80 mL水，超声提取30 min，每隔5 min振摇1次，保持固相完全分散。于75℃水浴中放置5 min，取出放置至室温，定量转移至100 mL容量瓶中，加水稀释至刻度，混匀。溶液经滤纸过滤后，取部分溶液于10 000 r/min离心15 min，上清液备用。

5.2.3　腌鱼类、腌肉类及其他腌制品：称取试样匀浆2 g（精确至0.001 g），置于150 mL具塞锥形瓶中，加入80 mL水，超声提取30 min，每隔5 min振摇1次，保持固相完全分散。于75℃水浴中放置5 min，取出放置至室温，定量转移至100 mL容量瓶中，加水稀释至刻度，混匀。溶液经滤纸过滤后，取部分溶液于10 000 r/min离心15 min，上清液备用。

5.2.4　乳：称取试样10 g（精确至0.01 g），置于100 mL具塞锥形瓶中，加水80 mL，摇匀，超声30 min，加入3%乙酸溶液2 mL，于4℃放置20 min，取出放置至室温，加水稀释至刻度。溶液经滤纸过滤，滤液备用。

5.2.5　乳粉及干酪：称取试样2.5 g（精确至0.01 g），置于100 mL具塞锥形瓶中，加水80 mL，摇匀，超声30 min，取出放置至室温，定量转移至100 mL容量瓶中，加入3%乙酸溶液2 mL，加水稀释至刻度，混匀。于4℃放置20 min，取出放置至室温，溶液经滤纸过滤，滤液备用。

5.2.6　取上述备用溶液约15 mL，通过0.22 μm水性滤膜针头滤器、C_{18}柱，弃去前面3 mL（如果氯离子大于100 mg/L，则需要依次通过针头滤器、C_{18}柱、Ag柱和Na柱，弃去前面7 mL），收集后面洗脱液待测。

固相萃取柱使用前需进行活化，C_{18}柱（1.0 mL）、Ag柱（1.0 mL）和Na柱（1.0 mL），其活化过程为：C_{18}柱（1.0 mL）使用前依次用10 mL甲醇、15 mL水通过，静置活化30 min。Ag柱（1.0 mL）和Na柱（1.0 mL）用10 mL水通过，静置活化30 min。

5.3　仪器参考条件

5.3.1　色谱柱：氢氧化物选择性，可兼容梯度洗脱的二乙烯基苯-乙基苯乙烯共聚物基质，烷醇基季铵盐功能团的高容量阴离子交换柱，4 mm×250 mm（带保护柱 4 mm×50 mm），或性能相当的离子色谱柱。

5.3.2　淋洗液

5.3.2.1　氢氧化钾溶液，浓度为 6～70 mmol/L；洗脱梯度为 6 mmol/L 30 min，70 mmol/L 5 min，6 mmol/L 5 min；流速 1.0 mL/min。

5.3.2.2　粉状婴幼儿配方食品：氢氧化钾溶液，浓度为 5～50 mmol/L；洗脱梯度为 5 mmol/L 33 min，50 mmol/L 5 min，5 mmol/L 5 min；流速 1.3 mL/min。

5.3.3　抑制器。

5.3.4　检测器：电导检测器，检测池温度为 35℃；或紫外检测器，检测波长为 226 nm。

5.3.5　进样体积：50 μL（可根据试样中被测离子含量进行调整）。

5.4　测定

5.4.1　标准曲线的制作

将标准系列工作液分别注入离子色谱仪中，得到各浓度标准工作液色谱图，测定相应的峰高（μS）或峰面积，以标准工作液的浓度为横坐标，以峰高（μS）或峰面积为纵坐标，绘制标准曲线（亚硝酸盐和硝酸盐标准色谱图见图 A.1）。

5.4.2　试样溶液的测定

将空白和试样溶液注入离子色谱仪中，得到空白和试样溶液的峰高（μS）或峰面积，根据标准曲线得到待测液中亚硝酸根离子或硝酸根离子的浓度。

6　分析结果的表述

试样中亚硝酸离子或硝酸根离子的含量按式（1）计算：

$$X=\frac{(\rho-\rho_0)\times V\times f\times 1\,000}{m\times 1\,000} \quad\cdots\cdots\cdots\cdots(1)$$

式中：

X——试样中亚硝酸根离子或硝酸根离子的含量，单位为毫克每千克（mg/kg）；

ρ——测定用试样溶液中的亚硝酸根离子或硝酸根离子浓度，单位为毫克每升（mg/L）；

ρ_0——试剂空白液中亚硝酸根离子或硝酸根离子的浓度，单位为毫克每升（mg/L）；

V——试样溶液体积，单位为毫升（mL）；

f——试样溶液稀释倍数；

1 000——换算系数；

m——试样取样量，单位为克（g）。

试样中测得的亚硝酸根离子含量乘以换算系数 1.5，即得亚硝酸盐（按亚硝酸钠计）含量；试样中测得的硝酸根离子含量乘以换算系数 1.37，即得硝酸盐（按硝酸钠计）含量。

结果保留两位有效数字。

7　精密度

在重复性条件下获得的两次独立测定结果的绝对差值不得超过算术平均值的 10%。

8 其他

第一法中亚硝酸盐和硝酸盐检出限分别为0.2 mg/kg和0.4 mg/kg。

第二法 分光光度法

9 原理

亚硝酸盐采用盐酸萘乙二胺法测定，硝酸盐采用镉柱还原法测定。

试样经沉淀蛋白质、除去脂肪后，在弱酸条件下，亚硝酸盐与对氨基苯磺酸重氮化后，再与盐酸萘乙二胺耦合形成紫红色染料，外标法测得亚硝酸盐含量。采用镉柱将硝酸盐还原成亚硝酸盐，测得亚硝酸盐总量，由测得的亚硝酸盐总量减去试样中亚硝酸盐含量，即得试样中硝酸盐含量。

10 试剂和材料

除非另有说明，本方法所用试剂均为分析纯，水为GB/T 6682规定的一级水。

10.1 试剂

10.1.1 亚铁氰化钾［$K_4Fe(CN)_6 \cdot 3H_2O$］。

10.1.2 乙酸锌［$Zn(CH_3COO)_2 \cdot 2H_2O$］。

10.1.3 冰乙酸（CH_3COOH）。

10.1.4 硼酸钠（$Na_2B_4O_7 \cdot 10H_2O$）。

10.1.5 盐酸（HCl，ρ=1.19 g/mL）。

10.1.6 氨水（$NH_3 \cdot H_2O$，25%）。

10.1.7 对氨基苯磺酸（$C_6H_7NO_3S$）。

10.1.8 盐酸萘乙二胺（$C_{12}H_{14}N_2 \cdot 2HCl$）。

10.1.9 锌皮或锌棒。

10.1.10 硫酸镉（$CdSO_4 \cdot 8H_2O$）。

10.1.11 硫酸铜（$CuSO_4 \cdot 5H_2O$）。

10.2 试剂配制

10.2.1 亚铁氰化钾溶液（106 g/L）：称取106.0 g亚铁氰化钾，用水溶解，并稀释至1 000 mL。

10.2.2 乙酸锌溶液（220 g/L）：称取220.0 g乙酸锌，先加30 mL冰乙酸溶解，用水稀释至1 000 mL。

10.2.3 饱和硼砂溶液（50 g/L）：称取5.0 g硼酸钠，溶于100 mL热水中，冷却后备用。

10.2.4 氨缓冲溶液（pH9.6~9.7）：量取30 mL盐酸，加100 mL水，混匀后加65 mL氨水，再加水稀释至1 000 mL，混匀。调节pH至9.6~9.7。

10.2.5 氨缓冲溶的稀释液：量取50 mL pH 9.6~9.7氨缓冲溶液，加水稀释至500 mL，混匀。

10.2.6 盐酸（0.1 mol/L）：量取 8.3 mL 盐酸，用水稀释至 1 000 mL。

10.2.7 盐酸（2 mol/L）：量取 167 mL 盐酸，用水稀释至 1 000 mL。

10.2.8 盐酸（20%）：量取 20 mL 盐酸，用水稀释至 100 mL。

10.2.9 对氨基苯磺酸溶液（4 g/L）：称取 0.4 g 对氨基苯磺酸，溶于 100 mL 20%盐酸中，混匀，置棕色瓶中，避光保存。

10.2.10 盐酸萘乙二胺溶液（2 g/L）：称取 0.2 g 盐酸萘乙二胺，溶于 100 mL 水中，混匀，置棕色瓶中，避光保存。

10.2.11 硫酸铜溶液（20 g/L）：称取 20 g 硫酸铜，加水溶解，并稀释至 1 000 mL。

10.2.12 硫酸镉溶液（40 g/L）：称取 40 g 硫酸镉，加水溶解，并稀释至 1 000 mL。

10.2.13 乙酸溶液（3%）：量取冰乙酸 3 mL 于 100 mL 容量瓶中，以水稀释至刻度，混匀。

10.3 标准品

10.3.1 亚硝酸钠（$NaNO_2$，CAS 号：7632-00-0）：基准试剂，或采用具有标准物质证书的亚硝酸盐标准溶液。

10.3.2 硝酸钠（$NaNO_3$，CAS 号：7631-99-4）：基准试剂，或采用具有标准物质证书的硝酸盐标准溶液。

10.4 标准溶液配制

10.4.1 亚硝酸钠标准溶液（200 μg/mL，以亚硝酸钠计）：准确称取 0.100 0 g 于 110~120℃干燥恒重的亚硝酸钠，加水溶解，移入 500 mL 容量瓶中，加水稀释至刻度，混匀。

10.4.2 硝酸钠标准溶液（200 μg/mL，以亚硝酸钠计）：准确称取 0.123 2 g 于 110~120℃干燥恒重的硝酸钠，加水溶解，移入 500 mL 容量瓶中，并稀释至刻度。

10.4.3 亚硝酸钠标准使用液（5.0 μg/mL）：临用前，吸取 2.50 mL 亚硝酸钠标准溶液，置于 100 mL 容量瓶中，加水稀释至刻度。

10.4.4 硝酸钠标准使用液（5.0 μg/mL，以亚硝酸钠计）：临用前，吸取 2.50 mL 硝酸钠标准溶液，置于 100 mL 容量瓶中，加水稀释至刻度。

11 仪器和设备

11.1 天平：感量为 0.1 mg 和 1 mg。

11.2 组织捣碎机。

11.3 超声波清洗器。

11.4 恒温干燥箱。

11.5 分光光度计。

11.6 镉柱或镀铜镉柱。

11.6.1 海绵状镉的制备：镉粒直径 0.3~0.8 mm。

将适量的锌棒放入烧杯中，用 40 g/L 硫酸镉溶液浸没锌棒。在 24 h 之内，不断将锌棒上的海绵状镉轻轻刮下。取出残余锌棒，使镉沉底，倾去上层溶液。用水冲洗海绵状镉 2~3 次后，将镉转移至搅拌器中，加 400 mL 盐酸（0.1 mol/L），搅拌数秒，以得到所需粒径的镉颗粒。将制得的海绵状镉倒回烧杯中，静置 3~4 h，期间搅拌数次，以除去气泡。倾去海绵状镉中的溶液，并可按下述方法进行镉粒镀铜。

11.6.2 镉粒镀铜：

将制得的镉粒置锥形瓶中（所用镉粒的量以达到要求的镉柱高度为准），加足量的盐酸（2 mol/L）浸没镉粒，振荡 5 min，静置分层，倾去上层溶液，用水多次冲洗镉粒。在镉粒中加入 20 g/L 硫酸铜溶液（每克镉粒约需 2.5 mL），振荡 1 min，静置分层，倾去上层溶液后，立即用水冲洗镀铜镉粒（注意镉粒要始终用水浸没），直至冲洗的水中不再有铜沉淀。

11.6.3 镉柱的装填：

如图 1 所示，用水装满镉柱玻璃柱，并装入约 2 cm 高的玻璃棉做垫，将玻璃棉压向柱底时，应将其中所包含的空气全部排出，在轻轻敲击下，加入海绵状镉至 8~10 cm［见图 1 装置（a）］或 15~20 cm［见图 1 装置（b）］，上面用 1 cm 高的玻璃棉覆盖。若使用装置 b)，则上置一贮液漏斗，末端要穿过橡皮塞与镉柱玻璃管紧密连接。

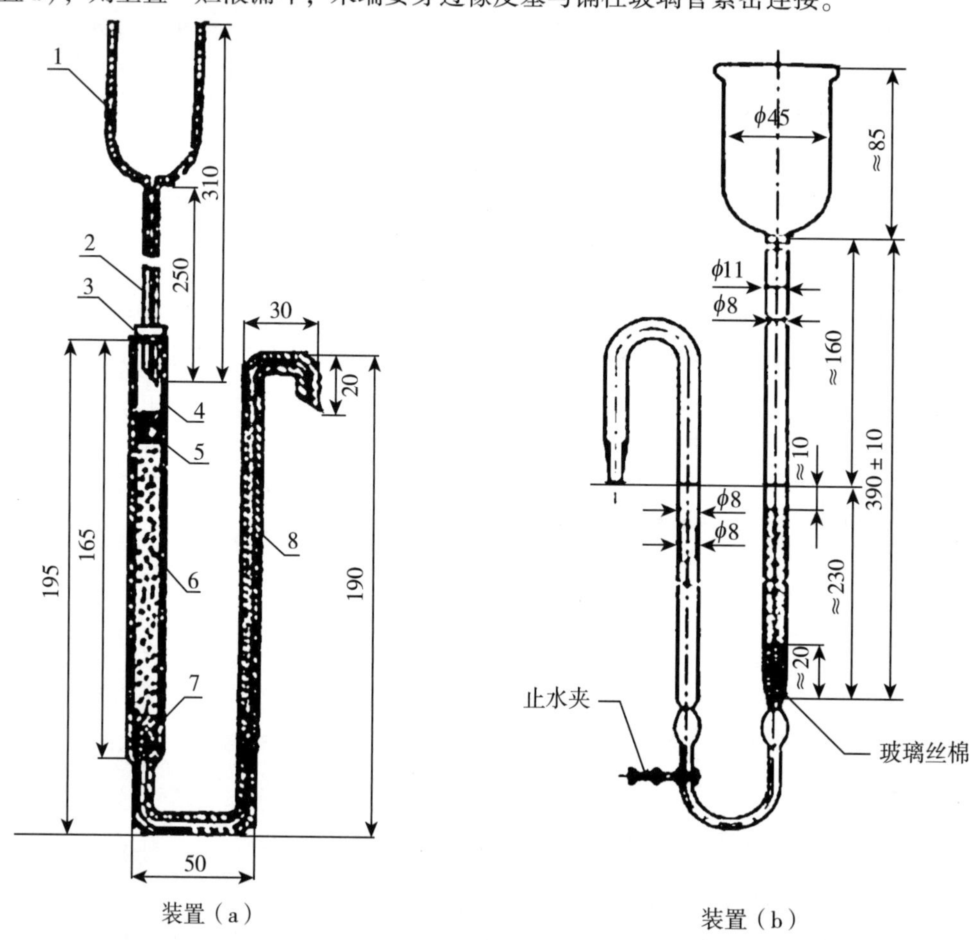

图 1 镉柱示意图

说明：1——贮液漏斗，内径 35 mm，外径 37 mm；2——进液毛细管，内径 0.4 mm，外径 6 mm；3——橡皮塞；4——镉柱玻璃管，内径 12 mm，外径 16 mm；5、7——玻璃棉；6——海面状镉；8——出液毛细管，内径 2 mm，外径 8 mm。

如无上述镉柱玻璃管时，可以25 mL酸式滴定管代用，但过柱时要注意始终保持液面在镉层之上。

当镉柱填装好后，先用25 mL盐酸（0.1 mol/L）洗涤，再以水洗两次，每次25 mL，镉柱不用时用水封盖，随时都要保持水平面在镉层之上，不得使镉层夹有气泡。

11.6.4　镉柱每次使用完毕后，应先以25 mL盐酸（0.1 mol/L）洗涤，再以水洗两次，每次25 mL，最后用水覆盖镉柱。

11.6.5　镉柱还原效率的测定：吸取20 mL硝酸钠标准使用液，加入5 mL氨缓冲液的稀释液，混匀后注入贮液漏斗，使流经镉柱还原，用一个100 mL的容量瓶收集洗提液。洗提液的流量不应超过6 mL/min，在贮液杯将要排空时，用约15 mL水冲洗杯壁。冲洗水流尽后，再用15 mL水重复冲洗，第2次冲洗水也流尽后，将贮液杯灌满水，并使其以最大流量流过柱子。当容量瓶中的洗提液接近100 mL时，从柱子下取出容量瓶，用水定容至刻度，混匀。取10.0 mL还原后的溶液（相当10 μg亚硝酸钠）于50 mL比色管中，以下按12.3自“吸取0.00 mL、0.20 mL、0.40 mL、0.60 mL、0.80 mL、1.00 mL……”起操作，根据标准曲线计算测得结果，与加入量一致，还原效率应大于95%为符合要求。

11.6.6　还原效率计算按式（2）计算：

$$X=\frac{m_1}{10}\times 100\% \qquad \cdots\cdots\cdots\cdots (2)$$

式中：

X——还原效率，%；

m_1——测得亚硝酸钠的含量，单位为微克（μg）；

10——测定用溶液相当亚硝酸钠的含量，单位为微克（μg）。

如果还原率小于95%时，将镉柱中的镉粒倒入锥形瓶中，加入足量的盐酸（2 mol/L）中，振荡数分钟，再用水反复冲洗。

12　分析步骤

12.1　试样的预处理

同5.1。

12.2　提取

12.2.1　干酪：称取试样2.5 g（精确至0.001 g），置于150 mL具塞锥形瓶中，加水80 mL，摇匀，超声30 min，取出放置至室温，定量转移至100 mL容量瓶中，加入3%乙酸溶液2 mL，加水稀释至刻度，混匀。于4℃放置20 min，取出放置至室温，溶液经滤纸过滤，滤液备用。

12.2.2　液体乳样品：称取试样90 g（精确至0.001 g），置于250 mL具塞锥形瓶中，加12.5 mL饱和硼砂溶液，加入70℃左右的水约60 mL，混匀，于沸水浴中加热15 min，取出置冷水浴中冷却，并放置至室温。定量转移上述提取液至200 mL容量瓶中，加入5 mL 106 g/L亚铁氰化钾溶液，摇匀，再加入5 mL 220 g/L乙酸锌溶液，以沉淀蛋白质。加水至刻度，摇匀，放置30 min，除去上层脂肪，上清液用滤纸过滤，滤液备用。

12.2.3　乳粉：称取试样10 g（精确至0.001 g），置于150 mL具塞锥形瓶中，加

12.5 mL 50 g/L 饱和硼砂溶液，加入 70℃左右的水约 150 mL，混匀，于沸水浴中加热 15 min，取出置冷水浴中冷却，并放置至室温。定量转移上述提取液至 200 mL 容量瓶中，加入 5 mL 106 g/L 亚铁氰化钾溶液，摇匀，再加入 5 mL 220 g/L 乙酸锌溶液，以沉淀蛋白质。加水至刻度，摇匀，放置 30 min，除去上层脂肪，上清液用滤纸过滤，弃去初滤液 30 mL，滤液备用。

12.2.4 其他样品：称取 5 g（精确至 0.001 g）匀浆试样（如制备过程中加水，应按加水量折算），置于 250 mL 具塞锥形瓶中，加 12.5 mL 50 g/L 饱和硼砂溶液，加入 70℃左右的水约 150 mL，混匀，于沸水浴中加热 15 min，取出置冷水浴中冷却，并放置至室温。定量转移上述提取液至 200 mL 容量瓶中，加入 5 mL 106 g/L 亚铁氰化钾溶液，摇匀，再加入 5 mL 220 g/L 乙酸锌溶液，以沉淀蛋白质。加水至刻度，摇匀，放置 30 min，除去上层脂肪，上清液用滤纸过滤，弃去初滤液 30 mL，滤液备用。

12.3 亚硝酸盐的测定

吸取 40.0 mL 上述滤液于 50 mL 带塞比色管中，另吸取 0.00 mL、0.20 mL、0.40 mL、0.60 mL、0.80 mL、1.00 mL、1.50 mL、2.00 mL、2.50 mL，亚硝酸钠标准使用液（相于 0.0 μg、1.0 μg、2.0 μg、3.0 μg、4.0 μg、5.0 μg、7.5 μg、10.0 μg、12.5 μg亚硝酸钠），分别置于 50 mL 带塞比色管中。于标准管与试样管中分别加入 2 mL 4 g/L对氨基苯磺酸溶液，混匀，静置 3~5 min 后各加入 1 mL 2 g/L 盐酸萘乙二胺溶液，加水至刻度，混匀，静置 15 min，用 1 cm 比色杯，以零管调节零点，于波长 538 nm 处测吸光度，绘制标准曲线比较。同时做试剂空白。

12.4 硝酸盐的测定

12.4.1 镉柱还原

12.4.1.1 先以 25 mL 氨缓冲液的稀释液冲洗镉柱，流速控制在 3~5 mL/min（以滴定管代替的可控制在 2~3 mL/min）。

12.4.1.2 吸取 20 mL 滤液于 50 mL 烧杯中，加 5 mL pH9.6~9.7 氯缓冲溶液，混合后注入贮液漏斗，使流经镉柱还原，当贮液杯中的样液流尽后，加 15 mL 水冲洗烧杯，再倒入贮液杯中。冲洗水流完后，再用 15 mL 水重复 1 次。当第 2 次冲洗水快流尽时，将贮液杯装满水，以最大流速过柱。当容量瓶中的洗提液接近 100 mL 时，取出容量瓶，用水定容刻度，混匀。

12.4.2 亚硝酸钠总量的测定

吸取 10~20 mL 还原后的样液于 50 mL 比色管中。以下按 12.3 自“吸取 0.00 mL、0.20 mL、0.40 mL、0.60 mL、0.80 mL、1.00 mL……”起操作。

13 分析结果的表述

13.1 亚硝酸盐含量计算

亚硝酸盐（以亚硝酸钠计）的含量按式（3）计算：

$$X=\frac{m_2\times 1\,000}{m_3\times\frac{V_1}{V_0}\times 1\,000} \quad \cdots\cdots\cdots\cdots\cdots\cdots (3)$$

式中：

X_1——试样中亚硝酸钠的含量，单位为毫克每千克（mg/kg）；

m_2——测定用样液中亚硝酸钠的质量，单位为微克（μg）；

1 000——转换系数；

m_3——试样质量，单位为克（g）；

V_1——测定用样液体积，单位为毫升（mL）；

V_0——试样处理液总体积，单位为毫升（mL）。

结果保留两位有效数字。

13.2　硝酸盐含量的计算

硝酸盐（以硝酸钠计）的含量按式（4）计算：

$$X_2=\left(\frac{m_4\times1\ 000}{m_5\times\frac{V_3}{V_2}\times\frac{V_5}{V_4}\times1\ 000}-X_1\right)\times1.232 \qquad \cdots\cdots\cdots\cdots\cdots\cdots（4）$$

式中：

X_2——试样中硝酸钠的含量，单位为毫克每千克（mg/kg）；

m_4——经镉粉还原后测得总亚硝酸钠的质量，单位为微克（μg）；

1 000——转换系数；

m_5——试样的质量，单位为克（g）；

V_3——测总亚硝酸钠的测定用样液体积，单位为毫升（mL）；

V_2——试样处理液总体积，单位为毫升（mL）；

V_5——经镉柱还原后样液的测定用体积，单位为毫升（mL）；

V_4——经镉柱还原后样液总体积，单位为毫升（mL）；

X_1——由式（3）计算出的试样中亚硝酸钠的含量，单位为毫克每千克（mg/kg）；

1.232——亚硝酸钠换算成硝酸钠的系数。

结果保留两位有效数字。

14　精密度

在重复性条件下获得的两次独立测定结果的绝对差值不得超过算术平均值的10%。

15　其他

第二法中亚硝酸盐检出限：液体乳 0.06 mg/kg，乳粉 0.5 mg/kg，干酪及其他 1 mg/kg；硝酸盐检出限：液体乳 0.6 mg/kg，乳粉 5 mg/kg，干酪及其他 10 mg/kg。

第三法　蔬菜、水果中硝酸盐的测定　紫外分光光度法

16　原理

用 pH9.6~9.7 的氨缓冲液提取样品中硝酸根离子，同时加活性炭去除色素类，加沉淀剂去除蛋白质及其他干扰物质，利用硝酸根离子和亚硝酸根离子在紫外区 219 nm 处具

有等吸收波长的特性，测定提取液的吸光度，其测得结果为硝酸盐和亚硝酸盐吸光度的总和，鉴于新鲜蔬菜、水果中亚硝酸盐含量甚微，可忽略不计。测定结果为硝酸盐的吸光度，可从工作曲线上查得相应的质量浓度，计算样品中硝酸盐的含量。

17 试剂和材料

除非另有说明，本方法所用试剂均为分析纯。水为 GB/T 6682 规定的一级水。

17.1 试剂

17.1.1 盐酸（HCl，ρ=1.19 g/mL）。

17.1.2 氨水（$NH_3 \cdot H_2O$，25%）。

17.1.3 亚铁氰化钾［$K_4Fe(CN)_6 \cdot 3H_2O$］。

17.1.4 硫酸锌（$ZnSO_4 \cdot 7H_2O$）。

17.1.5 正辛醇（$C_8H_{18}O$）。

17.1.6 活性炭（粉状）。

17.2 试剂配制

17.2.1 氨缓冲溶液（pH=9.6~9.7）：量取 20 mL 盐酸，加入到 500 mL 水中，混合后加入 50 mL 氨水，用水定容至 1 000ml。调 pH 至 9.6~9.7。

17.2.2 亚铁氰化钾溶液（150 g/L）：称取 150 g 亚铁氰化钾溶于水，定容至 1 000 mL。

17.2.3 硫酸锌溶液（300 g/L）：称取 300 g 硫酸锌溶于水，定容至 1 000 mL。

17.3 标准品

硝酸钾（KNO_3，CAS 号：7757-79-1）：基准试剂，或采用具有标准物质证书的硝酸盐标准溶液。

17.4 标准溶液配制

17.4.1 硝酸盐标准储备液（500 mg/L，以硝酸根计）：称取 0.203 9 g 于 110~120℃ 干燥至恒重的硝酸钾，用水溶解并转移至 250 mL 容量瓶中，加水稀释至刻度，混匀。此溶液硝酸根质量浓度为 500 mg/L，于冰箱内保存。

17.4.2 硝酸盐标准曲线工作液：分别吸取 0 mL、0.2 mL、0.4 mL、0.6 mL、0.8 mL、1.0 mL 和 1.2 mL 硝酸盐标准储备液于 50 mL 容量瓶中，加水定容至刻度，混匀。此标准系列溶液硝酸根质量浓度分别为 0 mg/L、2.0 mg/L、4.0 mg/L、6.0 mg/L、8.0 mg/L、10.0 mg/L 和 12.0 mg/L。

18 仪器和设备

18.1 紫外分光电度计。

18.2 分析天平：感量 0.01 g 和 0.0001 g。

18.3 组织捣碎机。

18.4 可调式往返振荡机。

18.5 pH 计：精度为 0.01。

19　分析步骤

19.1　试样制备

选取一定数量有代表性的样品，先用自来水冲洗，再用水清洗干净，晾干表面水分，用四分法取样，切碎，充分混匀，于组织捣碎机中匀浆（部分少汁样品可按一定质量比例加入等量水），在匀浆中加1滴正辛醇消除泡沫。

19.2　提取

称取10 g（精确至0.01 g）匀浆试样（如制备过程中加水，应按加水量折算）于250 mL锥形瓶中，加水100 mL，加入5 mL氨缓冲溶液（pH=9.6~9.7），2 g粉末状活性炭。振荡（往复速度为200次/min）30 min。定量转移至250 mL容量瓶中，加入2 mL 150 g/L亚铁氰化钾溶液和2 mL 300 g/L硫酸锌溶液，充分混匀，加水定容至刻度，摇匀，放置5 min，上清液用定量滤纸过滤，滤液备用。同时做空白实验。

19.3　测定

根据试样中硝酸盐含量的高低，吸取上述滤液2~10 mL于50 mL容量瓶中，加水定容至刻度，混匀。用1 cm石英比色皿，于219 nm处测定吸光度。

19.4　标准曲线的制作

将标准曲线工作液用1 cm石英比色皿，于219 nm处测定吸光度。以标准溶液质量浓度为横坐标，吸光度为纵坐标绘制工作曲线。

20　结果计算

硝酸盐（以硝酸根计）的含量按式（5）计算：

$$X=\frac{\rho\times V_6\times V_8}{m_6\times V_7} \quad\cdots\cdots\cdots\cdots\cdots\cdots(5)$$

式中：

X——试样中硝酸盐的含量，单位为毫克每千克（mg/kg）；

ρ——由工作曲线获得的试样溶液中硝酸盐的质量浓度，单位为毫克每升（mg/L）；

V_6——提取液定容体积，单位为毫升（mL）；

V_8——待测液定容体积，单位为毫升（mL）；

m_6——试样的质量，单位为克（g）；

V_7——吸取的滤液体积，单位为毫升（mL）。

结果保留两位有效数字。

21　精密度

在重复性条件下获得的两次独立测定结果的绝对差值不得超过算术平均值的10%。

22　其他

第三法中硝酸盐检出限为1.2 mg/kg。

GB 5009.33—2016

附　录　A
亚硝酸盐和硝酸盐色谱图

亚硝酸盐和硝酸盐标准溶液的色谱图见图 A.1。

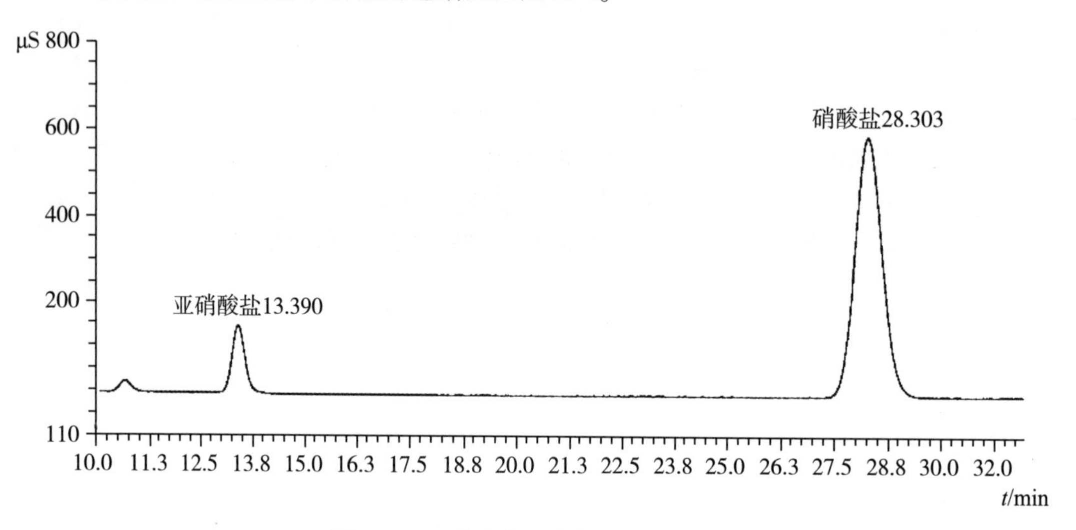

图 A.1　亚硝酸盐和硝酸盐标准色谱图

食品中铬的测定

标 准 号：GB 5009.123—2014
发布日期：2015-01-28　　　　实施日期：2015-07-28
发布单位：中华人民共和国国家卫生和计划生育委员会

前　　言

本标准代替 GB/T 5009.123—2003《食品中铬的测定方法》。
本标准与 GB/T 5009.123—2003 相比，主要变化如下：
——标准名称修改为“食品安全国家标准　食品中铬的测定方法”；
——样品前处理增加了微波消解法和湿法消解法；
——增加了方法定量限（LOQ）；
——基体改进剂采用磷酸二氢铵代替磷酸铵；
——删除第二法示波极谱法。

1　范围

本标准规定了食品中铬的石墨炉原子吸收光谱测定方法。
本标准适用于各类食品中铬的含量测定。

2　原理

试样经消解处理后，采用石墨炉原子吸收光谱法，在 357.9 nm 处测定吸收值，在一定浓度范围内其吸收值与标准系列溶液比较定量。

3　试剂和材料

注：除非另有规定，本方法所用试剂均为优级纯，水为 GB/T 6682 规定的二级水。

3.1　试剂

3.1.1　硝酸（HNO_3）。

3.1.2　高氯酸（$HClO_4$）。

3.1.3　磷酸二氢铵（$NH_4H_2PO_4$）。

3.2　试剂配制

3.2.1　硝酸溶液（5+95）：量取 50 mL 硝酸慢慢倒入 950 mL 水中，混匀。

3.2.2　硝酸溶液（1+1）：量取 250 mL 硝酸慢慢倒入 250 mL 水中，混匀。

3.2.3　磷酸二氢铵溶液（20 g/L）：称取 2.0 g 磷酸二氢铵，溶于水中，并定容至 100 mL，混匀。

3.3　标准品

重铬酸钾（$K_2Cr_2O_7$）：纯度>99.5%或经国家认证并授予标准物质证书的标准物质。

3.4 标准溶液配制

3.4.1 铬标准储备液：准确称取基准物质重铬酸钾（110℃，烘 2 h）1.431 5 g（精确至 0.000 1 g），溶于水中，移入 500 mL 容量瓶中，用硝酸溶液（5+95）稀释至刻度，混匀。此溶液每毫升含 1.000 mg 铬。或购置经国家认证并授予标准物质证书的铬标准储备液。

3.4.2 铬标准使用液：将铬标准储备液用硝酸溶液（5+95）逐级稀释至每毫升含 100 ng铬。

3.4.3 标准系列溶液的配制：分别吸取铬标准使用液（100 ng/mL）0 mL、0.500 mL、1.00 mL、2.00 mL、3.00 mL、4.00 mL 于 25 mL 容量瓶中，用硝酸溶液（5+95）稀释至刻度，混匀。各容量瓶中每毫升分别含铬 0 ng、2.00 ng、4.00 ng、8.00 ng、12.0 ng、16.0 ng。或采用石墨炉自动进样器自动配制。

4 仪器设备

注：所用玻璃仪器均需以硝酸溶液（1+4）浸泡 24 h 以上，用水反复冲洗，最后用去离子水冲洗干净。

4.1 原子吸收光谱仪，配石墨炉原子化器，附铬空心阴极灯。

4.2 微波消解系统，配有消解内罐。

4.3 可调式电热炉。

4.4 可调式电热板。

4.5 压力消解器：配有消解内罐。

4.6 马弗炉。

4.7 恒温干燥箱。

4.8 电子天平：感量为 0.1 mg 和 1 mg。

5 分析步骤

5.1 试样的预处理

5.1.1 粮食、豆类等去除杂物后，粉碎，装入洁净的容器内，作为试样。密封，并标明标记，试样应于室温下保存。

5.1.2 蔬菜、水果、鱼类、肉类及蛋类等水分含量高的鲜样，直接打成匀浆，装入洁净的容器内，作为试样。密封，并标明标记。试样应于冰箱冷藏室保存。

5.2 样品消解

5.2.1 微波消解

准确称取试样 0.2~0.6 g（精确至 0.001 g）于微波消解罐中，加入 5 mL 硝酸，按照微波消解的操作步骤消解试样（消解条件参见 A.1）。冷却后取出消解罐，在电热板上于 140~160℃赶酸至 0.5~1.0 mL。消解罐放冷后，将消化液转移至 10 mL 容量瓶中，用少量水洗涤消解罐 2~3 次，合并洗涤液，用水定容至刻度。同时做试剂空白试验。

5.2.2 湿法消解

准确称取试样 0.5~3 g（精确至 0.001 g）于消化管中，加入 10 mL 硝酸、0.5 mL 高氯酸，在可调式电热炉上消解（参考条件：120℃保持 0.5~1 h、升温至 180℃ 2~4 h、升温至 200~220℃）。若消化液呈棕褐色，再加硝酸，消解至冒白烟，消化液呈无色透明或略带黄色，取出消化管，冷却后用水定容至 10 mL。同时做试剂空白试验。

5.2.3　高压消解

准确称取试样 0.3~1 g（精确至 0.001 g）于消解内罐中，加入 5 mL 硝酸。盖好内盖，旋紧不锈钢外套，放入恒温干燥箱，于 140~160℃下保持 4~5 h。在箱内自然冷却至室温，缓慢旋松外罐，取出消解内罐，放在可调式电热板上于 140~160℃赶酸至 0.5~1.0 mL。冷却后将消化液转移至 10 mL 容量瓶中，用少量水洗涤内罐和内盖2~3 次，合并洗涤液于容量瓶中并用水定容至刻度。同时做试剂空白试验。

5.2.4　干法灰化

准确称取试样 0.5~3 g（精确至 0.001 g）于坩埚中，小火加热，炭化至无烟，转移至马弗炉中，于 550℃恒温 3~4 h。取出冷却，对于灰化不彻底的试样，加数滴硝酸，小火加热，小心蒸干，再转入 550℃高温炉中，继续灰化 1~2 h，至试样呈白灰状，从高温炉取出冷却，用硝酸溶液（1+1）溶解并用水定容至 10 mL。同时做试剂空白试验。

5.3　测定

5.3.1　仪器测试条件

根据各自仪器性能调至最佳状态。参考条件见 A.2。

5.3.2　标准曲线的制作

将标准系列溶液工作液按浓度由低到高的顺序分别取 10 μL（可根据使用仪器选择最佳进样量），注入石墨管，原子化后测其吸光度值，以浓度为横坐标，吸光度值为纵坐标，绘制标准曲线。

5.3.3　试样测定

在与测定标准溶液相同的实验条件下，将空白溶液和样品溶液分别取 10 μL（可根据使用仪器选择最佳进样量），注入石墨管，原子化后测其吸光度值，与标准系列溶液比较定量。

对有干扰的试样应注入 5 μL（可根据使用仪器选择最佳进样量）的磷酸二氢铵溶液（20.0 g/L）（标准系列溶液的制作过程应按 5.3.3 操作）。

6　分析结果的表述

试样中铬含量的计算见式（1）：

$$X=\frac{(c-c_0)\times V}{m\times 1\,000} \quad \cdots\cdots\cdots\cdots\cdots\cdots (1)$$

式中：

X——试样中铬的含量，单位为毫克每千克（mg/kg）；

c——测定样液中铬的含量，单位为纳克每毫升（ng/mL）；

c_0——空白液中铬的含量，单位为纳克每毫升（ng/mL）；

V——样品消化液的定容总体积，单位为毫升（mL）；

m——样品称样量，单位为克（g）；

1 000——换算系数。

当分析结果≥1 mg/kg 时，保留三位有效数字；当分析结果<1 mg/kg 时，保留两位有效数字。

7 精密度

在重复性条件下获得的两次独立测定结果的绝对差值不得超过算术平均值的 20%。

8 其他

以称样量 0.5 g，定容至 10 mL 计算，方法检出限为 0.01 mg/kg，定量限为 0.03 mg/kg。

GB 5009.123—2014

附 录 A
样品测定参考条件

A.1 微波消解参考条件见表A.1。

表A.1 微波消解参考条件

步骤	功率（1 200W）变化/%	设定温度/℃	升温时间/min	恒温时间/min
1	0~80	120	5	5
2	0~80	160	5	10
3	0~80	180	5	10

A.2 石墨炉原子吸收法参考条件见表A.2。

表A.2 石墨炉原子吸收法参考条件

元素	波长/nm	狭缝/nm	灯电流/mA	干燥/（℃/s）	灰化/（℃/s）	原子化/（℃/s）
铬	357.9	0.2	5~7	（85~120）/（40~50）	900/（20~30）	2 700/（4~5）

第三章

真菌毒素指标

食品中黄曲霉毒素 M 族的测定

标 准 号：GB 5009.24—2016
发布日期：2016-12-23　　　　　　　　　　实施日期：2017-06-23
发布单位：中华人民共和国国家卫生和计划生育委员会、国家食品药品监督管理总局

前　　言

本标准代替 GB 5413.37—2010《食品安全国家标准　乳和乳制品中黄曲霉毒素 M_1 的测定》、GB 5009.24—2010《食品安全国家标准　食品中黄曲霉毒素 M_1 和 B_1 的测定》、GB/T 23212—2008《牛奶和奶粉中黄曲霉毒素 B_1、B_2、G_1、G_2、M_1、M_2 的测定　高效液相色谱法-荧光检测法》和 SN/T 1664—2005《牛奶和奶粉中黄曲霉毒素 M_1、B_1、B_2、G_1、G_2 含量的测定》。

本标准与 GB 5413.37—2010 相比，主要变化如下：

——标准名称修改为“食品安全国家标准　食品中黄曲霉毒素 M 族的测定”；

——增加了方法适用范围；

——增加了对黄曲霉毒素 M_2 的检测；

——修改了酶联免疫法，并修改第三法名称为酶联免疫吸附筛查法；

——修改了液相色谱-质谱联用法；

——修改了液相色谱法的前处理方法；

——删除了免疫层析净化荧光分光度法。

1　范围

本标准规定了食品中黄曲霉毒素 M_1 和黄曲霉毒素 M_2（以下简称 AFT M_1 和 AFT M_2）的测定方法。

第一法为同位素稀释液相色谱-串联质谱法，适用于乳、乳制品和含乳特殊膳食用食品中 AFT M_1 和 AFT M_2 的测定。

第二法为高效液相色谱法，适用范围同第一法。

第三法为酶联免疫吸附筛查法，适用于乳、乳制品和含乳特殊膳食用食品中 AFT M_1 的筛查测定。

第一法　同位素稀释液相色谱-串联质谱法

2　原理

试样中的黄曲霉毒素 M_1 和黄曲霉毒素 M_2 用甲醇-水溶液提取，上清液用水或磷酸盐缓冲液稀释后，经免疫亲和柱净化和富集，净化液浓缩、定容和过滤后经液相色谱分离，串联质谱检测，同位素内标法定量。

3　试剂和材料

除非另有说明，本方法所用试剂均为分析纯，水为GB/T 6682规定的一级水。

3.1　试剂

3.1.1　乙腈（CH_3CN）：色谱纯。

3.1.2　甲醇（CH_3OH）：色谱纯。

3.1.3　乙酸铵（CH_3COONH_4）。

3.1.4　氯化钠（NaCl）。

3.1.5　磷酸氢二钠（Na_2HPO_4）。

3.1.6　磷酸二氢钾（KH_2PO_4）。

3.1.7　氯化钾（KCl）。

3.1.8　盐酸（HCl）。

3.1.9　石油醚（C_nH_{2n+2}）：沸程为30~60℃。

3.2　试剂配制

3.2.1　乙酸铵溶液（5 mmol/L）：称取0.39 g乙酸铵，溶于1 000 mL水中，混匀。

3.2.2　乙腈-水溶液（25+75）：量取250 mL乙腈加入750 mL水中，混匀。

3.2.3　乙腈-甲醇溶液（50+50）：量取500 mL乙腈加入500 mL甲醇中，混匀。

3.2.4　磷酸盐缓冲溶液（以下简称PBS）：称取8.00 g氯化钠、1.20 g磷酸氢二钠（或2.92 g十二水磷酸氢二钠）、0.20 g磷酸二氢钾、0.20 g氯化钾，用900 mL水溶解后，用盐酸调节pH至7.4，再加水至1 000 mL。

3.3　标准品

3.3.1　AFT M_1标准品（$C_{17}H_{12}O_7$，CAS：6795-23-9）：纯度≥98%，或经国家认证并授予标准物质证书的标准物质。

3.3.2　AFT M_2标准品（$C_{17}H_{14}O_7$，CAS：6885-57-0）：纯度≥98%，或经国家认证并授予标准物质证书的标准物质。

3.3.3　$^{13}C_{17}$-AFT M_1同位素溶液（$C_{17}H_{14}O_7$）：0.5 μg/mL。

3.4　标准溶液配制

3.4.1　标准储备溶液（10 μg/mL）：分别称取AFT M_1和AFT M_2 1 mg（精确至0.01 mg），分别用乙腈溶解并定容至100 mL。将溶液转移至棕色试剂瓶中，在-20℃下避光密封保存。临用前进行浓度校准（校准方法参见附录A）。

3.4.2　混合标准储备溶液（1.0 μg/mL）：分别准确吸取10 μg/mL AFT M_1和AFT M_2标准储备液1.00 mL于同一10 mL容量瓶中，加乙腈稀释至刻度，得到1.0 μg/mL的混合标准液。此溶液密封后避光4℃保存，有效期3个月。

3.4.3　混合标准工作液（100 ng/mL）：准确吸取混合标准储备溶液（1.0 μg/mL）1.00 mL至10 mL容瓶中，乙腈定容。此溶液密封后避光4℃下保存，有效期3个月。

3.4.4　50 ng/mL 同位素内标工作液 1（$^{13}C_{17}$-AFT M_1）：取 AFT M_1 同位素内标（0.5 μg/mL）1 mL，用乙腈稀释至 10 mL。在 -20℃下保存，供测定固体样品时使用。存效期 3 个月。

3.4.5　5 ng/mL 同位素内标工作液 2（$^{13}C_{17}$-AFT M_1）：取 AFT M_1 同位素内标（0.5 μg/mL）100 μL，用乙腈稀释至 10 mL。在 -20℃下保存，供测定固体样品时使用。有效期 3 个月。

3.4.6　标准系列工作溶液：分别准确吸取标准工作液 5 μL、10 μL、50 μL、100 μL、200 μL、500 μL 至 10 mL 容量瓶中，加入 100 μL、50 ng/mL 的同位素内标工作液，用初始流动相定容至刻度，配制 AFT M_1 和 AFT M_2 的浓度均为 0.05 ng/mL、0.1 ng/mL、0.5 ng/mL、1.0 ng/mL、2.0 ng/mL、5.0 ng/mL 的系列标准溶液。

4　仪器和设备

4.1　天平：感量 0.01 g、0.001 g 和 0.000 01 g。

4.2　水浴锅：温控 50℃±2℃。

4.3　涡旋混合器。

4.4　超声波清洗器。

4.5　离心机：≥6 000 r/min。

4.6　旋转蒸发仪。

4.7　固相萃取装置（带真空泵）。

4.8　氮吹仪。

4.9　液相色谱-串联质谱仪：带电喷雾离子源。

4.10　圆孔筛：1~2 mm 孔径。

4.11　玻璃纤维滤纸：快速，高载量，液体中颗粒保留 1.6 μm。

4.12　一次性微孔滤头：带 0.22 μm 微孔滤膜（所选用滤膜应采用标准溶液检验确认无吸附现象，方可使用）。

4.13　免疫亲和柱：柱容量≥100 ng（柱容量、回收率、柱回收率验证方法参见附录 B）。

注：对于每个批次的亲和柱在使用前需进行质量验证。

5　分析步骤

使用不同厂商的免疫亲和柱，在样品的上样、淋洗和洗脱的操作方面可能略有不同，应该按照供应商所提供的操作说明书要求进行操作。

警示：整个分析操作过程应在指定区域内进行。该区域应避光（直射阳光），具备相对独立的操作台和废弃物存放装置。在整个实验过程中，操作者应按照接触剧毒物的要求采取相应的保护措施。

5.1　样品提取

5.1.1　*液态乳、酸奶*

称取 4 g 混合均匀的试样（精确到 0.001 g）于 50 mL 离心管中，加入 100 μL $^{13}C_{17}$-AFT M_1 内标溶液（5 ng/mL）振荡混匀后静置 30 min，加入 10 mL 甲醇，涡旋 3 min。置于 4℃、6 000 r/min 下离心 10 min 或经玻璃纤维滤纸过滤，将适量上清液或滤液转移至烧杯中，加 40 mL 水或 PBS 稀释，备用。

5.1.2　乳粉、特殊膳食用食品

称取 1 g 样品（精确到 0.001 g）于 50 mL 离心管中，加入 100 μL $^{13}C_{17}$-AFT M_1 内标溶液（5 ng/mL）振荡混匀后静置 30 min，加入 4 mL 50℃热水，涡旋混匀。如果乳粉不能完全溶解，将离心管置于 50℃的水浴中，将乳粉完全溶解后取出。待样液冷却至 20℃后，加入 10 mL 甲醇，涡旋 3 min。置于 4℃、6 000 r/min 下离心 10 min或经玻璃纤维滤纸过滤，将适量上清液或滤液转移至烧杯中，加 40 mL 水或 PBS 稀释，备用。

5.1.3　奶油

称取 1 g 样品（精确到 0.001 g）于 50 mL 离心管中，加入 100 μL $^{13}C_{17}$-AFT M_1 内标溶液（5 ng/mL）振荡混匀后静置 30 min，加入 8 mL 石油醚，待奶油溶解，再加 9 mL水和 11 mL 甲醇，振荡 30 min，将全部液体移至分液漏斗中。加入 0.3 g 氯化钠充分摇动溶解，静置分层后，将下层移到圆底烧瓶中，旋转蒸发至 10 mL 以下，用 PBS 稀释至 30 mL。

5.1.4　奶酪

称取 1 g 已切细、过孔径 1~2 mm 圆孔筛混匀样品（精确到 0.001 g）于 50 mL 离心管中，加 100 μL $^{13}C_{17}$-AFT M_1 内标溶液（5 ng/mL）振荡混匀后静置 30 min，加入 1 mL水和 18 mL 甲醇，振荡 30 min，置于 4℃、6 000 r/min 下离心 10 min 或经玻璃纤维滤纸过滤，将适量上清液或滤液转移至圆底烧瓶中，旋转蒸发至 2 mL 以下，用 PBS 稀释至 30 mL。

5.2　净化

5.2.1　免疫亲和柱的准备

将低温下保存的免疫亲和柱恢复至室温。

5.2.2　净化

免疫亲和柱内的液体放弃后，将上述样液移至 50 mL 注射器筒中，调节下滴流速为 1~3 mL/min。待样液滴完后，往注射器筒内加入 10 mL 水，以稳定流速淋洗免疫亲和柱。待水滴完后，用真空泵抽干亲和柱。脱离真空系统，在亲和柱下放置 10 mL 刻度试管，取下 50 mL 的注射器筒，加入 2×2 mL 乙腈（或甲醇）洗脱亲和柱，控制 1~3 mL/min 下滴速度，用真空泵抽干亲和柱，收集全部洗脱液至刻度试管中。在 50℃下氮气缓缓地将洗脱液吹至近干，用初始流动相定容至 1.0 mL，涡旋 30 s 溶解残留物，0.22 μm 滤膜过滤，收集滤液于进样瓶中以备进样。

注：全自动（在线）或半自动（离线）的固相萃取仪器可优化操作参数后使用。为防止黄曲霉毒素 M 破坏，相关操作在避光（直射阳光）条件下进行。

5.3　液相色谱参考条件

液相色谱参考条件列出如下：

a）液相色谱柱：C_{18} 柱（柱长 100 mm，柱内径 2.1 mm，填料粒径 1.7 μm），或相当者。

b）色谱柱柱温：40℃。

c）流动相：A 相，5 mmol/L 乙酸铵水溶液；B 相，乙腈-甲醇（50+50）。梯度洗脱：

参见表1。

d）流速：0.3 mL/min。

e）进样体积：10 μL。

5.4 质谱参考条件

质谱参考条件列出如下：

a）检测方式：多离子反应监测（MRM）；

b）离子源控制条件：见表2；

c）离子选择参数：见表3；

d）液相色谱-质谱图和子离子扫描图：见附录C。

表1 液相色谱梯度洗脱条件

时间/min	流动相A/%	流动相B/%	梯度变化曲线
0.0	68.0	32.0	—
0.5	68.0	32.0	1
4.2	55.0	45.0	6
5.0	0.0	100.0	6
5.7	0.0	100.0	1
6.0	68.0	32.0	6

表2 离子源控制条件

电离方式	ESI^+
毛细管电压/kV	17.5
锥孔电压/V	45
射频透镜1电压/V	12.5
射频透镜2电压/V	12.5
离子源温度/℃	120
锥孔反吹气流量/（L/h）	50
脱溶剂气温度/℃	350
脱溶剂气流量/（L/h）	500
电子倍增电压/V	650

表3 质谱条件参数

化合物名称	母离子（m/z）	定量子离子（m/z）	碰撞能量 eV	定性子离子（m/z）	碰撞能量 eV	离子化方式
AFT M_1	329	273	23	259	23	ESI^+
^{13}C-AFT M_1	346	317	23	288	24	ESI^+
AFT M_2	331	275	23	261	22	ESI^+

5.5　定性测定

试样中目标化合物色谱峰的保留时间与相应标准色谱峰的保留时间相比较，变化范围应在±2.5%之内。

每种化合物的质谱定性离子必须出现，至少应包括一个母离子和两个子离子，而且同一检测批次，对同一化合物，样品中目标化合物的两个子离子的相对丰度比与浓度相当的标准溶液相比，其允许偏差不超过表4规定的范围。

表4　定性时相对离子丰度的最大允许偏差

相对离子丰度/%	>50	20~50	10~20	≤10
允许相对偏差/%	±20	±25	±30	±50

5.6　标准曲线的制作

在5.3、5.4液相色谱-串联质谱仪分析条件下，将标准系列溶液由低到高浓度进样检测，以AFT M_1 和AFT M_2 色谱峰与内标色谱峰 $^{13}C_{17}$-AFT M_1 的峰面积比值-浓度作图，得到标准曲线回归方程，其线性相关系数应大于0.99。

5.7　试样溶液的测定

取5.2下处理得到的待测溶液进样，内标法计算待测液中目标物质的质量浓度，按第6章计算样品中待测物的含量。

5.8　空白试验

不称取试样，按5.1和5.2的步骤做空白实验。应确认不含有干扰待测组分的物质。

6　分析结果的表述

试样中AFT M_1 或AFT M_2 的残留量按式（1）计算：

$$X=\frac{\rho\times V\times f\times 1\ 000}{m\times 1\ 000} \quad \cdots\cdots\cdots\cdots\cdots\cdots (1)$$

式中：

X——试样中AFT M_1 或AFT M_2 的含量，单位为微克每千克（μg/kg）；

ρ——进样溶液中AFT M_1 或AFT M_2 按照内标法在标准曲线中对应的浓度，单位为纳克每毫升（ng/mL）；

V——样品经免疫亲和柱净化洗脱后的最终定容体积，单位为毫升（mL）；

f——样液稀释因子；

1 000——换算系数；

m——试样的称样量，单位为克（g）。

计算结果保留三位有效数字。

7　精密度

在重复性条件下获得的两次独立测定结果的绝对差值不得超过算术平均值的20%。

8 其他

称取液态乳、酸奶 4 g 时，本方法 AFT M_1 检出限为 0.005 μg/kg，AFT M_2 检出限为 0.005 μg/kg，AFT M_1 定量限为 0.015 μg/kg，AFT M_2 定量限为 0.015 μg/kg。

称取乳粉、特殊膳食用食品、奶油和奶酪 1 g 时，本方法 AFT M_1 检出限为 0.02 μg/kg，AFT M_2 检出限为 0.02 μg/kg，AFT M_1 定量限为 0.05 μg/kg，AFT M_2 定量限为 0.05 μg/kg。

第二法　高效液相色谱法

9 原理

试样中的黄曲霉毒素 M_1 和黄曲霉毒素 M_2 用甲醇-水溶液提取，上清液稀释后，经免疫亲和柱净化和富集，净化液浓缩、定容和过滤后经液相色谱分离，荧光检测器检测。外标法定量。

10 试剂和材料

除非另有说明，本方法所用试剂均为分析纯，水为 GB/T 6682 规定的一级水。

10.1　试剂

10.1.1　乙腈（CH_3CN）：色谱纯。

10.1.2　甲醇（CH_3OH）：色谱纯。

10.1.3　氯化钠（NaCl）。

10.1.4　磷酸氢二钠（Na_2HPO_4）。

10.1.5　磷酸二氢钾（KH_2PO_4）。

10.1.6　氯化钾（KCl）。

10.1.7　盐酸（HCl）。

10.1.8　石油醚（C_nH_{2n+2}）：沸程为 30~60℃。

10.2　试剂配制

10.2.1　乙腈-水溶液（25+75）：量取 250 mL 乙腈加入 750 mL 水中，混匀。

10.2.2　乙腈-甲醇溶液（50+50）：量取 500 mL 乙腈加入 500 mL 甲醇中，混匀。

10.2.3　磷酸盐缓冲溶液（以下简称 PBS）：称取 8.00 g 氯化钠、1.20 g 磷酸氢二钠（或 2.92 g 十二水磷酸氢二钠）、0.20 g 磷酸二氢钾、0.20 g 氯化钾，用 900 mL 水溶解后，用盐酸调节 pH 至 7.4，再加水至 1 000 mL。

10.3　标准品

10.3.1　AFT M_1 标准品（$C_{17}H_{12}O_7$，CAS：6795-23-9）：纯度≥98%，或经国家认证并授予标准物质证书的标准物质。

10.3.2　AFT M_2 标准品（$C_{17}H_{14}O_7$，CAS：6885-57-0）：纯度≥98%，或经国家认证并授予标准物质证书的标准物质。

10.4　标准溶液配制

10.4.1　标准储备溶液（10 μg/mL）：分别称取 AFT M_1 和 AFT M_2 1 mg（精确至 0.01 mg），分别用乙腈溶解并定容至 100 mL。将溶液转移至棕色试剂瓶中，在 −20℃下避光密封保存。临用前进行浓度校准（校准方法参见附录 A）。

10.4.2　混合标准储备溶液（1.0 μg/mL）：分别准确吸取 10 μg/mL AFT M_1 和 AFT M_2 标准储备液 1.00 mL 于同一 10 mL 容量瓶中，加乙腈稀释至刻度，得到 1.0 μg/mL 的混合标准液。此溶液密封后避光 4℃保存，有效期 3 个月。

10.4.3　100 ng/mL 混合标准工作液（AFT M_1 和 AFT M_2）：准确移取混合标准储备溶液（1.0 μg/mL）1.0 mL 至 10 mL 容量瓶中，加乙腈稀释至刻度。此溶液密封后避光 4℃下保存，有效期 3 个月。

10.4.4　标准系列工作溶液：分别准确移取标准工作液 5 μL、10 μL、50 μL、100 μL、200 μL、500 μL 至 10 mL 容量瓶中，用初始流动相定容至刻度，AFT M_1 和 AFT M_2 的浓度均为 0.05 ng/mL、0.1 ng/mL、0.5 ng/mL、1.0 ng/mL、2.0 ng/mL、5.0 ng/mL 的系列标准溶液。

11　仪器和设备

11.1　天平：感量 0.01 g、0.001 g 和 0.000 01 g。

11.2　水浴锅：温控 50℃±2℃。

11.3　涡旋混合器。

11.4　超声波清洗器。

11.5　离心机：转速≥6 000 r/min。

11.6　旋转蒸发仪。

11.7　同相萃取装置（带真空泵）。

11.8　氮吹仪。

11.9　圆孔筛：1~2 mm 孔径。

11.10　液相色谱仪（带荧光检测器）。

11.11　玻璃纤维滤纸：快速、高载量、液体中颗粒保留 1.6 μm。

11.12　一次性微孔滤头：带 0.22 μm 微孔滤膜。

11.13　免疫亲和柱：柱容量≥100 ng。（柱容量、回收率、柱回收率验证方法参见附录 B）。

注：对于不同批次的亲和柱在使用前需进行质量验证。

12　分析步骤

使用不同厂商的免疫亲和柱，在样品的上样、淋洗和洗脱的操作方面可能略有不同，应该按照供应商所提供的操作说明书要求进行操作。

警示：整个分析操作过程应在指定区域内进行。该区域应避光（直射阳光），具备相对独立的操作台和废弃物存放装置。在整个实验过程中，操作者应按照接触剧毒物的要求采取相应的保护措施。

12.1 试液提取

除不加同位素内标溶液，方法同5.1。

12.2 净化

方法同5.2。

12.3 液相色谱参考条件

液相色谱参考条件列出如下：

a）液相色谱柱：C_{18}柱（柱长150 mm，柱内径4.6 mm；填料粒径5 μm），或相当者。

b）柱温：40℃。

c）流动相：A相，水；B相，乙腈-甲醇（50+50）。等梯度洗脱条件：A，70%；B，30%。

d）流速；1.0 mL/min。

e）荧光检测波长：发射波长360 nm；激发波长430 nm。

f）进样量：50 μL。

液相色谱图见附录D。

12.4 测定

12.4.1 标准曲线的制作

将系列标准溶液由低到高浓度依次进样检测，以峰面积-浓度作图，得到标准曲线回归方程。

12.4.2 试样溶液的测定

待测样液中的响应值应在标准曲线线性范围内，超过线性范围的则应稀释后重新进样分析。

12.4.3 空白试验

不称取试样，按12.1和12.2的步骤做空白实验。确认不含有干扰待测组分的物质。

13 分析结果的表述

试样中AFT M_1 或AFT M_2 的残留量按式（2）计算：

$$X=\frac{\rho\times V\times f\times 1\ 000}{m\times 1\ 000} \qquad \cdots\cdots(2)$$

式中：

X——试样中AFT M_1 或AFT M_2 的含量，单位为微克每千克（μg/kg）；

ρ——进样溶液中AFT M_1 或AFT M_2 的色谱峰由标准曲线所获得AFT M_1 或AFT M_2 的浓度，单位为纳克每毫升（ng/mL）；

V——样品经免疫亲和柱净化洗脱后的最终定容体积，单位为毫升（mL）；

f——样液稀释因子；

1 000——换算系数；

m——试样的称样量，单位为克（g）。

计算结果保留三位有效数字。

14 精密度

在重复性条件下获得的两次独立测定结果的绝对差值不得超过算术平均值的20%。

15 其他

称取液态乳、酸奶4 g时，本方法AFT M_1检出限为0.005 μg/kg，AFT M_2检出限为0.002 5 μg/kg，AFT M_1定量限为0.015 μg/kg，AFT M_2定量限为0.007 5 μg/kg。

称取乳粉、特殊膳食用食品、奶油和奶酪1 g时，本方法AFT M_1检出限为0.02 μg/kg，AFT M_2检出限为0.01 μg/kg，AFT M_1定量限为0.05 μg/kg，AFT M_2定量限为0.025 μg/kg。

第三法 酶联免疫吸附筛查法

16 原理

试样中的黄曲霉毒素 M_1 经均质、冷冻离心、脱脂或有机溶剂萃取等处理获得上清液。利用被辣根过氧化物酶标记或固定在反应孔中的黄曲霉毒素 M_1 与样品或标准品中的黄曲霉毒素 M_1 竞争性结合特异性抗体。在洗涤后加入相应显色剂显色，经无机酸终止反应，于450 nm或630 nm波长下检测。样品中的黄曲霉毒素 M_1 与吸光度在一定浓度范围内呈反比。

17 试剂和溶剂

配制溶液所需试剂均为分析纯，水为GB/T 6682规定的二级水。

按照试剂盒说明书所述，配制所需溶液。

所用商品化的试剂盒需按照附录E所述方法验证合格后方可使用。

18 仪器和设备

18.1 微孔板酶标仪：带450 nm与630 nm（可选）滤光片。

18.2 天平：最小感量0.01 g。

18.3 离心机：转速≥6 000 r/min。

18.4 旋涡混合器。

19 分析步骤

19.1 样品前处理

19.1.1 *液态样品*

取约100 g待测样品摇匀，将其中10 g样品用离心机在6 000 r/min或更高转速下离心10 min。取下层液体约1 g于另一试管内，该溶液可直接测定，或者利用试剂盒提供的方法稀释后测定（待测液）。

19.1.2 *乳粉、特殊膳食用食品*

称取10 g待测样品（精确到0.1 g）到小烧杯中，加水溶解，转移到100 mL容量瓶中，用水定容至刻度。以下步骤同19.1.1。

19.1.3 奶酪

称取50 g待测样品（精确到0.1 g），去除表面非食用部分，硬质奶酪可用粉碎机直接粉碎；软质奶酪需先在-20℃冷冻过夜，然后立即用粉碎机进行粉碎。称取5 g混合均匀的待测样品（精确到0.1 g），加入试剂盒所提供的提取液，按照试剂盒说明书进行提取，提取液即为待测液。

19.2 定量检测

按照酶联免变试剂盒所述操作步骤对待测试样（液）进行定量检测。

20 分析结果的表述

20.1 酶联免疫试剂盒定量检测的标准工作曲线绘制

根据标准品浓度与吸光度变化关系绘制标准工作曲线。

20.2 待测液浓度计算

将待测液吸光度代入20.1所获得公式，计算得待测液浓度ρ。

20.3 结果计算

食品中黄曲霉毒素M_1的含量按式（3）计算：

$$X=\frac{\rho \times V \times f}{m} \quad \cdots\cdots (3)$$

式中：

X——食品中黄曲霉毒素M_1的含量，单位为微克每千克（μg/kg）；

ρ——待测液中黄曲霉毒素M_1的浓度，单位为微克每升（μg/L）；

V——定容体积（针对乳粉、特殊膳食用食品、液态样品）或者提取液体积（针对奶酪），单位为升（L）；

f——稀释倍数；

m——样品取样量，单位为千克（kg）。

计算结果保留小数点后两位。

注：阳性样品需用第一法或第二法进一步确认。

21 精密度

在重复性条件下获得的两次独立测定结果的绝对差值不得超过算数平均值的20%。

22 其他

称取液态乳10 g时，方法检出限为0.01 μg/kg，定量限为0.03 μg/kg。

称取乳粉和含乳特殊膳食用食品10 g时，方法检出限为0.1 μg/kg，定量限为0.3 μg/kg。

称取奶酪5 g时，方法检出限为0.02 μg/kg，定量限为0.06 μg/kg。

GB 5009.24—2016

附 录 A
AFT M_1、AFT M_2 的标准浓度校准方法

用乙腈溶液配制 8~10 μg/mL 的 AFT M_1、AFT M_2 的标准溶液。根据下面的方法，在最大吸收波段处测定溶液的吸光度，确定 AFT M_1、AFT M_2 的实际浓度。

用分光光度计在 340~370 nm 处测定，经扣除溶剂的空白试剂本底，校正比色皿系统误差后，读取标准溶液的最大吸收波长（λ_{max}）处吸光度值 A。校准溶液实际浓度 ρ 按式（A.1）计算：

$$\rho = A \times m \times \frac{1\,000}{\varepsilon} \quad \cdots\cdots\cdots\cdots\cdots\cdots \text{(A.1)}$$

式中：

ρ——校准测定的 AFT M_1、AFT M_2 的实际浓度，单位为微克每毫升（μg/mL）；

A——在 λ_{max} 处测得的吸光度值；

M——AFT M_1、AFT M_2 摩尔质量，单位为克每摩尔（g/mol）；

ε——AFT M_1、AFT M_2 的吸光系数，单位为平方米每摩尔（m^2/mol）。

表 A.1 AFT M_1 的摩尔质量及摩尔吸光系数

黄曲霉毒素名称	摩尔质量/（g/mol）	溶剂	摩尔吸光系数/（m^2/mol）
AFT M_1	328	乙腈	19 000
AFT M_2	330	乙腈	21 400

GB 5009.24—2016

附 录 B
免疫亲和柱的柱容量验证方法

B.1 柱容量验证

在 30 mL 的 PBS 中加入 300 ng AFT M_1 标准储备溶液，充分混匀。分别取同一批次 3 根免疫亲和柱，每根柱的上样量为 10 mL。经上样、淋洗、洗脱，收集洗脱液，用氮气吹干至 1 mL，用初始流动相定容至 10 mL，用液相色谱仪分离测定 AFT M_1 的含量。

结果判定：结果 AFT $M_1 \geqslant 80$ ng，为可使用商品。

B.2 柱回收率验证方法

在 30 mL 的 PBS 中加入 300 ng AFT M_1 标准储备溶液，充分混匀。分别取同一批次 3 根免疫亲和柱，每根柱的上样量为 10 mL。经上样、淋洗、洗脱，收集洗脱液，用氮气吹干至 1 mL，用初始流动相定容至 10 mL，用液相色谱仪分离测定 AFT M_1 的含量。

结果判定：结果 AFT $M_1 \geqslant 80$ ng，为可使用商品。

B.3 交叉反应率验证

在 30 mL 的 PBS 中加入 300 ng AFT M_2 标准储备溶液，充分混匀。分别取同一批次 3 根免疫亲和柱，每根柱的上样量为 10 mL。经上样、淋洗、洗脱，收集洗脱液，用氮气吹干至 1 mL，用初始流动相定容至 10 mL，用液相色谱仪分离测定 AFT M_2 的含量。

结果判定：结果 AFT $M_2 \geqslant 80$ ng，当需要同时测定 AFT M_1、AFT M_2 时使用的商品。

GB 5009.24—2016

附 录 C
液相色谱-质谱图和子离子扫描图

C.1 AFT M_1 子离子扫描图（见图 C.1）

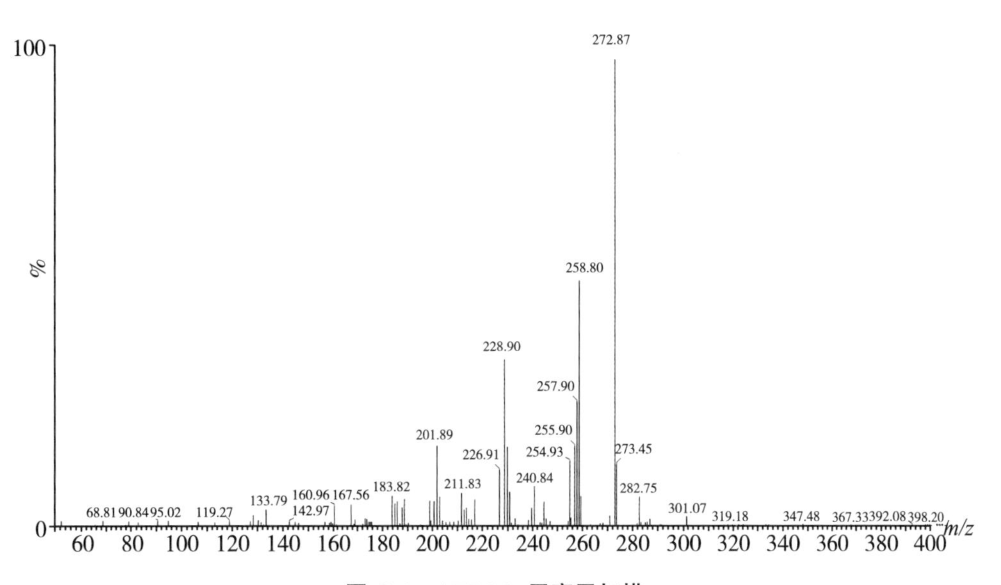

图 C.1 AFT M_1 子离子扫描

C.2 AFT M_2 子离子扫描图（见图 C.2）

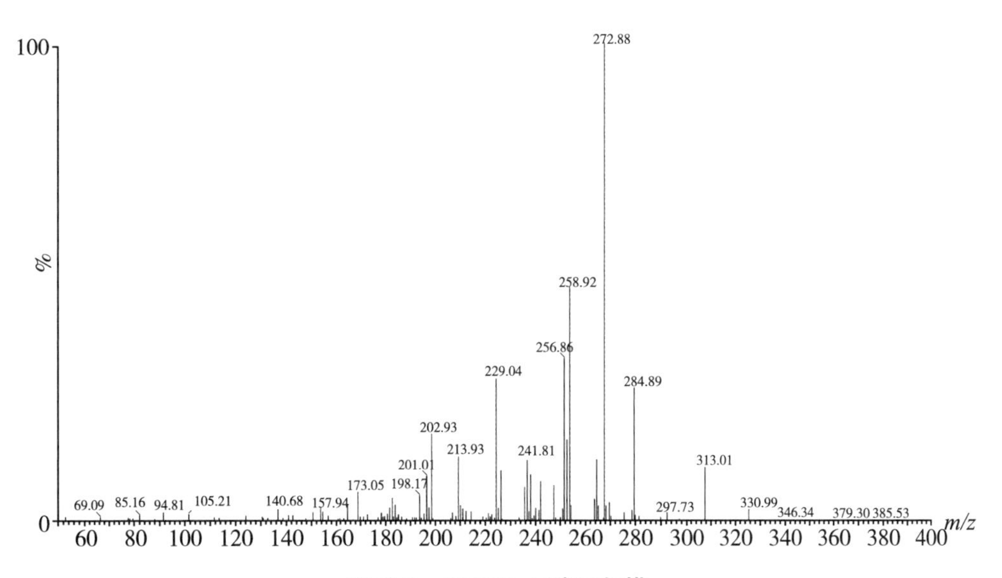

图 C.2 AFT M_2 子离子扫描

C.3 $^{13}C_{17}$-AFT M_1 子离子扫描图（见图 C.3）

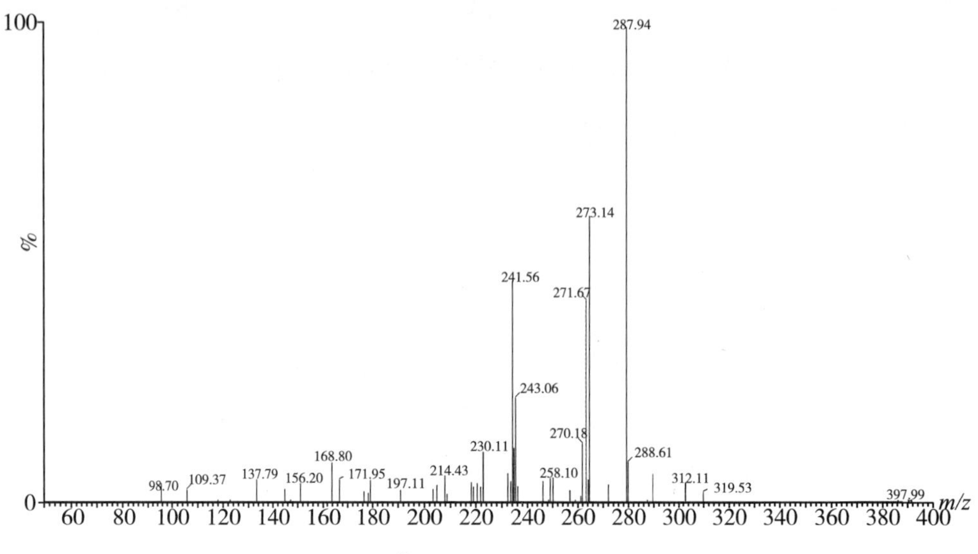

图 C.3 $^{13}C_{17}$-AFT M_1 子离子扫描

C.4 AFT M_1、AFT M_2 和$^{13}C_{17}$-AFT M_1 液相色谱质谱图（见图 C.4）

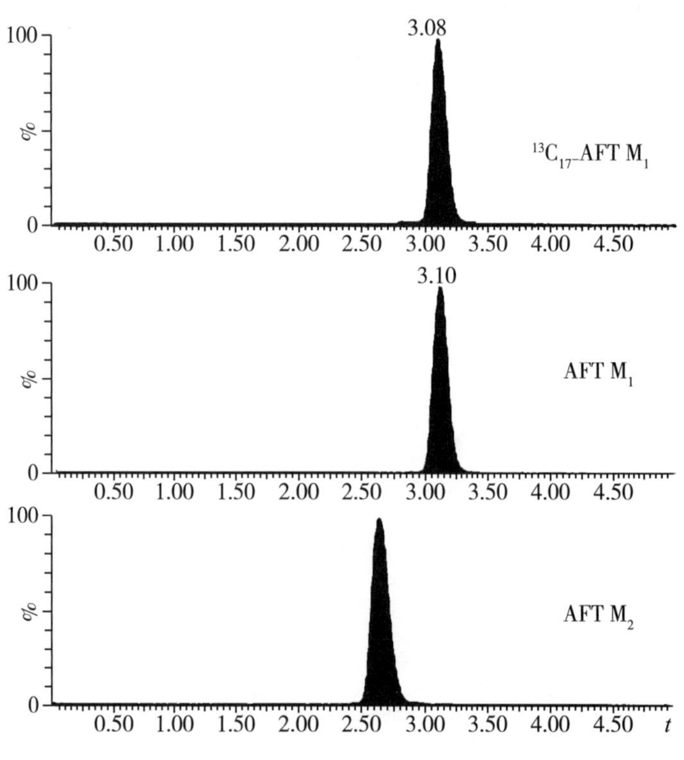

图 C.4 AFT M_1、AFT M_2 和$^{13}C_{17}$-AFT M_1 液相色谱质谱

GB 5009.24—2016

附　录　D
液相色谱图

AFT M_1 和 AFT M_2 液相色谱图（见图 D.1）。

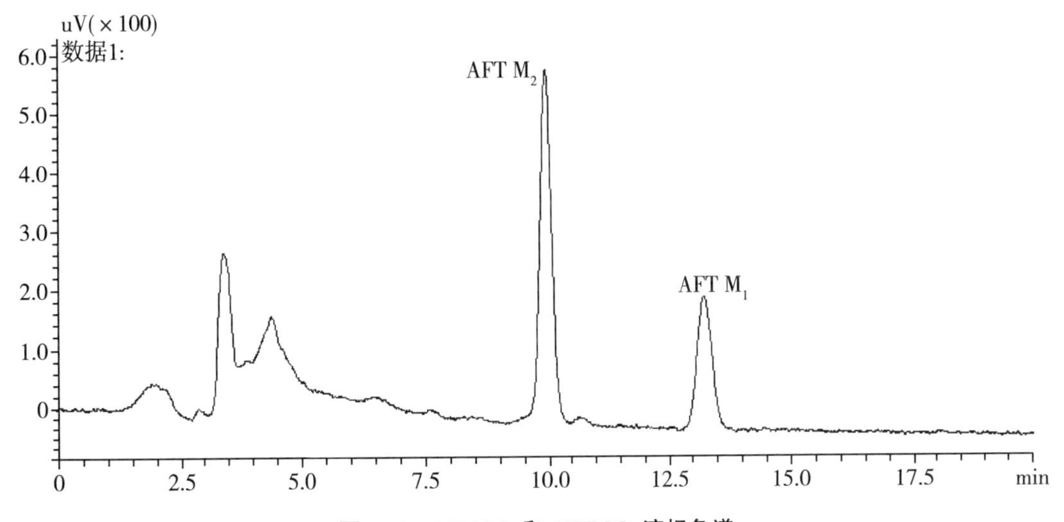

图 D.1　AFT M_1 和 AFT M_2 液相色谱

GB 5009.24—2016

附　录　E
酶联免疫试剂盒的质量判定方法

选取牛奶或其他阴性样品，根据所购酶联免疫试剂盒的检出限，在阴性基质中添加3个浓度水平的AFT M_1 标准溶液（0.1 μg/kg、0.3 μg/kg、0.5 μg/kg）。按照说明书操作方法，用读数仪度数，做三次平行实验。针对每个加标浓度，回收率在50%~120%容许范围内的该批次产品方可使用。

第四章

微生物指标

食品微生物学检验　总则

标 准 号：GB 4789.1—2016

发布日期：2016-12-23　　　　**实施日期：2017-06-23**

发布单位：中华人民共和国国家卫生和计划生育委员会、国家食品药品监督管理总局

前　　言

本标准代替 GB 4789.1—2010《食品安全国家标准　食品微生物学检验　总则》。

本标准与 GB 4789.1—2010 相比，主要变化如下：

——增加了附录 A，微生物实验室常规检验用品和设备；

——修改了实验室基本要求；

——修改了样品的采集；

——修改了检验；

——修改了检验后样品的处理；

——删除了规范性引用文件。

1　范围

本标准规定了食品微生物学检验基本原则和要求。

本标准适用于食品微生物学检验。

2　实验室基本要求

2.1　检验人员

2.1.1　应具有相应的微生物专业教育或培训经历，具备相应的资质，能够理解并正确实施检验。

2.1.2　应掌握实验室生物安全操作和消毒知识。

2.1.3　应在检验过程中保持个人整洁与卫生，防止人为污染样品。

2.1.4　应在检验过程中遵守相关安全措施的规定，确保自身安全。

2.1.5　有颜色视觉障碍的人员不能从事涉及辨色的实验。

2.2　环境与设施

2.2.1　实验室环境不应影响检验结果的准确性。

2.2.2　实验区域应与办公区域明显分开。

2.2.3　实验室工作面积和总体布局应能满足从事检验工作的需要，实验室布局宜采用单方向工作流程，避免交叉污染。

2.2.4　实验室内环境的温度、湿度、洁净度及照度、噪声等应符合工作要求。

2.2.5　食品样品检验应在洁净区域进行，洁净区域应有明显标示。
2.2.6　病原微生物分离鉴定工作应在二级或以上生物安全实验室进行。

2.3　实验设备

2.3.1　实验设备应满足检验工作的需要，常用设备见 A.1。
2.3.2　实验设备应放置于适宜的环境条件下，便于维护、清洁、消毒与校准，并保持整洁与良好的工作状态。
2.3.3　实验设备应定期进行检查和/或检定（加贴标识）、维护和保养，以确保工作性能和操作安全。
2.3.4　实验设备应有日常监控记录或使用记录。

2.4　检验用品

2.4.1　检验用品应满足微生物检验工作的需求，常用检验用品见 A.2。
2.4.2　检验用品在使用前应保持清洁和/或无菌。
2.4.3　需要灭菌的检验用品应放置在特定容器内或用合适的材料（如专用包装纸、铝箔纸等）包裹或加塞，应保证灭菌效果。
2.4.4　检验用品的储存环境应保持干燥和清洁，已灭菌与未灭菌的用品应分开存放并明确标识。
2.4.5　灭菌检验用品应记录灭菌的温度与持续时间及有效使用期限。

2.5　培养基和试剂

培养基和试剂的制备和质量要求按照 GB 4789.28 的规定执行。

2.6　质控菌株

2.6.1　实验室应保存能满足实验需要的标准菌株。
2.6.2　应使用微生物菌种保藏专门机构或专业权威机构保存的、可溯源的标准菌株。
2.6.3　标准菌株的保存、传代按照 GB 4789.28 的规定执行。
2.6.4　对实验室分离菌株（野生菌株），经过鉴定后，可作为实验室内部质量控制的菌株。

3　样品的采集

3.1　采样原则

3.1.1　样品的采集应遵循随机性、代表性的原则。
3.1.2　采样过程遵循无菌操作程序，防止一切可能的外来污染。

3.2　采样方案

3.2.1　根据检验目的、食品特点、批量、检验方法、微生物的危害程度等确定采样方案。
3.2.2　采样方案分为二级和三级采样方案。二级采样方案设有 n、c 和 m 值，三级采样方案设有 n、c、m 和 M 值。

n：同一批次产品应采集的样品件数；

c：最大可允许超出 m 值的样品数；

m：微生物指标可接受水平限量值（三级采样方案）或最高安全限量值（二级采样方案）；

M：微生物指标的最高安全限量值。

注1：按照二级采样方案设定的指标，在n个样品中，允许有≤c个样品其相应微生物指标检验值大于m值。

注2：按照三级采样方案设定的指标，在n个样品中，允许全部样品中相应微生物指标检验值小于或等于m值；允许有≤c个样品其相应微生物指标检验值在m值和M值之间；不允许有样品相应微生物指标检验值大于M值。

例如：n=5，c=2，m=100 CFU/g，M=1 000 CFU/g。含义是从一批产品中采集5个样品，若5个样品的检验结果均小于或等于m值（≤100 CFU/g），则这种情况是允许的；若≤2个样品的结果（X）位于m值和M值之间（100 CFU/g<X≤1 000 CFU/g），则这种情况也是允许的；若有3个及以上样品的检验结果位于m值和M值之间，则这种情况是不允许的；若有任一样品的检验结果大于M值（>1 000 CFU/g），则这种情况也是不允许的。

3.2.3　各类食品的采样方案按食品安全相关标准的规定执行。

3.2.4　食品安全事故中食品样品的采集：

a）由批量生产加工的食品污染导致的食品安全事故，食品样品的采集和判定原则按3.2.2和3.2.3执行。重点采集同批次食品样品。

b）由餐饮单位或家庭烹调加工的食品导致的食品安全事故，重点采集现场剩余食品样品，以满足食品安全事故病因判定和病原确证的要求。

3.3　各类食品的采样方法

3.3.1　预包装食品

3.3.1.1　应采集相同批次、独立包装、适量件数的食品样品，每件样品的采样量应满足微生物指标检验的要求。

3.3.1.2　独立包装小于、等于1 000 g的固态食品或小于、等于1 000 mL的液态食品，取相同批次的包装。

3.3.1.3　独立包装大于1 000 mL的液态食品，应在采样前摇动或用无菌棒搅拌液体，使其达到均质后采集适量样品，放入同一个无菌采样容器内作为一件食品样品；大于1 000 g的固态食品，应用无菌采样器从同一包装的不同部位分别采取适量样品，放入同一个无菌采样容器内作为一件食品样品。

3.3.2　散装食品或现场制作食品

用无菌采样工具从n个不同部位现场采集样品，放入n个无菌采样容器内作为n件食品样品。每件样品的采样量满足微生物指标检验单位的要求。

3.4　采集样品的标记

应对采集的样品进行及时、准确的记录和标记，内容包括采样人、采样地点、时间、样品名称、来源、批号、数量、保存条件等信息。

3.5　采集样品的贮存和运输

3.5.1　应尽快将样品送往实验室检验。

3.5.2　应在运输过程中保持样品完整。

3.5.3　应在接近原有贮存温度条件下贮存样品，或采取必要措施防止样品中微生物数的变化。

4　检验

4.1　样品处理

4.1.1　实验室接到送检样品后应认真核对登记，确保样品的相关信息完整并符合检验要求。

4.1.2　实验室应按要求尽快检验。若不能及时检验，应采取必要的措施，防止样品中原有微生物因客观条件的干扰而发生变化。

4.1.3　各类食品样品处理应按相关食品安全标准检验方法的规定执行。

4.2　样品检验

按食品安全相关标准的规定进行检验。

5　生物安全与质量控制

5.1　实验室生物安全要求

应符合 GB 19489 的规定。

5.2　质量控制

5.2.1　实验室应根据需要设置阳性对照、阴性对照和空白对照，定期对检验过程进行质量控制。

5.2.2　实验室应定期对实验人员进行技术考核。

6　记录与报告

6.1　记录

检验过程中应即时、客观地记录观察到的现象、结果和数据等信息。

6.2　报告

实验室应按照检验方法中规定的要求，准确、客观地报告检验结果。

7　检验后样品的处理

7.1　检验结果报告后，被检样品方能处理。

7.2　检出致病菌的样品要经过无害化处理。

7.3　检验结果报告后，剩余样品和同批产品不进行微生物项目的复检。

GB 4789.1—2016

附 录 A
微生物实验室常规检验用品和设备

A.1 设备

A.1.1 称量设备：天平等。

A.1.2 消毒灭菌设备：干烤/干燥设备，高压灭菌、过滤除菌、紫外线等装置。

A.1.3 培养基制备设备：pH 计等。

A.1.4 样品处理设备：均质器（剪切式或拍打式均质器）、离心机等。

A.1.5 稀释设备：移液器等。

A.1.6 培养设备：恒温培养箱、恒温水浴等装置。

A.1.7 镜检计数设备：显微镜、放大镜、游标卡尺等。

A.1.8 冷藏冷冻设备：冰箱、冷冻柜等。

A.1.9 生物安全设备：生物安全柜。

A.1.10 其他设备。

A.2 检验用品

A.2.1 常规检验用品：接种环（针）、酒精灯、镊子、剪刀、药匙、消毒棉球、硅胶（棉）塞、吸管、吸球、试管、平皿、锥形瓶、微孔板、广口瓶、量筒、玻棒及 L 形玻棒、pH 试纸、记号笔、均质袋等。

A.2.2 现场采样检验用品：无菌采样容器、棉签、涂抹棒、采样规格板、转运管等。

食品微生物学检验　菌落总数测定

标 准 号：GB 4789.2—2016
发布日期：2016-12-23　　　　　　**实施日期：2017-06-23**
发布单位：中华人民共和国国家卫生和计划生育委员会、国家食品药品监督管理总局

前　　言

本标准代替 GB 4789.2—2010《食品安全国家标准　食品微生物学检验　菌落总数测定》。

1　范围

本标准规定了食品中菌落总数（Aerobic plate count）的测定方法。

本标准适用于食品中菌落总数的测定。

2　术语和定义

菌落总数　aerobic plate count

食品检样经过处理，在一定条件下（如培养基、培养温度和培养时间等）培养后，所得每 g（mL）检样中形成的微生物菌落总数。

3　设备和材料

除微生物实验室常规灭菌及培养设备外，其他设备和材料如下。

3.1　恒温培养箱：36℃±1℃，30℃±1℃。

3.2　冰箱：2~5℃。

3.3　恒温水浴箱：46℃±1℃。

3.4　天平：感量为 0.1 g。

3.5　均质器。

3.6　振荡器。

3.7　无菌吸管：1 mL（具 0.01 mL 刻度）、10 mL（具 0.1 mL 刻度）或微量移液器及吸头。

3.8　无菌锥形瓶：容量 250 mL、500 mL。

3.9　无菌培养皿：直径 90 mm。

3.10　pH 计或 pH 比色管或精密 pH 试纸。

3.11　放大镜或/和菌落计数器。

4　培养基和试剂

4.1　平板计数琼脂培养基：见 A.1。

4.2 磷酸盐缓冲液：见 A.2。

4.3 无菌生现盐水：见 A.3。

5 检验程序

菌落总数的检验程序见图 1。

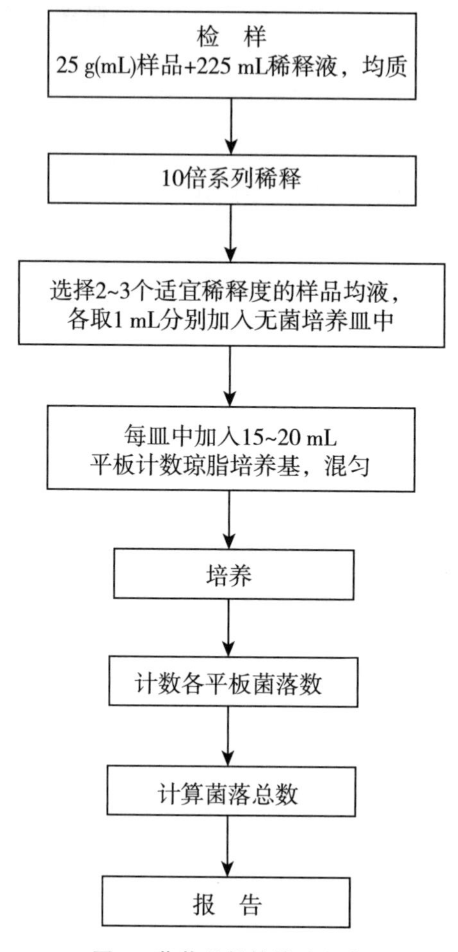

图 1　菌落总数的检验程序

6 操作步骤

6.1 样品的稀释

6.1.1 固体和半固体样品：称取 25 g 样品置盛有 225 mL 磷酸盐缓冲液或生理盐水的无菌均质杯内，8 000~10 000 r/min 均质 1~2 min，或放入盛有 225 mL 稀释液的无菌均质袋中，用拍击式均质器拍打 1~2 min，制成 1 : 10 的样品匀液。

6.1.2 液体样品：以无菌吸管吸取 25 mL 样品置盛有 225 mL 磷酸盐缓冲液或生理盐水的无菌锥形瓶（瓶内预置适当数量的无菌玻璃珠）中，充分混匀，制成 1 : 10 的样品匀液。

6.1.3 用 1 mL 无菌吸管或微量移液器吸取 1 : 10 样品匀液 1 mL 沿管壁缓慢注于盛有

9 mL稀释液的无菌试管中（注意吸管或吸头尖端不要触及稀释液面），振摇试管或换用1支无菌吸管反复吹打使其混合均匀，制成1：100的样品匀液。

6.1.4 按6.1.3操作，制备10倍系列稀释样品匀液。每递增稀释一次，换用1次1 mL无菌吸管或吸头。

6.1.5 根据对样品污染状况的估计，选择2~3个适宜稀释度的样品匀液（液体样品可包括原液），在进行10倍递增稀释时，吸取1 mL样品匀液于无菌平皿内，每个稀释度做两个平皿。同时，分别吸取1 mL空白稀释液加入两个无菌平皿内作空白对照。

6.1.6 及时将15~20 mL冷却至46℃的平板计数琼脂培养基（可放置于46℃±1℃恒温水浴箱中保温）倾注平皿，并转动平皿使其混合均匀。

6.2 培养

6.2.1 待琼脂凝固后，将平板翻转，36℃±1℃培养48 h±2 h。水产品30℃±1℃培养72 h±3 h。

6.2.2 如果样品中可能含有在琼脂培养基表面弥漫生长的菌落时，可在凝固后的琼脂表面覆盖一薄层琼脂培养基（约4 mL），凝固后翻转平板，按6.2.1条件进行培养。

6.3 菌落计数

6.3.1 可用肉眼观察，必要时用放大镜或菌落计数器，记录稀释倍数和相应的菌落数量。菌落计数以菌落形成单位（colony-forming units，CFU）表示。

6.3.2 选取菌落数在30~300 CFU、无蔓延菌落生长的平板计数菌落总数。低于30 CFU的平板记录具体菌落数，大于300 CFU的可记录为多不可计。每个稀释度的菌落数应采用两个平板的平均数。

6.3.3 其中一个平板有较大片状菌落生长时，则不宜采用，而应以无片状菌落生长的平板作为该稀释度的菌落数；若片状菌落不到平板的一半，而其余一半中菌落分布又很均匀，即可计算半个平板后乘以2，代表一个平板菌落数。

6.3.4 当平板上出现菌落间无明显界限的链状生长时，则将每条单链作为一个菌落计数。

7 结果与报告

7.1 菌落总数的计算方法

7.1.1 若只有一个稀释度平板上的菌落数在适宜计数范围内，计算两个平板菌落数的平均值，再将平均值乘以相应稀释倍数，作为每g（mL）样品中菌落总数结果。

7.1.2 若有两个连续稀释度的平板菌落数在适宜计数范围内时，按式（1）计算：

$$N = \frac{\sum C}{(n_1 + 0.1n_2)d} \qquad (1)$$

式中：

N——样品中菌落数；

$\sum C$——平板（含适宜范围菌落数的平板）菌落数之和；

n_1——第一稀释度（低稀释倍数）平板个数；

n_2——第二稀释度（高稀释倍数）平板个数；

d——稀释因子（第一稀释度）。

示例：

稀释度	1∶100（第一稀释度）	1∶1 000（第二稀释度）
菌落数（CFU）	232，244	33，35

$$N = \frac{\sum C}{(n_1 + 0.1n_2)d} = \frac{232 + 244 + 33 + 35}{[2 + (0.1 \times 2)] \times 10^{-2}} = \frac{544}{0.022} = 24\ 727$$

上述数据按 7.2.2 数字修约后，表示为 25 000 或 2.5×10^4。

7.1.3　若所有稀释度的平板上菌落数均大于 300 CFU，则对稀释度最高的平板进行计数，其他平板可记录为多不可计，结果按平均菌落数乘以最高稀释倍数计算。

7.1.4　若所有稀释度的平板菌落数均小于 30 CFU，则应按稀释度最低的平均菌落数乘以稀释倍数计算。

7.1.5　若所有稀释度（包括液体样品原液）平板均无菌落生长，则以小于 1 乘以最低稀释倍数计算。

7.1.6　若所有稀释度的平板菌落数均不在 30~300 CFU，其中一部分小于 30 CFU 或大于 300 CFU 时，则以最接近 30 CFU 或 300 CFU 的平均菌落数乘以稀释倍数计算。

7.2　菌落总数的报告

7.2.1　菌落数小于 100 CFU 时，按“四舍五入”原则修约，以整数报告。

7.2.2　菌落数大于或等于 100 CFU 时，第 3 位数字采用“四舍五入”原则修约后，取前两位数字，后面用 0 代替位数；也可用 10 的指数形式来表示，按“四舍五入”原则修约后，采用两位有效数字。

7.2.3　若所有平板上为蔓延菌落而无法计数，则报告菌落蔓延。

7.2.4　若空白对照上有菌落生长，则此次检测结果无效。

7.2.5　称重取样以 CFU/g 为单位报告，体积取样以 CFU/mL 为单位报告。

GB 4789.2—2016

附 录 A
培养基和试剂

A.1 平板计数琼脂（plate count agar，PCA）培养基

A.1.1 成分

胰蛋白胨	5.0 g
酵母浸膏	2.5 g
葡萄糖	1.0 g
琼脂	15.0 g
蒸馏水	1 000 mL

A.1.2 制法

将上述成分加于蒸馏水中，煮沸溶解，调节 pH 至 7.0±0.2。分装试管或锥形瓶，121℃高压灭菌 15 min。

A.2 磷酸盐缓冲液

A.2.1 成分

磷酸二氢钾（KH_2PO_4）	34.0 g
蒸馏水	500 mL

A.2.2 制法

贮存液：称取 34.0 g 的磷酸二氢钾溶于 500 mL 蒸馏水中，用大约 175 mL 的 1 mol/L 氢氧化钠溶液调节 pH 至 7.2，用蒸馏水稀释至 1 000 mL 后贮存于冰箱。

稀释液：取贮存液 1.25 mL，用蒸馏水稀释至 1 000 mL，分装于适宜容器中，121℃高压灭菌 15 min。

A.3 无菌生理盐水

A.3.1 成分

氯化钠	8.5 g
蒸馏水	1 000 mL

A.3.2 制法

称取 8.5 g 氯化钠溶于 1 000 mL 蒸馏水中，121℃高压灭菌 15 min。

食品微生物学检验　大肠菌群计数

标 准 号：**GB 4789.3—2016**

发布日期：**2016-12-23**　　　　实施日期：**2017-06-23**

发布单位：**中华人民共和国国家卫生和计划生育委员会、国家食品药品监督管理总局**

前　　言

本标准代替 GB 4789.3—2010《食品安全国家标准　食品微生物学检验　大肠菌群计数》、GB/T 4789.32—2002《食品卫生微生物学检验　大肠菌群的快速检测》和 SN/T 0169—2010《进出口食品中大肠菌群、粪大肠菌群和大肠杆菌检测方法》大肠菌群计数部分。

本标准与 GB 4789.3—2010 相比，主要变化如下：

——增加了检验原理；

——修改了适用范围；

——修改了典型菌落的形态描述；

——修改了第二法平板菌落数的选择；

——修改了第二法证实试验；

——修改了第二法平板计数的报告。

1　范围

本标准规定了食品中大肠菌群（Coliforms）计数的方法。

本标准第一法适用于大肠菌群含量较低的食品中大肠菌群的计数；第二法适用于大肠菌群含量较高的食品中大肠菌群的计数。

2　术语和定义

2.1　大肠菌群 Coliforms

在一定培养条件下能发酵乳糖、产酸产气的需氧和兼性厌氧革兰氏阴性无芽胞杆菌。

2.2　最可能数 Most probable number；MPN

基于泊松分布的一种间接计数方法。

3　检验原理

3.1　MPN 法

MPN 法是统计学和微生物学结合的一种定量检测法。待测样品经系列稀释并培养后，根据其未生长的最低稀释度与生长的最高稀释度，应用统计学概率论推算出待测样品中大肠菌群的最大可能数。

3.2　平板计数法

大肠菌群在固体培养基中发酵乳糖产酸，在指示剂的作用下形成可计数的红色或紫色，带有或不带有沉淀环的菌落。

4　设备和材料

除微生物实验室常规灭菌及培养设备外，其他设备和材料如下。

4.1　恒温培养箱：36℃±1℃。

4.2　冰箱：2~5℃。

4.3　恒温水浴箱：46℃±1℃。

4.4　天平：感量0.1 g。

4.5　均质器。

4.6　振荡器。

4.7　无菌吸管：1 mL（具0.01 mL刻度）、10 mL（具0.1 mL刻度）或微量移液器及吸头。

4.8　无菌锥形瓶：容量500 mL。

4.9　无菌培养皿：直径90 mm。

4.10　pH计或pH比色管或精密pH试纸。

4.11　菌落计数器。

5　培养基和试剂

5.1　月桂基硫限盐胰蛋白胨（lauryl sulfate tryptose，LST）肉汤：见A.1。

5.2　煌绿乳糖胆盐（brilliant green lactose bile，BGLB）肉汤：见A.2。

5.3　结晶紫中性红胆盐琼脂（violet red bile agar，VRBA）：见A.3。

5.4　无菌磷酸盐缓冲液：见A.4。

5.5　无菌生理盐水：见A.5。

5.6　1 mol/L NaOH溶液：见A.6。

5.7　1 mol/L HCl溶液：见A.7。

第一法　大肠菌群MPN计数法

6　检验程序

大肠菌群MPN计数的检验程序见图1。

7　操作步骤

7.1　样品的稀释

7.1.1　固体和半固体样品：称取25 g样品，放入盛有225 mL磷酸盐缓冲液或生理盐水的无菌均质杯内，8 000~10 000 r/min均质1~2 min，或放入盛有225 mL磷酸盐缓冲液或生理盐水的无菌均质袋中，用拍击式均质器拍打1~2 min，制成1：10的样品匀液。

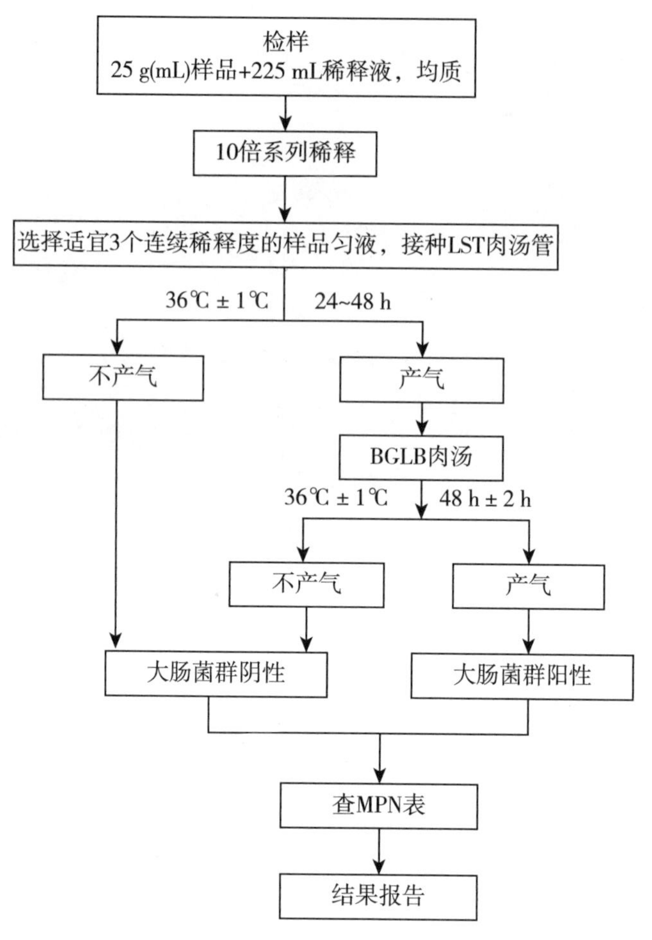

图 1　大肠菌群 MPN 计数法检验程序

7.1.2　液体样品：以无菌吸管吸取 25 mL 样品置盛有 225 mL 磷酸盐缓冲液或生理盐水的无菌锥形瓶（瓶内预置适当数量的无菌玻璃珠）或其他无菌容器中充分振摇或置于机械振荡器中振摇，充分混匀，制成 1∶10 的样品匀液。

7.1.3　样品匀液的 pH 应在 6.5~7.5，必要时分别用 1 mol/L NaOH 或 1 mol/L HCl 调节。

7.1.4　用 1 mL 无菌吸管或微量移液器吸取 1∶10 样品匀液 1 mL，沿管壁缓缓注入 9 mL 磷酸盐缓冲液或生理盐水的无菌试管中（注意吸管或吸头尖端不要触及稀释液面），振摇试管或换用 1 支 1 mL 无菌吸管反复吹打，使其混合均匀，制成 1∶100 的样品匀液。

7.1.5　根据对样品污染状况的估计，按上述操作，依次制成十倍递增系列稀释样品匀液。每递增稀释 1 次，换用 1 支 1 mL 无菌吸管或吸头。从制备样品匀液至样品接种完毕，全过程不得超过 15 min。

7.2　初发酵试验

每个样品，选择 3 个适宜的连续稀释度的样品匀液（液体样品可以选择原液），每个稀释度接种 3 管月桂基硫酸盐胰蛋白胨（LST）肉汤，每管接种 1 mL（如接种量超过 1 mL，则用双料 LST 肉汤），36℃±1℃ 培养 24 h±2 h，观察倒管内是否有气泡产生，

24 h±2 h产气者进行复发酵试验（证实试验），如未产气则继续培养至 48 h±2 h，产气者进行复发酵试验。未产气者为大肠菌群阴性。

7.3　复发酵试验（证实试验）

用接种环从产气的 LST 肉汤管中分别取培养物 1 环，移种于煌绿乳糖胆盐肉汤（BGLR）管中，36℃±1℃培养 48 h±2 h，观察产气情况。产气者，计为大肠菌群阳性管。

7.4　大肠菌群最可能数（MPN）的报告

按 7.3 确证的大肠菌群 BGLB 阳性管数，检索 MPN 表（见附录 B），报告每 g（mL）样品中大肠菌群的 MPN 值。

第二法　大肠菌群平板计数法

8　检验程序

大肠菌群平板计数法的检验程序见图 2。

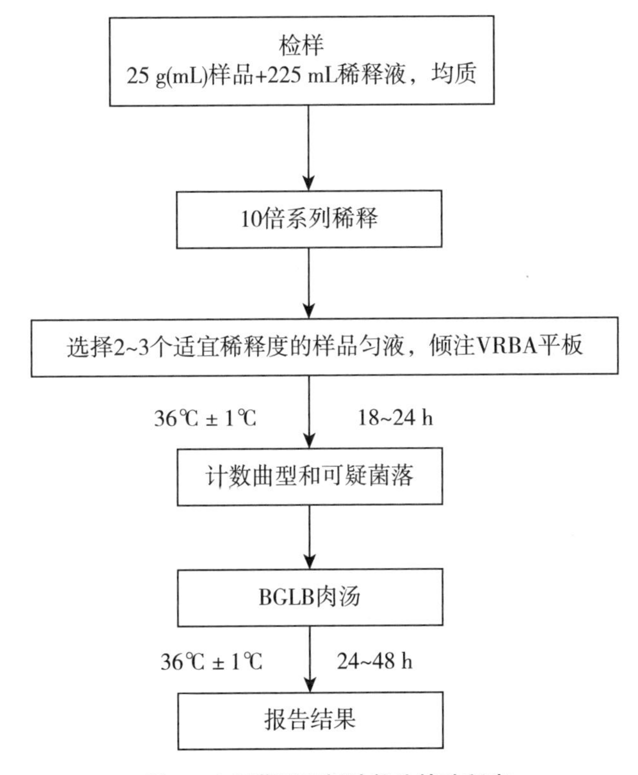

图 2　大肠菌群平板计数法检验程序

9　操作步骤

9.1　样品的稀释

按 7.1 进行。

9.2 平板计数

9.2.1 选取2~3个适宜的连续稀释度，每个稀释度接种2个无菌平皿，每皿1 mL。同时取1 mL生理盐水加入无菌平皿作空白对照。

9.2.2 及时将15~20 mL融化并恒温至46℃的结晶紫中性红胆盐琼脂（VRBA）倾注于每个平皿中。小心旋转平皿，将培养基与样液充分混匀，待琼脂凝固后，再加3~4 mL VRBA覆盖平板表层。翻转平板，置于36℃±1℃培养18~24 h。

9.3 平板菌落数的选择

选取菌落数在15~150 CFU之间的平板，分别计数平板上出现的典型和可疑大肠菌群菌落（如菌落直径较典型菌落小）。典型菌落呈紫红色，菌落周围有红色的胆盐沉淀环，菌落直径为0.5 mm或更大，最低稀释度平板低于15 CFU的记录具体菌落数。

9.4 证实试验

从VRBA平板上挑取10个不同类型的典型和可疑菌落，少于10个菌落的挑取全部典型和可疑菌落。分别移种于BGLB肉汤管内，36℃±1℃培养24~48 h，观察产气情况。凡BGLB肉汤管产气，即可报告为大肠菌群阳性。

9.5 大肠菌群平板计数的报告

经最后证实为大肠菌群阳性的试管比例乘以9.3中计数的平板菌落数，再乘以稀释倍数，即为每g（mL）样品中大肠菌群数。例：10^{-4}样品稀释液1 mL，在VRBA平板上有100个典型和可疑菌落，挑取其中10个接种BGLB肉汤管，证实有6个阳性管，则该样品的大肠菌群数为：$100\times6/10\times10^{4}$/g（mL）= 6.0×10^{5}CFU/g（mL）。若所有稀释度（包括液体样品原液）平板均无菌落生长，则以小于1乘以最低稀释倍数计算。

GB 4789.3—2016

附 录 A
培养基和试剂

A.1 月桂基硫酸盐胰蛋白胨（LST）肉汤

A.1.1 成分

胰蛋白胨或胰酪胨	20.0 g
氯化钠	5.0 g
乳糖	5.0 g
磷酸氢二钾（K_2HPO_4）	2.75 g
磷酸二氢钾（KH_2PO_4）	2.75 g
月桂基硫酸钠	0.1 g
蒸馏水	1 000 mL

A.1.2 制法

将上述成分溶解于蒸馏水中，调节 pH 至 6.8±0.2。分装到有玻璃小倒管的试管中，每管 10 mL。121℃高压灭菌 15 min。

A.2 煌绿乳糖胆盐（BGLB）肉汤

A.2.1 成分

蛋白胨	10.0 g
乳糖	10.0 g
牛胆粉（oxgall 或 oxbile）溶液	200 mL
0.1%煌绿水溶液	13.3 mL
蒸馏水	800 mL

A.2.2 制法

将蛋白胨、乳糖溶于约 500 mL 蒸馏水中，加入牛胆粉溶液 200 mL（将 20.0 g 脱水牛胆粉溶于 200 mL 蒸馏水中，调节 pH 至 7.0~7.5），用蒸馏水稀释到 975 mL，调节 pH 至 7.2±0.1，再加入 0.1%煌绿水溶液 13.3 mL，用蒸馏水补足到 1 000 mL，用棉花过滤后，分装到有玻璃小倒管的试管中，每管 10 mL。121℃高压灭菌 15 min。

A.3 结晶紫中性红胆盐琼脂（VRBA）

A.3.1 成分

蛋白胨	7.0 g
酵母膏	3.0 g
乳糖	10.0 g
氯化钠	5.0 g
胆盐或 3 号胆盐	1.5 g

中性红	0.03 g
结晶紫	0.002 g
琼脂	15~18 g
蒸馏水	1 000 mL

A.3.2 制法

将上述成分溶于蒸馏水中，静置几分钟，充分搅拌，调节 pH 至 7.4±0.1。煮沸 2 min，将培养基融化并恒温至 45~50℃倾注平板。使用前临时制备，不得超过 3 h。

A.4 磷酸盐缓冲液

A.4.1 成分

磷酸二氢钾（KH_2PO_4）	34.0 g
蒸馏水	500 mL

A.4.2 制法

贮存液：称取 34.0 g 的磷酸二氢钾溶于 500 mL 蒸馏水中，用大约 175 mL 的 1 mol/L 氢氧化钠溶液调节 pH 至 7.2±0.2，用蒸馏水稀释至 1 000 mL 后贮存于冰箱。稀释液：取贮存液 1.25 mL，用蒸馏水稀释至 1 000 mL，分装于适宜容器中，121℃高压灭菌 15 min。

A.5 无菌生理盐水

A.5.1 成分

氯化钠	8.5 g
蒸馏水	1 000 mL

A.5.2 制法

称取 8.5 g 氯化钠溶于 1 000 mL 蒸馏水中，121℃高压灭菌 15 min。

A.6 1 mol/L NaOH 溶液

A.6.1 成分

NaOH	40.0 g
蒸馏水	1 000 mL

A.6.2 制法

称取 40 g 氢氧化钠溶于 1 000 mL 无菌蒸馏水中。

A.7 1 mol/L HCl 溶液

A.7.1 成分

HCl	90 mL
蒸馏水	1 000 mL

A.7.2 制法

移取浓盐酸 90 mL，用无菌蒸馏水稀释至 1 000 mL。

附　录　B
大肠菌群最可能数（MPN）检索表

B.1　大肠菌群最可能数（MPN）检索表

每 g（mL）检样中大肠菌群最可能数（MPN）的检索见表 B.1。

表 B.1　大肠菌群最可能数（MPN）检索表

阳性管数			MPN	95%可信限		阳性管数			MPN	95%可信限	
0.10	0.01	0.001		下限	上限	0.10	0.01	0.001		下限	上限
0	0	0	<3.0	—	9.5	2	2	0	21	4.5	42
0	0	1	3.0	0.15	9.6	2	2	1	28	8.7	94
0	1	0	3.0	0.15	11	2	2	2	35	8.7	94
0	1	1	6.1	1.2	18	2	3	0	29	8.7	94
0	2	0	6.2	1.2	18	2	3	1	36	8.7	94
0	3	0	9.4	3.6	38	3	0	0	23	4.6	94
1	0	0	3.6	0.17	18	3	0	1	38	8.7	110
1	0	1	7.2	1.3	18	3	0	2	64	17	180
1	0	2	11	3.6	38	3	1	0	43	9	180
1	1	0	7.4	1.3	20	3	1	1	75	17	200
1	1	1	11	3.6	38	3	1	2	120	37	420
1	2	0	11	3.6	42	3	1	3	160	40	420
1	2	1	15	4.5	42	3	2	0	93	18	420
1	3	0	16	4.5	42	3	2	1	150	37	420
2	0	0	9.2	1.4	38	3	2	2	210	40	430
2	0	1	14	3.6	42	3	2	3	290	90	1 000
2	0	2	20	4.5	42	3	3	0	240	42	1 000
2	1	0	15	3.7	42	3	3	1	460	90	2 000
2	1	1	20	4.5	42	3	3	2	1 100	180	4 100
2	1	2	27	8.7	94	3	3	3	>1 100	420	—

注 1：本表采用 3 个稀释度［0.1 g（mL）、0.01 g（mL）、0.001 g（mL）］，每个稀释度接种 3 管。

注 2：表内所列检样量如改用 1 g（mL）、0.1 g（mL）和 0.01 g（mL）时，表内数字应相应降低 10 倍；如改用 0.01 g（mL）、0.001 g（mL）和 0.000 1 g（mL）时，则表内数字应相应增高 10 倍，其余类推。

食品微生物学检验　沙门氏菌检验

标 准 号：GB 4789.4—2016
发布日期：2016-12-23　　实施日期：2017-06-23
发布单位：中华人民共和国国家卫生和计划生育委员会、国家食品药品监督管理总局

前　　言

本标准代替 GB 4789.4—2010《食品安全国家标准　食品微生物学检验　沙门氏菌检验》、SN 0170—1992《出口食品沙门氏菌属（包括亚利桑那菌）检验方法》、SN/T 2552.5—2010《乳及乳制品卫生微生物学检验方法　第 5 部分：沙门氏菌检验》。

整合后的标准与 GB 4789.4—2010 相比，主要变化如下：

——修改了检测流程和血清学检测操作程序；

——修改了附录 A 和附录 B。

1　范围

本标准规定了食品中沙门氏菌（*Salmonella*）的检验方法。

本标准适用于食品中沙门氏菌的检验。

2　设备和材料

除微生物实验室常规灭菌及培养设备外，其他设备和材料如下。

2.1　冰箱：2~5℃。

2.2　恒温培养箱：36℃±1℃，42℃±1℃。

2.3　均质器。

2.4　振荡器。

2.5　电子天平：感量 0.1 g。

2.6　无菌锥形瓶：容量 500 mL，250 mL。

2.7　无菌吸管：1 mL（具 0.01 mL 刻度）、10 mL（具 0.1 mL 刻度）或微量移液器及吸头。

2.8　无菌培养皿：直径 60 mm，90 mm。

2.9　无菌试管：3 mm×50 mm、10 mm×75 mm。

2.10　pH 计或 pH 比色管或精密 pH 试纸。

2.11　全自动微生物生化鉴定系统。

2.12　无菌毛细管。

3　培养基和试剂

3.1　缓冲蛋白胨水（BPW）：见 A.1。

3.2 四硫磺酸钠煌绿（TTB）增菌液：见 A.2。
3.3 亚硒酸盐胱氨酸（SC）增菌液：见 A.3。
3.4 亚硫酸铋（BS）琼脂：见 A.4。
3.5 HE 琼脂：见 A.5。
3.6 木糖赖氨酸脱氧胆盐（XLD）琼脂：见 A.6。
3.7 沙门氏菌属显色培养基。
3.8 三糖铁（TSI）琼脂：见 A.7。
3.9 蛋白胨水、靛基质试剂：见 A.8。
3.10 尿素琼脂（pH7.2）：见 A.9。
3.11 氰化钾（KCN）培养基：见 A.10。
3.12 赖氨酸脱羧酶试验培养基：见 A.11。
3.13 糖发酵管：见 A.12。
3.14 邻硝基酚 β-D 半乳糖苷（ONPG）培养基：见 A.13。
3.15 半固体琼脂：见 A.14。
3.16 丙二酸钠培养基：见 A.15。
3.17 沙门氏菌 O、H 和 Vi 诊断血清。
3.18 生化鉴定试剂盒。

4 检验程序

沙门氏菌检验程序见图 1。

5 操作步骤

5.1 预增菌

无菌操作称取 25 g（mL）样品，置于盛有 225 mL BPW 的无菌均质杯或合适容器内，以 8 000~10 000 r/min 均质 1~2 min，或置于盛有 225 mL BPW 的无菌均质袋中，用拍击式均质器拍打 1~2 min。若样品为液态，不需要均质，振荡混匀。如需调整 pH，用 1 mol/mL无菌 NaOH 或 HCl 调 pH 至 6.8±0.2。无菌操作将样品转至 500 mL 锥形瓶或其他合适容器内（如均质杯本身具有无孔盖，可不转移样品），如使用均质袋，可直接进行培养，于 36℃±1℃培养 8~18 h。

如为冷冻产品，应在 45℃以下不超过 15 min，或 2~5℃不超过 18 h 解冻。

5.2 增菌

轻轻摇动培养过的样品混合物，移取 1 mL，转种于 10 mL TTB 内，于 42℃±1℃培养 18~24 h。同时，另取 1 mL 转种于 10 mL SC 内，于 36℃±1℃培养 18~24 h。

5.3 分离

分别用直径 3 mm 的接种环取增菌液 1 环，划线接种于一个 BS 琼脂平板和一个 XLD 琼脂平板（或 HE 琼脂平板或沙门氏菌属显色培养基平板），于 36℃±1℃分别培养 40~48 h（BS 琼脂平板）或 18~24 h（XLD 琼脂平板、HE 琼脂平板、沙门氏菌属显色培养基平板），观察各个平板上生长的菌落，各个平板上的菌落特征见表 1。

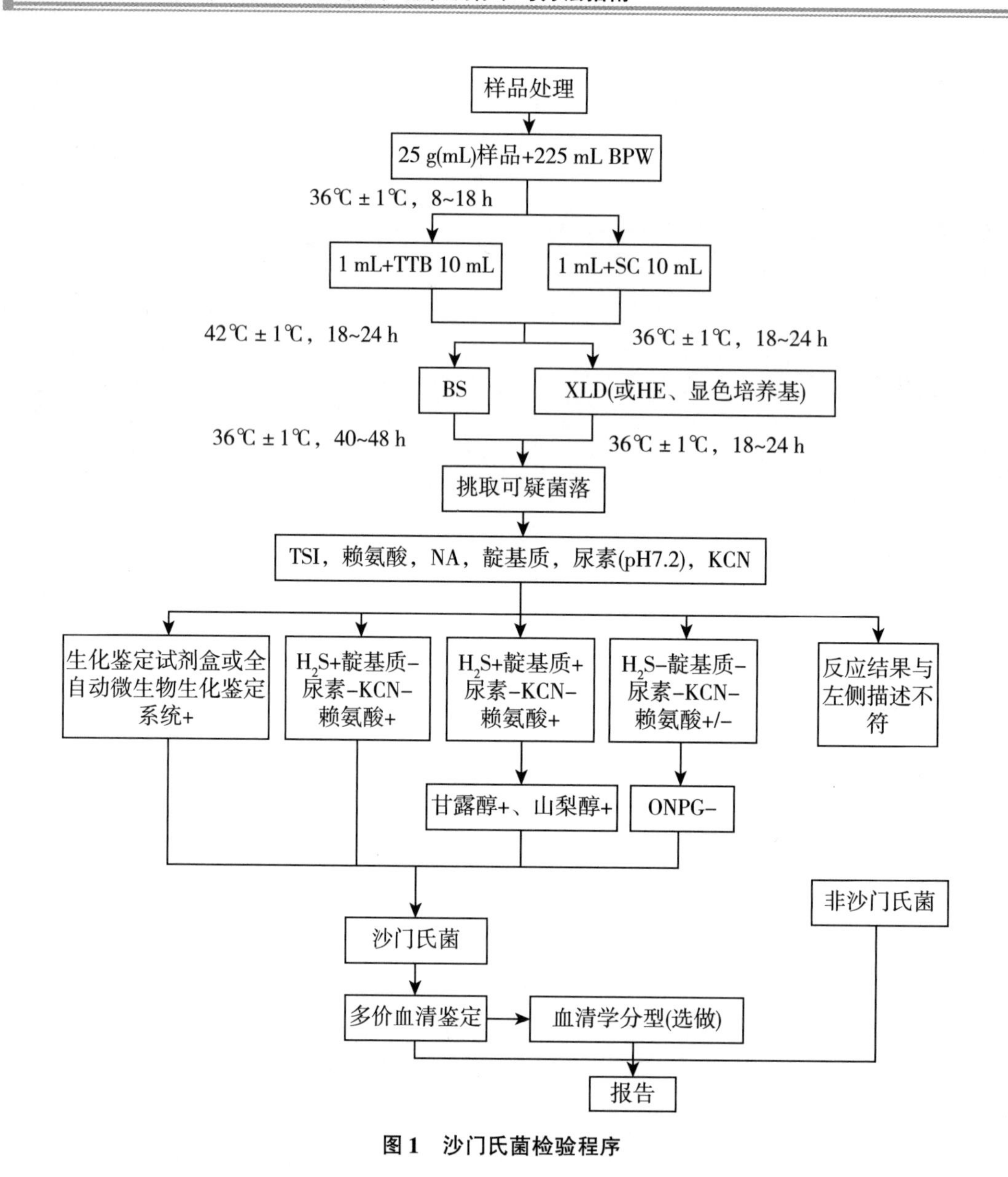

图 1　沙门氏菌检验程序

表 1　沙门氏菌属在不同选择性琼脂平板上的菌落特征

选择性琼脂平板	沙门氏菌
BS 琼脂	菌落为黑色有金属光泽、棕褐色或灰色，菌落周围培养基可呈黑色或棕色；有些菌株形成灰绿色的菌落，周围培养基不变
HE 琼脂	蓝绿色或蓝色，多数菌落中心黑色或几乎全黑色；有些菌株为黄色，中心黑色或几乎全黑色
XLD 琼脂	菌落呈粉红色，带或不带黑色中心，有些菌株可呈现大的带光泽的黑色中心，或呈现全部黑色的菌落；有些菌株为黄色菌落，带或不带黑色中心
沙门氏菌属显色培养基	按照显色培养基的说明进行判定

5.4 生化试验

5.4.1 自选择性琼脂平板上分别挑取 2 个以上典型或可疑菌落，接种三糖铁琼脂，先在斜面划线，再于底层穿刺；接种针不要灭菌，直接接种赖氨酸脱羧酶试验培养基和营养琼脂平板，于 36℃±1℃培养 18~24 h，必要时可延长至 48 h。在三糖铁琼脂和赖氨酸脱羧酶试验培养基内，沙门氏菌属的反应结果见表 2。

表 2 沙门氏菌属在三糖铁琼脂和赖氨酸脱羧酶试验培养基内的反应结果

三糖铁琼脂				赖氨酸脱羧酶试验培养基	初步判断
斜面	底层	产气	硫化氢		
K	A	+（-）	+（-）	+	可疑沙门氏菌属
K	A	+（-）	+（-）	-	可疑沙门氏菌属
A	A	+（-）	+（-）	+	可疑沙门氏菌属
A	A	+/-	+/-	-	非沙门氏菌
K	K	+/-	+/-	+/-	非沙门氏菌

注：K：产碱，A：产酸；+：阳性，-：阴性；+（-）：多数阳性，少数阴性；+/-：阳性或阴性。

5.4.2 接种三糖铁琼脂和赖氨酸脱羧酶试验培养基的同时，可直接接种蛋白胨水（供做靛基质试验）、尿素琼脂（pH 7.2）、氰化钾（KCN）培养基，也可在初步判断结果后从营养琼脂平板上挑取可疑菌落接种。于 36℃±1℃培养 18~24 h，必要时可延长至 48 h，按表 3 判定结果。将已挑菌落的平板储存于 2~5℃或室温至少保留 24 h，以备必要时复查。

表 3 沙门氏菌属生化反应初步鉴别表

反应序号	硫化氢（H_2S）	靛基质	pH 7.2 尿素	氰化钾（KCN）	赖氨酸脱羧酶
A1	+	-	-	-	+
A2	+	+	-	-	+
A3	-	-	-	-	+/-

注：+阳性；-阴性；+/-阳性或阴性。

5.4.2.1 反应序号 A1：典型反应判定为沙门氏菌属。如尿素、KCN 和赖氨酸脱羧酶 3 项中有 1 项异常，按表 4 可判断为沙门氏菌。如有 2 项异常为非沙门氏菌。

表 4 沙门氏菌属生化反应初步鉴别表

pH7.2 尿素	氰化钾（KCN）	赖氨酸脱羧酶	判定结果
-	-	-	甲型副伤寒沙门氏菌（要求血清学鉴定结果）
-	+	+	沙门氏菌Ⅳ或Ⅴ（要求符合本群生化特性）
+	-	-	沙门氏菌个别变体（要求血清学鉴定结果）

注：+表示阳性；-表示阴性。

5.4.2.2　反应序号 A2：补做甘露醇和山梨醇试验，沙门氏菌靛基质阳性变体两项试验结果均为阳性，但需要结合血清学鉴定结果进行判定。

5.4.2.3　反应序号 A3：补做 ONPG。ONPG 阴性为沙门氏菌，同时赖氨酸脱羧酶阳性，甲型副伤寒沙门氏菌为赖氨酸脱羧酶阴性。

5.4.2.4　必要时按表 5 进行沙门氏菌生化群的鉴别。

表 5　沙门氏菌属各生化群的鉴别

项目	Ⅰ	Ⅱ	Ⅲ	Ⅳ	Ⅴ	Ⅵ
卫矛醇	+	+	-	-	+	-
山梨醇	+	+	+	+	+	-
水杨苷	-	-	-	+	-	-
ONPG	-	-	+	-	+	-
丙二酸盐	-	+	+	-	-	-
KCN	-	-	-	+	+	-

注：+表示阳性；-表示阴性。

5.4.3　如选择生化鉴定试剂盒或全自动微生物生化鉴定系统，可根据 5.4.1 的初步判断结果，从营养琼脂平板上挑取可疑菌落，用生理盐水制备成浊度适当的菌悬液，使用生化鉴定试剂盒或全自动微生物生化鉴定系统进行鉴定。

5.5　血清学鉴定

5.5.1　检查培养物有无自凝性

一般采用 1.2%～1.5% 琼脂培养物作为玻片凝集试验用的抗原。首先排除自凝集反应，在洁净的玻片上滴加一滴生理盐水，将待试培养物混合于生理盐水滴内，使成为均一性的混浊悬液，将玻片轻轻摇动 30～60 s，在黑色背景下观察反应（必要时用放大镜观察），若出现可见的菌体凝集，即认为有自凝性，反之无自凝性。对无自凝的培养物参照下面方法进行血清学鉴定。

5.5.2　多价菌体抗原（O）鉴定

在玻片上划出 2 个约 1 cm×2 cm 的区域，挑取 1 环待测菌，各放 1/2 环于玻片上的每一区域上部，在其中一个区域下部加 1 滴多价菌体（O）抗血清，在另一区域下部加入 1 滴生理盐水，作为对照。再用无菌的接种环或针分别将两个区域内的菌苔研成乳状液。将玻片倾斜摇动混合 1 min，并对着黑暗背景进行观察，任何程度的凝集现象皆为阳性反应。O 血清不凝集时，将菌株接种在琼脂量较高的（如 2%～3%）培养基上再检查；如果是由于 Vi 抗原的存在而阻止了 O 凝集反应时，可挑取菌苔于 1 mL 生理盐水中做成浓菌液，于酒精灯火焰上煮沸后再检查。

5.5.3　多价鞭毛抗原（H）鉴定

操作同 5.5.2。H 抗原发育不良时，将菌株接种在 0.55%～0.65% 半固体琼脂平板的中央，待菌落蔓延生长时，在其边缘部分取菌检查；或将菌株通过接种装有 0.3%～0.4% 半固体琼脂的小玻管 1～2 次，自远端取菌培养后再检查。

5.6　血清学分型（选做项目）

5.6.1　O 抗原的鉴定

用 A~F 多价 O 血清做玻片凝集试验，同时用生理盐水做对照。在生理盐水中自凝者为粗糙型菌株，不能分型。

被 A~F 多价 O 血清凝集者，依次用 O4；O3；O10；O7；O8；O9；O2 和 O11 因子血清做凝集试验。根据试验结果，判定 O 群。被 O3、O10 血清凝集的菌株，再用 O10、O15、O34、O19 单因子血清做凝集试验，判定 E1、E4 各亚群，每一个 O 抗原成分的最后确定均应根据 O 单因子血清的检查结果，没有 O 单因子血清的要用两个 O 复合因子血清进行核对。

不被 A~F 多价 O 血清凝集者，先用 9 种多价 O 血清检查，如有其中一种血清凝集，则用这种血清所包括的 O 群血清逐一检查，以确定 O 群。每种多价 O 血清所包括的 O 因子如下：

O 多价 1　A，B，C，D，E，F 群（并包括 6，14 群）

O 多价 2　13，16，17，18，21 群

O 多价 3　28，30，35，38，39 群

O 多价 4　40，41，42，43 群

O 多价 5　44，45，47，48 群

O 多价 6　50，51，52，53 群

O 多价 7　55，56，57，58 群

O 多价 8　59，60，61，62 群

O 多价 9　63，65，66，67 群

5.6.2　H 抗原的鉴定

属于 A~F 各 O 群的常见菌型，依次用表 6 所述 H 因子血清检查第 1 相和第 2 相的 H 抗原。

表 6　A~F 群常见菌型　H 抗原表

O 群	第 1 相	第 2 相
A	a	无
B	g，f，s	无
B	i，b，d	2
C1	k，v，r，c	5，zl5
C2	b，d，r	2，5
D（不产气的）	d	无
D（产气的）	g，m，p，q	无
E1	h，v	6，w，x
E4	g，s，t	无
E4	i	

不常见的菌型，先用8种多价H血清检查，如有其中一种或两种血清凝集，则再用这一种或两种血清所包括的各种H因子血清逐一检查，以第1相和第2项的H抗原。8种多价H血清所包括的H因子如下：

H多价1　a，b，c，d，i

H多价2　eh，enx，enz_{15}，fg，gms，gpu，gp，gq，mt，gz_{51}

H多价3　k，r，y，z，z_{10}，lv，lw，lz_{13}，lz_{28}，lz_{40}

H多价4　1，2；1，5；1，6；1，7；z_6

H多价5　z_4z_{23}，z_4z_{24}，z_4z_{32}，z_{29}，z_{35}，z_{36}，z_{38}

H多价6　z_{39}，z_{41}，z_{42}，z_{44}

H多价7　z_{52}，z_{53}，z_{54}，z_{55}

H多价8　z_{56}，z_{57}，z_{60}，z_{61}，z_{62}

每一个H抗原成分的最后确定均应根据H单因子血清的检查结果，没有H单因子血清的要用两个H复合因子血清进行核对。

检出第1相H抗原而未检出第2相H抗原的或检出第2相H抗原而未检出第1相H抗原的，可在琼脂斜面上移种1~2代后再检查。如仍只检出一个相的H抗原，要用位相变异的方法检查其另一个相。单相菌不必做位相变异检查。

位相变异试验方法如下：

简易平板法：将0.35%~0.4%半固体琼脂平板烘干表面水分，挑取因子血清1环，滴在半固体平板表面，放置片刻，待血清吸收到琼脂内，在血清部位的中央点种待检菌株，培养后，在形成蔓延生长的菌苔边缘取菌检查。

小玻管法：将半固体管（每管1~2 mL）在酒精灯上溶化并冷至50℃，取已知相的H因子血清0.05~0.1 mL，加入于溶化的半固体内，混匀后，用毛细吸管吸取分装于供位相变异试验的小玻管内，待凝固后，用接种针挑取待检菌，接种于一端。将小玻管平放在平皿内，并在其旁放一团湿棉花，以防琼脂中水分蒸发而干缩，每天检查结果，待另一相细菌解离后，可以从另一端挑取细菌进行检查。培养基内血清的浓度应有适当的比例，过高时细菌不能生长，过低时同一相细菌的动力不能抑制。一般按原血清1：200~1：800的量加入。

小倒管法：将两端开口的小玻管（下端开口要留一个缺口，不要平齐）放在半固体管内，小玻管的上端应高出于培养基的表面，灭菌后备用。临用时在酒精灯上加热溶化，冷至50℃，挑取因子血清1环，加入小套管中的半固体内，略加搅动，使其混匀，待凝固后，将待检菌株接种于小套管中的半固体表层内，每天检查结果，待另一相细菌解离后，可从套管外的半固体表面取菌检查，或转种1%软琼脂斜面，于36℃培养后再做凝集试验。

5.6.3　Vi抗原的鉴定

用Vi因子血清检查。已知具有Vi抗原的菌型有：伤寒沙门氏菌，丙型副伤寒沙门氏菌，都柏林沙门氏菌。

5.6.4　菌型的判定

根据血清学分型鉴定的结果，按照附录 B 或有关沙门氏菌属抗原表判定菌型。

6　结果与报告

综合以上生化试验和血清学鉴定的结果，报告 25 g（mL）样品中检出或未检出沙门氏菌。

GB/T 4789.4—2016

附　录　A

培养基和试剂

A.1　缓冲蛋白胨水（BPW）

A.1.1　成分

蛋白胨	10.0 g
氯化钠	5.0 g
磷酸氢二钠（含 12 个结晶水）	9.0 g
磷酸二氢钾	1.5 g
蒸馏水	1 000 mL

A.1.2　制法

将各成分加入蒸馏水中，搅混均匀，静置约 10 min，煮沸溶解，调节 pH 至 7.2±0.2，高压灭菌 121℃，15 min。

A.2　四硫磺酸钠煌绿（TTB）增菌液

A.2.1　基础液

蛋白胨	10.0 g
牛肉膏	5.0 g
氯化钠	3.0 g
碳酸钙	45.0 g
蒸馏水	1 000 mL

除碳酸钙外，将各成分加入蒸馏水中，煮沸溶解，再加入碳酸钙，调节 pH 至 7.0±0.2，高压灭菌 121℃，20 min。

A.2.2　硫代硫酸钠溶液

硫代硫酸钠（含 5 个结晶水）	50.0 g
蒸馏水	加至 100 mL

高压灭菌 121℃，20 min。

A.2.3　碘溶液

碘片	20.0 g
碘化钾	25.0 g
蒸馏水	加至 100 mL

将碘化钾充分溶解于少量的蒸馏水中，再投入碘片，振摇玻瓶至碘片全部溶解为止，然后加蒸馏水至规定的总量，贮存于棕色瓶内，塞紧瓶盖备用。

A.2.4　0.5%煌绿水溶液

煌绿	0.5 g

蒸馏水　　100 mL

溶解后，存放暗处，不少于 1 d，使其自然灭菌。

A. 2. 5　牛胆盐溶液

牛胆盐　　10. 0 g

蒸馏水　　100 mL

加热煮沸至完全溶解，高压灭菌 121℃，20 min。

A. 2. 6　制法

基础液　　900 mL

硫代硫酸钠溶液　　100 mL

碘溶液　　20. 0 mL

煌绿水溶液　　2. 0 mL

牛胆盐溶液　　50. 0 mL

临用前，按上列顺序，以无菌操作依次加入基础液中，每加入一种成分，均应摇匀后再加入另一种成分。

A.3　亚硒酸盐胱氨酸（SC）增菌液

A. 3. 1　成分

蛋白胨　　5. 0 g

乳糖　　4. 0 g

磷酸氢二钠　　10. 0 g

亚硒酸氢钠　　4. 0 g

L-胱氨酸　　0. 01 g

蒸馏水　　1 000 mL

A. 3. 2　制法

除亚硒酸氢钠和 L-胱氨酸外，将各成分加入蒸馏水中，煮沸溶解，冷至 55℃以下，以无菌操作加入亚硒酸氢钠和 1 g/L L-胱氨酸溶液 10 mL（称取 0. 1 g L-胱氨酸，加 1 mol/L氢氧化钠溶液 15 mL，使溶解，再加无菌蒸馏水至 100 mL 即成，如为 DL-胱氨酸，用量应加倍）。摇匀，调节 pH 值至 7. 0±0. 2。

A.4　亚硫酸铋（BS）琼脂

A. 4. 1　成分

蛋白胨　　10. 0 g

牛肉膏　　5. 0 g

葡萄糖　　5. 0 g

硫酸亚铁　　0. 3 g

磷酸氢二钠　　4. 0 g

煌绿　　0. 025 g 或 5. 0 g/L 水溶液 5. 0 mL

柠檬酸铋铵	2.0 g
亚硫酸钠	6.0 g
琼脂	18.0~20.0 g
蒸馏水	1 000 mL

A.4.2 制法

将前三种成分加入300 mL蒸馏水（制作基础液），硫酸亚铁和磷酸氢二钠分别加入20 mL和30 mL蒸馏水中，柠檬酸铋铵和亚硫酸钠分别加入另一20 mL和30 mL蒸馏水中，琼脂加入600 mL蒸馏水中。然后分别搅拌均匀，煮沸溶解。冷至80℃左右时，先将硫酸亚铁和磷酸氢二钠混匀，倒入基础液中，混匀。将柠檬酸铋铵和亚硫酸钠混匀，倒入基础液中，再混匀。调节pH至7.5±0.2，随即倾入琼脂液中，混合均匀，冷至50~55℃。加入煌绿溶液，充分混匀后立即倾注平皿。

注：本培养基不需要高压灭菌，在制备过程中不宜过分加热，避免降低其选择性，贮于室温暗处，超过48 h会降低其选择性，本培养基宜于当天制备，第二天使用。

A.5 HE 琼脂（Hektoen Enteric Agar）

A.5.1 成分

蛋白胨	12.0 g
牛肉膏	3.0 g
乳糖	12.0 g
蔗糖	12.0 g
水杨素	2.0 g
胆盐	20.0 g
氯化钠	5.0 g
琼脂	18.0~20.0 g
蒸馏水	1 000 mL
0.4%溴麝香草酚蓝溶液	16.0 mL
Andrade 指示剂	20.0mL
甲液	20.0 mL
乙液	20.0 mL

A.5.2 制法

将前面七种成分溶解于400 mL蒸馏水内作为基础液；将琼脂加入于600 mL蒸馏水内。然后分别搅拌均匀，煮沸溶解。加入甲液和乙液于基础液内，调节pH值至7.5±0.2。再加入指示剂，并与琼脂液合并，待冷至50~55℃倾注平皿。

注：①本培养基不需要高压灭菌，在制备过程中不宜过分加热，避免降低其选择性。

②甲液的配制

硫代硫酸钠	34.0 g
柠檬酸铁铵	4.0 g
蒸馏水	100 mL

③乙液的配制

去氧胆酸钠	10.0 g
蒸馏水	100 mL

④Andrade 指示剂

酸性复红	0.5 g
1 mol/L 氢氧化钠溶液	16.0 mL
蒸馏水	100 mL

将复红溶解于蒸馏水中，加入氢氧化钠溶液。数小时后如复红褪色不全，再加氢氧化钠溶液 1~2 mL。

A.6 木糖赖氨酸脱氧胆盐（XLD）琼脂

A.6.1 成分

酵母膏	3.0 g
L-赖氨酸	5.0 g
木糖	3.75 g
乳糖	7.5 g
蔗糖	7.5 g
去氧胆酸钠	2.5 g
柠檬酸铁铵	0.8 g
硫代硫酸钠	6.8 g
氯化钠	5.0 g
琼脂	15.0 g
酚红	0.08 g
蒸馏水	1 000 mL

A.6.2 制法

除酚红和琼脂外，将其他成分加入 400 mL 蒸馏水中，煮沸溶解，调节 pH 至 7.4±0.2。另将琼脂加入 600 mL 蒸馏水中，煮沸溶解。

将上述两溶液混合均匀后，再加入指示剂，待冷至 50~55℃倾注平皿。

注：本培养基不需要高压灭菌，在制备过程中不宜过分加热，避免降低其选择性，贮于室温暗处。本培养基宜于当天制备，第二天使用。

A.7 三糖铁（TSI）琼脂

A.7.1 成分

蛋白胨	20.0 g
牛肉膏	5.0 g
乳糖	10.0 g
蔗糖	10.0 g
葡萄糖	1.0 g

硫酸亚铁铵（含6个结晶水）	0.2 g
酚红	0.025 g或5.0 g/L溶液5.0 mL
氯化钠	5.0 g
硫代硫酸钠	0.2 g
琼脂	12.0 g
蒸馏水	1 000 mL

A.7.2 制法

除酚红和琼脂外，将其他成分加入400 mL蒸馏水中，煮沸溶解，调节pH至7.4±0.2。另将琼脂加入600 mL蒸馏水中，煮沸溶解。

将上述两溶液混合均匀后，再加入指示剂，混匀，分装试管，每管2~4 mL，高压灭菌121℃ 10 min或115℃ 15 min，灭菌后制成高层斜面，呈橘红色。

A.8 蛋白胨水、靛基质试剂

A.8.1 蛋白胨水

蛋白胨（或胰蛋白胨）	20.0 g
氯化钠	5.0 g
蒸馏水	1 000 mL

将上述成分加入蒸馏水中，煮沸溶解，调节pH至7.4±0.2，分装小试管，121℃高压灭菌15 min。

A.8.2 靛基质试剂

A.8.2.1 柯凡克试剂：将5 g对二甲氨基甲醛溶解于75 mL戊醇中，然后缓慢加入浓盐酸25 mL。

A.8.2.2 欧-波试剂：将1 g对二甲氨基苯甲醛溶解于95 mL 95%乙醇内。然后缓慢加入浓盐酸20 mL。

A.8.3 试验方法

挑取小量培养物接种，在36℃±1℃培养1~2 d，必要时可培养4~5 d。加入柯凡克试剂约0.5 mL，轻摇试管，阳性者于试剂层呈深红色；或加入欧-波试剂约0.5 mL，沿管壁流下，覆盖于培养液表面，阳性者于液面接触处呈玫瑰红色。

注：蛋白胨中应含有丰富的色氨酸。每批蛋白胨买来后，应先用已知菌种鉴定后方可使用。

A.9 尿素琼脂（pH 7.2）

A.9.1 成分

蛋白胨	1.0 g
氯化钠	5.0 g
葡萄糖	1.0 g
磷酸二氢钾	2.0 g
0.4%酚红	3.0 mL

琼脂	20.0 g
蒸馏水	1 000 mL
20%尿素溶液	100 mL

A.9.2 制法

除尿素、琼脂和酚红外，将其他成分加入 400 mL 蒸馏水中，煮沸溶解，调节 pH 至 7.2±0.2。另将琼脂加入 600 mL 蒸馏水中，煮沸溶解。

将上述两溶液混合均匀后，再加入指示剂后分装，121℃高压灭菌 15 min。冷至 50~55℃，加入经除菌过滤的尿素溶液。尿素的最终浓度为 2%。分装于无菌试管内，放成斜面备用。

A.9.3 试验方法

挑取琼脂培养物接种，在 36℃±1℃培养 24 h，观察结果。尿素酶阳性者由于产碱而使培养基变为红色。

A.10 氰化钾（KCN）培养基

A.10.1 成分

蛋白胨	10.0 g
氯化钠	5.0 g
磷酸二氢钾	0.225 g
磷酸氢二钠	5.64 g
蒸馏水	1 000 mL
0.5%氰化钾	20.0 mL

A.10.2 制法

将除氰化钾以外的成分加入蒸馏水中，煮沸溶解，分装后 121℃高压灭菌 15 min。放在冰箱内使其充分冷却。每 100 mL 培养基加入 0.5%氰化钾溶液 2.0 mL（最后浓度为 1：10 000），分装于无菌试管内，每管约 4 mL，立刻用无菌橡皮塞塞紧，放在 4℃冰箱内，至少可保存两个月。同时，将不加氰化钾的培养基作为对照培养基，分装试管备用。

A.10.3 试验方法

将琼脂培养物接种于蛋白胨水内成为稀释溶液，挑取 1 环接种于氰化钾（KCN）培养基。并另挑取 1 环接种于对照培养基。在 36℃±1℃培养 1~2 d，观察结果。如有细菌生长即为阳性（不抑制），经 2 d 细菌不生长为阴性（抑制）。

注：氰化钾是剧毒药，使用时应小心，切勿沾染，以免中毒。夏天分装培养基应在冰箱内进行。试验失败的主要原因是封口不严，氰化钾逐渐分解，产生氢氰酸气体逸出，以致药物浓度降低，细菌生长，因而造成假阳性反应。试验时对每一环节都要特别注意。

A.11 赖氨酸脱羧酶试验培养基

A.11.1 成分

蛋白胨	5.0 g
酵母浸膏	3.0 g

葡萄糖	1.0 g
蒸馏水	1 000 mL
1.6%溴甲酚紫-乙酸溶液	1.0 mL
L-赖氨酸或DL-赖氨酸	0.5 g/100mL或1.0 g/100mL

A.11.2　制法

除赖氨酸以外的成分加热溶解后，分装每瓶100 mL，分别加入赖氨酸。L-赖氨酸按0.5%加入，DL-赖氨酸按1%加入。调节pH至6.8±0.2。对照培养基不加赖氨酸。分装于无菌的小试管内，每管0.5 mL，上面滴加一层液体石碏，115℃高压灭菌10 min。

A.11.3　试验方法

从琼脂斜面上挑取培养物接种，于36℃±1℃培养18~24 h，观察结果。氨基酸脱羧酶阳性者由于产碱，培养基应呈紫色。阴性者无碱性产物，但因葡萄糖产酸而使培养基变为黄色。对照管应为黄色。

A.12　糖发酵管

A.12.1　成分

牛肉膏	5.0 g
蛋白胨	10.0 g
氯化钠	3.0 g
磷酸氢二钠（含12个结晶水）	2.0 g
0.2%溴麝香草酚蓝溶液	12.0 mL
蒸馏水	1 000 mL

A.12.2　制法

A.12.2.1　葡萄糖发酵管按上述成分配好后，调节pH至7.4±0.2。按0.5%加入葡萄糖，分装于有一个倒置小管的小试管内，121℃高压灭菌15 min。

A.12.2.2　其他各种糖发酵管可按上述成分配好后，分装每瓶100 mL，121℃高压灭菌15 min。另将各种糖类分别配好10%溶液，同时高压灭菌。将5 mL糖溶液加入于100 mL培养基内，以无菌操作分装小试管。

注：蔗糖不纯，加热后会自行水解者，应采用过滤法除菌。

A.12.3　试验方法

从琼脂斜面上挑取小量培养物接种，于36℃±1℃培养，一般2~3 d。迟缓反应需观察14~30 d。

A.13　邻硝基酚β-D半乳糖苷（ONPG）培养基

A.13.1　成分

邻硝基酚β-D半乳糖苷（ONPG） （O-Nitrophenyl-β-D-galactopyranoside）	60.0 mg
0.01 mol/L磷酸钠缓冲液（pH 7.5）	10.0 mL
1%蛋白胨水（pH 7.5）	30.0 mL

A. 13. 2　制法

将 ONPG 溶于缓冲液内，加入蛋白胨水，以过滤法除菌，分装于无菌的小试管内，每管 0. 5 mL，用橡皮塞塞紧。

A. 13. 3　试验方法

自琼脂斜面上挑取培养物 1 满环接种于 36℃±1℃培养 1~3 h 和 24 h 观察结果。如果 β-半乳糖苷酶产生，则于 1~3 h 变黄色，如无此酶则 24 h 不变色。

A.14　半固体琼脂

A. 14. 1　成分

牛肉膏	0. 3 g
蛋白胨	1. 0 g
氯化钠	0. 5 g
琼脂	0. 35~0. 4 g
蒸馏水	100 mL

A. 14. 2　制法

按以上成分配好，煮沸溶解，调节 pH 至 7. 4±0. 2。分装小试管。121℃高压灭菌 15 min。直立凝固备用。

注：供动力观察、菌种保存、H 抗原位相变异试验等用。

A.15　丙二酸钠培养基

A. 15. 1　成分

酵母浸膏	1. 0 g
硫酸铵	2. 0 g
磷酸氢二钾	0. 6 g
磷酸二氢钾	0. 4 g
氯化钠	2. 0 g
丙二酸钠	3. 0 g
0. 2%溴麝香草酚蓝溶液	12. 0 mL
蒸馏水	1 000 mL

A. 15. 2　制法

除指示剂以外的成分溶解于水，调节 pH 至 6. 8±0. 2，再加入指示剂，分装试管，121℃高压灭菌 15 min。

A. 15. 3　试验方法

用新鲜的琼脂培养物接种，于 36℃±1℃培养 48 h，观察结果。阳性者由绿色变为蓝色。

GB/T 4789.4—2016

附 录 B
常见沙门氏菌抗原

常见沙门氏菌抗原见表 B.1。

表 B.1 常见沙门氏菌抗原表

菌名	拉丁菌名	O 抗原	H 抗原	
			第 1 相	第 2 相
		A 群		
甲型副伤寒沙门氏菌	*S. Paratyphi* A	1, 2, 12	a	[1, 5]
		B 群		
基桑加尼沙门氏菌	*S. Kisangani*	1, 4, [5], 12	a	1, 2
阿雷查瓦莱塔沙门氏菌	*S. Arechavaleta*	4, [5], 12	a	1, 7
马流产沙门氏菌	*S. Abortusequi*	4, 12	—	e, n, x
乙型副伤寒沙门氏菌	*S. Paratyphi* B	1, 4, [5], 12	b	1, 2
利密特沙门氏菌	*S. Limete*	1, 4, 12, [27]	b	1, 5
阿邦尼沙门氏菌	*S. Abony*	1, 4, [5], 12, 27	b	e, n, x
维也纳沙门氏菌	*S. Wien*	1, 4, 12, [27]	b	1, w
伯里沙门氏菌	*S. Bury*	4, 12, [27]	c	z6
斯坦利沙门氏菌	*S. Stanley*	1, 4, [5], 12, [27]	d	1, 2
圣保罗沙门氏菌	*S. Saintpaul*	1, 4, [5], 12	e, h	1, 2
里定沙门氏菌	*S. Reading*	1, 4, [5], 12	e, h	1, 5
彻斯特沙门氏菌	*S. Chester*	1, 4, [5], 12	e, h	e, n, x
德尔卑沙门氏菌	*S. Derby*	1, 4, [5], 12	f, g	[1, 2]
阿贡纳沙门氏菌	*S. Agona*	1, 4, [5], 12	f, g, s	[1, 2]
埃森沙门氏菌	*S. Essen*	4, 12	g, m	—
加利福尼亚沙门氏菌	*S. California*	4, 12	g, m, t	[z_{67}]
金斯敦沙门氏菌	*S. Kingston*	1, 4, [5], 12, [27]	g, s, t	[1, 2]
布达佩斯沙门氏菌	*S. Budapest*	1, 4, 12, [27]	g, t	—
鼠伤寒沙门氏菌	*S. Typhimurium*	1, 4, [5], 12	i	1, 2
拉古什沙门氏菌	*S. Lagos*	1, 4, [5], 12	i	1, 5
布雷登尼沙门氏菌	*S. Bredeney*	1, 4, 12, [27]	l, v	1, 7
基尔瓦沙门氏菌Ⅱ	*S. Kilwa* Ⅱ	4, 12	l, w	e, n, x
海德尔堡沙门氏菌	*S. Heidelberg*	1, 4, [15], 12	r	1, 2
印地安纳沙门氏菌	*S. Indiana*	1, 4, 12	z	1, 7
斯坦利维尔沙门氏菌	*S. Stanleyville*	1, 4, [5], 12, [27]	z_4, z_{23}	[1, 2]

（续表）

菌名	拉丁菌名	O 抗原	H 抗原	
			第 1 相	第 2 相
伊图里沙门氏菌	*S. Ituri*	1，4，12	z_{10}	1，5
		C1 群		
奥斯陆沙门氏菌	*S. Oslo*	6，7，14	a	e，n. x
爱丁保沙门氏菌	*S. Edinburg*	6，7，14	b	1，5
布隆方丹沙门氏菌Ⅱ	*S. Bloemfontein* Ⅱ	6，7	b	[e，n，x]：z_{42}
丙型副伤寒沙门氏菌	*S. Paratyphi* C	6，7，[Vi]	c	1，5
猪霍乱沙门氏菌	*S. Choleraesuis*	6，7	c	1，5
猪伤寒沙门氏菌	*S. Typhisuis*	6，7	c	1，5
罗米他沙门氏菌	*S. Lomita*	6，7	e，h	1，5
布伦登卢普沙门氏菌	*S. Braenderup*	6，7，14	e，h	e，n，z_{15}
里森沙门氏菌	*S. Rissen*	6，7，14	f，g	—
蒙得维的亚沙门氏菌	*S. Montevideo*	6，7，14	g，m，[p]，s	[1，2，7]
里吉尔沙门氏菌	*S. Riggil*	6，7	g，[t]	—
奥雷宁堡沙门氏菌	*S. Oranieburg*	6，7，14	m，t	[2，5，7]
奥里塔蔓林沙门氏菌	*S. Oritamerin*	6，7	i	1，5
汤卜逊沙门氏菌	*S. Thompson*	6，7，14	k	1，5
康科德沙门氏菌	*S. Concord*	6，7	1，v	1，2
伊鲁木沙门氏菌	*S. Irumu*	6，7	1，v	1，5
姆卡巴沙门氏菌	*S. Mkamba*	6，7	1，v	1，6
波恩沙门氏菌	*S. Bonn*	6，7	l，v	e，n，x
波茨坦沙门氏菌	*S. Potsdam*	6，7，14	1，v	e，n，z_{15}
格但斯克沙门氏菌	*S. Gdansk*	6，7，14	1，v	z_6
维尔肖沙门氏菌	*S. Virchow*	6，7，14	r	1，2
婴儿沙门氏菌	*S. Infantis*	6，7，14	r	1，5
巴布亚沙门氏菌	*S. Papuana*	6，7	r	e，n，z_{15}
巴累利沙门氏菌	*S. Bareilly*	6，7，14	y	1，5
哈特福德沙门氏菌	*S. Hartford*	6，7	y	e，n，x
三河岛沙门氏菌	*S. Mikawasima*	6，7，14	y	e，n，z_{15}
姆班达卡沙门氏菌	*S. Mbandaka*	6.7，14	z_{10}	e，n，z_{15}
田纳西沙门氏菌	*S. Tennessee*	6，7，14	z_{29}	[1，2，7]
布伦登卢普沙门氏菌	*S. Braenderup*	6，7，14	e，h	e，n，z_{15}
耶路撒冷沙门氏菌	*S. Jerusalem*	6，7，14	z_{10}	1，w
		C2 群		
习志野沙门氏菌	*S. Narashino*	6，8	a	e，n，x

（续表）

菌名	拉丁菌名	O 抗原	H 抗原	
			第 1 相	第 2 相
		C2 群		
名古屋沙门氏菌	*S. Nagoya*	6，8	b	1，5
加瓦尼沙门氏菌	*S. Gatuni*	6，8	b	e，n，x
慕尼黑沙门氏菌	*S. Muenchen*	6，8	d	1，2
曼哈顿沙门氏菌	*S. Manhattan*	6，8	d	1，5
纽波特沙门氏菌	*S. Newport*	6，8，20	e，h	1，2
科特布斯沙门氏菌	*S. Kottbus*	6，8	e，h	1，5
茨昂威沙门氏菌	*S. Tshiongwe*	6，8	e，h	e，n，z_{15}
林登堡沙门氏菌	*S. Lindenburg*	6，8	i	1，2
塔科拉迪沙门氏菌	*S. Takoradi*	6，8	i	1，5
波那雷恩沙门氏菌	*S. Bonariensis*	6，8	i	e，n，x
利齐菲尔德沙门氏菌	*S. Litchfield*	6，8	1，v	1，2
病牛沙门氏菌	*S. Bovismorbificans*	6，8，20	r，[i]	1，5
查理沙门氏菌	*S. Chailey*	6，8	z_4，z_{23}	e，n，z_{15}
		C3 群		
巴尔多沙门氏菌	*S. Bardo*	8	e，h	1，2
依麦克沙门氏菌	*S. Emek*	8，20	g，m，s	—
肯塔基沙门氏菌	*S. Kentucky*	8，20	i	z_6
		D 群		
仙台沙门氏菌	*S. Sendai*	1，9，12	a	1，5
伤寒沙门氏菌	*S. Typhi*	9，12，[Vi]	d	—
塔西沙门氏菌	*S. Tarshyne*	9，12	d	1，6
伊斯特本沙门氏菌	*S. Eastbourne*	1，9.12	e，h	1，5
以色列沙门氏菌	*S. Israel*	9，12	e，h	e，n，z_{15}
肠炎沙门氏菌	*S. Enteritidis*	1，9，12	g，m	[1，7]
布利丹沙门氏菌	*S. Blegdam*	9，12	g，m，q	—
沙门氏菌Ⅱ	*Salmonella* Ⅱ	1，9，12	g，m，[s]，t	[1，5，7]
都柏林沙门氏菌	*S. Dublin*	1，9.12，[Vi]	g，p	—
芙蓉沙门氏菌	*S. Seremhan*	9，12	i	1，5
巴拿马沙门氏菌	*S. Panama*	1，9，12	1，v	1，5
戈丁根沙门氏菌	*S. Goettingen*	9，12	1，v	e，n，z_{15}
爪哇安纳沙门氏菌	*S. Javiana*	1，9，12	L，z_{28}	1，5
鸡-雏沙门氏菌	*S. Gallinarum-Pullorum*	1，9，12	—	—
		E1 群		
奥凯福科沙门氏菌	*S. Okefoko*	3，10	c	z_6

（续表）

菌名	拉丁菌名	O 抗原	H 抗原	
			第 1 相	第 2 相
		E1 群		
瓦伊勒沙门氏菌	*S. Vejle*	3，{10}，{15}	e，h	1，2
明斯特沙门氏菌	*S. Muenster*	3，{10} {15} {15，34}	e，h	1，5
鸭沙门氏菌	*S. Anatum*	3，{10} {15} {15，34}	e，h	1，6
纽兰沙门氏菌	*S. Newlands*	3，{10}，{15，34}	e，h	e，n，x
火鸡沙门氏菌	*S. Meleagridis*	3，{10} {15} {15，34}	e，h	l，w
雷根特沙门氏菌	*S. Regent*	3，10	f，g，[s]	[1，6]
四翰普顿沙门氏菌	*S. Westhampton*	3，{10} {15} {15，34}	g，s，t	—
阿姆德尔尼斯沙门氏菌	*S. Amounderness*	3，10	i	1.5
新罗歇尔沙门氏菌	*S. New-Rochelle*	3，10	k	l，w
恩昌加沙门氏菌	*S. Nchanga*	3，{10} {15}	l，v	1，2
新斯托夫沙门氏菌	*S. Sinstorf*	3，10	l，v	1，5
伦敦沙门氏菌	*S. London*	3，{10} {15}	l，v	1，6
吉韦沙门氏菌	*S. Give*	3，{10} {15} {15，34}	l，v	1，7
鲁齐齐沙门氏菌	*S. Ruzizi*	3，10	l，v	e，n，z_{15}
乌干达沙门氏菌	*S. Uganda*	3，{10} {15}	l，z_{13}	1，5
乌盖利沙门氏菌	*S. Ughelli*	3，10	r	1，5
韦太夫雷登沙门氏菌	*S. Weltevreden*	3，{10} {15}	r	z_6
克勒肯威尔沙门氏菌	*S. Clerkenwell*	3，10	z	l，w
列克星敦沙门氏菌	*S. Lexington*	3，{10} {15} {15，34}	z_{10}	1，5
		E4 群		
萨奥沙门氏菌	*S. Sao*	1，3，19	e，h	e，n，z_{15}
卡拉巴尔沙门氏菌	*S. Calabar*	1，3，19	e，h	l，w
山夫登堡沙门氏菌	*S. Senftenberg*	1，3，19	g，[s]，t	—
斯特拉特福沙门氏菌	*S. Stratford*	1，3，19	i	1，2
塔克松尼沙门氏菌	*S. Taksony*	1，3，19	i	z_6
索恩保沙门氏菌	*S. Schoeneberg*	1，3，19	z	e，n，z_{15}
		F 群		
昌丹斯沙门氏菌	*S. Chandans*	11	d	[e，n，x]
阿柏丁沙门氏菌	*S. Aberdeen*	11	i	1，2
布里赫姆沙门氏菌	*S. Brijbhumi*	11	i	1，5
威尼斯沙门氏菌	*S. Veneziana*	11	i	e，n，x
阿巴特图巴沙门氏菌	*S. Abaetetuba*	11	k	1，5
鲁比斯劳沙门氏菌	*S. Rubislaw*	11	r	e，n，x

（续表）

菌名	拉丁菌名	O 抗原	H 抗原	
			第 1 相	第 2 相
		其他群		
浦那沙门氏菌	*S. Poona*	$\underline{1}$，13，22	z	1，6
里特沙门氏菌	*S. Ried*	$\underline{1}$，13，22	z_4，z_{23}	[e，n，z_{15}]
密西西比沙门氏菌	*S. Mississippi*	$\underline{1}$，13，23	b	1，5
古巴沙门氏菌	*S. Cubana*	$\underline{1}$，13，23	z_{29}	—
苏拉特沙门氏菌	*S. Surat*	[1]，6，14，[25]	r，[i]	e，n，z_{15}
松兹瓦尔沙门氏菌	*S. Sundsvall*	[1]，6，14，[25]	z	e，n，x
非丁伏斯沙门氏菌	*S. Hvittingfoss*	16	b	e，n，x
威斯敦沙门氏菌	*S. Weston*	16	e，h	z_6
上海沙门氏菌	*S. Shanghai*	16	l，v	1，6
自贡沙门氏菌	*S. Zigong*	16	l，w	1，5
巴圭达沙门氏菌	*S. Baguida*	21	z_4，z_{23}	—
迪尤波尔沙门氏菌	*S. Dieuoppeul*	28	i	1，7
卢肯瓦尔德沙门氏菌	*S. Luckenwalde*	28	z_{10}	e，n，z_{15}
拉马特根沙门氏菌	*S. Ramatgan*	30	k	1，5
阿德莱沙门氏菌	*S. Adelaide*	35	f，g	—
旺兹沃思沙门氏菌	*S. Wandsworth*	39	b	1，2
雷俄格伦德沙门氏菌	*S. Riogrande*	40	b	1，5
莱瑟沙门氏菌	*S. Lethe* Ⅱ	41	g，t	—
达莱姆沙门氏菌	*S. Dahlem*	48	k	e，n，z_{15}
沙门氏菌Ⅲb	*Salmonella* Ⅲb	61	l，v	1，5，7

注：关于表内符号的说明：

{ } = { } 内 O 因子具有排他性。在血清型中 { } 内的因子不能与其他 { } 内的因子同时存在，例如在 O∶3，10 群中当菌株产生 O∶15 或 O∶15，34 因子时它替代了 O∶10 因子。

[ ] =O（无下划线）或 H 因子的存在或不存在与噬菌体转化无关，例如 O∶4 群中的 [5] 因子。H 因子在 [ ] 内时表示在野生菌株中罕见，例如极大多数 *S. Paratyphi* A 具有一个位相（a），罕有第 2 相（1，5）菌株。因此，用 1，2，12∶a∶[1，5] 表示。

_ =T 划线时表示该 O 因子是由噬菌体溶原化产生的。

食品微生物学检验　金黄色葡萄球菌检验

标 准 号：GB 4789.10—2016
发布日期：2016-12-23　　　　实施日期：2017-06-23
发布单位：中华人民共和国国家卫生和计划生育委员会、国家食品药品监督管理总局

前　　言

本标准代替 GB 4789.10—2010《食品安全国家标准　食品微生物学检验　金黄色葡萄球菌检验》、SN/T 0172—2010《进出口食品中金黄色葡萄球菌检验方法》、SN/T 2154—2008《进出口食品中凝固酶阳性葡萄球菌检测方法　兔血浆纤维蛋白原琼脂培养基技术》。

本标准与 GB 4789.10—2010 相比，主要变化如下：

——试验用增菌液统一为 7.5%氯化钠肉汤。

1　范围

本标准规定了食品中金黄色葡萄球菌（*Staphylococcus aureus*）的检验方法。

本标准第一法适用于食品中金黄色葡萄球菌的定性检验；第二法适用于金黄色葡萄球菌含量较高的食品中金黄色葡萄球菌的计数；第三法适用于金黄色葡萄球菌含量较低的食品中金黄色葡萄球菌的计数。

2　设备和材料

除微生物实验室常规灭菌及培养设备外，其他设备和材料如下：

2.1　恒温培养箱：36℃±1℃。

2.2　冰箱：2~5℃。

2.3　恒温水浴箱：36~56℃。

2.4　天平：感量 0.1 g。

2.5　均质器。

2.6　振荡器。

2.7　无菌吸管：1 mL（具 0.01 mL 刻度）、10 mL（具 0.1 mL 刻度）或微量移液器及吸头。

2.8　无菌锥形瓶：容量 100 mL、500 mL。

2.9　无菌培养皿：直径 90 mm。

2.10　涂布棒。

2.11　pH 计或 pH 比色管或精密 pH 试纸。

3　培养基和试剂

3.1　7.5%氯化钠肉汤：见 A.1。

3.2　血琼脂平板：见 A.2。

3.3　Baird-Parker 琼脂平板：见 A.3。

3.4　脑心浸出液肉汤（BHI）：见 A.4。

3.5　兔血浆：见 A.5。

3.6　稀释液：磷酸盐缓冲液：见 A.6。

3.7　营养琼脂小斜面：见 A.7。

3.8　革兰氏染色液：见 A.8。

3.9　无菌生理盐水：见 A.9。

第一法　金黄色葡萄球菌定性检验

4　检验程序

金黄色葡萄球菌定性检验程序见图 1。

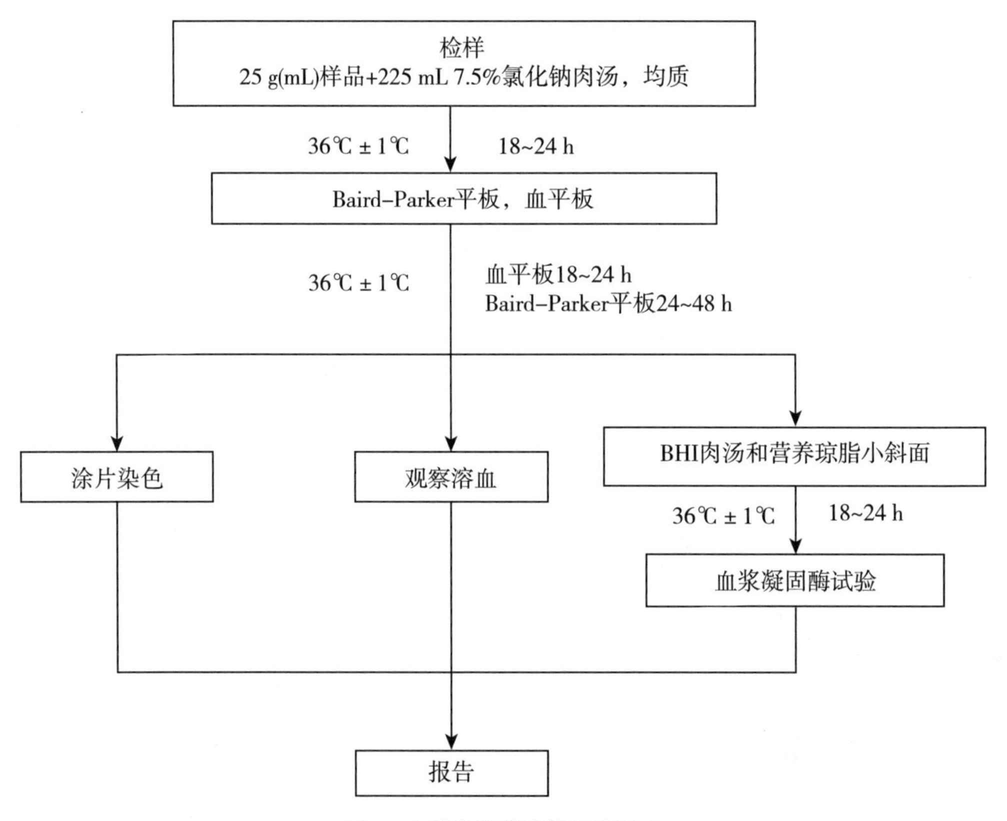

图 1　金黄色葡萄球菌检验程序

5　操作步骤

5.1　样品的处理

称取 25 g 样品至盛有 225 mL 7.5%氯化钠肉汤的无菌均质杯内，8 000~10 000 r/min 均质 1~2 min，或放入盛有 225 mL 7.5%氯化钠肉汤无菌均质袋中，用拍击式均质器拍打 1~2 min。若样品为液态，吸取 25 mL 样品至盛有 225 mL 7.5%氯化钠肉汤的无菌锥形瓶（瓶内可预置适当数量的无菌玻璃珠）中，振荡混匀。

5.2　增菌

将上述样品匀液于 36℃±1℃培养 18~24 h。金黄色葡萄球菌在 7.5%氯化钠肉汤中呈混浊生长。

5.3　分离

将增菌后的培养物，分别划线接种到 Baird-Parker 平板和血平板，血平板 36℃±1℃培养 18~24 h。Baird-Parker 平板 36℃±1℃培养 24~48 h。

5.4　初步鉴定

金黄色葡萄球菌在 Baird-Parker 平板上呈圆形，表面光滑、凸起、湿润、菌落直径为 2~3 mm，颜色呈灰黑色至黑色，有光泽，常有浅色（非白色）的边缘，周围绕以不透明圈（沉淀），其外常有一清晰带。当用接种针触及菌落时具有黄油样黏稠感。有时可见到不分解脂肪的菌株，除没有不透明圈和清晰带外，其他外观基本相同。从长期贮存的冷冻或脱水食品中分离的菌落，其黑色常较典型菌落浅些，且外观可能较粗糙，质地较干燥。在血平板上，形成菌落较大，圆形、光滑凸起、湿润、金黄色（有时为白色），菌落周围可见完全透明溶血圈。挑取上述可疑菌落进行革兰氏染色镜检及血浆凝固酶试验。

5.5　确证鉴定

5.5.1　染色镜检：金黄色葡萄球菌为革兰氏阳性球菌，排列呈葡萄球状，无芽胞，无荚膜，直径约为 0.5~1 μm。

5.5.2　血浆凝固酶试验：挑取 Baird-Parker 平板或血平板上至少 5 个可疑菌落（小于 5 个全选），分别接种到 5 mL BHI 和营养琼脂小斜面，36℃±1℃培养 18~24 h。

取新鲜配制兔血浆 0.5 mL，放入小试管中，再加入 BHI 培养物 0.2~0.3 mL，振荡摇匀，置 36℃±1℃温箱或水浴箱内，每半小时观察一次，观察 6 h，如呈现凝固（即将试管倾斜或倒置时，呈现凝块）或凝固体积大于原体积的一半，被判定为阳性结果。同时以血浆凝固酶试验阳性和阴性葡萄球菌菌株的肉汤培养物作为对照。也可用商品化的试剂，按说明书操作，进行血浆凝固酶试验。

结果如可疑，挑取营养琼脂小斜面的菌落到 5 mL BHI，36℃±1℃培养 18~48 h，重复试验。

5.6　葡萄球菌肠毒素的检验（选做）

可疑食物中毒样品或产生葡萄球菌肠毒素的金黄色葡萄球菌菌株的鉴定，应按附录 B 检测葡萄球菌肠毒素。

6 结果与报告

6.1 结果判定：符合 5.4、5.5，可判定为金黄色葡萄球菌。

6.2 结果报告：在 25 g（mL）样品中检出或未检出金黄色葡萄球菌。

第二法 金黄色葡萄球菌平板计数法

7 检验程序

金黄色葡萄球菌平板计数法检验程序见图 2。

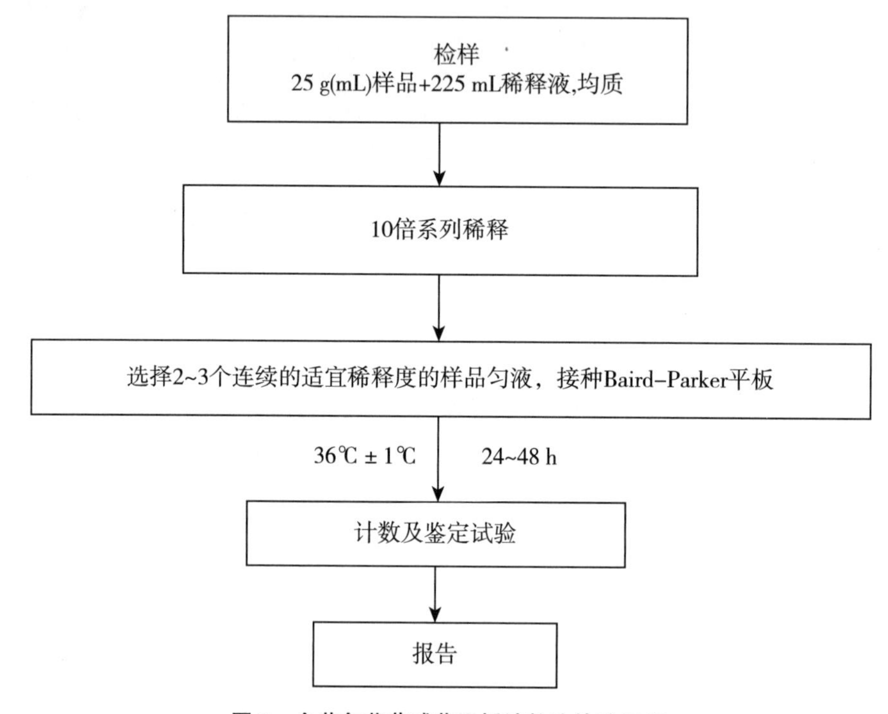

图 2 金黄色葡萄球菌平板计数法检验程序

8 操作步骤

8.1 样品的稀释

8.1.1 固体和半固体样品：称取 25 g 样品置于盛有 225 mL 磷酸盐缓冲液或生理盐水的无菌均质杯内，8 000~10 000 r/min 均质 1~2 min，或置于盛有 225 mL 稀释液的无菌均质袋中，用拍击式均质器拍打 1~2 min，制成 1：10 的样品匀液。

8.1.2 液体样品：以无菌吸管吸取 25 mL 样品置于盛有 225 mL 磷酸盐缓冲液或生理盐水的无菌锥形瓶（瓶内预置适当数量的无菌玻璃珠）中，充分混匀，制成 1：10 的样品匀液。

8.1.3 用 1 mL 无菌吸管或微量移液器吸取 1：10 样品匀液 1 mL，沿管壁缓慢注于盛有 9 mL 磷酸盐缓冲液或生理盐水的无菌试管中（注意吸管或吸头尖端不要触及稀释液面），振摇试管或换用 1 支 1 mL 无菌吸管反复吹打使其混合均匀，制成 1：100 的样品匀液。

8.1.4 按 8.1.3 操作程序，制备 10 倍系列稀释样品匀液。每递增稀释一次，换用 1 次 1 mL无菌吸管或吸头。

8.2 样品的接种

根据对样品污染状况的估计，选择 2~3 个适宜稀释度的样品匀液（液体样品可包括原液），在进行 10 倍递增稀释的同时，每个稀释度分别吸取 1 mL 样品匀液以 0.3 mL、0.3 mL、0.4 mL 接种量分别加入三块 Baird-Parker 平板，然后用无菌涂布棒涂布整个平板，注意不要触及平板边缘。使用前，如 Baird-Parker 平板表面有水珠，可放在 25~50℃的培养箱里干燥，直到平板表面的水珠消失。

8.3 培养

在通常情况下，涂布后，将平板静置 10 min，如样液不易吸收，可将平板放在培养箱 36℃ ±1℃ 培养 1 h；等样品匀液吸收后翻转平板，倒置后于 36℃ ±1℃ 培养24~48 h。

8.4 典型菌落计数和确认

8.4.1 金黄色葡萄球菌在 Baird-Parker 平板上呈圆形，表面光滑、凸起、湿润、菌落直径为 2~3 mm，颜色呈灰黑色至黑色，有光泽，常有浅色（非白色）的边缘，周围绕以不透明圈（沉淀），其外常有一清晰带。当用接种针触及菌落时具有黄油样黏稠感。有时可见到不分解脂肪的菌株，除没有不透明圈和清晰带外，其他外观基本相同。从长期贮存的冷冻或脱水食品中分离的菌落，其黑色常较典型菌落浅些，且外观可能较粗糙，质地较干燥。

8.4.2 选择有典型的金黄色葡萄球菌菌落的平板，且同一稀释度 3 个平板所有菌落数合计在 20~200 CFU 的平板，计数典型菌落数。

8.4.3 从典型菌落中至少选 5 个可疑菌落（小于 5 个全选）进行鉴定试验。分别做染色镜检，血浆凝固酶试验（见 5.5）；同时划线接种到血平板 36℃±1℃培养 18~24 h 后观察菌落形态，金黄色葡萄球菌菌落较大，圆形、光滑凸起、湿润、金黄色（有时为白色），菌落周围可见完全透明溶血圈。

9 结果计算

9.1 若只有一个稀释度平板的典型菌落数在 20~200 CFU，计数该稀释度平板上的典型菌落，按式（1）计算。

9.2 若最低稀释度平板的典型菌落数小于 20 CFU，计数该稀释度平板上的典型菌落，按式（1）计算。

9.3 若某一稀释度平板的典型菌落数大于 200 CFU，但下一稀释度平板上没有典型菌落，计数该稀释度平板上的典型菌落，按式（1）计算。

9.4 若某一稀释度平板的典型菌落数大于 200 CFU，而下一稀释度平板上虽有典型菌落但不在 20~200 CFU 范围内，应计数该稀释度平板上的典型菌落，按式（1）

计算。

9.5 若2个连续稀释度的平板典型菌落数均在20~200 CFU之间，按式（2）计算。

9.6 计算公式

式（1）：

$$T=\frac{AB}{Cd} \quad \cdots\cdots\cdots\cdots\cdots\cdots (1)$$

式中：

T——样品中金黄色葡萄球菌菌落数；

A——某一稀释度典型菌落的总数；

B——某一稀释度鉴定为阳性的菌落数；

C——某一稀释度用于鉴定试验的菌落数；

d——稀释因子。

式（2）：

$$T=\frac{A_1B_1/C_1+A_2B_2/C_2}{1.1d} \quad \cdots\cdots\cdots\cdots\cdots\cdots (2)$$

式中：

T——样品中金黄色葡萄球菌菌落数；

A_1——第一稀释度（低稀释倍数）典型菌落的总数；

B_1——第一稀释度（低稀释倍数）鉴定为阳性的菌落数；

C_1——第一稀释度（低稀释倍数）用于鉴定试验的菌落数；

A_2——第二稀释度（高稀释倍数）典型菌落的总数；

B_2——第二稀释度（高稀释倍数）鉴定为阳性的菌落数；

C_2——第二稀释度（高稀释倍数）用于鉴定试验的菌落数；

1.1——计算系数；

d——稀释因子（第一稀释度）。

10 报告

根据9中公式计算结果，报告每g（mL）样品中金黄色葡萄球菌数，以CFU/g（mL）表示；如T值为0，则以小于1乘以最低稀释倍数报告。

第三法 金黄色葡萄球菌MPN计数

11 检验程序

金黄色葡萄球菌MPN计数检验程序见图3。

12 操作步骤

12.1 样品的稀释

按8.1进行。

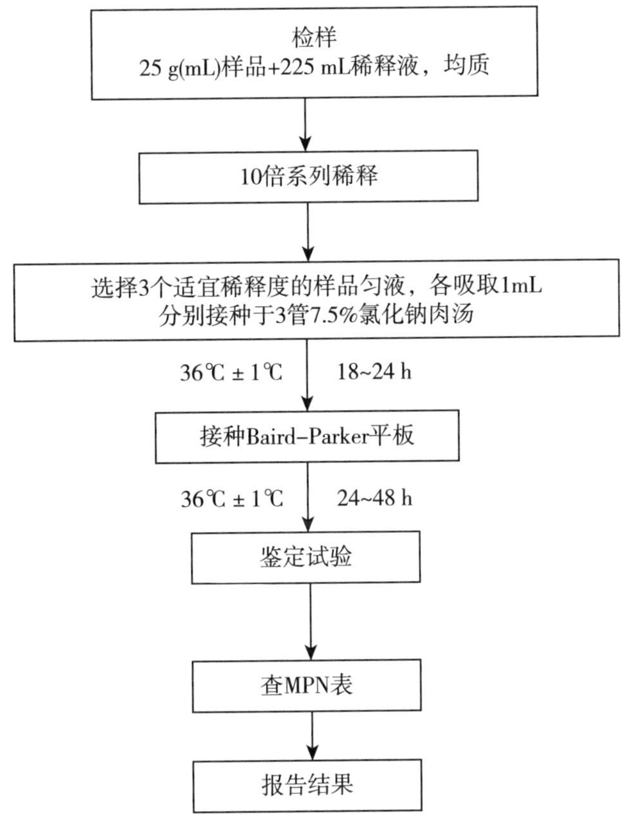

图 3　金黄色葡萄球菌 MPN 法检验程序

12.2　接种和培养

12.2.1　根据对样品污染状况的估计，选择 3 个适宜稀释度的样品匀液（液体样品可包括原液），在进行 10 倍递增稀释的同时，每个稀释度分别接种 1 mL 样品匀液至 7.5%氯化钠肉汤管（如接种量超过 1 mL，则用双料 7.5%氯化钠肉汤），每个稀释度接种 3 管，将上述接种物 36℃±1℃培养，18～24 h。

12.2.2　用接种环从培养后的 7.5%氯化钠肉汤管中分别取培养物 1 环，移种于 Baird-Parker 平板 36℃±1℃培养，24～48 h。

12.3　典型菌落确认

按 8.4.1、8.4.3 进行。

13　结果与报告

根据证实为金黄色葡萄球菌阳性的试管管数，查 MPN 检索表（见附录 C），报告每 g（mL）样品中金黄色葡萄球菌的最可能数，以 MPN/g（mL）表示。

GB 4789.10—2016

附 录 A
培养基和试剂

A.1 7.5%氯化钠肉汤

A.1.1 成分

蛋白胨	10.0 g
牛肉膏	5.0 g
氯化钠	75 g
蒸馏水	1 000 mL

A.1.2 制法

将上述成分加热溶解，调节 pH 至 7.4±0.2，分装，每瓶 225 mL，121℃高压灭菌 15 min。

A.2 血琼脂平板

A.2.1 成分

豆粉琼脂（pH 7.5±0.2）	100 mL
脱纤维羊血（或兔血）	5~10 mL

A.2.2 制法

加热溶化琼脂，冷却至50℃，以无菌操作加入脱纤维羊血，摇匀，倾注平板。

A.3 Baird-Parker 琼脂平板

A.3.1 成分

胰蛋白胨	10.0 g
牛肉膏	5.0 g
酵母膏	1.0 g
丙酮酸钠	10.0 g
甘氨酸	12.0 g
氯化锂（$LiCl \cdot 6H_2O$）	5.0 g
琼脂	20.0 g
蒸馏水	950 mL

A.3.2 增菌剂的配法

30%卵黄盐水 50 mL 与通过 0.22 μm 孔径滤膜进行过滤除菌的 1%亚碲酸钾溶液 10 mL混合，保存于冰箱内。

A.3.3 制法

将各成分加到蒸馏水中，加热煮沸至完全溶解，调节 pH 至 7.0±0.2。分装每瓶 95 mL，121℃高压灭菌 15 min。临用时加热溶化琼脂，冷至 50℃，每 95 mL 加入预热至

50℃的卵黄亚碲酸钾增菌剂 5 mL 摇匀后倾注平板。培养基应是致密不透明的。使用前在冰箱储存不得超过 48 h。

A.4　脑心浸出液肉汤（BHI）

A.4.1　成分

胰蛋白质胨	10.0 g
氯化钠	5.0 g
磷酸氢二钠（Na_2HPO_4）	2.5 g
葡萄糖	2.0 g
牛心浸出液	500 mL

A.4.2　制法

加热溶解，调节 pH 值至 7.4±0.2，分装 16 mm×160 mm 试管，每管 5 mL 置 121℃，15 min灭菌。

A.5　兔血浆

取柠檬酸钠 3.8 g，加蒸馏水 100 mL，溶解后过滤，装瓶，121℃高压灭菌 15 min。兔血浆制备：取 3.8%柠檬酸钠溶液一份，加兔全血 4 份，混好静置（或以 3 000 r/min离心 30 min），使血液细胞下降，即可得血浆。

A.6　磷酸盐缓冲液

A.6.1　成分

磷酸二氢钾（KH_2PO_4）	34.0 g
蒸馏水	500 mL

A.6.2　制法

贮存液：称取 34.0 g 的磷酸二氢钾溶于 500 mL 蒸馏水中，用大约 175 mL 的 1 mol/L 氢氧化钠溶液调节 pH 至 7.2，用蒸馏水稀释至 1 000 mL 后贮存于冰箱。

稀释液：取贮存液 1.25 mL，用蒸馏水稀释至 1 000 mL，分装于适宜容器中，121℃高压灭菌 15 min。

A.7　营养琼脂小斜面

A.7.1　成分

蛋白胨	10.0 g
牛肉膏	3.0 g
氯化钠	5.0 g
琼脂	15.0~20.0 g
蒸馏水	1 000 mL

A.7.2　制法

将除琼脂以外的各成分溶解于蒸馏水内，加入 15%氢氧化钠溶液约 2 mL 调节 pH 至

7.3±0.2。加入琼脂，加热煮沸，使琼脂溶化，分装 13 mm×130 mm 试管，121℃高压灭菌 15 min。

A.8 革兰氏染色液

A.8.1 结晶紫染色液

A.8.1.1 成分

结晶紫	1.0 g
95%乙醇	20.0 mL
1%草酸铵水溶液	80.0 mL

A.8.1.2 制法

将结晶紫完全溶解于乙醇中，然后与草酸铵溶液混合。

A.8.2 革兰氏碘液

A.8.2.1 成分

碘	1.0 g
碘化钾	2.0 g
蒸馏水	300 mL

A.8.2.2 制法

将碘与碘化钾先行混合，加入蒸馏水少许充分振摇，待完全溶解后，再加蒸馏水至 300 mL。

A.8.3 沙黄复染液

A.8.3.1 成分

沙黄	0.25 g
95%乙醇	10.0 mL
蒸馏水	90.0 mL

A.8.3.2 制法

将沙黄溶解于乙醇中，然后用蒸馏水稀释。

A.8.4 染色法

a）涂片在火焰上固定，滴加结晶紫染液，染 1 min，水洗。

b）滴加革兰氏碘液，作用 1 min，水洗。

c）滴加 95%乙醇脱色 15~30 s，直至染色液被洗掉，不要过分脱色，水洗。

d）滴加复染液，复染 1 min，水洗、待干、镜检。

A.9 无菌生理盐水

A.9.1 成分

氯化钠	8.5 g
蒸馏水	1 000 mL

A.9.2 制法

称取 8.5 g 氯化钠溶于 1 000 mL 蒸馏水中，121℃高压灭菌 15 min。

GB 4789.10—2016

附 录 B
葡萄球菌肠毒素检验

B.1 试剂和材料

除另有规定外，所用试剂均为分析纯，试验用水应符合 GB/T 6682 对一级水的规定。

B.1.1 A、B、C、D、E 型金黄色葡萄球菌肠毒素分型 ELISA 检测试剂盒。

B.1.2 pH 试纸，范围在 3.5~8.0，精度 0.1。

B.1.3 0.25 mol/L、pH 8.0 的 Tris 缓冲液：将 121.1 g 的 Tris 溶解到 800 mL 的去离子水中，待温度冷至室温后，加 42 mL 浓 HCl，调 pH 至 8.0。

B.1.4 pH 7.4 的磷酸盐缓冲液：称取 $Na_2HPO_4 \cdot H_2O$ 0.55 g（或 $Na_2HPO_4 \cdot 2H_2O$ 0.62 g）、$Na_2HPO_4 \cdot 2H_2O$ 2.85 g（或 $Na_2HPO_4 \cdot 12H_2O$ 5.73 g）、NaCl 8.7 g 溶于 1 000 mL蒸馏水中，充分混匀即可。

B.1.5 庚烷。

B.1.6 10%次氯酸钠溶液。

B.1.7 肠毒素产毒培养基。

B.1.7.1 成分

蛋白胨	20.0 g
胰消化酪蛋白	200 mg（氨基酸）
氯化钠	5.0 g
磷酸氢二钾	1.0 g
磷酸二氢钾	1.0 g
氧化钙	0.1 g
硫酸镁	0.2 g
菸酸	0.01 g
蒸馏水	1 000 mL

pH 7.3±0.2

B.1.7.2 制法

将所有成分混于水中，溶解后调节 pH，121℃高压灭菌 30 min。

B.1.8 营养琼脂

B.1.8.1 成分

蛋白胨	10.0 g
牛肉膏	3.0 g
氧化钠	5.0 g
琼脂	15.0~20.0 g
蒸馏水	1 000 mL

B.1.8.2　制法

将除琼脂以外的各成分溶解于蒸馏水内，加入15%氢氧化钠溶液约2 mL校正pH至7.3±0.2。加入琼脂，加热煮沸，使琼脂溶化。分装烧瓶，121℃高压灭菌15 min。

B.2　仪器和设备

B.2.1　电子天平：感量0.01 g。
B.2.2　均质器。
B.2.3　离心机：转速3 000~5 000 g。
B.2.4　离心管：50 mL。
B.2.5　滤器：滤膜孔径0.2 μm。
B.2.6　微量加样器：20~200 μL，200~1000 μL。
B.2.7　微量多通道加样器：50~300 μL。
B.2.8　自动洗板机（可选择使用）。
B.2.9　酶标仪：波长450 nm。

B.3　原理

本方法可用A、B、C、D、E型金黄色葡萄球菌肠毒素分型酶联免疫吸附试剂盒完成。本方法测定的基础是酶联免疫吸附反应（ELISA）。96孔酶标板的每一个微孔条的A~E孔分别包被了A、B、C、D、E型葡萄球菌肠毒素抗体，H孔为阳性质控，已包被混合型葡萄球菌肠毒素抗体，F和G孔为阴性质控，包被了非免疫动物的抗体。样品中如果有葡萄球菌肠毒素，游离的葡萄球菌肠毒素则与各微孔中包被的特定抗体结合，形成抗原抗体复合物，其余未结合的成分在洗板过程中被洗掉；抗原抗体复合物再与过氧化物酶标记物（二抗）结合，未结合上的酶标记物在洗板过程中被洗掉；加入酶底物和显色剂并孵育，酶标记物上的酶催化底物分解，使无色的显色剂变为蓝色；加入反应终止液可使颜色由蓝变黄，并终止了酶反应；以450 nm波长的酶标仪测量微孔溶液的吸光度值，样品中的葡萄球菌肠毒素与吸光度值呈正比。

B.4　检测步骤

B.4.1　从分离菌株培养物中检测葡萄球菌肠毒素方法

待测菌株接种营养琼脂斜面（试管18 mm×180 mm）36℃培养24 h，用5 mL生理盐水洗下菌落，倾入60 mL产毒培养基中，36℃振荡培养48 h，振速为100次/min，吸出菌液离心，8 000r/min 20 min，加热100℃，10 min，取上清液，取100 μL稀释后的样液进行试验。

B.4.2　从食品中提取和检测葡萄球菌毒素方法

B.4.2.1　牛奶和奶粉

将25 g奶粉溶解到125 mL、0.25M、pH 8.0的Tris缓冲液中，混匀后同液体牛奶一样按以下步骤制备。将牛奶于15℃，3 500 g离心10 min。将表面形成的一层脂肪层移走，变成脱脂牛奶。用蒸馏水对其进行稀释（1∶20）。取100 μL稀释后的样液进行试验。

B.4.2.2　脂肪含量不超过40%的食品

称取10 g样品绞碎，加入pH 7.4的PBS液15 mL进行均质。振摇15 min。于15℃，3 500 g离心10 min。必要时，移去上面脂肪层。取上清液进行过滤除菌。取100 μL的滤出液进行试验。

B.4.2.3　脂肪含量超过40%的食品

称取10 g样品绞碎，加入pH 7.4的PBS液15 mL，进行均质。振摇15 min。于15℃，3 500 g离心10 min。吸取5 mL上层悬浮液，转移到另外一个离心管中，再加入5 mL的庚烷，充分混匀5 min。于15℃，3 500 g离心5 min。将上部有机相（庚烷层）全部弃去，注意该过程中不要残留庚烷。将下部水相层进行过滤除菌。取100 μL的滤出液进行试验。

B.4.2.4　其他食品可酌情参考上述食品处理方法。

B.4.3　检测

B.4.3.1　所有操作均应在室温（20~25℃）下进行，A、B、C、D、E型金黄色葡萄球菌肠毒素分型ELISA检测试剂盒中所有试剂的温度均应回升至室温方可使用。测定中吸取不同的试剂和样品溶液时应更换吸头，用过的吸头以及废液处理前要浸泡到10%次氯酸钠溶液中过夜。

B.4.3.2　将所需数量的微孔条插入框架中（一个样品需要一个微孔条）。将样品液加入微孔条的A~G孔，每孔100 μL，H孔加100 μL的阳性对照，用手轻拍微孔板充分混匀，用黏胶纸封住微孔以防溶液挥发，置室温下孵育1 h。

B.4.3.3　将孔中液体倾倒至含10%次氯酸钠溶液的容器中，并在吸水纸上拍打几次以确保孔内不残留液体。每孔用多通道加样器注入250 μL的洗液，再倾倒掉并在吸水纸上拍干。重复以上洗板操作4次。本步骤也可由自动洗板机完成。

B.4.3.4　每孔加入100 μL的酶标抗体，用手轻拍微孔板充分混匀，置室温下孵育1 h。

B.4.3.5　重复B.4.3.3的洗板程序。

B.4.3.6　加50 μL的TMB底物和50 μL的发色剂至每个微孔中，轻拍混匀，室温黑暗避光处孵育30 min。

B.4.3.7　加入100 μL的2 mol/L硫酸终止液，轻拍混匀，30 min内用酶标仪在450 nm波长条件下测量每个微孔溶液的OD值。

B.4.4　结果的计算和表述

B.4.4.1　质量控制

测试结果阳性质控的OD值要大于0.5，阴性质控的OD值要小于0.3，如果不能同时满足以上要求，测试的结果将不被认可。对阳性结果要排除内源性过氧化物酶的干扰。

B.4.4.2　临界值的计算

每一个微孔条的F孔和G孔为阴性质控，两个阴性质控OD值的平均值加上0.15为临界值。

示例：阴性质控1=0.08

阴性质控2=0.10

平均值=0.09

临界值=0.09+0.15=0.24

B.4.4.3 结果表述

OD值小于临界值的样品孔判为阴性，表述为样品中未检出某型金黄色葡萄球菌肠毒素；OD值大于或等于临界值的样品孔判为阳性，表述为样品中检出某型金黄色葡萄球菌肠毒素。

B.5 生物安全

因样品中不排除有其他潜在的传染性物质存在，所以要严格按照GB 19489《实验室 生物安全通用要求》对废弃物进行处理。

GB 4789.10—2016

附　录　C
金黄色葡萄球菌最可能数（MPN）检索表

每 g（mL）检样中金黄色葡萄球菌最可能数（MPN）的检索见表 C.1。

表 C.1　金黄色葡萄球菌最可能数（MPN）检索表

阳性管数			MPN	95%置信区间		阳性管数			MPN	95%置信区间	
0.10	0.01	0.001		下限	上限	0.10	0.01	0.001		下限	上限
0	0	0	<3.0	—	9.5	2	2	0	21	4.5	42
0	0	1	3.0	0.15	9.6	2	2	1	28	8.7	94
0	1	0	3.0	0.15	11	2	2	2	35	8.7	94
0	1	1	6.1	1.2	18	2	3	0	29	8.7	94
0	2	0	6.2	1.2	18	2	3	1	36	8.7	94
0	3	0	9.4	3.6	38	3	0	0	23	4.6	94
1	0	0	3.6	0.17	18	3	0	1	38	8.7	110
1	0	1	7.2	1.3	18	3	0	2	64	17	180
1	0	2	11	3.6	38	3	1	0	43	9	180
1	1	0	7.4	1.3	20	3	1	1	75	17	200
1	1	1	11	3.6	38	3	1	2	120	37	420
1	2	0	11	3.6	42	3	1	3	160	40	420
1	2	1	15	4.5	42	3	2	0	93	18	420
1	3	0	16	4.5	42	3	2	1	150	37	420
2	0	0	9.2	1.4	38	3	2	2	210	40	430
2	0	1	14	3.6	42	3	2	3	290	90	1 000
2	0	2	20	4.5	42	3	3	0	240	42	1 000
2	1	0	15	3.7	42	3	3	1	460	90	2 000
2	1	1	20	4.5	42	3	3	2	1 100	180	4 100
2	1	2	27	8.7	94	3	3	3	>1 100	420	—

注 1：本表采用 3 个稀释度［0.1 g（mL）、0.01 g（mL）和 0.001 g（mL）］、每个稀释度接种 3 管。

注 2：表内所列检样量如改用 1 g（mL）、0.1 g（mL）和 0.01 g（mL）时，表内数字应相应降低 10 倍；如改用 0.01 g（mL）、0.001 g（mL）、0.000 1 g（mL）时，则表内数字应相应增高 10 倍，其余类推。

食品微生物学检验　乳与乳制品检验

National food safety standard
Food microbiological examination：Milk and milk products

标 准 号：GB 4789.18—2010
发布日期：2010-03-26　　　　实施日期：2010-06-01
发布单位：中华人民共和国卫生部

前　　言

本标准代替 GB/T 4789.18—2003《食品卫生微生物学检验　乳与乳制品检验》。

本标准与 CB/T 4789.18—2003 相比，主要变化如下：

——修改了标准的中英文名称；

——修改了“范围”和“规范性引用文件”；

——修改了采样方案和各类乳制品的处理方法。

本标准所代替的历次版本发布情况为：

——GB 4789.18—1984、GB 4789.18—1994、GB/T 4789.18—2003。

1　范围

本标准适用于乳与乳制品的微生物学检验。

2　规范性引用文件

本标准中引用的文件对于本标准的应用是必不可少的。凡是注日期的引用文件，仅注日期的版本适用于本标准。凡是不注日期的引用文件，其最新版本（包括所有的修改单）适用于本标准。

3　设备和材料

3.1　采样工具

采样工具应使用不锈钢或其他强度适当的材料，表面光滑，无缝隙，边角圆润。采样工具应清洗和灭菌，使用前保持干燥。采样工具包括搅拌器具、采样勺、匙、切割丝、刀具（小刀或抹刀）、采样钻等。

3.2　样品容器

样品容器的材料（如玻璃、不锈钢、塑料等）和结构应能充分保证样品的原有状态。容器和盖子应清洁、无菌、干燥。样品容器应有足够的体积，使样品可在测试前充分混匀。样品容器包括采样袋、采样管、采样瓶等。

3.3　其他用品

包括温度计、铝箔、封口膜、记号笔、采样登记表等。

3.4 实验室检验用品

3.4.1 常规检验用品按 GB 4789.1 执行。

3.4.2 微生物指标菌检验分别按 GB 4789.2、GB 4789.3、GB 4789.15 执行。

3.4.3 致病菌检验分别按 GB 4789.4、GB 4789.10、GB 4789.30 和 GB 4789.40 执行。

3.4.4 双歧杆菌和乳酸菌检验分别按 GB/T 4789.34、GB 4789.35 执行。

4 采样方案

样品应当具有代表性。采样过程采用无菌操作，采样方法和采样数量应根据具体产品的特点和产品标准要求执行。样品在保存和运输的过程中，应采取必要的措施防止样品中原有微生物的数量变化，保持样品的原有状态。

4.1 生乳的采样

4.1.1 样品应充分搅拌混匀，混匀后应立即取样，用无菌采样工具分别从相同批次（此处特指单体的贮奶罐或贮奶车）中采集 n 个样品，采样量应满足微生物指标检验的要求。

4.1.2 具有分隔区域的贮奶装置，应根据每个分隔区域内贮奶量的不同，按比例从中采集一定量经混合均匀的代表性样品，将上述奶样混合均匀采样。

4.2 液态乳制品的采样

适用于巴氏杀菌乳、发酵乳、灭菌乳、调制乳等。取相同批次最小零售原包装，每批至少取 n 件。

4.3 半固态乳制品的采样

4.3.1 炼乳的采样

适用于淡炼乳、加糖炼乳、调制炼乳等。

4.3.1.1 原包装小于或等于 500 g（mL）的制品：取相同批次的最小零售原包装，每批至少取 n 件。采样量不小于 5 倍或以上检验单位的样品。

4.3.1.2 原包装大于 500 g（mL）的制品（再加工产品，进出口）：采样前应摇动或使用搅拌器搅拌，使其达到均匀后采样。如果样品无法进行均匀混合，就从样品容器中的各个部位取代表性样。采样量不小于 5 倍或以上检验单位的样品。

4.3.2 奶油及其制品的采样

适用于稀奶油、奶油、无水奶油等。

4.3.2.1 原包装小于或等于 1 000 g（mL）的制品：取相同批次的最小零售原包装，采样量不小于 5 倍或以上检验单位的样品。

4.3.2.2 原包装大于 1 000 g（mL）的制品：采样前应摇动或使用搅拌器搅拌，使其达到均匀后采样。对于固态制品，用无菌抹刀除去表层产品，厚度不少于 5 mm。将洁净、干燥的采样钻沿包装容器切口方向往下，匀速穿入底部。当采样钻到达容器底部时，将采样钻旋转 180°，抽出采样钻并将采集的样品转入样品容器。采样量不小于 5 倍或以上检验单位的样品。

4.4 固态乳制品采样

适用于干酪、再制干酪、乳粉、乳清粉、乳糖和酪乳粉等。

4.4.1 干酪与再制干酪的采样

4.4.1.1 原包装小于或等于500 g的制品：取相同批次的最小零售原包装，采样量不小于5倍或以上检验单位的样品。

4.4.1.2 原包装大于500 g的制品：根据干酪的形状和类型，可分别使用下列方法：(1) 在距边缘不小于10 cm处，把取样器向干酪中心斜插到一个平表面，进行一次或几次。(2) 把取样器垂直插入一个面，并穿过干酪中心到对面。(3) 从两个平面之间，将取样器水平插入干酪的竖直面，插向干酪中心。(4) 若干酪是装在桶、箱或其他大容器中，或是将干酪制成压紧的大块时，将取样器从容器顶斜穿到底进行采样。采样量不小于5倍或以上检验单位的样品。

4.4.2 乳粉、乳清粉、乳糖、酪乳粉的采样

适用于乳粉、乳清粉、乳糖、酪乳粉等。

4.4.2.1 原包装小于或等于500 g的制品：取相同批次的最小零售原包装，采样量不小于5倍或以上检验单位的样品。

4.4.2.2 原包装大于500 g的制品：将洁净、干燥的采样钻沿包装容器切口方向往下，匀速穿入底部。当采样钻到达容器底部时，将采样钻旋转180°，抽出采样钻并将采集的样品转入样品容器。采样量不小于5倍或以上检验单位的样品。

5 检样的处理

5.1 乳及液态乳制品的处理

将检样摇匀，以无菌操作开启包装。塑料或纸盒（袋）装，用75%酒精棉球消毒盒盖或袋口，用灭菌剪刀切开；玻璃瓶装，以无菌操作去掉瓶口的纸罩或瓶盖，瓶口经火焰消毒。用灭菌吸管吸取25 mL（液态乳中添加固体颗粒状物的，应均质后取样）检样，放入装有225 mL灭菌生理盐水的锥形瓶内，振摇均匀。

5.2 半固态乳制品的处理

5.2.1 炼乳

清洁瓶或罐的表面，再用点燃的酒精棉球消毒瓶或罐口周围，然后用灭菌的开罐器打开瓶或罐，以无菌手续称取25 g检样，放入预热至45℃的装有225 mL灭菌生理盐水（或其他增菌液）的锥形瓶中，振摇均匀。

5.2.2 稀奶油、奶油、无水奶油等

无菌操作打开包装，称取25 g检样，放入预热至45℃的装有225 mL灭菌生理盐水（或其他增菌液）的锥形瓶中，振摇均匀。从检样融化到接种完毕的时间不应超过30 min。

5.3 固态乳制品的处理

5.3.1 干酪及其制品

以无菌操作打开外包装，对有涂层的样品削去部分表面封蜡，对无涂层的样品直接经无菌程序用灭菌刀切开干酪，用灭菌刀（勺）从表层和深层分别取出有代表性的适量样品，磨碎混匀，称取25 g检样，放入预热到45℃的装有225 mL灭菌生理盐水（或其他稀

释液）的锥形瓶中，振摇均匀。充分混合使样品均匀散开（1~3 min），分散过程时温度不超过40℃。尽可能避免泡沫产生。

5.3.2 乳粉、乳清粉、乳糖、酪乳粉

取样前将样品充分混匀。罐装乳粉的开罐取样法同炼乳处理，袋装奶粉应用75%酒精的棉球涂擦消毒袋口，以无菌手续开封取样。称取检样25 g，加入预热到45℃盛有225 mL灭菌生理盐水等稀释液或增菌液的锥形瓶内（可使用玻璃珠助溶），振摇使充分溶解和混匀。

对于经酸化工艺生产的乳清粉，应使用pH8.4±0.2的磷酸氢二钾缓冲液稀释。对于含较高淀粉的特殊配方乳粉，可使用α-淀粉酶降低溶液黏度，或将稀释液加倍以降低溶液黏度。

5.3.3 酪蛋白和酪蛋白酸盐

以无菌操作，称取25 g检样，按照产品不同，分别加入225 mL灭菌生理盐水等稀释液或增菌液。在对黏稠的样品溶液进行梯度稀释时，应在无菌条件下反复多次吹打吸管，尽量将黏附在吸管内壁的样品转移到溶液中。

5.3.3.1 酸法工艺生产的酪蛋白：使用磷酸氢二钾缓冲液并加入消泡剂，在pH8.4±0.2的条件下溶解样品。

5.3.3.2 凝乳酶法工艺生产的酪蛋白：使用磷酸氢二钾缓冲液并加入消泡剂，在pH7.5±0.2的条件下溶解样品，室温静置15 min。必要时在灭菌的匀浆袋中均质2 min，再静置5 min后检测。

5.3.3.3 酪蛋白酸盐：使用磷酸氢二钾缓冲液在pH7.5±0.2的条件下溶解样品。

6 检验方法

6.1 菌落总数：按GB 4789.2检验。

6.2 大肠菌群：按GB 4789.3中的直接计数法计数。

6.3 沙门氏菌：按GB 4789.4检验。

6.4 金黄色葡萄球菌：按GB 4789.10检验。

6.5 霉菌和酵母：按GB 4789.15计数。

6.6 单核细胞增生李斯特氏菌：按GB 4789.30检验。

6.7 双歧杆菌：按GB/T 4789.34检验。

6.8 乳酸菌：按GB 4789.35检验。

6.9 阪崎肠杆菌：按GB 4789.40检验。

食品微生物学检验　商业无菌检验

标 准 号：GB 4789.26—2013
发布日期：2013-11-29　　　　实施日期：2014-06-01
发布单位：中华人民共和国国家卫生和计划生育委员会

前　　言

本标准代替 GB/T 4789.26—2003《食品卫生微生物学检验　罐头食品商业无菌的检验》。

本标准与 GB/T 4789.26—2003 相比，主要变化如下：

——修改了标准的中文名称；

——修改了范围；

——删除了规范性引用文件；

——删除了术语和定义；

——修改了设备和材料；

——修改了培养基和试剂；

——增加了检验程序图；

——修改了检验步骤；

——修改了结果判定；

——修改了附录 A 和附录 B。

1　范围

本标准规定了食品商业无菌检验的基本要求、操作程序和结果判定。

本标准适用于食品商业无菌的检验。

2　术语和定义

下列术语和定义适用于本文件。

2.1　低酸性罐藏食品　low acid canned food

除酒精饮料以外，凡杀菌后平衡 pH 大于 4.6，水分活度大于 0.85 的罐藏食品，原来是低酸性的水果、蔬菜或蔬菜制品，为加热杀菌的需要而加酸降低 pH 的，属于酸化的低酸性罐藏食品。

2.2　酸性罐藏食品　acid canned food

杀菌后平衡 pH 等于或小于 4.6 的罐藏食品。pH 小于 4.7 的番茄、梨和菠萝以及由其制成的汁，以及 pH 小于 4.9 的无花果均属于酸性罐藏食品。

3 设备和材料

除微生物实验室常规灭菌及培养设备外，其他设备和材料如下：

a）冰箱：2~5℃；

b）恒温培养箱：30℃±1℃；36℃±1℃；55℃±1℃；

c）恒温水浴箱：55℃±1℃；

d）均质器及无菌均质袋、均质杯或乳钵；

e）电位 pH 计（精确度 pH0.05 单位）；

f）显微镜：10~100 倍；

g）开罐器和罐头打孔器；

h）电子秤或台式天平；

i）超净工作台或百级洁净实验室。

4 培养基和试剂

4.1 无菌生理盐水：见附录 A 中 A.1。

4.2 结晶紫染色液：见 A.2。

4.3 二甲苯。

4.4 含 4%碘的乙醇溶液：4 g 碘溶于 100 mL 的 70%乙醇溶液。

5 检验程序

商业无菌检验程序见图 1。

6 操作步骤

6.1 样品准备

去除表面标签，在包装容器表面用防水的油性记号笔做好标记，并记录容器、编号、产品性状、泄漏情况、是否有小孔或锈蚀、压痕、膨胀及其他异常情况。

6.2 称重

1 kg 及以下的包装物精确到 1 g，1 kg 以上的包装物精确到 2 g，10 kg 以上的包装物精确到 10 g，并记录。

6.3 保温

6.3.1 每个批次取 1 个样品置 2~5℃冰箱保存作为对照，将其余样品在 36℃±1℃下保温 10 d。保温过程中应每天检查，如有膨胀或泄漏现象，应立即剔出，开启检查。

6.3.2 保温结束时，再次称量并记录，比较保温前后样品重量有无变化。如有变轻，表明样品发生泄漏。将所有包装物置于室温直至开启检查。

6.4 开启

6.4.1 如有膨胀的样品，则将样品先置于 2~5℃冰箱内冷藏数小时后开启。

6.4.2 如有膨胀用冷水和洗涤剂清洗待检样品的光滑面。水冲洗后用无菌毛巾擦干。以含 4%碘的乙醇溶液浸泡消毒光滑面 15 min 后用无菌毛巾擦干，在密闭罩内点燃至表面残

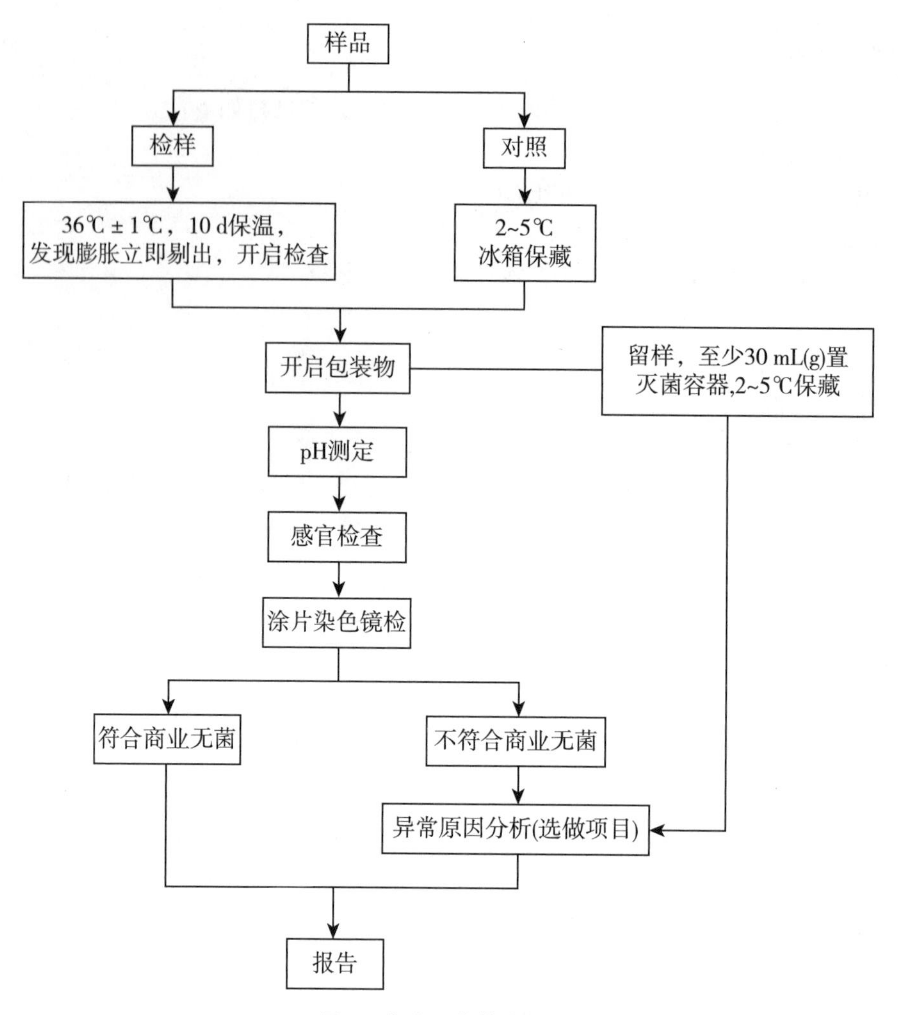

图1　商业无菌检验程序

余的碘乙醇溶液全部燃烧完。膨胀样品以及采用易燃包装材料包装的样品不能灼烧，以含4%碘的乙醇溶液浸泡消毒光滑面30 min后用无菌毛巾擦干。

6.4.3　在超净工作台或百级洁净实验室中开启。带汤汁的样品开启前应适当振摇。使用无菌开罐器在消毒后的罐头光滑面开启一个适当大小的口，开罐时不得伤及卷边结构，每一个罐头单独使用一个开罐器，不得交叉使用。如样品为软包装，可以使用灭菌剪刀开启，不得损坏接口处。立即在开口上方嗅闻气味，并记录。

注：严重膨胀样品可能会发生爆炸，喷出有毒物。可以采取在膨胀样品上盖一条灭菌毛巾或者用一个无菌漏斗倒扣在样品上等预防措施来防止这类危险的发生。

6.5　留样

开启后，用灭菌吸管或其他适当工具以无菌操作取出内容物至少30 mL（g）至灭菌容器内，保存2~5℃冰箱中，在需要时可用于进一步试验，待该批样品得出检验结论后可弃去。开启后的样品可进行适当的保存，以备日后容器检查时使用。

6.6 感官检查

在光线充足、空气清洁无异味的检验室中，将样品内容物倾入白色搪瓷盘内，对产品的组织、形态、色泽和气味等进行观察和嗅闻，按压食品检查产品性状，鉴别食品有无腐败变质的迹象，同时观察包装容器内部和外部的情况，并记录。

6.7 pH 测定

6.7.1 样品处理

6.7.1.1 液态制品混匀备用，有固相和液相的制品则取混匀的液相部分备用。

6.7.1.2 对于稠厚或半稠厚制品以及难以从中分出汁液的制品（如糖浆、果酱、果冻、油脂等），取一部分样品在均质器或研钵中研磨，如果研磨后的样品仍太稠厚，加入等量的无菌蒸馏水，混匀备用。

6.7.2 测定

6.7.2.1 将电极插入被测试样液中，并将 pH 计的温度校正器调节到被测液的温度。如果仪器没有温度校正系统，被测试样液的温度应调到 20℃ ±2℃ 的范围，采用适合于所用 pH 计的步骤进行测定。当读数稳定后，从仪器的标度上直接读出 pH，精确到 pH 0.05 单位。

6.7.2.2 同一个制备试样至少进行两次测定。两次测定结果之差应不超过 0.1pH 单位。取两次测定的算术平均值作为结果，报告精确到 0.05pH 单位。

6.7.3 分析结果

与同批中冷藏保存对照样品相比，比较是否有显著差异。pH 相差 0.5 及以上判为显著差异。

6.8 涂片染色镜检

6.8.1 涂片

取样品内容物进行涂片。带汤汁的样品可用接种环挑取汤汁涂于载玻片上，固态食品可直接涂片或用少量灭菌生理盐水稀释后涂片，待干后用火焰固定。油脂性食品涂片自然干燥并火焰固定后，用二甲苯流洗，自然干燥。

6.8.2 染色镜检

对 6.8.1 中涂片用结晶紫染色液进行单染色，干燥后镜检，至少观察 5 个视野，记录菌体的形态特征以及每个视野的菌数。与同批冷藏保存对照样品相比，判断是否有明显的微生物增殖现象。菌数有百倍或百倍以上的增长则判为明显增殖。

7 结果判定

样品经保温试验未出现泄漏；保温后开启，经感官检验、pH 测定、涂片镜检，确证无微生物增殖现象，则可报告该样品为商业无菌。

样品经保温试验出现泄漏；保温后开启，经感官检验、pH 测定、涂片镜检，确证有微生物增殖现象，则可报告该样品为非商业无菌。

若需核查样品出现膨胀、pH 或感官异常、微生物增殖等原因，可取样品内容物的留样按照附录 B 进行接种培养并报告。若需判定样品包装容器是否出现泄漏，可取开启后的样品按照附录 B 进行密封性检查并报告。

GB 4789.26—2013

附 录 A
培养基和试剂

A.1 无菌生理盐水

A.1.1 成分

氯化钠	8.5 g
蒸馏水	1 000.0 mL

A.1.2 制法

称取 8.5 g 氯化钠溶于 1 000 mL 蒸馏水中，121℃高压灭菌 15 min。

A.2 结晶紫染色液

A.2.1 成分

结晶紫	1.0 g
95%乙醇	20.0 mL
1%草酸铵溶液	80.0 mL

A.2.2 制法

将 1.0 g 结晶紫完全溶解于 95%乙醇中，再与 1%草酸铵溶液混合。

A.2.3 染色法

将涂片在酒精灯火焰上固定，滴加结晶紫染液，染 1 min，水洗。

GB 4789.26—2013

附 录 B
异常原因分析（选做项目）

B.1 培养基和试剂

B.1.1 溴甲酚紫葡萄糖肉汤

B.1.1.1 成分

蛋白胨	10.0 g
牛肉浸膏	3.0 g
葡萄糖	10.0 g
氯化钠	5.0 g
溴甲酚紫	0.04 g（或1.6%乙醇溶液2.0 mL）
蒸馏水	1 000.0 mL

B.1.1.2 制法

将除溴甲酚紫外的各成分加热搅拌溶解，校正pH至7.0±0.2，加入溴甲酚紫，分装于带有小倒管的试管中，每管10 mL，121℃高压灭菌10 min。

B.1.2 庖肉培养基

B.1.2.1 成分

牛肉浸液	1 000.0 mL
蛋白胨	30.0 g
酵母膏	5.0 g
葡萄糖	3.0 g
磷酸二氢钠	5.0 g
可溶性淀粉	2.0 g
碎肉渣	适量

B.1.2.2 制法

B.1.2.2.1 称取新鲜除脂肪和筋膜的碎牛肉500 g，加蒸馏水1 000 mL和1 moL/L氢氧化钠溶液25.0 mL，搅拌煮沸15 min，充分冷却，除去表层脂肪，澄清，过滤，加水补足至1 000 mL，即为牛肉浸液。加入B.1.2.1除碎肉渣外的各种成分，校正pH至7.8±0.2。

B.1.2.2.2 碎肉渣经水洗后晾至半干，分装15 mm×150 mm试管2~3 cm高，每管加入还原铁粉0.1~0.2 g或铁屑少许。将B.1.2.2.1配制的液体培养基分装至每管内超过肉渣表面约1 cm。上面覆盖溶化的凡士林或液体石蜡0.3~0.4 cm。121℃灭菌15 min。

B.1.3 营养琼脂

B.1.3.1 成分

蛋白胨	10.0 g
牛肉膏	3.0 g
氯化钠	5.0 g

琼脂 15.0~20.0 g
蒸馏水 1 000.0 mL

B.1.3.2 制法

将除琼脂以外的各成分溶解于蒸馏水内，加入15%氢氧化钠溶液约2 mL，校正pH至7.2~7.4。加入琼脂，加热煮沸，使琼脂溶化。分装烧瓶或13 mm×130 mm试管，121℃高压灭菌15 min。

B.1.4 酸性肉汤

B.1.4.1 成分

多价蛋白胨 5.0 g
酵母浸膏 5.0 g
葡萄糖 5.0 g
磷酸二氢钾 5.0 g
蒸馏水 1 000.0 mL

B.1.4.2 制法

将B.1.4.1中各成分加热搅拌溶解，校正pH至5.0±0.2，121℃高压灭菌15 min。

B.1.5 麦芽浸膏汤

B.1.5.1 成分

麦芽浸膏 15.0 g
蒸馏水 1 000.0 mL

B.1.5.2 制法

将麦芽浸膏在蒸馏水中充分溶解，滤纸过滤，校正pH至4.7±0.2，分装，121℃灭菌15 min。

B.1.6 沙氏葡萄糖琼脂

B.1.6.1 成分

蛋白胨 10.0 g
琼脂 15.0 g
葡萄糖 40.0 g
蒸馏水 1 000.0 mL

B.1.6.2 制法

将各成分在蒸馏水中溶解，加热煮沸，分装在烧瓶中，校正pH至5.6±0.2，121℃高压灭菌15 min。

B.1.7 肝小牛肉琼脂

B.1.7.1 成分

肝浸膏 50.0 g
小牛肉浸膏 500.0 g
胨蛋白胨 20.0 g
新蛋白胨 1.3 g
胰蛋白胨 1.3 g

葡萄糖 5.0 g
可溶性淀粉 10.0 g
等离子酪蛋白 2.0 g
氯化钠 5.0 g
硝酸钠 2.0 g
明胶 20.0 g
琼脂 15.0 g
蒸馏水 1 000.0 mL

B.1.7.2 制法

在蒸馏水中将各成分混合。校正 pH 至 7.3±0.2，121℃灭菌 15 min。

B.1.8 革兰氏染色液

B.1.8.1 结晶紫染色液

B.1.8.1.1 成分

结晶紫 1.0 g
95%乙醇 20.0 mL
1%草酸铵水溶液 80.0 mL

B.1.8.1.2 制法

将 1.0 g 结晶紫完全溶解于 95%乙醇中，再与 1%草酸铵溶液混合。

B.1.8.2 革兰氏碘液

B.1.8.2.1 成分

碘 1.0 g
碘化钾 2.0 g
蒸馏水 300.0 mL

B.1.8.2.2 制法

将 1.0 g 碘与 2.0 g 碘化钾先行混合，加入蒸馏水少许充分振摇，待完全溶解后，再加蒸馏水至 300 mL。

B.1.8.3 沙黄复染液

B.1.8.3.1 成分

沙黄 0.25 g
95%乙醇 10.0 mL
蒸馏水 90.0 mL

B.1.8.3.2 制法

将 0.25 g 沙黄溶解于乙醇中，然后用蒸馏水稀释。

B.1.8.4 染色法

B.1.8.4.1 涂片在火焰上固定，滴加结晶紫染液，染 1 min，水洗。

B.1.8.4.2 滴加革兰氏碘液，作用 1 min，水洗。

B.1.8.4.3 滴加 95%乙醇脱色 15~30 s，直至染色液被洗掉，不要过分脱色，水洗。

B.1.8.4.4 滴加复染液，复染 1 min，水洗、待干、镜检。

B.2 低酸性罐藏食品的接种培养（pH 大于 4.6）

B.2.1 对低酸性罐藏食品，每份样品接种 4 管预先加热到 100℃并迅速冷却到室温的庖肉培养基内；同时接种 4 管溴甲酚紫葡萄糖肉汤。每管接种 1~2 mL（g）样品（液体样品为 1~2 mL，固体为 1~2 g，两者皆有时，应各取一半）。培养条件见表 B.1。

表 B.1 低酸性罐藏食品（pH>4.6）接种的庖肉培养基和溴甲酚紫葡萄糖肉汤

培养基	管数	培养温度/℃	培养时间/h
庖肉培养基	2	36±1	96~120
庖肉培养基	2	55±1	24~72
溴甲酚紫葡萄糖肉汤	2	55±1	24~48
溴甲酚紫葡萄糖肉汤	2	36±1	96~120

B.2.2 经过表 B.1 规定的培养条件培养后，记录每管有无微生物生长。如果没有微生物生长，则记录后弃去。

B.2.3 如果有微生物生长，以接种环沾取液体涂片，革兰氏染色镜检。如在溴甲酚紫葡萄糖肉汤管中观察到不同的微生物形态或单一的球菌、真菌形态，则记录并弃去。在庖肉培养基中未发现杆菌，培养物内含有球菌、酵母、霉菌或其混合物，则记录并弃去。将溴甲酚紫葡萄糖肉汤和庖肉培养基中出现生长的其他各阳性管分别划线接种两块肝小牛肉琼脂或营养琼脂平板，一块平板作需氧培养，另一平板作厌氧培养。培养程序见图 B.1。

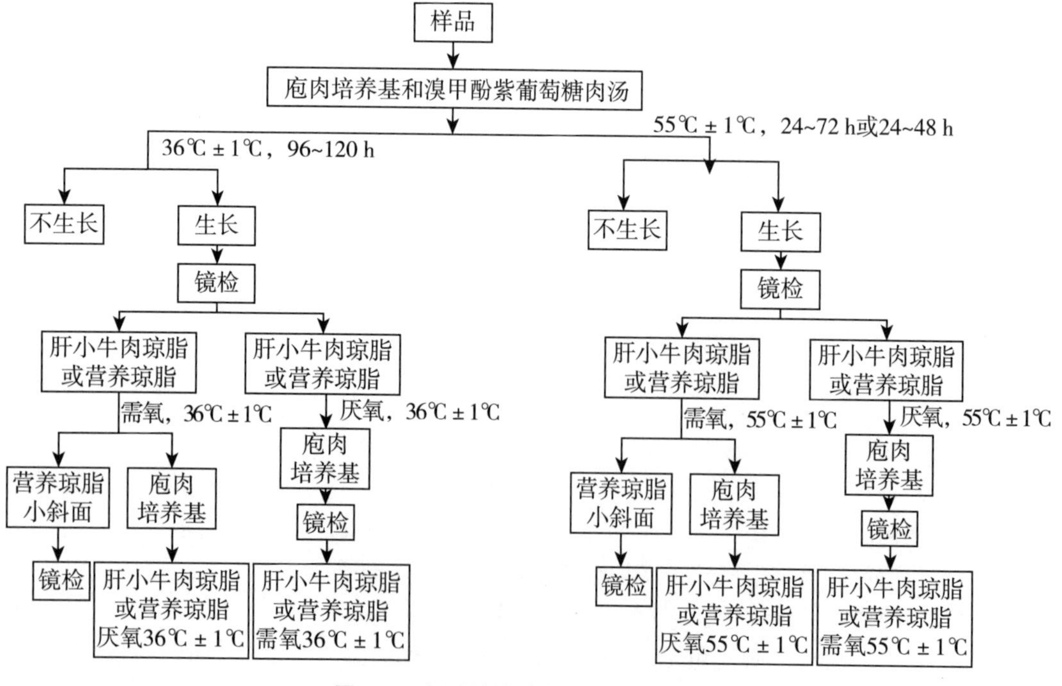

图 B.1 低酸性罐藏食品接种培养程序

B.2.4 挑取需氧培养中单个菌落，接种于营养琼脂小斜面，用于后续的革兰氏染色镜检；挑取厌氧培养中的单个菌落涂片，革兰氏染色镜检。挑取需氧和厌氧培养中的单个菌落，接种于庖肉培养基，进行纯培养。

B.2.5 挑取营养琼脂小斜面和厌氧培养的庖肉培养基中的培养物涂片镜检。

B.2.6 挑取纯培养中的需氧培养物接种肝小牛肉琼脂或营养琼脂平板，进行厌氧培养；挑取纯培养中的厌氧培养物接种肝小牛肉琼脂或营养琼脂平板，进行需氧培养。以鉴别是否为兼性厌氧菌。

B.2.7 如果需检测梭状芽胞杆菌的肉毒毒素，挑取典型菌落接种庖肉培养基作纯培养。36℃培养 5 d，按照 GB/T 4789.12 进行肉毒毒素检验。

B.3 酸性罐藏食品的接种培养（pH 小于或等于 4.6）

B.3.1 每份样品接种 4 管酸性肉汤和 2 管麦芽浸膏汤。每管接种 1~2 mL（g）样品（液体样品为 1~2 mL，固体为 1~2 g，两者皆有时，应各取一半）。培养条件见表 B.2。

表 B.2 酸性罐藏食品（pH≤4.6）接种的酸性肉汤和麦芽浸膏汤

培养基	管数	培养温度/℃	培养时间/h
酸性肉汤	2	55±1	48
酸性肉汤	2	30±1	96
麦芽浸膏汤	2	30±1	96

B.3.2 经过表 B.2 中规定的培养条件培养后，记录每管有无微生物生长。如果没有微生物生长，则记录后弃去。

B.3.3 对有微生物生长的培养管，取培养后的内容物的直接涂片，革兰氏染色镜检，记录观察到的微生物。

B.3.4 如果在 30℃培养条件下在酸性肉汤或麦芽浸膏汤中有微生物生长，将各阳性管分别接种 2 块营养琼脂或沙氏葡萄糖琼脂平板，一块作需氧培养，另一块作厌氧培养。

B.3.5 如果在 55℃培养条件下，酸性肉汤中有微生物生长，将各阳性管分别接种 2 块营养琼脂平板，一块作需氧培养，另一块作厌氧培养。对有微生物生长的平板进行染色涂片镜检，并报告镜检所见微生物型别。培养程序见图 B.2。

B.3.6 挑取 30℃需氧培养的营养琼脂或沙氏葡萄糖琼脂平板中的单个菌落，接种营养琼脂小斜面，用于后续的革兰氏染色镜检。同时接种酸性肉汤或麦芽浸膏汤进行纯培养。

挑取 30℃厌氧培养的营养琼脂或沙氏葡萄糖琼脂平板中的单个菌落，接种酸性肉汤或麦芽浸膏汤进行纯培养。

挑取 55℃需氧培养的营养琼脂平板中的单个菌落，接种营养琼脂小斜面，用于后续的革兰氏染色镜检。同时接种酸性肉汤进行纯培养。

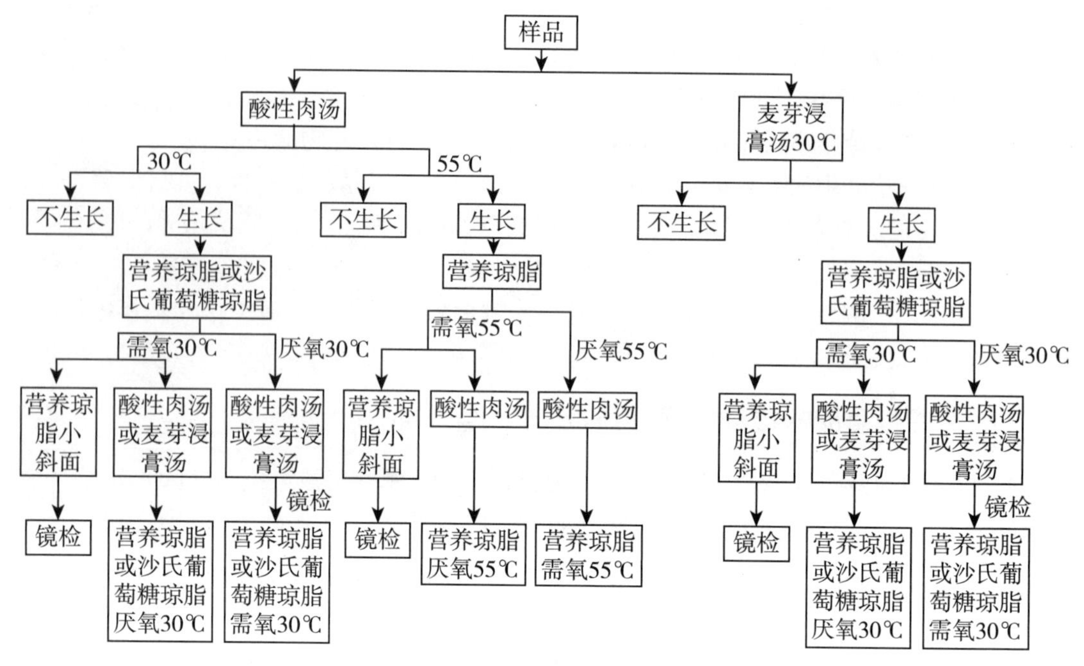

图 B.2 酸性罐藏食品接种培养程序

挑取55℃厌氧培养的营养琼脂平板中的单个菌落，接种酸性肉汤进行纯培养。

B.3.7 挑取营养琼脂小斜面中的培养物涂片镜检。挑取30℃厌氧培养的酸性肉汤或麦芽浸膏汤培养物和55℃厌氧培养的酸性肉汤培养物涂片镜检。

B.3.8 将30℃需氧培养的纯培养物接种于营养琼脂或沙氏葡萄糖琼脂平板中进行厌氧培养，将30℃厌氧培养的纯培养物接种于营养琼脂或沙氏葡萄糖琼脂平板中进行需氧培养，将55℃需氧培养的纯培养物接种于营养琼脂中进行厌氧培养，将55℃厌氧培养的纯培养物接种于营养琼脂中进行需氧培养，以鉴别是否为兼性厌氧菌。

B.3.9 结果分析

B.3.9.1 如果在膨胀的样品里没有发现微生物的生长，膨胀可能是由于内容物和包装发生反应产生氢气造成的。产生氢气的量随储存的时间长短和存储条件而变化。填装过满也可能导致轻微的膨胀，可以通过称重来确定是否由于填装过满所致。

在直接涂片中看到有大量细菌的混合菌相，但是经培养后不生长，表明杀菌前发生的腐败。由于密闭包装前细菌生长的结果，导致产品的pH、气味和组织形态呈现异常。

B.3.9.2 包装容器密封性良好时，在36℃培养条件下若只有芽胞杆菌生长，且它们的耐热性不高于肉毒梭菌（*Clostridium botulinum*），则表明生产过程中杀菌不足。

B.3.9.3 培养出现杆菌和球菌、真菌的混合菌落，表明包装容器发生泄漏。也有可能是杀菌不足所致，但在这种情况下同批产品的膨胀率将很高。

B.3.9.4 在36℃或55℃溴甲酚紫葡萄糖肉汤培养观察产酸产气情况，如有产酸，表明是有嗜中温的微生物（如嗜温耐酸芽胞杆菌）或者嗜热微生物［如嗜热脂肪芽胞杆菌（*Bacillus stearothermophilus*）］生长。

在 55℃的庖肉培养基上有细菌生长并产气，发出腐烂气味，表明样品腐败是由嗜热的厌氧梭菌所致。

在 36℃庖肉培养基上生长并产生带腐烂气味的气体，镜检可见芽胞，表明腐败可能是由肉毒梭菌、生孢梭菌（*C. sporogenes*）或产气荚膜梭菌（*C. perfringens*）引起的。有需要可以进一步进行肉毒毒素检测。

B. 3. 9. 5 酸性罐藏食品的变质通常是由于无芽胞的乳杆菌和酵母所致。

一般 pH 低于 4. 6 的情况下不会发生由芽胞杆菌引起的变质，但变质的番茄酱或番茄汁罐头并不出现膨胀，但有腐臭味，伴有或不伴有 pH 降低，一般是由于需氧的芽胞杆菌所致。

B. 3. 9. 6 许多罐藏食品中含有嗜热菌，在正常的储存条件下不生长，但当产品暴露于较高的温度（50~55℃）时，嗜热菌就会生长并引起腐败。嗜热耐酸的芽胞杆菌和嗜热脂肪芽胞杆菌分别在酸性和低酸性的食品中引起腐败但是并不出现包装容器膨胀。在 55℃培养不会引起包装容器外观的改变，但会产生臭味，伴有或不伴有 pH 的降低。番茄、梨、无花果和菠萝等类罐头的腐败变质有时是由于巴斯德梭菌（*C. pasteurianum*）引起。嗜热解糖梭状芽胞杆菌（*C. thermosaccharolyticum*）就是一种嗜热厌氧菌，能够引起膨胀和产品的腐烂气味。

嗜热厌氧菌也能产气，由于在细菌开始生长之后迅速增殖，可能混淆膨胀是由于氢气引起的还是嗜热厌氧菌产气引起的。化学物质分解将产生二氧化碳，尤其是集中发生在含糖和一些酸的食品如番茄酱、糖蜜、甜馅和高糖的水果的罐头中。这种分解速度随着温度上升而加快。

B. 3. 9. 7 灭菌的真空包装和正常的产品直接涂片，分离出任何微生物应该怀疑是实验室污染。为了证实是否实验室污染，在无菌的条件下接种该分离出的活的微生物到另一个正常的对照样品，密封，在 36℃培养 14 d。如果发生膨胀或产品变质，这些微生物就可能不是来自于原始样品。如果样品仍然是平坦的，无菌操作打开样品包装并按上述步骤做再次培养；如果同一种微生物被再次发现并且产品是正常的，认为该产品商业无菌，因为这种微生物在正常的保存和运送过程中不生长。

B. 3. 9. 8 如果食品本身发生混浊，肉汤培养可能得不出确定性结论，这种情况需进一步培养以确定是否有微生物生长。

B.4 镀锡薄钢板食品空罐密封性检验方法

B. 4. 1 减压试漏

将样品包装罐洗净，36℃烘干。在烘干的空罐内注入清水至容积的 80%~90%，将一带橡胶圈的有机玻璃板放置罐头开启端的卷边上，使其保持密封。启动真空泵，关闭放气阀，用手按住盖板，控制抽气，使真空表从 0 Pa 升到 6.8×10^4 Pa（510 mmHg）的时间在 1 min 以上，并保持此真空度 1 min 以上。倾斜并仔细观察罐体，尤其是卷边及焊缝处，有无气泡产生。凡同一部位连续产生气泡，应判断为泄漏，记录漏气的时间和真空度，并标注漏气部位。

B.4.2 加压试漏

将样品包装罐洗净，36℃烘干。用橡皮塞将空罐的开孔塞紧，将空罐浸没在盛水玻璃缸中，开动空气压缩机，慢慢开启阀门，使罐内压力逐渐加大，直至压力升至 6.8×10^4 Pa 并保持 2 min。仔细观察罐体，尤其是卷边及焊缝处，有无气泡产生。凡同一部位连续产生气泡，应判断为泄漏，记录漏气开始的时间和压力，并标注漏气部位。

食品微生物学检验　培养基和试剂的质量要求

标 准 号：GB 4789.28—2013
发布日期：2013-11-29　　实施日期：2014-06-01
发布单位：中华人民共和国国家卫生和计划生育委员会

前　　言

本标准代替 GB/T 4789.28—2003《食品卫生微生物学检验　染色法、培养基和试剂》。

本标准与 GB/T 4789.28—2003 相比，主要变化如下：

——删除了培养基和试剂的配方和配制方法。

——增加了培养基和试剂的质量控制方法和指标。

1　范围

本标准规定了食品微生物学检验用培养基和试剂的质量要求。

本标准适用于食品微生物学检验用培养基和试剂的质量控制。

2　术语和定义

2.1　质量控制

为满足质量要求所采取的技术操作和活动。

2.2　培养基或试剂的批量

培养基或试剂完整的可追溯单位，是指满足产品要求（内部控制）和性能测试，产品型号和质量稳定的一定量的半成品或成品。这些产品在特定的生产周期生产，而且编号相同。

2.3　培养基及试剂的性能

在特定条件下培养基对测试菌株的反应。

2.4　培养基

液体、半固体或固体形式的、含天然或合成成分，用于保证微生物繁殖（含或不含某类微生物的抑菌剂）、鉴定或保持其活力的物质。

2.5　纯化学培养基

由已知分子结构和纯度的化学成分配制而成的培养基。

2.6　未定义和部分定义的化学培养基

全部或部分由天然物质、加工过的物质或其他不纯的化学物质构成的培养基。

2.7　固体培养基

在液体培养基中加入一定量固化物（如：琼脂、明胶等），加热至100℃溶解，冷却后凝固成固体状态的培养基。

倾注到平皿内的固体培养基一般称之为“平板”；倒入试管并摆放成斜面的固体培养基，当培养基凝固后通常称作“斜面”。

2.8　半固体培养基

在液体培养基中加入极少量固化物（如：琼脂、明胶等），加热至100℃溶解，冷却后凝固成半固体状态的培养基。

2.9　运输培养基

在取样后和实验室处理前保护和维持微生物活性且不允许明显增殖的培养基。

运输培养基中通常不允许包含使微生物增殖的物质，但是培养基应能保护菌株（如：缓冲甘油—氯化钠溶液运输培养基）。

2.10　保藏培养基

用于在一定期限内保护和维持微生物活力，防止长期保存对其的不利影响，或使其在长期保存后容易复苏的培养基（如：营养琼脂斜面）。

2.11　悬浮培养基

将测试样本的微生物分散到液相中，在整个接触过程中不产生增殖或抑制作用（如：磷酸盐缓冲液）。

2.12　复苏培养基

能够使受损或应激的微生物修复，使微生物恢复正常生长能力，但不一定促进微生物繁殖的培养基。

2.13　增菌培养基

通常为液体培养基，能够给微生物的繁殖提供特定的生长环境。

2.14　选择性增菌培养基

能够允许特定的微生物在其中繁殖，而部分或全部抑制其他微生物生长的培养基（如：TTB培养基）。

2.15　非选择性增菌培养基

能够保证多种微生物生长的培养基（如：营养肉汤）。

2.16　分离培养基

支持微生物生长的固体或半固体培养基。

2.17　选择性分离培养基

支持特定微生物生长而抑制其他微生物生长的分离培养基（如：XLD琼脂）。

2.18　非选择性分离培养基

对微生物没有选择性抑制的分离培养基（如：营养琼脂）。

2.19　鉴别培养基（特异性培养基）

能够进行一项或多项微生物生理和（或）生化特性鉴定的培养基（如：麦康凯琼脂）。

注：能够用于分离培养的鉴别培养基被称作分离（鉴别）培养基（如：XLD琼脂）。

2.20　鉴定培养基

能够产生一个特定的鉴定反应而通常不需要进一步确证实验的培养基（如：乳糖发酵管）。

注：用于分离的鉴定培养基被称为分离（鉴定）培养基。

2.21　计数培养基

能够对微生物定量的选择性（如：MYP 琼脂）或非选择性培养基（如：平板计数琼脂）。

注：计数培养基可包含复苏和（或）增菌培养基的特性。

2.22　确证培养基

在初步复苏、分离和（或）增菌阶段后对微生物进行部分或完全鉴定或鉴别的培养基（如：BGLB 肉汤）。

2.23　商品化即用型培养基

以即用形式或融化后即用形式置于容器（如：平皿、试管或其他容器）内供应的液体、固体或半固体培养基：

——完全可即用的培养基；

——需重新融化的培养基（如用于平板倾注技术）；

——使用前需重新融化并分装（如倾注到平皿）的培养基；

——使用前需重新融化，添加物质并分装的培养基（如：TSC 培养基和 Baird Parker 琼脂）。

2.24　商品化脱水合成培养基

使用前需加水和进行处理的干燥培养基，如：粉末、小颗粒、冻干等形式：

——完全培养基；

——不完全培养基，使用的时候需加入添加剂。

2.25　自制培养基

依据完整配方的具体成分配制的培养基。

2.26　试剂

用于食品微生物检验的染色剂和培养基配套试剂。

2.27　测试菌株

通常用于培养基性能测试的微生物。

注：测试菌株根据其来源不同（见 2.29~2.32）可进行进一步定义。

2.28　标准菌株

直接从官方菌种保藏机构获得并至少定义到属或种的水平的菌株。按菌株特性进行分类和描述，最好来源于食品或水的菌株。

2.29　标准储备菌株

将标准菌株在实验室转接一代后得到的一套完全相同的独立菌株。

2.30　储备菌株

从标准储备菌株转接一代获得的培养物。

2.31　工作菌株

由标准储备菌株、储备菌株或标准物质（经证明或未经证明）转接一代获得的菌株。

注：标准物质是指在均一固定的浓度中含有具活性的定量化菌种，经证明的标准物是指其浓度已经证明。

3 培养基及试剂质量保证

3.1 证明文件

3.1.1 生产企业提供的文件

生产企业应提供以下资料（可提供电子文本）：

——培养基或试剂的各种成分、添加成分名称及产品编号；

——批号；

——最终 pH（适用于培养基）；

——储存信息和有效期；

——标准要求及质控报告；

——必要的安全和（或）危害数据。

3.1.2 产品的交货验收

对每批产品，应记录接收日期，并检查：

——产品合格证明；

——包装的完整性；

——产品的有效期；

——文件的提供。

3.2 贮存

3.2.1 一般要求

应严格按照供应商提供的贮存条件、有效期和使用方法进行培养基和试剂的保存和使用。

3.2.2 脱水合成培养基及其添加成分的质量管理和质量控制

脱水合成培养基一般为粉状或颗粒状形式包装于密闭的容器中。用于微生物选择或鉴定的添加成分通常为冻干物或液体。培养基的购买应有计划，以利于存货的周转（即掌握先购先用的原则）。实验室应保存有效的培养基目录清单，清单应包括以下内容：

——容器密闭性检查；

——记录首次开封日期；

——内容物的感官检查。

开封后的脱水合成培养基，其质量取决于贮存条件。通过观察粉末的流动性、均匀性、结块情况和色泽变化等判断脱水培养基的质量的变化。若发现培养基受潮或物理性状发生明显改变则不应再使用。

3.2.3 商品化即用型培养基和试剂

应严格按照供应商提供的贮存条件、有效期和使用方法进行保存和使用。

3.2.4 实验室自制的培养基

在保证其成分不会改变的条件下保存，即避光、干燥保存，必要时在 5℃±3℃ 冰箱中保存，通常建议平板不超过 2~4 周，瓶装及试管装培养基不超过 3~6 个月，除非某些标准或实验结果表明保质期比上述的更长。

建议需在培养基中添加的不稳定的添加剂应即配即用，除非某些标准或实验结果表明保质期更长；含有活性化学物质或不稳定性成分的固体培养基也应即配即用，不可二次融化。

培养基的贮存应建立经验证的有效期。观察培养基是否有颜色变化、蒸发（脱水）或微生物生长的情况，当培养基发生这类变化时，应禁止使用。

培养基使用或再次加热前，应先取出平衡至室温。

3.3 培养基的实验室制备

3.3.1 一般要求

正确制备培养基是微生物检验的最基础步骤之一，使用脱水培养基和其他成分，尤其是含有有毒物质（如：胆盐或其他选择剂）的成分时，应遵守良好实验室规范和生产厂商提供的使用说明。培养基的不正确制备会导致培养基出现质量问题（见附录A）。

使用商品化脱水合成培养基制备培养基时，应严格按照厂商提供的使用说明配制。如重量（体积）、pH、制备日期、灭菌条件和操作步骤等。

实验室使用各种基础成分制备培养基时，应按照配方准确配制，并记录相关信息，如：培养基名称和类型及试剂级别、每个成分物质含量、制造商、批号、pH、培养基体积（分装体积）、无菌措施（包括实施的方式、温度及时间）、配制日期、人员等，以便溯源。

3.3.2 水

实验用水的电导率在25℃时不应超过25 μS/cm（相当于电阻率≥0.4MΩcm），除非另有规定要求。

水的微生物污染不应超过10^3 CFU/mL。应按GB 4789.2，采用平板计数琼脂培养基，在36℃±1℃培养48 h±2 h进行定期检查微生物污染。

3.3.3 称重和溶解

小心称量所需量的脱水合成培养基（必要时佩戴口罩或在通风柜中操作，以防吸入含有有毒物质的培养基粉末），先加入适量的水，充分混合（注意避免培养基结块），然后加水至所需的量后适当加热，并重复或连续搅拌使其快速分散，必要时应完全溶解。含琼脂的培养基在加热前应浸泡几分钟。

3.3.4 pH的测定和调整

用pH计测pH，必要时在灭菌前进行调整，除特殊说明外，培养基灭菌后冷却至25℃时，pH应在标准pH±0.2范围内。一般使用浓度约为40 g/L（约1 mol/L）的氢氧化钠溶液或浓度约为36.5 g/L（约1 mol/L）的盐酸溶液调整培养基的pH。如需灭菌后进行调整，则使用灭菌或除菌的溶液。

3.3.5 分装

将配好的培养基分装到适当的容器中，容器的体积应比培养基体积最少大20%。

3.3.6 灭菌

3.3.6.1 一般要求

培养基应采用湿热灭菌法（3.3.6.2）或过滤除菌法（见3.3.6.3）。

某些培养基不能或不需要高压灭菌，可采用煮沸灭菌，如SC肉汤等特定的培养基中含有对光和热敏感的物质，煮沸后应迅速冷却，避光保存；有些试剂则不需灭菌，可直接使用（参见相关标准或供应商使用说明）。

3.3.6.2 湿热灭菌

湿热灭菌在高压锅或培养基制备器中进行，高压灭菌一般采用121℃±3℃灭菌15 min，具体培养基按食品微生物学检验标准中的规定进行灭菌。培养基体积不应超过1 000 mL，否则灭菌时可能会造成过度加热。所有的操作应按照标准或使用说明的规定进行。

灭菌效果的控制是关键问题。加热后采用适当的方式冷却，以防加热过度。这对于大容量和敏感培养基十分重要，如：含有煌绿的培养基。

3.3.6.3 过滤除菌

过滤除菌可在真空或加压的条件下进行。使用孔径为0.2 μm的无菌设备和滤膜。消毒过滤设备的各个部分或使用预先消毒的设备。一些滤膜上附着有蛋白质或其他物质（如抗生素），为了达到有效过滤，应事先将滤膜用无菌水润湿。

3.3.6.4 检查

应对经湿热灭菌或过滤除菌的培养基进行检查，尤其要对pH、色泽、灭菌效果和均匀度等指标进行检查。

3.3.7 添加成分的制备

制备含有有毒物质的添加成分（尤其是抗生素）时应小心操作（必要时在通风柜中操作），避免因粉尘的扩散造成实验人员过敏或发生其他不良反应；制备溶液时应按产品使用说明操作。

不要使用过期的添加剂；抗生素工作溶液应现用现配；批量配制的抗生素溶液可分装后冷冻贮存，但解冻后的贮存溶液不能再次冷冻；厂商应提供冷冻对抗生素活性影响的有关资料，也可由使用者自行测定。

3.4 培养基的使用

3.4.1 琼脂培养基的融化

将培养基放到沸水浴中或采用有相同效果的方法（如高压锅中的层流蒸汽）使之融化。经过高压的培养基应尽量减少重新加热时间，融化后避免过度加热。融化后应短暂置于室温中（如2 min）以避免玻璃瓶破碎。

融化后的培养基放入47～50℃的恒温水浴锅中冷却保温（可根据实际培养基凝固温度适当提高水浴锅温度），直至使用，培养基达到47～50℃的时间与培养基的品种、体积、数量有关。融化后的培养基应尽快使用，放置时间一般不应超过4 h。未用完的培养基不能重新凝固留待下次使用。敏感的培养基尤应注意，融化后保温时间应尽量缩短，如有特定要求可参考指定的标准。

倾注到样品中的培养基温度应控制在45℃左右。

3.4.2 培养基的脱氧

必要时，将培养基在使用前放到沸水浴或蒸汽浴中加热15 min；加热时松开容器的盖子；加热后盖紧，并迅速冷却至使用温度（如：FT培养基）。

3.4.3 添加成分的加入

对热不稳定的添加成分应在培养基冷却至47～50℃时再加入。无菌的添加成分在加入前应先放置到室温，避免冷的液体造成琼脂凝结或形成片状物。将加入添加成分的培养基缓慢充分混匀，尽快分装到待用的容器中。

3.4.4　平板的制备和储存

倾注融化的培养基到平皿中，使之在平皿中形成厚度至少为 3 mm（直径 90 mm 的平皿，通常要加入 18~20 mL 琼脂培养基）。将平皿盖好皿盖后放到水平平面使琼脂冷却凝固。如果平板需储存，或者培养时间超过 48 h 或培养温度高于 40℃，则需要倾注更多的培养基。凝固后的培养基应立即使用或存放于暗处和（或）5℃±3℃冰箱的密封袋中，以防止培养基成分的改变。在平板底部或侧边做好标记，标记的内容包括名称、制备日期和（或）有效期。也可使用适宜的培养基编码系统进行标记。

将倒好的平板放在密封的袋子中冷藏保存可延长储存期限。为了避免冷凝水的产生，平板应冷却后再装入袋中，储存前不要对培养基表面进行干燥处理。

对于采用表面接种形式培养的固体培养基，应先对琼脂表面进行干燥：揭开平皿盖，将平板倒扣于烘箱或培养箱中（温度设为 25~50℃）；或放在有对流的无菌净化台中，直到培养基表面的水滴消失为止。注意不要过度干燥。商品化的平板琼脂培养基应按照厂商提供的说明使用。

3.5　培养基的弃置

所有污染和未使用的培养基的弃置应采用安全的方式，并且要符合相关法律法规的规定。

4　质控菌株的保藏及使用

4.1　一般要求

为成功保藏及使用菌株，不同菌株应采用不同的保藏方法，可选择使用冻干保藏、利用多孔磁珠在−70℃保藏、使用液氮保藏或其他有效的保藏方法。

4.2　商业来源的质控菌株

对于从标准菌种保藏中心或其他有效的认证的商业机构获得原包装的质控菌株，复苏和使用应按照制造商提供的使用说明进行。

4.3　实验室制备的标准储存菌株

用于性能测试的标准储存菌株（见附录 B 的图 B.1），在保存和使用时应注意避免交叉污染，减少菌株突变或发生典型的特性变化；标准储备菌株应制备多份，并采用超低温（−70℃）或冻干的形式保存。在较高温度下贮存时间应缩短。

标准储存菌株用作培养基的测试菌株时应在文件中充分描述其生长特性。

标准储存菌株不应用来制备标准菌株。

4.4　储存菌株

储存菌株通常从冻干或超低温保存的标准储存菌株进行制备（见图 B.2）。

制备储存菌株应避免导致标准储存菌株的交叉污染和（或）退化。制备储存菌株时，应将标准储存菌株制成悬浮液转接到非选择培养基中培养，以获得特性稳定的菌株。

对于商业来源的菌株，应严格按照制造商的说明执行。

储存菌株不应用来制备标准储存菌株或标准菌株。

4.5 工作菌株

工作菌株由储存菌株或标准储存菌株制备。

工作菌株不应用来制作标准菌株、标准储存菌株或储存菌株。

5 培养基和试剂的质量要求

5.1 基本要求

5.1.1 培养基和试剂

培养基和试剂的质量由基础成分的质量、制备过程的控制、微生物污染的消除及包装和储存条件等因素所决定。

供应商或制备者应确保培养基和试剂的理化特性满足相关标准的要求，以下特性的质量评估结果应符合相应的规定：

——分装的量和（或）厚度；

——外观，色泽和均一性；

——琼脂凝胶的硬度；

——水分含量；

——20~25℃的 pH；

——缓冲能力；

——微生物污染。

培养基和试剂的各种成分、添加剂或选择剂应进行适当的质量评价。

5.1.2 基础成分

国家标准中提到的培养基通常可以直接使用。但因其中一些培养基成分（见附录 C）质量不稳定，可允许对其用量进行适当的调整，如：

——根据营养需要改变蛋白胨、牛肉浸出物、酵母浸出物的用量；

——根据所需凝胶作用的效果改变琼脂的用量；

——根据缓冲要求决定缓冲物质用量；

——根据选择性要求决定胆盐、胆汁抽提物和脱氧胆酸盐、抗菌染料的用量；

——根据抗生素的效价决定其用量。

5.2 微生物学要求

5.2.1 概论

培养基和试剂应达到附录 D 质量控制标准的要求，其性能测试方法按 6.1 执行。实验室使用商品化培养基和试剂时，应保留生产商按 3.1.1 提供的资料，并制定验收程序，如需进行验证，可按 6.2 执行，并应达到附录 E 质量控制标准要求。

5.2.2 微生物污染的控制

按批量的不同选择适量的培养基在适当条件下培养，测定其微生物污染。生产商应根据每种平板或液体培养基的数量，规定或建立其污染限值，并记录培养基成分、制备要素和包装类型。

分别从初始和最终制备的培养基中抽取或制备至少一个（或 1%）平板或试管，置于 37℃培养 18 h 或按特定标准中规定的温度时间进行培养。

本条款只适用于即用型培养基。

5.2.3　生长特性

5.2.3.1　一般要求

选择下列方法对每批成品培养基或试剂进行评价：

——定量方法；

——半定量方法；

——定性方法。

采用定量方法时，应使用参考培养基（见附录D）进行对照；采用半定量和定性方法时，使用参考培养基或能得到“阳性”结果的培养基进行对照有助于结果的解释。参考培养基应选择近期批次中质量良好的培养基或是来自其他供应商的具有长期稳定性的批次培养基或即用型培养基。

5.2.3.2　测试菌株

测试菌株是具有其代表种的稳定特性并能有效证明实验室特定培养基最佳性能的一套菌株。测试菌株主要购置于标准菌种保藏中心，也可以是实验室自己分离的具有良好特性的菌株。实验室应检测和记录标准储备菌株的特性；或选择具有典型特性的新菌株，使用时应引起注意；最好使用从食品或水中分离的菌株。

对不含指示剂或选择剂的培养基，只需采用一株阳性菌株进行测试；对含有指示剂或选择剂的培养基或试剂，应使用能证明其指示或选择作用的菌株进行试验；复合培养基（如需要加入添加成分的培养基）需要以下列菌株进行验证：

——具典型反应特性的生长良好的阳性菌株；

——弱阳性菌株（对培养基中选择剂等试剂敏感性强的菌株）；

——不具有该特性的阴性菌株；

——部分或完全受抑制的菌株。

5.2.3.3　生长率

按规定用适当方法将适量测试菌株的工作培养物接种至固体、半固体和液体培养基中。

每种培养基上菌株的生长率应达到所规定的最低限值（见附录D、附录E）。

5.2.3.4　选择性

为定量评估培养基的选择性，应按照规定以适当方法将适量测试菌株的工作培养物接种至选择性培养基和参考培养基中，培养基的选择性应达到规定值（见附录D、附录E）。

5.2.3.5　生理生化特性（特异性）

确定培养基的菌落形态学、鉴别特性和选择性，或试剂的鉴别特性，以获得培养基或试剂的基本特性（见附录D、附录E）。

5.2.3.6　性能评价和结果解释

若按照规定的所有测试菌株的性能测试达到标准，则该批培养基或试剂的性能测试结果符合规定。若基本要求和微生物学要求均符合规定，则该批培养基或试剂可被接受。

6 培养基和试剂性能测试方法

6.1 生产商及实验室自制培养基和试剂的质量控制的测试方法

6.1.1 非选择性分离和计数固体培养基的目标菌生长率定量测试方法

6.1.1.1 平板的制备与保存

倾注融化的培养基到平皿中，使之在平皿中形成一个至少 3 mm 厚的琼脂层（直径 90 mm的平皿通常要加入 18~20 mL 琼脂培养基），需添加试剂的培养基，应使培养基冷却至 47~50℃后才添加试剂。倾注后将平板放到水平平面，使琼脂冷却凝固。凝固后的培养基应立即使用或存放于暗处和（或）2~8℃冰箱的密封袋中，在有效期内使用。使用前应对琼脂表面进行干燥，但应注意不要过度干燥。

6.1.1.2 工作菌悬液的制备

将标准储备菌株接种到非选择性肉汤培养过夜或采用其他方法，制备 10 倍系列稀释的菌悬液。生长率测试常用每平板的接种水平为 20~200 CFU。

6.1.1.3 接种

选择合适稀释度的工作菌悬液 0.1 mL，均匀涂布接种于待测平板和参比平板。每一稀释度接种两个平板。可使用螺旋平板法（附录 F）或倾注法进行接种，并按标准规定的培养条件培养平板。

6.1.1.4 计算

选择菌落数适中的平板进行计数，按式（1）计算生长率。

$$P_R = \frac{N_s}{N_o} \qquad \cdots\cdots\cdots\cdots (1)$$

式中：

P_R——生长率；

N_s——待测培养基平板上得到的菌落总数；

N_o——参比培养基平板上获得的菌落总数（该菌落总数应≥100 CFU）。

参比培养基的选择：一般细菌采用 TSA，一般霉菌和酵母采用沙氏葡萄糖琼脂，对营养有特殊要求的微生物采用适合其生长的不含抑菌剂或抗生素的培养基。

6.1.1.5 结果解释

目标菌在培养基上应呈现典型的生长。非选择性分离和计数固体培养基上目标菌的生长率应不小于 0.7。

6.1.2 选择性分离和计数固体培养基的测试方法

6.1.2.1 目标菌生长率定量测试方法

6.1.2.1.1 平板的制备与保存

按照 6.1.1.1 中要求进行。

6.1.2.1.2 工作菌悬液的制备

按照 6.1.1.2 中要求进行。

6.1.2.1.3 接种

按照 6.1.1.3 中要求进行。

6.1.2.1.4　计算

按照6.1.1.4中要求进行。

6.1.2.1.5　结果解释

目标菌在培养基上应呈现典型的生长。选择性分离固体培养基上目标菌的生长率一般不小于0.5，最低应为0.1；选择性计数固体培养基上目标菌的生长率一般不小于0.7。参照附录F培养基质量控制标准。

6.1.2.2　非目标菌（选择性）半定量测试方法

6.1.2.2.1　平板的制备与保存

按照6.1.1.1中要求进行。

6.1.2.2.2　工作菌悬液的制备

将标准储备菌株接种到非选择性肉汤培养过夜作为工作菌悬液。

6.1.2.2.3　接种

用1 μL接种环取选择性测试工作菌悬液1环，在待测培养基表面划六条平行直线（图1），同时接种两个平板，划线时可在培养基下面放一个模板图，按标准规定的培养条件培养平板。

操作时用接种环而不用接种针，接种环应完全浸入培养基中。取一满环接种物，将接种环接触容器边缘3次可去除多余的液体。划线时，接种环与琼脂平面的角度应为20°~30°。接种环压在琼脂表面的压力和划线速度前后一致，整个划线应快速连续，移取液体培养物时应将接种环伸入培养液下部分以防止环上产生气泡或泡沫。

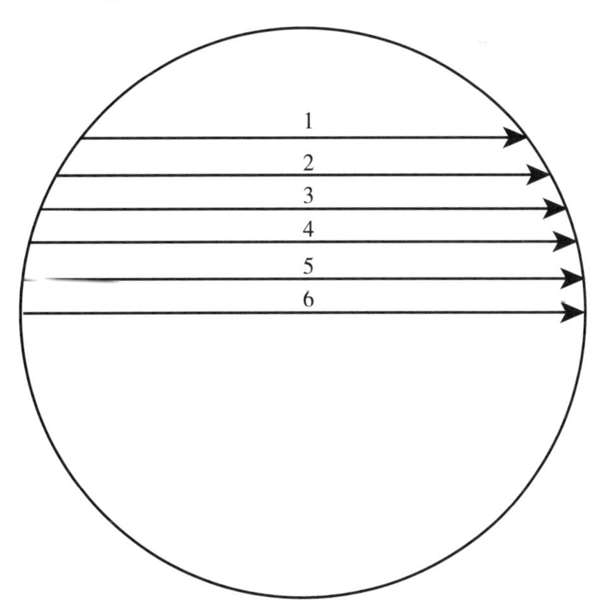

图1　非目标菌半定量划线法接种模式

6.1.2.2.4　计算

培养后按以下方法对培养基计算生长指数 G。每条有比较稠密菌落生长的划线则 G 为1，每个培养皿上最多为6分。如果仅一半的线有稠密菌落生长，则 G 为0.5。如果划线上没有菌落生长、生长量少于划线的一半或菌落生长微弱，则 G 为 0。记录每个平板的得分总和便得到 G。同时接种两个平板。

6.1.2.2.5　结果解释

非目标菌的生长指数 G 一般小于或等于 1，至少应达到小于 5。

6.1.2.3　非目标菌（特异性）定性测试方法

6.1.2.3.1　平板的制备与保存

按照 6.1.1.1 中要求进行。

6.1.2.3.2　工作菌悬液的制备

按照 6.1.1.2 中要求进行。

6.1.2.3.3　接种

用 1 μL 接种环取测试菌培养物在测试培养基表面划平行直线，并按标准规定的培养条件培养平板。

6.1.2.3.4　结果解释

非目标菌应有典型的菌落外观、大小和形态。

6.1.3　非选择性增菌培养基的半定量测试方法

6.1.3.1　培养基的制备

将培养基分装试管，每管 10 mL。

6.1.3.2　工作菌悬液的制备

将标准储备菌株接种到非选择性肉汤培养过夜或采用其他制备方法，制备 10 倍系列稀释的菌悬液。

6.1.3.3　接种

在装有待测培养基的试管中接种 10～100 CFU 的目标菌，每管接种量为 1 mL，接种两个平行管。同时将 1 mL 菌悬液（与试管接种同一稀释度）倾注平板，接种两个平板，作接种量计数用。按标准方法中规定的培养时间和温度进行培养（如：增菌时间为 8 h 以下，需取 10 μL 培养后的增菌液倾注到适合的培养基中，再按适合的培养时间和温度进行培养）。

6.1.3.4　结果解释

用目测的浊度值（如：0～2）评估培养基：

——0 表示无混浊；

——1 表示很轻微的混浊；

——2 表示严重的混浊。

目标菌的浊度值应为 2。

有时可以观察到微生物生长后聚集成细胞团，沉积在试管或瓶子底部，发生这种情况时，小心振荡试管后再进行观察。

如增菌 8 h 以下，10 μL 增菌液培养计数结果参照附录 D 培养基质量控制标准。

6.1.4　选择性增菌培养基的半定量测试方法

6.1.4.1　培养基的制备

将培养基分装试管，每管 10 mL。

6.1.4.2 工作菌悬液的制备

按照6.1.3.2中要求进行。

6.1.4.3 接种

6.1.4.3.1 混合菌的接种

在装有待测培养基的试管中接种10~100 CFU的目标菌（特殊接菌量参照附录D培养基质量控制标准），并接种1 000~5 000 CFU的非目标菌，接种总量为1 mL，同时接种两个平行管，混匀。同时分别将目标菌菌悬液（与试管接种同一稀释度）和非目标菌菌悬液（比试管接种小10~100倍稀释度）1 mL倾注平板，接种两个平板，作接种量计数用。按标准方法中规定的培养时间和温度进行培养。

6.1.4.3.2 非目标菌的接种

在装有待测培养基的试管中接种1 000~5 000 CFU的非目标菌，接种量为1 mL，同时接种两个平行管，混匀。按标准方法中规定的培养时间和温度进行培养。

6.1.4.4 培养液的接种

6.1.4.4.1 混合菌培养液的接种

用10 μL接种环取1环经培养后的混合菌培养液，划线接种到特定的选择性平板上，同时每管接种一个平板。按标准方法中规定的培养时间和温度进行培养。

6.1.4.4.2 非目标菌培养液的接种

吸取10 μL经培养后的非目标菌培养液，均匀涂布接种到非选择性平板（如：TSA）上。同时每管接种一个平板。可使用倾注法进行接种，并按标准规定的培养条件培养平板。

6.1.4.5 计算和结果解释

目标菌在选择性平板上的菌落应>10 CFU，则表示待测液体培养基的生长率良好；非目标菌在非选择性平板上的菌落数应<100 CFU，则表示待测液体培养基的选择性为良好。

6.1.5 选择性液体计数培养基的半定量测试方法

6.1.5.1 培养基的制备

将培养基分装试管，每管10 mL。

6.1.5.2 工作菌悬液的制备

按照6.1.3.2中要求进行。

6.1.5.3 接种

6.1.5.3.1 目标菌的接种

在装有待测培养基的试管中接种10~100 CFU的目标菌，接种总量为1 mL，同时接种两个平行管，混匀。同时将1 mL菌悬液（与试管接种同一稀释度）倾注平板，接种两个平板，作接种量计数用。按标准方法中规定的培养时间和温度进行培养。

6.1.5.3.2 非目标菌的接种

在装有待测培养基的试管中接种1 000~5 000 CFU的非目标菌，接种总量为1 mL，同时接种两个平行管，混匀。同时将1 mL菌悬液（比试管接种小10~100倍稀释度）倾注平板，接种两个平板，作接种量计数用。按标准方法中规定的培养时间和温度进行培养。

6.1.5.4 结果解释

用目测的浊度值（如：0~2）评估培养基：

——0 表示无混浊；

——1 表示很轻微的混浊；

——2 表示严重的混浊。

并记录小导管收集气体的体积比。

目标菌的浊度值应为 2，产气应为 1/3 或以上；非目标菌的浊度值应为 0 或 1，无产气现象。

注：有时可以观察到微生物生长后聚集成细胞团，沉积在试管或瓶子底部，发生这种情况时，小心振荡试管后再进行观察。

6.1.6 悬浮培养基和运输培养基的定量测试方法

6.1.6.1 培养基的制备

将培养基分装试管，每管 10 mL（有特殊要求的可选用 5 mL）。

6.1.6.2 目标菌工作菌悬液的制备

按照 6.1.3.2 中要求进行。

6.1.6.3 接种

在装有待测培养基的试管中接种 100~1 000 CFU 的目标菌，同时接种两个平行管，混匀后，立即吸取 1 mL 待测培养基混合液，参照附录 F 培养基质量控制标准选用相应的培养基倾注平板，每管待测培养基接种一个平板。按标准方法中规定的培养时间和温度培养后，进行菌落计数。

剩余已接种菌液的待测培养基置 20~25℃ 放置 45 min 后；再吸取 1 mL 倾注平板，每管培养基接种一个平板，按标准方法中规定的培养时间和温度培养后，进行菌落计数。如保存条件有特殊要求的待测培养基，参照附录 F 培养基质量控制标准要求放置或培养后再进行菌落计数。

6.1.6.4 结果观察与解释

待测培养基中的菌落数变化应在±50%内。

6.1.7 Mueller-Hinton 血琼脂的纸片扩散测试方法（定性测试方法）

6.1.7.1 平板的制备与保存

倾注融化的培养基到平皿中，使之在平皿中形成一个厚度为 4~5 mm 的琼脂层。倾注后将平板放到水平平面，使琼脂冷却凝固。凝固后的培养基应立即使用或存放于暗处和（或）5℃±3℃ 冰箱的密封袋中，在有效期内使用。使用前应可将平板置 35℃ 温箱中或置室温层流橱中对琼脂表面进行干燥，培养基表面应湿润，但不能有水滴，培养皿也不应有水滴。

6.1.7.2 质控菌株的复苏

将质控菌株接种到血平板上，按标准方法中规定的培养时间和温度进行培养。检查纯度合格后，用于质控工作菌悬液的制备。

6.1.7.3　质控菌工作菌悬液的制备

将纯度满意的质控菌株培养物悬浮于 TSB 肉汤中，并调整浊度为 0.5 麦氏标准（约 $1\times10^8\sim2\times10^8$ CFU/mL）。

6.1.7.4　接种

用涂布法将质控工作菌悬液接种于 MH 平板上，并贴上相应的抗生素纸片（每平板最多贴 6 片），将平板翻转后按标准方法中规定的培养时间和温度进行培养。调整菌悬液浊度与接种所有平板间的时间间隔不要超过 15 min。

6.1.7.5　结果观察与解释

在无反射黑色背景下，观察有无抑菌环。结果解释参照表 D.7。

6.1.8　鉴定培养基的测试方法

6.1.8.1　液体培养基

6.1.8.1.1　培养基的制备

将培养基分装试管，再进行灭菌和添加试剂。

6.1.8.1.2　工作菌悬液的制备

将标准储备菌株接种到非选择性肉汤中或采用其他制备方法，制备成 5 McFarland 浊度（约 10^9 CFU/mL）的菌悬液。

6.1.8.1.3　接种

吸取 0.05~0.08 mL（约 1~2 滴）至待测培养基内，按标准方法中规定的培养时间和温度进行培养。

6.1.8.1.4　结果观察与解释

需加指示剂的试验在微生物生长良好的情况下，按顺序加入指示剂，再观察结果。结果解释参照表 D.8。

6.1.8.2　半固体培养基

6.1.8.2.1　培养基的制备

将培养基分装试管。灭菌后竖立放置，冷却后备用。

6.1.8.2.2　接种

取新鲜质控菌株斜面，用接种针挑取菌苔穿刺接种至待测培养基内。按标准方法中规定的培养时间和温度进行培养。

6.1.8.2.3　结果观察与解释

需加指示剂的试验在微生物生长良好的情况下，按顺序加入指示剂，再观察结果。结果解释参照表 D.8。

6.1.8.3　高层斜面培养基和斜面培养基

6.1.8.3.1　培养基的制备

将培养基分装试管。灭菌后摆放成高层斜面（斜面与底层高度约为 2：3）和普通斜面（斜面与底层高度约为 3：2），冷却后备用。

6.1.8.3.2　接种

高层斜面培养基：取新鲜质控菌株斜面，用接种针挑取菌苔穿刺接种至琼脂高层，穿刺接种完毕后，再在斜面上划“之”字形接种；斜面培养基：取新鲜质控菌株斜面，用接种环挑取菌苔在斜面上划“之”字形接种。按标准方法中规定的培养时间和温度进行培养。

6.1.8.3.3 结果观察与解释

需加指示剂的试验在微生物生长良好的情况下，按顺序加入指示剂，再观察结果。结果解释参照表D.8。

6.1.8.4 平板培养基

6.1.8.4.1 培养基的制备

倾注灭菌融化的培养基到平皿中，使之在平皿中形成一个至少3 mm厚的琼脂层（直径90 mm的平皿通常要加入18~20 mL琼脂培养基）。

6.1.8.4.2 接种

取新鲜质控菌株斜面，用接种环挑取菌苔在平板上划“之”字形接种，或用接种针挑取菌苔在平板上点种接种。按标准方法中规定的培养时间和温度进行培养。

6.1.8.4.3 结果观察与解释

参照表D.8。

6.1.9 实验试剂的测试方法

6.1.9.1 实验方法

按试剂说明书进行。

6.1.9.2 结果观察与解释

参照表D.8。

6.2 实验室使用商品化培养基和试剂的质量控制的测试方法

6.2.1 非选择性分离和计数固体培养基的半定量测试方法

6.2.1.1 平板的制备与保存

按照6.1.1.1中要求进行。

6.2.1.2 工作菌悬液的制备

将标准储备菌株接种到非选择性肉汤培养过夜作为工作菌悬液。

6.2.1.3 接种

用1 μL接种环进行平板划线（图2）。A区用接种环按0.5 cm的间隔划4条平行线，按同样的方法在B区和C区划线，最后在D区内划一条连续的曲线。同时接种两个平板，划线时可在培养基下面放一个模板图，并按标准规定的培养条件培养平板。

操作时用接种环而不用接种针，接种环应完全浸入培养基中。取一满环接种物，将接种环接触容器边缘3次可去除多余的液体。划线时，接种环与琼脂平面的角度应为20°~30°。接种环压在琼脂表面的压力和划线速度前后一致，整个划线应快速连续，移取液体培养物时应将接种环伸入培养液下部分以防止环上产生气泡或泡沫。

通常用同一个接种环对A~D区进行划线，操作过程不需要对接种环灭菌。但为了得到低生长指数 G，在接种不同部分时应更换接种环或对其灭菌。

6.2.1.4 计算

培养后，评价菌落的形状、大小和生长密度，并计算生长指数 G。每条有比较稠密菌落生长的划线则 G 为1，每个培养皿上 G 最大为16。如果仅一半的线有稠密菌落生长，

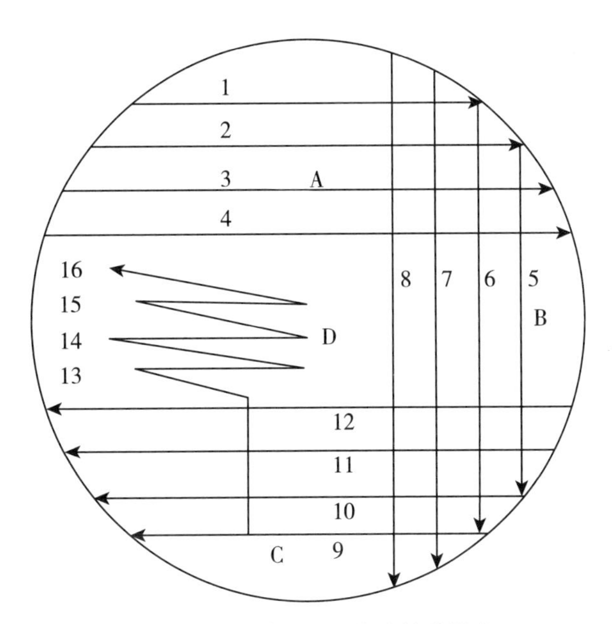

图 2 目标菌半定量划线法接种模式

则 G 为 0.5。如果划线上没有菌落生长、生长量少于划线的一半或菌落生长微弱，则 G 为 0。记录每个平板的得分总和便得到 G。如，菌落在 A 区和 B 区全部生长，而在 C 区有一半线生长，则 G 为 10。

6.2.1.5 结果解释

目标菌在培养基上应呈现典型的生长。目标菌的生长指数 G 大于或等于 6 时，培养基可以接受。非选择培养基的 G 值通常较高。

6.2.2 选择性分离和计数固体培养基的半定量测试方法

6.2.2.1 目标菌半定量测试方法

按照 6.2.1 中要求进行。

6.2.2.2 非目标菌（选择性）半定量测试方法

按照 6.1.2.2 中要求进行。

6.2.3 非选择性增菌培养基、选择性增菌培养基和选择性液体计数培养基的定性测试方法

6.2.3.1 培养基的制备

将培养基分装试管，每管 10 mL。

6.2.3.2 工作菌悬液的制备

将标准储备菌株接种到非选择性肉汤培养过夜，进行 10 倍系列稀释至 10^{-3}，或采用其他方法，制备成 10^5 ~ 10^7 CFU/mL 的菌悬液作为工作菌悬液。

6.2.3.3 接种

用 1 μL 接种环取一环工作菌悬液直接接种到用于性能测试的液体培养基中，按适合的培养时间和温度进行培养。

6.2.3.4 结果解释

用目测的浊度值（如：0~2）评估培养基：

——0 表示无混浊；

——1 表示很轻微的混浊；

——2 表示严重的混浊。

目标菌的浊度值应为 2，非目标菌的浊度值应为 0 或 1。

有时可以观察到微生物生长后聚集成细胞团，沉积在试管或瓶子底部，发生这种情况时，小心振荡试管后再进行观察。选择性液体计数培养基目标菌应有产气现象，非目标菌无产气现象。

6.2.4　悬浮培养基和运输培养基的定性测试方法

6.2.4.1　培养基的制备

按照 6.1.6.1 中要求进行。

6.2.4.2　工作菌悬液的制备

将标准储备菌株接种到非选择性肉汤培养过夜作为工作菌悬液。

6.2.4.3　接种

用 1 μL 接种环取一环工作菌悬液直接接种到装有待测培养基的试管中，混匀后，立即用 10 μL 接种环取一环工作菌培养物划平行线接种平板，按标准方法中规定的培养时间和温度培养；

剩余已接种菌液的待测培养基置 20~25℃ 放置 45 min 后，再用 10 μL 接种环取一环工作菌培养物划平行线接种平板，按标准方法中规定的培养时间和温度培养。如保存条件有特殊要求的待测培养基，参照附录 G 培养基质量控制标准要求放置或培养后再进行划线接种。

6.2.4.4　结果观察与解释

接种前后平板上目标菌的生长情况应均为良好。

6.2.5　Mueller-Hinton 血琼脂的测试方法

按照 6.1.7 中要求进行。

6.2.6　鉴定培养基的测试方法

按照 6.1.8 中要求进行。

6.2.7　实验试剂的测试方法

按照 6.1.9 中要求进行。

7　测试结果的记录

7.1　制造商信息

培养基制造商或供应商应按客户的要求提供培养基常规信息和相关测试菌株生长特性信息。

7.2　溯源性

按照质量体系的要求，对所有培养基性能测试的数据归档，并在有效期内进行适当的保存。建议使用测试结果记录单（见附录 G）进行文件记录并评价测试结果。

GB 4789.28—2013

附　录　A
培养基的不正确配制出现的质量问题及原因分析

培养基的不正确配制出现的质量问题及原因分析见表 A.1。

表 A.1　常见质量问题与解答

异常现象	可能原因
培养基不能凝固	制备过程中过度加热 低 pH 造成培养基酸解 称量不正确 琼脂未完全溶解 培养基成分未充分混匀
pH 不正确	制备过程中过度加热 水质不佳 外部化学物质污染 测定 pH 时温度不正确 pH 计未正确校准 脱水培养基质量差
颜色异常	制备过程中过度加热 水质不佳 pH 不正确 外来污染 脱水培养基质量差
产生沉淀	制备过程中过度加热 水质不佳 脱水培养基质量差 pH 未正确控制 原料中的杂质
培养基出现抑制/低的生长率	制备过程中过度加热 脱水培养基质量差 水质不佳 使用成分不正确，如：成分称量不准，添加剂浓度不正确 制备容器或水中的有毒残留物
选择性差	制备过程中过度加热 脱水培养基质量差 配方使用不对 添加成分的加入不正确，如：加入添加成分时培养基过热或添加浓度错误 添加剂污染
污染	不适当的灭菌 无菌操作技术存在问题 添加剂污染

GB 4789.28—2013

附 录 B
标准储存菌株和工作菌株的制备

B.1 图 B.1 给出了从标准菌株制备标准储存菌株的流程。

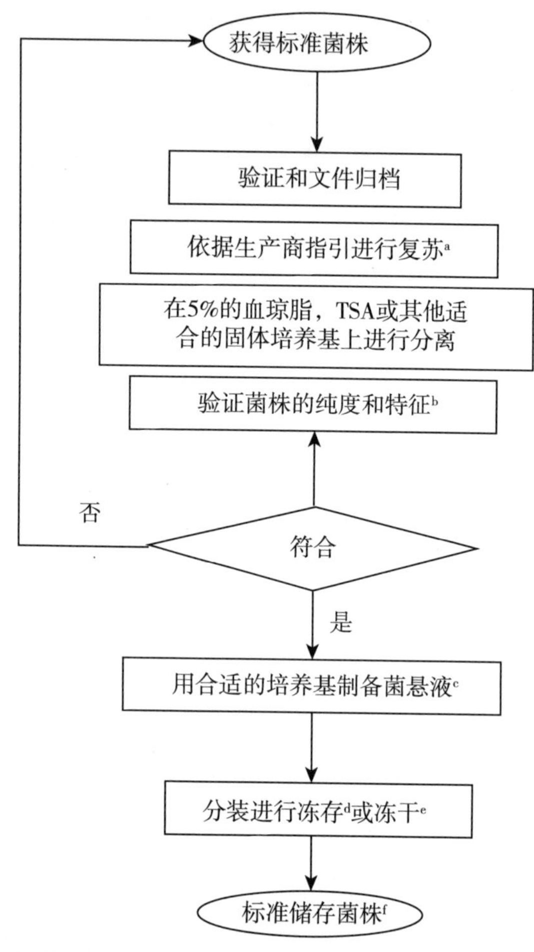

[a] 通常悬浮于营养肉汤中适宜时间进行复苏。

[b] 验证菌落形态和革兰氏染色或用生化试验进行鉴定。

[c] 例如，TSB 添加 10%~15%甘油作为冷冻保护培养基。

[d] 冻存管可含有多孔的小珠子。

[e] 在不高于-70℃低温冷冻保存可延长保存的时间。禁止采用较高的温度保存。

[f] 可作为工作菌株来使用。

图 B.1 制作标准储存菌株的流程

B.2　图 B.2 给出了从标准储存菌株制备工作菌株的流程。

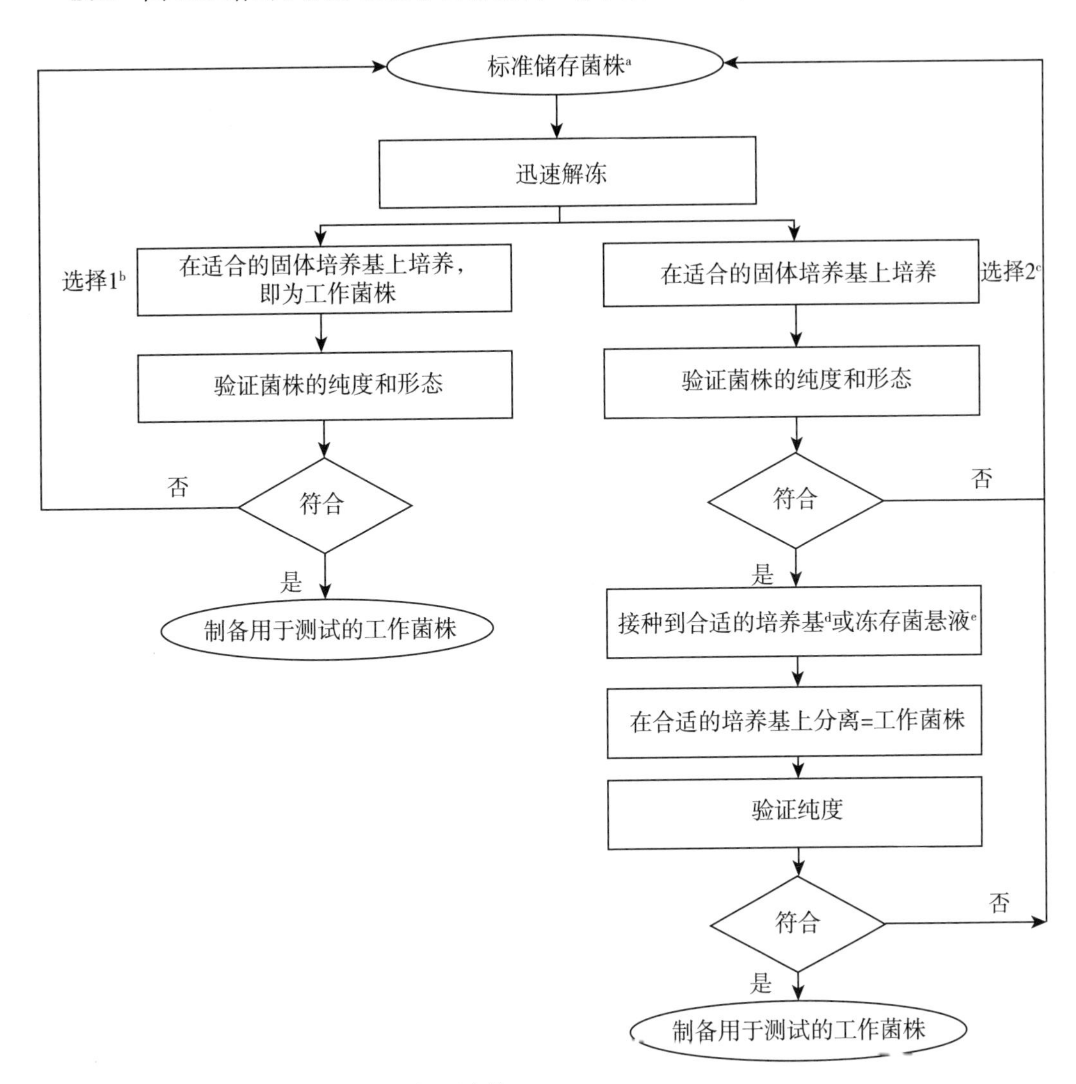

[a] 如果标准储存菌株来源于别处，应加以验证及归档。

[b] 此流程更合适。

[c] 此流程对某些菌株是必须的，如定量试验。对所有阶段进行归档。

[d] 例如，可接种到 TSA 斜面、TSA 血琼脂斜面或其他合适的培养基，培养 24 h，然后在合适的温度（依据不同微生物在 18～25℃或 2～8℃）可存放 4 周。

[e] 例如，TSB 添加 10%～15%甘油作为冷冻保护培养基。在不高于-70℃低温冷冻保存可延长保存的时间。禁止采用较高的温度保存。

图 B.2　制作工作菌株的流程

GB 4789.28—2013

附　录　C
食品安全微生物检验标准中指定的培养基成分

C.1　蛋白胨

C.1.1　酶解酪蛋白：包括胃蛋白酶消化的酪蛋白和胰蛋白酶消化的酪蛋白与胰蛋白胨。

C.1.2　酶解大豆粉。

C.1.3　酶解动物组织：包括肉胨、胃蛋白酶消化的肉组织和胰酶消化的肉组织。

C.1.4　心酶解物。

C.1.5　酶解明胶。

C.1.6　酶解动物组织、植物组织：包括蛋白示、胨。

C.2　浸膏

C.2.1　肉浸膏。

C.2.2　脑心浸膏。

C.2.3　酵母浸膏。

C.2.4　细菌学牛胆汁。

C.2.5　胆盐。

C.2.6　3号胆盐。

C.3　琼脂

细菌学琼脂。

C.4　其他

C.4.1　卵黄乳液。

C.4.2　脱脂奶粉。

C.4.3　酸水解酪蛋白。

附　录　D
生产商及实验室自制培养基和试剂的质量控制标准

生产商及实验室自制培养基和试剂的质量控制标准见表 D.1～表 D.9。

表 D.1　非选择性分离和计数固体培养基质量控制标准

培养基	状态	功能分类	质控指标	培养条件	质控菌株	参比培养基	方法	质控评定标准	特征性反应
胰蛋白胨大豆琼脂	固体	非选择性分离	生长率	36℃±1℃ 24 h±2 h	大肠埃希氏菌 ATCC 25922	TSA	定量	$PR\geqslant 0.7$	—
					粪肠球菌 ATCC 29212				—
MC 培养基	固体	非选择性计数	生长率	36℃±1℃ 48 h±2 h	嗜热链球菌 IFFI 6038	MC 培养基	定量	$PR\geqslant 0.7$	中等偏小，边缘光滑的红色菌落，可有淡淡的晕
MRS 培养基	固体	非选择性计数	生长率	36℃±1℃ 48 h±2 h	德氏乳杆菌保加利亚亚种 C1CC 6032	MRS 培养基	定量	$PR\geqslant 0.7$	圆形凸起，中等大小，边缘整齐，无色不透明
					嗜热链球菌 IFFI 6038				圆形凸起，菌落偏小，边缘整齐，无色不透明
					婴儿双歧杆菌 CICC 6069（厌氧培养）				圆形，中等大小，边缘整齐，瓷白色
3%氯化钠胰蛋白胨大豆琼脂（TSA）	固体	非选择性分离	生长率	36℃±1℃ 18～24 h	副溶血性弧菌 ATCC 17802	3%氯化钠 TSA	定量	$PR\geqslant 0.7$	无色半透明菌落
					创伤弧菌落 ATCC 27562				
营养琼脂	固体	非选择性分离	生长率	36℃±1℃ 24 h	大肠埃希氏菌 ATCC 25922	TSA	定量	$PR\geqslant 0.7$	—
					金黄色葡萄球 ATCC 6538				
					枯草芽胞杆菌 ATCC 6633				

（续表）

培养基	状态	功能分类	质控指标	培养条件	质控菌株	参比培养基	方法	质控评定标准	特征性反应
含 0.6% 酵母浸膏的胰酪胨大豆琼脂（TSA-YE）	固体	非选择性分离	生长率	30℃±1℃ 24~48 h	单核细胞增生李斯特氏菌 ATCC 19115	TSA	定量	$PR \geqslant 0.7$	—
平板计数琼脂（PCA）	固体	非选择性计数	生长率	36℃±1℃ 48 h±2 h	大肠埃希氏菌 ATCC 25922	TSA	定量	$PR \geqslant 0.7$	—
					金黄色葡萄球菌 ATCC 6538				
					枯草芽胞杆菌 ATCC 6633				

表 D.2　选择性分离和计数固体培养基质量控制标准

培养基	状态	功能分类	质控指标	培养条件	质控菌株	参比培养基	方法	质控评定标准	特征性反应
亚硫酸铋琼脂（BS）	固体	选择性分离	生长率	36℃±1℃ 40~48 h	伤寒沙门氏菌 CMCC（B）50071	TSA	定量	$PR \geqslant 0.5$	黑色菌落，有金属光泽
					鼠伤寒沙门氏菌 ATCC 14028				黑色或灰绿色菌落，有金属光泽
			选择性		大肠埃希氏菌 ATCC 25922	—	半定量	$G \leqslant 1$	—
					粪肠球菌 ATCC 29212				
HE 琼脂	固体	选择性分离	生长率	36℃±1℃ 18~24 h	鼠伤寒沙门氏菌 ATCC 14028	TSA	定量	$PR \geqslant 0.5$	绿—蓝色菌落，有黑心
					福氏志贺氏菌 CMCC（B）51572				绿—蓝色菌落
					大肠埃希氏菌 ATCC 25922	—	半定量	$G<5$	橙红色菌落，可有胆酸沉淀
			选择性		粪肠球菌 ATCC 29212			$G \leqslant 1$	—

（续表）

培养基	状态	功能分类	质控指标	培养条件	质控菌株	参比培养基	方法	质控评定标准	特征性反应
木糖赖氨酸脱氧胆盐琼脂（XLD）	固体	选择性分离	生长率	36℃±1℃ 18~24 h	鼠伤寒沙门氏菌 ATCC 14028	TSA	定量	$PR \geq 0.5$	黑色菌落
					福氏志贺氏菌 CMCC（B）51572				无色菌落，无黑心
			选择性		大肠埃希氏菌 ATCC 25922	—	半定量	$G<5$	黄色菌落
					金黄色葡萄球菌 ATCC 6538	—		$G \leq 1$	—
沙门氏菌显色培养基	固体	选择性分离	生长率	36℃±1℃ 18~24 h	鼠伤寒沙门氏菌 ATCC 14028	TSA	定量	$PR \geq 0.5$	按说明书判定
			特异性		大肠埃希氏菌 ATCC 25922	—	定性	—	按说明书判定
			选择性		奇异变形杆菌 CMCC（B）49005			—	按说明书判定
					粪肠球菌 ATCC 29212		半定量	$G \leq 1$	—
PALCAM 琼脂	固体	选择性分离	生长率	36℃±1℃ 24~48 h	单核细胞增生李斯特氏菌 ATCC 19115	TSA	定量	$PR \geq 0.5$	灰绿色菌落，中心凹陷黑色，周围有黑色
			选择性		大肠埃希氏菌 ATCC 25922	—	半定量	$G \leq 1$	—
					粪肠球菌 ATCC 29212				
麦康凯琼脂（MAC）	固体	选择性分离	生长率	36℃±1℃ 20~24 h	大肠埃希氏菌 ATCC 25922	TSA	定量	$PR \geq 0.5$	鲜桃红色或粉红色，可有胆酸沉淀
					福氏志贺氏菌 CMCC（B）51572	—			无色至浅粉红色，半透明棕色或绿色菌落
			选择性		金黄色葡萄球菌 ATCC 6538	—	半定量	$G \leq 1$	—

（续表）

培养基	状态	功能分类	质控指标	培养条件	质控菌株	参比培养基	方法	质控评定标准	特征性反应
阪崎肠杆菌显色培养基	固体	选择性分离	生长率	36℃±1℃ 24 h±2 h	阪崎肠杆菌 ATCC 29544	TSA	定量	$PR \geqslant 0.5$	按说明书判定
			特异性		普通变形杆菌 CMCC（B）49027	—	定性	—	按说明书判定
					大肠埃希氏菌 ATCC 25922			—	按说明书判定
			选择性		粪肠球菌 ATCC 29212		半定量	$G \leqslant 1$	—
CIN-1 培养基	固体	选择性分离	生长率	26℃±1℃ 48 h±2 h	小肠结肠炎耶尔森氏菌 CMCC（B）52204	TSA	定量	$PR \geqslant 0.5$	红色牛眼状菌落
			特异性		大肠埃希氏菌 ATCC 25922	—	定性	—	圆形、粉红色菌，边缘有胆汁沉淀环
			选择性		金黄色葡萄球菌 ATCC 6538		半定量	$G \leqslant 1$	—
改良 Y 培养基	固体	选择性分离	生长率	26℃±1℃ 48 h±2 h	小肠结肠炎耶尔森氏菌 CMCC（B）52204	TSA	定量	$PR \geqslant 0.5$	无色透明不黏稠菌落
			特异性		大肠埃希氏菌 ATCC 25922	—	定性	—	粉红色菌落
			选择性		金黄色葡萄球菌 ATCC 6538		半定量	$G \leqslant 1$	—
伊红美蓝琼脂（EMB）	固体	选择性分离	生长率	36℃±1℃ 18～24 h	大肠埃希氏菌 ATCC 25922	TSA	定量	$PR \geqslant 0.5$	黑色菌落，具金属光泽
			特异性		鼠伤寒沙门氏菌 ATCC 14028	—	定性	—	菌落呈无色、半透明
			选择性		金黄色葡萄球菌 ATCC 6538	—	半定量	$G<5$	—
改良山梨醇麦康凯琼脂（CT-SMAC）	固体	选择性分离	生长率	36℃±1℃ 18～24 h	大肠埃希氏菌 O157：H7 NCTC 12900	TSA	定量	$PR \geqslant 0.5$	无色菌落
			特异性		大肠埃希氏菌 ATCC 25922	—	定性	—	粉红色菌落，周围有胆盐沉淀
			选择性		金黄色葡萄球菌 ATCC 6538		半定量	$G \leqslant 1$	—

（续表）

培养基	状态	功能分类	质控指标	培养条件	质控菌株	参比培养基	方法	质控评定标准	特征性反应
O157 显色培养基	固体	选择性分离	生长率	36℃±1℃ 18~24 h	大肠埃希氏菌 O157：H7 NCTC 12900	TSA	定量	$PR \geq 0.5$	按说明书判定
			特异性		大肠埃希氏菌 ATCC 25922	—	定性	—	按说明书判定
			选择性		粪肠球菌 ATCC 29212		半定量	$G \leq 1$	—
					奇异变型杆菌 CMCC（B）49005	—	半定量	$G \leq 1$	—
李斯特氏菌显色培养基	固体	选择性分离	生长率	36℃±1℃ 24~48 h	单核细胞增生李斯特氏菌 ATCC 19115	TSA	定量	$PR \geq 0.5$	蓝绿色菌落，带白色晕环
			特异性		英诺克李斯特氏菌 ATCC 33090	—	定性	—	蓝绿色菌落，无白色晕环
			选择性		大肠埃希氏菌 ATCC 25922		半定量	$G \leq 1$	—
					粪肠球菌 ATCC 29212				
志贺氏菌显色培养基	固体	选择性分离	生长率	36℃±1℃ 20~24 h	福氏志贺氏菌 CMCC（B）51572	TSA	定量	$PR \geq 0.5$	白色，突起，无色素沉淀圈
					痢疾志贺氏菌 CMCC（B）51105				白色，突起，有清晰环，无色素沉淀圈
			特异性		大肠埃希氏菌 ATCC 25922	—	定性	—	黄色，有清晰环，无色素沉淀圈
					产气肠杆菌 ATCC 13048				绿色菌落，无环和沉淀圈
			选择性		金黄色葡萄球菌 ATCC 6538		半定量	$G \leq 1$	—
改良 CCD（mCCD）琼脂	固体	选择性分离	生长率	42℃±1℃ 24~48 h 微需氧	空肠弯曲菌 ATCC 33291	无抗生素的 CCD	定量	$PR \geq 0.5$	菌落有光泽、潮湿、扁平，呈扩散生长倾向
			选择性	42℃±1℃ 24~48 h	大肠埃希氏菌 ATCC 25922	—	半定量	$G \leq 1$	—
					金黄色葡萄球菌 ATCC 6538				

（续表）

培养基	状态	功能分类	质控指标	培养条件	质控菌株	参比培养基	方法	质控评定标准	特征性反应
Skirrow 琼脂	固体	选择性分离	生长率	42℃±1℃ 24~48 h 微需氧	空肠弯曲菌 ATCC 33291	无抗生素的 CCD	定量	$PR \geqslant 0.5$	菌落灰色、扁平、湿润有光泽，呈沿接种线向外扩散倾向
			选择性	42℃±1℃ 24~48 h	大肠埃希氏菌 ATCC 25922	—	半定量	$G \leqslant 1$	—
					金黄色葡萄球菌 ATCC 6538				
改良纤维二糖-多黏菌素 B-多黏菌素 E（mCPC）琼脂	固体	选择性分离	生长率	39.5℃±0.5℃或 36℃±1℃ 18~24 h	创伤弧菌 ATCC 27562	3%氯化钠 TSA	定量	$PR \geqslant 0.5$	圆型扁平，中心不透明，边缘透明的黄色菌落
			特异性		霍乱弧菌 VBO	—	定性	—	紫色菌落
			选择性		副溶血性弧菌 ATCC 17802		半定量	$G \leqslant 1$	—
纤维二糖-多黏菌素 E（CC）琼脂	固体	选择性分离	生长率	39~40℃或 36℃±1℃ 18~24 h	创伤弧菌 ATCC 27562	3%氯化钠 TSA	定量	$PR \geqslant 0.5$	圆型扁平，中心不透明，边缘透明的黄色菌落
			特异性		霍乱弧菌 VBO	—	定性	—	紫色菌落
			选择性		副溶血性弧菌 ATCC 17802		半定量	$C \leqslant 1$	—
硫代硫酸钠-柠檬酸盐-胆盐-蔗糖琼脂（TCBS）	固体	选择性分离	生长率	36℃±1℃ 18~24 h	副溶血性弧菌 ATCC 17802	3%氯化钠 TSA	定量	$PR \geqslant 0.2$	绿色菌落
			选择性		大肠埃希氏菌 ATCC 25922	—	半定量	$G \leqslant 1$	—
弧菌显色培养基	固体	选择性分离	生长率	36℃±1℃ 18~24 h	副溶血性弧菌 ATCC 17802	3%氯化钠 TSA	定量	$PR \geqslant 0.5$	按说明书判定
			特异性		霍乱弧菌 VBO	—	定性	—	按说明书判定
			选择性		溶藻弧菌 ATCC 33787				按说明书判定
					大肠埃希氏菌 ATCC 25922	—	半定量	$G \leqslant 1$	—
Baird-Parker 琼脂	固体	选择性计数	生长率	36℃±1℃ 18~24 h 或 45~48 h	金黄色葡萄球菌 ATCC 25923	TSA	定量	$PR \geqslant 0.7$	菌落黑色凸起，周围有一混浊带，在其外层有一透明圈
			特异性		表皮葡萄球菌 CMCC（B）26069	—	定性	—	黑色菌落，无混浊带和透明圈
			选择性		大肠埃希氏菌 ATCC 25922	—	半定量	$G \leqslant 1$	—

（续表）

培养基	状态	功能分类	质控指标	培养条件	质控菌株	参比培养基	方法	质控评定标准	特征性反应
结晶紫中性红胆盐琼脂（VRBA）	固体	选择性计数	生长率	36℃±1℃ 18~24 h	大肠埃希氏菌 ATCC 25922	TSA	定量	$PR \geqslant 0.7$	有或无沉淀环的紫红色或红色菌落
					弗氏柠檬酸杆菌 ATCC 43864				
			选择性		粪肠球菌 ATCC 29212	—	半定量	$G<5$	—
VRB-MUG 琼脂	固体	选择性计数	生长率	36℃±1℃ 18~24 h	大肠埃希氏菌 ATCC 25922	TSA	定量	$PR \geqslant 0.7$	带有沉淀环的紫红色或红色菌落，有荧光
			特异性		弗氏柠檬酸杆菌 ATCC 43864	—	定性	—	可带有沉淀环的红色菌落，无荧光
			选择性		粪肠球菌 ATCC 29212		半定量	$G<5$	—
马铃薯葡萄糖琼脂（PDA）	固体	选择性计数	生长率	28℃±1℃ 5 d	酿酒酵母 ATCC 9763	沙氏葡萄糖琼脂	定量	$PR \geqslant 0.7$	奶油色菌落
					黑曲霉 ATCC 16404				白色菌丝，黑色孢子
			选择性		大肠埃希氏菌 ATCC 25922	—	半定量	$G \leqslant 1$	—
					金黄色葡萄球菌 ATCC 6538				
孟加红培养基	固体	选择性计数	生长率	28℃±1℃ 5 d	酿酒酵母 ATCC 9763	沙氏葡萄糖琼脂	定量	$PR \geqslant 0.7$	奶油色菌落
					黑曲霉 ATCC 16404				白色菌丝，黑色孢子
			选择性		大肠埃希氏菌 ATCC 25922	—	半定量	$G \leqslant 1$	—
					金黄色葡萄球菌 ATCC 6538				
莫匹罗星锂盐（Li-Mupirocin）改良 MRS 培养基	固体	选择性计数	生长率	36℃±1℃ 48 h±2 h 厌氧培养	婴儿双岐杆菌 CICC 6069	MRS 培养基	定量	$PR \geqslant 0.7$	圆形凸起，边缘整齐，无色不透明
			选择性		德氏乳杆菌保加利亚亚种 CICC 6032	—	半定量	$G \leqslant 1$	—
					嗜热链球菌 IFFI 6038				
甘露醇卵黄多黏菌素琼脂（MYP）	固体	选择性计数	生长率	30℃±2℃ 24~48 h	蜡样芽胞杆菌 CMCC（B）63303	TSA	定量	$PR \geqslant 0.7$	菌落为微粉红色，周围有淡粉红色沉淀环
			特异性		枯草芽胞杆菌 ATCC 6633	—	定性	—	黄色菌落，无沉淀环
			选择性		大肠埃希氏菌 ATCC 25922		半定量	$G \leqslant 1$	—

（续表）

培养基	状态	功能分类	质控指标	培养条件	质控菌株	参比培养基	方法	质控评定标准	特征性反应
胰胨－亚硫酸盐－环丝氨酸琼脂（TSC）	固体	选择性计数	生长率	36℃±1℃ 20~24 h 厌氧培养	产气荚膜梭菌 ATCC 13124	TSC	定量	$PR \geqslant 0.7$	黑色菌落
			选择性		艰难梭菌 ATCG 43593	—	半定量	$G \leqslant 1$	—

表 D.3　非选择性增菌培养基质量控制标准

培养基	状态	功能分类	质控指标	培养条件	质控菌株	接种计数培养基	方法	质控评定标准
含 0.6%酵母浸膏的胰酪胨大豆肉汤（TSB-YE）	液体	非选择性增菌	生长率	30℃±1℃ 24~48 h	单核细胞增生李斯特氏菌 ATCC 19115	TSA	半定量	混浊度 2
液体硫乙醇酸盐培养基（FTG）	液体	非选择性增菌	生长率	36℃±1℃ 18~24 h	产气荚膜梭菌 ATCC 13124	哥伦比亚琼脂	半定量	混浊度 2
缓冲蛋白胨水（BP）	液体	非选择性增菌	生长率	36℃±1℃ 8 h	鼠伤寒沙门氏菌 ATCC 14028	TSA	半定量	取 10μL 增菌液倾注 TSA 平板 36℃±1℃ 培养 18~24 h，在 TSA 上>100CFU
脑心浸出液肉汤（BHI）	液体	非选择性增菌	生长率	36℃±1℃ 18~24 h	金黄色葡萄球菌 ATCC 6538	TSA	半定量	混浊度 2
布氏肉汤	液体	非选择性增菌	生长率	42℃±1℃ 48 h±2 h，微需氧	空肠弯曲菌 ATCC 33291	无抗生素的 CCD	半定量	混浊度 1~2

表 D.4　选择性增菌培养基质量控制标准

培养基	状态	功能分类	质控指标	培养条件	质控菌株	接种计数培养基	方法	质控评定标准	特征性反应
李氏增菌肉汤（LB1，LB2）	液体	选择性增菌	生长率	30℃±1℃ 24 h	单核细胞增生李斯特氏菌 ATCC 19115 +大肠埃希氏菌 ATCC 25922 +粪肠球菌 ATCC 29212	TSA	半定量（LB2 目标菌接种量为 300~500 CFU）	在 PALCAM 上>10 CFU，培养基变黑	灰色至黑色菌落，带有黑色晕环
			选择性		大肠埃希氏菌 ATCC 25922			在 TSA 上<100 CFU	—
					粪肠球菌 ATCC 29212				
Bolton 肉汤	液体	选择性增菌	生长率	42℃±1℃ 24~48 h 微需氧培养	空肠弯曲菌 ATCC 33291 +金黄色葡萄球菌 ATCC 6538 +大肠埃希氏菌 ATCC 25922	无抗生素的 CCD	半定量	空肠弯曲菌在改良 CCD 平板上>10 CFU	菌落呈灰白色
			选择性		金黄色葡萄球菌 ATCC 6538	TSA		在 TSA 上<100 CFU	—
					大肠埃希氏菌 ATCC 25922				
四硫磺酸钠煌绿增菌液（TTB）	液体	选择性增菌	生长率	42℃±1℃ 18~24 h	鼠伤寒沙门氏菌 ATCC 14028 +大肠埃希氏菌 ATCC 25922 +铜绿假单胞菌 ATCC 27853	TSA	半定量	在 XLD 上>10 CFU	菌落无色半透明，有黑心
			选择性		大肠埃希氏菌 ATCC 25922			在 TSA 上<100 CFU	—
					粪肠球菌 ATCC 29212				
亚硒酸盐胱氨酸增菌液（SC）	液体	选择性增菌	生长率	36℃±1℃ 18~24 h	鼠伤寒沙门氏菌 ATCC 14028 +大肠埃希氏菌 ATCC 25922 +铜绿假单胞菌 ATCC 27853	TSA	半定量	在 XLD 上>10 CFU	菌落无色半透明，有黑心
			选择性		大肠埃希氏菌 ATCC 25922			在 TSA 上<100 CFU	—
					粪肠球菌 ATCC 29212				

（续表）

培养基	状态	功能分类	质控指标	培养条件	质控菌株	接种计数培养基	方法	质控评定标准	特征性反应
10%氯化钠胰酪胨大豆肉汤	液体	选择性增菌	生长率	36℃±1℃ 18~24 h	金黄色葡萄球菌 ATCC 6538 +大肠埃希氏菌 ATCC 25922	TSA	半定量	在 Baird-Parker 上 >10 CFU	菌落黑色凸起，周围有一混浊带，在其外层有一透明圈
			选择性		大肠埃希氏菌 ATCC 25922			在 TSA 上<100 CFU	—
7.5%氯化钠胰酪胨大豆肉汤	液体	选择性增菌	生长率	36℃±1℃ 18~24 h	金黄色葡萄球菌 ATCC 6538 +大肠埃希氏菌 ATCC 25922	TSA	半定量	在 Baird-Parker 上 >10 CFU	菌落黑色凸起，周围有一混浊带，在其外层有一透明圈
			选择性		大肠埃希氏菌 ATCC 25922			在 TSA 上 <100 CFU	—
改良磷酸盐缓冲液	液体	选择性增菌	生长率	26℃±1℃ 48~72 h	小肠结肠炎耶尔森氏菌 CMCC（B）52204 +粪肠球菌 ATCC 29212 +铜绿假单胞菌 ATCC 27853	TSA	半定量	在改良 Y 平板上 >10 CFU	菌落圆形、无色透明，不黏稠
			选择性		金黄色葡萄球菌 ATCC 6538 粪肠球菌 ATCC 29212			在 TSA 上 <100 CFU	—
改良月桂基硫酸盐胰蛋白胨肉汤-万古霉素	液体	选择性增菌	生长率	44℃±0.5℃ 24 h±2 h	阪崎肠杆菌 ATCC 29544 +大肠埃希氏菌 ATCC 25922 +粪肠球菌 ATCC 29212	TSA	半定量	在阪崎肠杆菌显色培养基上 >10 CFU	绿-蓝色菌落或按说明书判定
			选择性		大肠埃希氏菌 ATCC 25922 粪肠球菌 ATCC 29212			在 TSA 上 <100 CFU	—
胰酪胨大豆多粘菌素肉汤	液体	选择性增菌	生长率	30℃±1℃ 24~48 h	蜡样芽胞杆菌 CMCC（B）63303 +大肠埃希氏菌 ATCC 25922	TSA	半定量	在 MYP 上 >10 CFU	菌落为微粉红色，周围有淡粉红色沉淀环
			选择性		大肠埃希氏菌 ATCC 25922			在 TSA 上 <100 CFU	—

（续表）

培养基	状态	功能分类	质控指标	培养条件	质控菌株	接种计数培养基	方法	质控评定标准	特征性反应
志贺氏菌增菌肉汤（shi-gella broth）	液体	选择性增菌	生长率	41.5℃±0.5℃ 13 h±2 h 厌氧培养	福氏志贺氏菌 CMCC（B）51572 +金黄色葡萄球菌 ATCC 6538	TSA	半定量	在 XLD 上>10 CFU	无色至粉红色，半透明菌落
			选择性		金黄色葡萄球菌 ATCC 6538			在 TSA 上<100 CFU	—
GN 增菌液	液体	选择性增菌	生长率	35℃±1℃ 8 h	福氏志贺氏菌 CMCC（B）51572 +粪肠球菌 ATCC 29212	TSA	半定量	在 HE 琼脂上>10 CFU	菌落呈绿—蓝色
			选择性		粪肠球菌 ATCC 29212			在 TSA 上<100 CFU	—
3%氯化钠碱性蛋白胨水	液体	选择性增菌	生长率	36℃±1℃ 8 h	副溶血性弧菌 ATCC 17802 +大肠埃希氏菌 ATCC 25922	3%TSA	半定量	在弧菌显色培养基平板上>10 CFU	品红色菌落或按说明书判定
			选择性		大肠埃希氏菌 ATCC 25922	TSA		在 TSA 上<100 CFU	—
改良 EC 肉汤（mEC+n）	液体	选择性增菌	生长率	36℃±1℃ 18~24 h	大肠杆菌 O157：H7NCTC 12900 +粪肠球菌 ATCC 29212	TSA	半定量	在 CT-SMAC 上>10 CFU	菌落无色，中心灰褐色
			选择性		粪肠球菌 ATCC 29212			在 TSA 上<100 CFU	—
改良麦康凯（CT-MAC）肉汤	液体	选择性增菌	生长率	36℃±1℃ 17~19 h	大肠杆菌 O157：H7NCTC 12900 +大肠埃希氏菌 ATCC 25922 +金黄色葡萄球菌 ATCC 6538	TSA	半定量	在 CT-SMAC 上>10 CFU	菌落无色，中心灰褐色
			选择性		大肠埃希氏菌 ATCC 25922 金黄色葡萄球菌 ATCC 6538			在 TSA 上<100 CFU	—

表 D. 5　选择性液体计数培养基质量控制标准

培养基	状态	功能分类	质控指标	培养条件	质控菌株	接种计数培养基	方法	质控评定标准
月桂基磺酸盐胰蛋白胨肉汤（LST）	液体	选择性液体计数	生长率	36℃±1℃ 24~48 h	大肠埃希氏菌 ATCC 25922	TSA	半定量	混浊度 2，且气体充满管内 1/3
					弗氏柠檬酸杆菌 ATCC 43864			
			选择性		粪肠球菌 ATCC 29212			混浊度 0（不生长）
煌绿乳糖胆盐肉汤（BGLB）	液体	选择性液体计数	生长率	36℃±1℃ 24~48 h	大肠埃希氏菌 ATCC 25922	TSA	半定量	混浊度 2，且气体充满管内 1/3
					弗氏柠檬酸杆菌 ATCC 43864			
			选择性		粪肠球菌 ATCC 29212			混浊度 0（不生长）或混浊度 1（微弱生长），不产气
EC 肉汤	液体	选择性液体计数	生长率	44. 5℃±0. 2℃ 24~48 h	大肠埃希氏菌 ATCC 25922	TSA	半定量	混浊度 2，且气体充满管内 1/3
			选择性		粪肠球菌 ATCC 29212			混浊度 0（不生长）

表 D. 6　悬浮培养基和运输培养基质量控制标准

培养基	状态	功能分类	质控指标	培养条件	质控菌株	接种计数培养基	方法	质控评定标准
磷酸盐缓冲液（PBS）	液体	悬浮培养基	生长率	20~25℃ 45 min	大肠埃希氏菌 ATCC 25922	TSA	定量	接种前后菌落数变化在±50%
					金黄色葡萄球菌 ATCC 6538			
3%氯化钠溶液	液体	悬浮培养基	生长率	20~25℃ 45 min	副溶血性弧菌 ATCC 17802	3%TSA	定量	接种前后菌落数变化在±50%
0. 1%蛋白胨水	液体	悬浮培养基	生长率	20~25℃ 45 min	产气荚膜梭菌 ATCC 13124	哥伦比亚琼脂	定量	接种前后菌落数变化在±50%
缓冲甘油-氯化钠溶液	液体	运输培养基	生长率	-60℃ 24 h	产气荚膜梭菌 ATCC 13124	哥伦比亚琼脂	定量	接种前后菌落数变化在±50%

表 D.7 Mueller Hinton 血琼脂质量控制标准

培养基	状态	功能分类	质控指标	培养条件	质控菌株	方法	质控评定标准
Mueller Hinton 血琼脂	固体	药敏试验培养基	生化特性	36℃±1℃ 22 h±2 h， 微需氧培养	空肠弯曲菌 ATCC 33291	定性	头孢唑林钠纸片无抑菌圈，萘啶酮酸纸片有抑菌圈

表 D.8 鉴定培养基和实验试剂质量控制标准

培养基	状态	功能分类	质控指标	培养条件	质控菌株	方法	质控评定标准
三糖铁琼脂（TSI）	高层斜面	鉴定	生化特性	36℃±1℃ 24 h	大肠埃希氏菌 ATCC 25922	定性	生长良好，A/A；产气；不产硫化氢[a]
					肠炎沙门氏菌 CMCC（B）50335		生长良好，K/A；产气；产硫化氢[a,b]
					福氏志贺氏菌 CMCC（B）51572		生长良好，K/A；不产气；不产硫化氢
					铜绿假单胞菌 ATCC 27853		生长良好，K/K；不产气；不产硫化氢
西蒙氏柠檬酸盐培养基	斜面	鉴定	生化特性	36℃±1℃ 24 h±2 h	肺炎克雷伯氏菌 CMCC（B）46117	定性	生长良好，培养基变蓝
					宋内志贺氏菌 CMCC（B）51592		生长不良或不长，培养基不变色
尿素琼脂（pH 7.2）	斜面	鉴定	生化特性	36℃±1℃ 24 h	普通变形杆菌 CMCC（B）49027	定性	生长良好，培养基变桃红色
					大肠埃希氏菌 ATCC 25922		生长良好，培养基变黄色
醋酸盐利用试验	斜面	鉴定	生化特性	36℃±1℃ 24～48 h	大肠埃希氏菌 ATCC 25922	定性	阳性，培养基变蓝色
					宋内志贺氏菌 CMCC（B）51592		阴性，培养基不变色（绿色）
3%氯化钠三糖铁琼脂（TSI）	高层斜面	鉴定	生化特性	36℃±1℃ 18～24 h	副溶血性弧菌 ATCC 17802	定性	生长良好，斜面变红，底部变黄
					溶藻弧菌 ATCC 33787		生长良好，斜面和底部均变黄
改良克氏双糖	高层斜面	鉴定	生化特性	26℃±1℃ 24 h	小肠结肠炎耶尔森氏菌 CMCC（B）52204	定性	生长良好，A/A；不产气；不产硫化氢[a]
					鼠伤寒沙门氏菌 ATCC 14028		生长良好，A/A；产气，产硫化氢
					福氏志贺氏菌 CMCC（B）51572		生长良好，K/A；不产气，不产硫化氢[a,b]
					粪产碱杆菌 CMCC（B）40001		生长良好，K/K；不产气，不产硫化氢
邻硝基酚 β-D 半乳糖苷培养基(ONPG)	液体	鉴定	生化特性	36℃±1℃ 24 h	肺炎克雷伯氏菌 CMCC 46117	定性	阳性，培养基变深黄色
					伤寒沙门氏菌 CMCC（B）50071		阴性，培养基无色或浅黄色

（续表）

培养基	状态	功能分类	质控指标	培养条件	质控菌株	方法	质控评定标准
蛋白胨水（靛基质试验）	液体	鉴定实验试剂	生化特性	36℃±1℃ 18~24 h	大肠埃希氏菌 ATCC 25922	定性	阳性，滴加靛基质试剂，显红色
					产气肠杆菌 ATCC 13048		阴性，滴加靛基质试剂，黄色
氰化钾培养基（KCN）	液体	鉴定	生化特性	36℃±1℃ 24 h	普通变形杆菌 CMCC（B）49027	定性	生长良好，培养基混浊
					伤寒沙门氏菌 CMCC（B）50071		不生长，澄清
氰化钾对照培养基（KCN）	液体	鉴定	生化特性	36℃±1℃ 24 h	普通变形杆菌 CMCC（B）49027	定性	生长良好，培养基混浊
					伤寒沙门氏菌 CMCC（B）50071		生长良好，培养基混浊
葡萄糖铵培养基	斜面	鉴定	生化特性	36℃±1℃ 20~24 h	鼠伤寒沙门氏菌 ATCC 14028	定性	生长良好，培养基变黄
					福氏志贺氏菌 CMCC（B）51572		不生长，培养基不变色
缓冲葡萄糖蛋白胨水［甲基红（MR）和 V-P 试验］	液体	鉴定实验试剂	生化特性	36℃±1℃ 48 h	大肠埃希氏菌 ATCC 25922	定性	生长良好，滴加 MR 试剂 1 滴，培养基变红。滴加 V-P 甲液 0.5 mL 和乙液 0.2 mL，20 min 内液面不显红色
					产气肠杆菌 ATCC 13048		生长良好，滴加 MR 试剂 1 滴，培养基不变色。滴加 P 甲液 0.5 mL 和乙液 0.2 mL，20 min 内液面显红色
鼠李糖发酵管	液体	鉴定	生化特性	36℃±1℃ 24 h±2 h	单核细胞增生李斯特氏菌 ATCC 19115	定性	阳性，培养基变黄
					伤寒沙门氏菌 CMCC（B）50071		阴性，培养基颜色不变
0.5%蔗糖发酵管 0.5%纤维二糖发酵管 0.5%麦芽糖发酵管 0.5%甘露醇发酵管 0.5%水杨苷发酵管 0.5%山梨醇发酵管 0.5%棉子糖发酵管 七叶苷发酵管	液体	鉴定	生化特性	36℃±1℃ 24 h	植物乳杆菌 GIM1.140	定性	阳性，培养基变黄
					德氏乳杆菌保加利亚亚种 CICC 6032		阴性，培养基紫色不变

（续表）

培养基	状态	功能分类	质控指标	培养条件	质控菌株	方法	质控评定标准
L-赖氨酸脱羧酶培养基	液体	鉴定	生化特性	36℃±1℃，24 h±2 h 以灭菌液体石蜡覆盖培养基表面	鼠伤寒沙门氏菌 ATCC 14028	定性	阳性，培养基呈紫色
					普通变形杆菌 CMCC（R）49027		阴性，培养基呈黄色
L-鸟氨酸脱羧酶试验培养基	液体	鉴定	生化特性	36℃±1℃，24 h±2 h 以灭菌液体石蜡覆盖培养基表面	鼠伤寒沙门氏菌 ATCC 14028	定性	阳性，培养基呈紫色
					普通变形杆菌 CMCC（B）49027		阴性，培养基呈黄色
氨基酸脱羧酶对照	液体	鉴定	生化特性	36℃±1℃，24 h±2 h 以灭菌液体石蜡覆盖培养基表面	与各种氨基酸脱羧酶的阳性和阴性质控菌株对应	定性	生长良好，培养基呈黄色
L-精氨酸双水解酶培养基	液体	鉴定	生化特性	36℃±1℃，24 h±2 h 以灭菌液体石蜡覆盖培养基表面	鼠伤寒沙门氏菌 ATCC 14028	定性	阳性，培养基呈紫色
					普通变形杆菌 CMCC（B）49027		阴性，培养基呈黄色
精氨酸双水解酶对照	液体	鉴定	生化特性	36℃±1℃，24 h±2 h 以灭菌液体石蜡覆盖培养基表面	鼠伤寒沙门氏菌 ATCC 14028	定性	生长良好，培养基呈黄色
硝酸盐肉汤	液体	鉴定	生化特性	30℃±1℃ 24～48 h	蜡样芽胞杆菌 CMCC（B）63303	定性	阳性，滴加硝酸盐还原试剂甲、乙液各2～3滴，培养基变红棕色
					硝酸盐阴性不动杆菌 CMCC（B）25001		阴性，滴加硝酸盐还原试剂甲、乙液各2～3滴，培养基不变色

（续表）

培养基	状态	功能分类	质控指标	培养条件	质控菌株	方法	质控评定标准
葡萄糖发酵管	液体	鉴定	生化特性	36℃±1℃ 24 h	大肠埃希氏菌 ATCC 25922	定性	阳性，培养基变黄
					粪产碱杆菌 CMCC（B）40001		阴性，培养基不变色
甘露醇发酵管	液体	鉴定	生化特性	36℃±1℃ 24 h	大肠埃希氏菌 ATCC 25922	定性	阳性，培养基变黄色
					普通变形杆菌 CMCC（B）49027		阴性，培养基颜色不变
木糖发酵管	液体	鉴定	生化特性	36℃±1℃ 24 h	肺炎克雷伯氏菌 CMCC（B）46117	定性	阳性，培养基变黄色
					单核细胞增生李斯特氏菌 ATCC 19115		阴性，培养基颜色不变
蔗糖发酵管	液体	鉴定	生化特性	36℃±1℃ 24 h	普通变形杆菌 CMCC（B）49027	定性	阳性，培养基呈黄色
					鼠伤寒沙门氏菌 ATCC 14028		阴性，培养基颜色不变
纤维二糖发酵管	液体	鉴定	生化特性	36℃±1℃ 24 h	肺炎克雷伯氏菌 CMCC（B）46117	定性	阳性，培养基呈黄色
					大肠埃希氏菌 ATCC 25922		阴性，培养基颜色不变
麦芽糖发酵管	液体	鉴定	生化特性	36℃±1℃ 24 h	伤寒沙门氏菌 CMCC（B）50071	定性	阳性，培养基呈黄色
					铜绿假单胞菌 ATCC 9027		阴性，培养基颜色不变
水杨苷发酵管	液体	鉴定	生化特性	36℃±1℃ 24 h	肺炎克雷伯氏菌 CMCC（B）46117	定性	阳性，培养基变黄
					伤寒沙门氏菌 CMCC（B）50071		阴性，培养基不变色
山梨醇发酵管	液体	鉴定	生化特性	36℃±1℃ 24 h	肺炎克雷伯氏菌 CMCC（B）46117	定性	阳性，培养基变黄色
					宋内志贺氏菌 CMCC（B）51592		阴性，培养基颜色不变
棉籽糖	液体	鉴定	生化特性	36℃±1℃ 24 h	肺炎克雷伯氏菌 CMCC（B）46117	定性	阳性，培养基呈黄色
					普通变形杆菌 CMCC（B）49027		阴性，培养基颜色不变
黏液酸利用试验	液体	鉴定	生化特性	36℃±1℃ 24~48 h	大肠埃希氏菌 ATCC 25922	定性	阳性，培养基呈黄色
					福氏志贺氏菌 CMCC（B）51572		阴性，培养基颜色不变
含铁牛乳培养基	液体	鉴定	生化特性	46℃±0.5℃ 2 h与5 h均观察	产气荚膜梭菌 ATCC 13124	定性（接种生长旺盛的FT培养液1 mL）	暴烈发酵
					大肠埃希氏菌 ATCC 25922		不发酵

（续表）

培养基	状态	功能分类	质控指标	培养条件	质控菌株	方法	质控评定标准
无盐胨水	液体	鉴定	生化特性	36℃±1℃ 24 h	霍乱弧菌 VbO	定性	生长良好，混浊
					副溶血性弧菌 ATCC 17802		不生长，澄清
3%氯化钠胨水	液体	鉴定	生化特性	36℃±1℃ 24 h	副溶血性弧菌 ATCC 17802	定性	生长良好，混浊
					创伤弧菌 ATCC 27562		生长良好，混浊
6%氯化钠胨水	液体	鉴定	生化特性	36℃±1℃ 24 h	副溶血性弧菌 ATCC 17802	定性	生长良好，混浊
					嗜水气单胞菌 Asl. 172		不生长，澄清
8%氯化钠胨水	液体	鉴定	生化特性	36℃±1℃ 24 h	副溶血性弧菌 ATCC 17802	定性	生长良好，混浊
					创伤弧菌 ATCC 27562		不生长，澄清
10%氯化钠胨水	液体	鉴定	生化特性	36℃±1℃ 24 h	溶藻弧菌 ATCC 33787	定性	生长良好，混浊
					副溶血性弧菌 ATCC 17802		不生长，澄清
3.0%氯化钠甘露醇	液体	鉴定	生化特性	36℃±1℃， 24～48 h	副溶血性弧菌 ATCC 17802	定性	阳性，培养基变黄色
					普通变形杆菌 CMCC（B）49027		阴性，培养基颜色不变
3.0%氯化钠赖氨酸脱羧酶	液体	鉴定	生化特性	36℃±1℃ 24～48 h 以灭菌液体石蜡覆盖培养基表面	副溶血性弧菌 ATCC 17802	定性	阳性，培养基变紫色
					普通变形杆菌 CMCC（B）49027		阴性，培养基变黄色
3.0%氯化钠氨基酸脱羧酶对照	液体	鉴定	生化特性	36℃±1℃ 24～48 h	副溶血性弧菌 ATCC 17802	定性	生长良好，培养基变黄色
					普通变形杆菌 CMCC（B）49027		生长良好，培养基变黄色
七叶苷发酵管	液体	鉴定	生化特性	36℃±1℃ 24 h	肺炎克雷伯氏菌 CMCC（B）46117	定性	阳性，培养基变棕黑色
					奇异变形杆菌 CMCC（B）49005		阴性，培养基颜色不变
3.0%氯化钠 MR－VP 培养基	液体	鉴定	生化特性	36℃±1℃ 48 h	产气肠杆菌 ATCC 13048	定性	MR 试验阴性，滴加 MR 试剂 1 滴培养基呈黄色
					副溶血性弧菌 ATCC 17802		MR 试验阳性，滴加 MR 试剂 1 滴培养基呈红色；V-P 试验阳性，滴加 0.6 mL 甲液及 0.2 mL 乙液，培养基不变色
					溶藻弧菌 ATCC 33787		V-P 试验阳性，滴加 0.6 mL 甲液及 0.2 mL 乙液，培养基呈红色

（续表）

培养基	状态	功能分类	质控指标	培养条件	质控菌株	方法	质控评定标准
乳糖发酵管	液体	鉴定	生化特性	36℃±1℃ 24 h	大肠埃希氏菌 ATCC 25922	定性	阳性，培养基变黄色
					伤寒沙门氏菌 CMCC（B）50071		阴性，培养基颜色不变
Koser 氏柠檬酸盐肉汤	液体	鉴定	生化特性	36℃±1℃ 18~96 h	弗氏柠檬酸杆菌 ATCC 43864	定性	生长良好，培养基混浊
					大肠埃希氏菌 ATCC 25922		不生长，培养基澄清
SIM 动力培养基	半固体	鉴定	生化特性	36℃±1℃ 24~48 h	大肠埃希氏菌 ATCC 25922	定性	硫化氢-动力+/-靛基质+
					伤寒沙门氏菌 CMCC（B）50071		硫化氢+/-动力+靛基质-
动力培养基	半固体	鉴定	生化特性	30℃±1℃ 24~48 h	蜡样芽胞杆菌 CMCC（B）63303	定性	阳性，扩散生长
					蕈状芽胞杆菌 ATCC 10206		阴性，沿穿刺线生长
明胶培养基	固体	鉴定	生化特性	36℃±1℃ 72 h	铜绿假单胞菌 ATCC 9027	定性	2℃~8℃呈液态
					大肠埃希氏菌 ATCC 25922		2℃~8℃呈固态
兔血浆	固体	鉴定	生化特性	36℃±1℃ 4~6 h	金黄色葡萄球菌 ATCC 6538	定性（接种培养 18~24 h 的新鲜质控菌株肉汤 1 mL）	血浆凝固
					表皮葡萄球菌 CMCC（B）26069		血浆不凝固
酪蛋白琼脂	固体	鉴定	生化特性	30℃±1℃ 24 h	蜡样芽胞杆菌 CMCC（B）63303	定性	菌落周围有透明圈，培养基颜色由绿变蓝
					大肠埃希氏菌 ATCC 25922		菌落周围没有透明圈，培养基由绿变蓝
缓冲动力-硝酸盐培养基	固体	鉴定	生化特性	36℃±1℃ 24 h	产气荚膜梭菌 ATCC 13124	定性	沿穿刺线生长，加硝酸盐还原试剂甲乙液各 2 滴变红色
					硝酸盐阴性不动杆菌 CMCC（B）25001		沿穿刺线生长，加硝酸盐还原试剂甲乙液各 2 滴不变色
					大肠埃希氏菌 ATCC 25922		扩散生长，加硝酸盐还原试剂甲乙液各 2 滴变红色
我妻氏血琼脂	固体	鉴定	生化特性	36℃±1℃ 24 h	副溶血性弧菌 ATCC 33847	定性（点种接种）	菌落周围有半透明 β 溶血环
					副溶血性弧菌 ATCC 17802		无溶血

（续表）

培养基	状态	功能分类	质控指标	培养条件	质控菌株	方法	质控评定标准
血琼脂平板哥伦比亚血琼脂	固体	鉴定	特异性	36℃±1℃ 24 h±2 h	金黄色葡萄球菌 ATCC 6538	定性（划线接种）	菌落周围有 β 溶血环
					蜡样芽胞杆菌 CMCC（B）63303		菌落周围有 α 溶血环
蜜二糖	液体	鉴定	生化特性	36℃±1℃ 24 h	阪崎肠杆菌 ATCC 29544	定性	阳性，培养基变黄
					小肠结肠炎耶尔森氏菌 CMCC（B）52204		阴性，培养基不变色
MUG-LST	液体	鉴定	生化特性	36℃±1℃ 18～24 h	大肠埃希氏菌 O157：H7 NCTC12900	定性	阴性，无荧光
					大肠埃希氏菌 ATCC 25922		阳性，有荧光
革兰氏染色液	液体	实验试剂	生化特性	—	金黄色葡萄球菌 ATCC 6538	定性	革兰氏阳性，紫色球状菌体
					大肠埃希氏菌 ATCC 25922		革兰氏阴性，红色杆状菌体
过氧化氢试剂	液体	实验试剂	生化特性	—	单核细胞增生李斯特氏菌 ATCC 19115	定性	阳性，产生气泡
					粪肠球菌 ATCC 29212		阴性，无气泡产生
氧化酶试剂	纸片	实验试剂	生化特性	—	铜绿假单胞菌 ATCC 9027	定性	阳性，出现紫红色至紫黑色
					大肠埃希氏菌 ATCC 25922		阴性，不变色
卫矛醇发酵管	液体	鉴定	生化特性	36℃±1℃ 24 h	鼠伤寒沙门氏菌 CMCC（B）50115	定性	阳性，培养基变黄
					伤寒沙门氏菌 CMCC（B）50071		阴性，培养基不变色
丙二酸钠培养基	液体	鉴定	生化特性	36℃±1℃ 48 h	产气肠杆菌 ATCC 13048	定性	阳性，培养基变蓝
					普通变形杆菌 CMCC（B）49027		阴性，培养基不变色
哥伦比亚琼脂	平板	鉴定	生化特性	36℃±1℃，44 h±4 h，微需氧培养	空肠弯曲菌 ATCC 33291	定性（划线接种）	生长良好
				25℃±1℃，44 h±4 h，微需氧培养			不生长
				42℃±1℃ 44 h±4 h，需氧培养			不生长

（续表）

培养基	状态	功能分类	质控指标	培养条件	质控菌株	方法	质控评定标准
马尿酸钠溶液（茚三酮试剂）	液体	鉴定实验试剂	生化特性	36℃±1℃，水浴2 h或36℃±1℃培养箱4 h	空肠弯曲菌 ATCC 33291	定性	阳性，滴加茚三酮试剂0.2 mL在36℃±1℃/水浴锅或培养箱10 min，出现深紫色
					结肠弯曲菌 ATCC 43478		阴性，滴加茚三酮试剂0.2 mL在36℃±1℃/水浴锅或培养箱10 min，黄色
吲哚乙酸酯纸片	纸片	实验试剂	生化特性	—	空肠弯曲菌 ATCC 33291	定性	阳性，5~10 min内出现深蓝色

[a] A表示产酸，培养基变黄。
[b] K表示产碱，培养基变红。

表D.9　质控菌株中文名和学名一览表

质控菌株中文名	质控菌株学名	质控菌株中文名	质控菌株学名
大肠埃希氏菌	*Escherichia coli*	单核细胞增生李斯特氏菌	*Listeria monocytogenes*
福氏志贺氏菌	*Shigella flexneri*	英诺克李斯特氏菌	*Listeria innocua*
痢疾志贺氏菌	*Shigella dysenteriae*	小肠结肠炎耶尔森氏菌	*Yersinia enterocolitica*
宋内志贺氏菌	*Shigella sonnei*	弗氏柠檬酸杆菌	*Citrobacter freundii*
阪崎肠杆菌	*Enterobacter sakazakii*	婴儿双歧杆菌	*Bifidobacterium infantis*
产气肠杆菌	*Enterobacter aerogenes*	德氏乳杆菌保加利亚亚种	*Lactobacillus delbrueckii* subsp. *bulgaricus*
肺炎克雷伯氏菌	*Klebsiella pneumoniae*	粪产碱杆菌	*Alcaligenes faecalis*
伤寒沙门氏菌	*Salmonella typhi*	植物乳杆菌	*Lactobacillus plantarum*
鼠伤寒沙门氏菌	*Salmonella typhimurium*	硝酸盐阴性不动杆菌	*Acinetobacter anitratum*
肠炎沙门氏菌	*Salmonella enteritidis*	创伤弧菌	*Vibrio vulnificus*
奇异变形杆菌	*Proteus mirabilis*	霍乱弧菌	*Vibrio cholerae*
普通变形杆菌	*Proteus vulgaris*	副溶血性弧菌	*Vibrio parahaemolyticus*
空肠弯曲菌	*Campylobacter jejuni*	溶藻弧菌	*Vibrio alginolyticus*
结肠弯曲菌	*Campylobacter coli*	铜绿假单胞菌	*Pseudomonas aeruginosa*
嗜水气单胞菌	*Aeromonas hydrophila*	枯草芽胞杆菌	*Bacillus subtilis*

（续表）

质控菌株中文名	质控菌株学名	质控菌株中文名	质控菌株学名
粪肠球菌	*Enterococcus faecalis*	蕈状芽胞杆菌	*Bacillus mycoides*
金黄色葡萄球菌	*Staphylococcus aureus*	产气荚膜梭菌	*Clostridium perfringens*
表皮葡萄球菌	*Staphylococcus epidermidis*	艰难梭菌	*Clostridium difficile*
嗜热链球菌	*Streptococcus thermophilus*	酿酒酵母	*Saccharomyces cerevisiae*
蜡样芽胞杆菌	*Bacillus cereus*	黑曲霉	*Aspergillus niger*

附　录　E
实验室使用商品化培养基和试剂的质量控制标准

实验室使用商品化培养基和试剂的质量控制标准见表 E.1 至表 E.6。

表 E.1　非选择性分离和计数固体培养基质量控制标准

培养基	状态	功能分类	质控指标	培养条件	质控菌株	半定量质控评定标准	特征性反应
胰蛋白胨大豆琼脂	固体	非选择性分离	生长率	36℃±1℃ 24 h±2 h	大肠埃希氏菌 ATCC 25922	$G \geq 6$	—
					粪肠球菌 ATCC 29212		—
MC 培养基	固体	非选择性计数	生长率	36℃±1℃ 48 h±2 h	嗜热链球菌 1FFI 6038	$G \geq 6$	中等偏小，边缘光滑的红色菌落，可有淡淡的晕
MRS 培养基	固体	非选择性计数	生长率	36℃±1℃ 48 h±2 h	德氏乳杆菌保加利亚亚种 CICC 6032	$G \geq 6$	圆形凸起，中等大小，边缘整齐，无色不透明
					嗜热链球菌 IFFI 6038		圆形凸起，菌落偏小，边缘整齐，无色不透明
					婴儿双歧杆菌 CICC 6069（厌氧培养）		圆形，中等大小，边缘整齐，瓷白色
3%氯化钠胰蛋白胨大豆琼脂（TSA）	固体	非选择性分离	生长率	36℃±1℃ 18～24 h	副溶血性弧菌 ATCC 17802	$G \geq 6$	无色半透明菌落
					创伤弧菌落 ATCC 27562		
营养琼脂	固体	非选择性分离	生长率	36℃±1℃：24 h	大肠埃希氏菌 ATCC 25922	$G \geq 6$	—
					金黄色葡萄球菌 ATCC 6538		
					枯草芽胞杆菌 ATCC 6633		
含 0.6%酵母浸膏的胰酪胨大豆琼脂 CTSA-YE）	固体	非选择性分离	生长率	30℃±1℃ 24～48 h	单核细胞增生李斯特氏菌 ATCC 19115	$G \geq 6$	—

（续表）

培养基	状态	功能分类	质控指标	培养条件	质控菌株	半定量质控评定标准	特征性反应
平板计数琼脂（PCA）	固体	非选择性计数	生长率	36℃±1℃ 48 h±2 h	大肠埃希氏菌 ATCC 25922	$G \geqslant 6$	—
					金黄色葡萄球菌 ATCC 6538		
					枯草芽胞杆菌 ATCC 6633		

表 E.2 选择性分离和计数固体培养基质量控制标准

培养基	状态	功能分类	质控指标	培养条件	质控菌株	半定量质控评定标准	特征性反应
亚硫酸铋琼脂（BS）	固体	选择性分离	生长率	36℃±1℃ 40~48 h	伤寒沙门氏菌 CMCC（B）50071	$G \geqslant 6$	黑色菌落，有金属光泽
					鼠伤寒沙门氏菌 ATCC 14028	$G \geqslant 6$	黑色或灰绿色菌落，有金属光泽
					大肠埃希氏菌 ATCC 25922	$G \leqslant 1$	—
			选择性		粪肠球菌 ATCC 29212		
HE 琼脂	固体	选择性分离	生长率	36℃±1℃ 18~24 h	鼠伤寒沙门氏菌 ATCC 14028	$G \geqslant 6$	绿—蓝色菌落，有黑心
					福氏志贺氏菌 CMCC（B）51572		绿—蓝色菌落
			选择性		大肠埃希氏菌 ATCC 25922	$G<5$	橙红色菌落，可有胆酸沉淀
					粪肠球菌 ATCC 29212	$G \leqslant 1$	—
木糖赖氨酸脱氧胆盐琼脂（XLD）	固体	选择性分离	生长率	36℃±1℃ 18~24 h	鼠伤寒沙门氏菌 ATCC 14028	$G \geqslant 6$	黑色菌落
					福氏志贺氏菌 CMCC（B）51572		无色菌落，无黑心
			选择性		大肠埃希氏菌 ATCC 25922	$G<5$	黄色菌落
					金黄色葡萄球菌 ATCC 6538	$G \leqslant 1$	—
沙门氏菌显色培养基	固体	选择性分离	生长率	36℃±1℃ 18~24 h	鼠伤寒沙门氏菌 ATCC 14028	$G \geqslant 6$	按说明书判定
			特异性		大肠埃希氏菌 ATCC 25922	—	按说明书判定
					奇异变形杆菌 CMCC（B）49005	—	按说明书判定
			选择性		粪肠球菌 ATCC 29212	$G \leqslant 1$	—

（续表）

培养基	状态	功能分类	质控指标	培养条件	质控菌株	半定量质控评定标准	特征性反应
PALCAM 琼脂	固体	选择性分离	生长率	36℃±1℃ 24~48 h	单核细胞增生李斯特氏菌 ATCC 19115	$G \geqslant 6$	灰绿色菌落，中心凹陷黑色，周围有黑色
			选择性		大肠埃希氏菌 ATCC 25922	$G \leqslant 1$	—
					粪肠球菌 ATCC 29212		
麦康凯琼脂（MAC）	固体	选择性分离	生长率	36℃±1℃ 20~24 h	大肠埃希氏菌 ATCC 25922	$G \geqslant 6$	鲜桃红色或粉红色，可有胆酸沉淀
					福氏志贺氏菌 CMCC（B）51572		无色至浅粉红色，半透明棕色或绿色菌落
			选择性		金黄色葡萄球菌 ATCC 6538	$G \leqslant 1$	—
阪崎肠杆菌显色培养基	固体	选择性分离	生长率	36℃±1℃ 24 h±2 h	阪崎肠杆菌 ATCC 29544	$G \geqslant 6$	按说明书判定
			特异性		普通变形杆菌 CMCC（B）49027	—	按说明书判定
					大肠埃希氏菌 ATCC 25922	—	按说明书判定
			选择性		粪肠球菌 ATCC 29212	$G \leqslant 1$	—
CIN-1 培养基	固体	选择性分离	生长率	26℃±1℃ 48 h±2 h	小肠结肠炎耶尔森氏菌 CMCC（B）52204	$G \geqslant 6$	红色牛眼状菌落
			特异性		大肠埃希氏菌 ATCC 25922	—	圆形、粉红色菌，边缘有胆汁沉淀环
			选择性		金黄色葡萄球菌 ATCC 6538	$G \leqslant 1$	—
改良 Y 培养基	固体	选择性分离	生长率	26℃±1℃ 48 h±2 h	小肠结肠炎耶尔森氏菌 CMCC（B）52204	$G \geqslant 6$	无色透明不黏稠菌落
			特异性		大肠埃希氏菌 ATCC 25922	—	粉红色菌落
			选择性		金黄色葡萄球菌 ATCC 6538	$G \leqslant 1$	—
伊红美蓝琼脂（EMB）	固体	选择性分离	生长率	36℃±1℃ 18~24 h	大肠埃希氏菌 ATCC 25922	$G \geqslant 6$	黑色菌落，具金属光泽
			特异性		鼠伤寒沙门氏菌 ATCC 14028	—	菌落呈无色、半透明
			选择性		金黄色葡萄球菌 ATCC 6538	$G<5$	—

（续表）

培养基	状态	功能分类	质控指标	培养条件	质控菌株	半定量质控评定标准	特征性反应
改良山梨醇麦康凯琼脂（CT-SMAC）	固体	选择性分离	生长率	36℃±1℃ 18~24 h	大肠埃希氏菌 O157:H7 NCTC 12900	$G \geqslant 6$	无色菌落
			特异性		大肠埃希氏菌 ATCC 25922	—	粉红色菌落，周围有胆盐沉淀
			选择性		金黄色葡萄球菌 ATCC 6538	$G \leqslant 1$	—
O157 显色培养基	固体	选择性分离	生长率	36℃±1℃ 18~24 h	大肠埃希氏菌 O157:H7 NCTC 12900	$G \geqslant 6$	按说明书判定
			特异性		大肠埃希氏菌 ATCC 25922	—	按说明书判定
			选择性		粪肠球菌 ATCC 29212	$G \leqslant 1$	—
					奇异变型杆菌 CMCC（B）49005		—
李斯特氏菌显色培养基	固体	选择性分离	生长率	36℃±1℃ 24~48 h	单核细胞增生李斯特氏菌 ATCC 19115	$G \geqslant 6$	蓝绿色菌落，带白色晕环
			特异性		英诺克李斯特氏菌 ATCC 33090	—	蓝绿色菌落，无白色晕环
			选择性		大肠埃希氏菌 ATCC 25922	$G \leqslant 1$	—
					粪肠球菌 ATCC 29212		
志贺氏菌显色培养基	固体	选择性分离	生长率	36℃±1℃ 20~24 h	福氏志贺氏菌 CMCC（B）51572	$G \geqslant 6$	白色，凸起，无色素沉淀圈
					痢疾志贺氏菌 CMCC（B）51105	—	白色，凸起，有清晰环，无色素沉淀圈
			特异性		大肠埃希氏菌 ATCC 25922	—	黄色，有清晰环，无色素沉淀圈
					产气肠杆菌 ATCC 13048	—	绿色菌落，无环和沉淀圈
			选择性		金黄色葡萄球菌 ATCC 6538	$G \leqslant 1$	—
改良 CCD（mCCD）琼脂	固体	选择性分离	生长率	42℃±1℃ 24~48 h，微需氧	空肠弯曲菌 ATCC 33291	$G \geqslant 6$	菌落有光泽、潮湿、扁平，呈扩散生长倾向
			选择性	42℃±1℃ 24~48 h	大肠埃希氏菌 ATCC 25922	$G \leqslant 1$	—
					金黄色葡萄球菌 ATCC 6538	—	按说明书判定

（续表）

培养基	状态	功能分类	质控指标	培养条件	质控菌株	半定量质控评定标准	特征性反应
Skirrow 琼脂	固体	选择性分离	生长率	42℃±1℃ 24~48 h，微需氧	空肠弯曲菌 ATCC 33291	$G \geq 6$	菌落灰色、扁平、湿润有光泽，呈沿接种线向外扩散倾向
			选择性	42℃±1℃ 24~48 h	大肠埃希氏菌 ATCC 25922	$G \leq 1$	—
					金黄色葡萄球菌 ATCC 6538	—	按说明书判定
改良纤维二糖-多黏菌素 B-多黏菌素 E（mCPC）琼脂	固体	选择性分离	生长率	39.5℃±0.5℃或36℃±1℃ 18~24 h	创伤弧菌 ATCC 27562	$G \leq 1$	圆型扁平，中心不透明，边缘透明的黄色菌落
			特异性		霍乱弧菌 VBO	—	紫色菌落
			选择性		副溶血性弧菌 ATCC 17802	$G \leq 1$	—
纤维二糖-多黏菌素 E（CC）琼脂	固体	选择性分离	生长率	39.5~40℃或36℃±1℃ 18~24 h	创伤弧菌 ATCC 27562	$G \geq 6$	圆型扁平，中心不透明，边缘透明的黄色菌落
			特异性		霍乱弧菌 VBO	—	紫色菌落
			选择性		副溶血性弧菌 ATCC 17802	$G \leq 1$	—
硫代硫酸钠-柠檬酸盐-胆盐-蔗糖琼脂（TCBS）	固体	选择性分离	生长率	36℃±1℃ 18~24 h	副溶血性弧菌 ATCC 17802	$G \geq 1$	绿色菌落
			选择性		大肠埃希氏菌 ATCC 25922	$G \leq 1$	—
弧菌显色培养基	固体	选择性分离	生长率	36℃±1℃ 18~24 h	副溶血性弧菌 ATCC17802	$G \geq 6$	按说明书判定
			特异性		霍乱弧菌 VBO	—	按说明书判定
					溶藻弧菌 ATCC 33787	—	按说明书判定
			选择性		大肠埃希氏菌 ATCC 25922	$G \leq 1$	—
Baird-Parker 琼脂	固体	选择性计数	生长率	36℃±1℃ 18~24 h 或 45~48 h	金黄色葡萄球菌 ATCC 25923	$G \geq 6$	菌落黑色凸起，周围有一混浊带，在其外层有一透明圈
			特异性		表皮葡萄球菌 CMCC（B）26069	—	黑色菌落，无混浊带和透明圈
			选择性		大肠埃希氏菌 ATCC 25922	$G \leq 1$	—

（续表）

培养基	状态	功能分类	质控指标	培养条件	质控菌株	半定量质控评定标准	特征性反应
结晶紫中性红胆盐琼脂（VRBA）	固体	选择性计数	生长率	36℃±1℃ 18~24 h	大肠埃希氏菌 ATCC 25922	$G \geq 6$	有或无沉淀环的紫红色或红色菌落
					弗氏柠檬酸杆菌 ATCC 43864		—
			选择性		粪肠球菌 ATCC 29212	$G<5$	—
VRB-MUG 琼脂	固体	选择性计数	生长率	36℃±1℃ 18~24 h	大肠埃希氏菌 ATCC 25922	$G \geq 6$	带有沉淀环的紫红色或红色菌落，有荧光
			特异性		弗氏柠檬酸杆菌 ATCC 43864	—	可带有沉淀环的红色菌落，无荧光
			选择性		粪肠球菌 ATCC 29212	$G<5$	—
马铃薯葡萄糖琼脂（PDA）	固体	选择性计数	生长率	28℃±1℃ 5 d	酿酒酵母 ATCC 9763	$G \geq 6$	奶油色菌落
					黑曲霉 ATCC 16404		白色菌丝，黑色孢子
			选择性		大肠埃希氏菌 ATCC 25922	$G \leq 1$	—
					金黄色葡萄球菌 ATCC 6538		
孟加红培养基	固体	选择性计数	生长率	28℃±1℃ 5 d	酿酒酵母 ATCC 9763	$G \geq 6$	奶油色菌落
					黑曲霉 ATCC 16404		白色菌丝，黑色孢子
			选择性		大肠埃希氏菌 ATCC 25922	$G \leq 1$	—
					金黄色葡萄球菌 ATCC 6538		
莫匹罗星锂盐（Li-Mupirocin）改良MRS培养基	固体	选择性计数	生长率	36℃±1℃ 48 h±2 h 厌氧培养	婴儿双歧杆菌 CICC 6069	$G \geq 6$	圆形凸起，边缘整齐，无色不透明
			选择性		德氏乳杆菌保加利亚亚种 CICC 6032	G≤1	—
					嗜热链球菌 IFFI 6038		—
甘露醇卵黄多黏菌素琼脂（MYP）	固体	选择性计数	生长率	30℃±2℃ 24~48 h	蜡样芽胞杆菌 CMCC（B）63303	$G \geq 6$	菌落为微粉红色，周围有淡粉红色沉淀环
			特异性		枯草芽胞杆菌 ATCC 6633	—	黄色菌落，无沉淀环
			选择性		大肠埃希氏菌 ATCC 25922	$G \leq 1$	—

（续表）

培养基	状态	功能分类	质控指标	培养条件	质控菌株	半定量质控评定标准	特征性反应
胰胨-亚硫酸盐-环丝氨酸琼脂（TSC）	固体	选择性计数	生长率	36℃±1℃ 20~24 h 厌氧培养	产气荚膜梭菌 ATCC 13124	$G \geqslant 6$	黑色菌落
			选择性		艰难梭菌 ATCC 43593	$G \leqslant 1$	—

表 E.3 非选择性增菌培养基质量控制标准

培养基	状态	功能分类	质控指标	培养条件	质控菌株	定性质控评定标准
含 0.6%酵母浸膏的胰酪胨大豆肉汤（TSB-YE）	液体	非选择性增菌	生长率	30℃±1℃，24~48 h	单核细胞增生李斯特氏菌 ATCC 19115	混浊度 2
液体硫乙醇酸盐培养基（FTG）	液体	非选择性增菌	生长率	36℃±1℃，18~24 h	产气荚膜梭菌 ATCC 13124	混浊度 2
缓冲蛋白胨水（BP）	液体	非选择性增菌	生长率	36℃±1℃，18~24 h	鼠伤寒沙门氏菌 ATCC 14028	混浊度 2
脑心浸出液肉汤（BHI）	液体	非选择性增菌	生长率	36℃±1℃，18~24 h	金黄色葡萄球菌 ATCC 6538	混浊度 2
布氏肉汤	液体	非选择性增菌	生长率	42℃±1℃，48 h±2 h，微需氧	空肠弯曲菌 ATCC 33291	混浊度 1~2

表 E.4 选择性增菌培养基质量控制标准

培养基	状态	功能分类	质控指标	培养条件	质控菌株	定性质控评定标准
四硫磺酸钠煌绿增菌液（TTB）	液体	选择性增菌	生长率	42℃±1℃ 18~24 h	鼠伤寒沙门氏菌 ATCC 14028	浊度 2
			选择性		大肠埃希氏菌 ATCC 25922	浊度 0（不生长）
					粪肠球菌 ATCC 29212	
亚硒酸盐胱氨酸增菌液（SC）	液体	选择性增菌	生长率	36℃±1℃ 18~24 h	鼠伤寒沙门氏菌 ATCC 14028	浊度 2
			选择性		大肠埃希氏菌 ATCC 25922	浊度 0（不生长）或浊度 1（微弱生长）
					粪肠球菌 ATCC 29212	

（续表）

培养基	状态	功能分类	质控指标	培养条件	质控菌株	定性质控评定标准
10%氯化钠胰酪胨大豆肉汤	液体	选择性增菌	生长率	36℃±1℃ 18~24 h	金黄色葡萄球菌 ATCC 6538	浊度 2
			选择性		大肠埃希氏菌 ATCC 25922	浊度 0（不生长）
7.5%氯化钠胰酪胨大豆肉汤	液体	选择性增菌	生长率	36℃±1℃ 18~24 h	金黄色葡萄球菌 ATCC 6538	浊度 2
			选择性		大肠埃希氏菌 ATCC 25922	浊度 0（不生长）
改良磷酸盐缓冲液	液体	选择性增菌	生长率	26℃±1℃ 48~72 h	小肠结肠炎耶尔森氏菌 CMCC（B）52204	浊度 2
			选择性		金黄色葡萄球菌 ATCC 6538	浊度 0（不生长）
					粪肠球菌 ATCC 29212	
改良月桂基硫酸盐胰蛋白胨肉汤-万古霉素	液体	选择性增菌	生长率	44℃±0.5℃ 24 h±2 h	阪崎肠杆菌 ATCC 29544	浊度 2
			选择性		大肠埃希氏菌 ATCC 25922	浊度 0（不生长）
					粪肠球菌 ATCC 29212	
胰酪胨大豆多黏菌素肉汤	液体	选择性增菌	生长率	30℃±1℃ 24~48 h	蜡样芽胞杆菌 CMCC（B）63303	浊度 2
			选择性		大肠埃希氏菌 ATCC 25922	浊度 0（不生长）
志贺氏菌增菌肉汤（shigella broth）	液体	选择性增菌	生长率	41.5℃±0.5℃，18 h±2 h，厌氧培养	福氏志贺氏菌 CMCC（B）51572	浊度 2
			选择性		金黄色葡萄球菌 ATCC 6538	浊度 0（不生长）
GN 增菌液	液体	选择性增菌	生长率	36℃±1℃ 18~24 h	福氏志贺氏菌 CMCC（B）51572	浊度 2
			选择性		粪肠球菌 ATCC 29212	浊度 0（不生长）或浊度 1（微弱生长）
3%氯化钠碱性蛋白胨水	液体	选择性增菌	生长率	36℃±1℃ 18~24 h	副溶血性弧菌 ATCC 17802	浊度 2
			选择性		大肠埃希氏菌 ATCC 25922	浊度 0（不生长）或浊度 1（微弱生长）
改良 EC 肉汤（mEC+n）	液体	选择性增菌	生长率	36℃±1℃ 18~24 h	大肠杆菌 O157：H7 NCTC12900	浊度 2
			选择性		粪肠球菌 ATCC 29212	浊度 0（不生长）

（续表）

培养基	状态	功能分类	质控指标	培养条件	质控菌株	定性质控评定标准
改良麦康凯（CT-MAC）肉汤	液体	选择性增菌	生长率	36℃±1℃ 17~19 h	大肠杆菌 O157：H7 NCTC12900	浊度 2
			选择性		大肠埃希氏菌 ATCC 25922	浊度 0（不生长）或浊度 1（微弱生长）
					金黄色葡萄球菌 ATCC 6538	
李氏增菌肉汤（LB1，LB2）	液体	选择性增菌	生长率	30℃±1℃ 24 h	单核细胞增生李斯特氏菌 ATCC 19115	浊度 2
			选择性		大肠埃希氏菌 ATCC 25922	浊度 0（不生长）
					粪肠球菌 ATCC 29212	
Bolton 肉汤	液体	选择性增菌	生长率	42℃±1℃ 24~48 h 微需氧培养	空肠弯曲菌 ATCC 33291	浊度 2
			选择性		金黄色葡萄球菌 ATCC 6538	浊度 0（不生长）
					大肠埃希氏菌 ATCC 25922	

表 E.5　选择性液体计数培养基质量控制标准

培养基	状态	功能分类	质控指标	培养条件	质控菌株	定性质控评定标准
月桂基磺酸盐胰蛋白胨肉汤（LST）	液体	选择性液体计数	生长率	36℃±1℃；24~48 h	大肠埃希氏菌 ATCC 25922	混浊度 2，且管内有气体
					弗氏柠檬酸杆菌 ATCC 43864	
			选择性		粪肠球菌 ATCC 29212	浊度 0（不生长）
煌绿乳糖胆盐肉汤（BGLB）	液体	选择性液体计数	生长率	36℃±1℃ 24~48 h	大肠埃希氏菌 ATCC 25922	混浊度 2，且管内有气体
					弗氏柠檬酸杆菌 ATCC 43864	
			选择性		粪肠球菌 ATCC 29212	浊度 0（不生长）或浊度 1（微弱生长），不产气
EC 肉汤	液体	选择性液体计数	生长率	44.5℃±0.2℃ 24~48 h	大肠埃希氏菌 ATCC 25922	混浊度 2，且管内有气体
			选择性		粪肠球菌 ATCC 29212	浊度 0（不生长）

表 E. 6 悬浮培养基和运输培养基质量控制标准

培养基	状态	功能分类	质控指标	培养条件	质控菌株	定性质控评定标准
磷酸盐缓冲液（PBS）	液体	悬浮培养基	生长率	20~25℃，45 min	大肠埃希氏菌 ATCC 25922	混浊度 2，接种后平板上目标菌生长良好
					金黄色葡萄球菌 ATCC 6538	
3%氯化钠溶液	液体	悬浮培养基	生长率	20~25℃，45 min	副溶血性弧菌 ATCC 17802	混浊度 2，接种后平板上目标菌生长良好
0. 1%蛋白胨水	液体	悬浮培养基	生长率	20~25℃，45 min	产气荚膜梭菌 ATCC 13124	混浊度 2，接种后平板上目标菌生长良好
缓冲甘油－氯化钠溶液	液体	运输培养基	生长率	-60℃，24 h	产气荚膜梭菌 ATCC 13124	混浊度 2，接种后平板上目标菌生长良好

GB 4789.28—2013

附　录　F
螺旋平板法

F.1　一般要求

使用螺旋接种仪将样品接种在平板上。样品接种后，菌落即分布在螺旋轨迹上，随半径的增加分布得越来越稀。采用特殊的计数栅格，自平板外周向中央对平皿上的菌落进行计数，即可得到样品中微生物的数量。

F.2　实验步骤

取制备好的适宜稀释度的样品稀释液，以选定的模式接种于实验所用平板，每个稀释度接种两块平板，接种每一个样品前后均按仪器设定程序对螺旋接种仪进行清洗消毒。

按相同接种模式接种悬浮液作为空白对照。

将平板按标准方法中规定的培养时间和温度进行培养后，计数每个平板菌落数，并记录下来。

F.3　菌落总数的计算和记录

平板上菌落数符合菌落计数仪规定计数范围的为合适范围。如果两个稀释度的四个平板菌落数均在合适范围内，则将四个平板菌落数的平均值作为每克（毫升）样品中的菌落数；如果只有一个稀释度的两个平板菌落数在合适范围内，则将这两个平板菌落数的平均值作为每克（毫升）样品中的菌落数。

当低稀释度的两个平板菌落数都少于合适范围的下限时，计算这一稀释度两个平板菌落数的平均值作为每克（毫升）样品中的菌落数。给这个数注上星号（*），表明该数是从菌落数在计数范围之外的平板估计所得。当所有平板上的菌落数都超过合适范围的上限时，计算高稀释度两个平板菌落数的平均值作为每克（毫升）样品中的菌落数，给这个数注上星号（*）。如果所有稀释度的平板都没有菌落，则以小于 1 乘以稀释倍数和接种体积作为每克（毫升）样品中的菌落数，给这个数注上星号（*）。

记录时，只有在换算到每克（毫升）样品中的菌落数时，才能定下两位有效数字，第三位数字采用四舍五入的方法记录。也可将样品的菌落数记录为 10 的指数形式。

F.4　结果的表述

根据 F.3 归档计算出每克（毫升）样品的菌落数，固体样品以 CFU/g 为单位，液体样品以 CFU/mL 为单位。

附 录 G
用于实验室自制或使用商品化培养基的测试结果记录

表 G.1 给出用于实验室自制或使用商品化培养基的测试结果记录单样本。

表 G.1 培养基测试结果记录单样本

培养基内部质量测试控制卡				
培养基：		制备体积：	倾倒日期：	内部批号：
脱水培养基（批号）：	供应商：	批：	总量：	日期/签名：
添加剂：	供应商：	批：	总量：	日期/签名：
制备详情：				
物理质量控制：				
预期 pH：	测定 pH：	质量确认： 是□ 否□	缺陷：	日期/签名：
预期质量：	观察：	质量确认： 是□ 否□	缺陷：	日期/签名：
预期颜色：	观察：	质量确认： 是□ 否□	缺陷：	日期/签名：
预期透明度/可见杂质：	观察：	质量确认： 是□ 否□	缺陷：	日期/签名：
预期凝胶稳定性/黏稠度/湿度：	观察：	质量确认： 是□ 否□	缺陷：	日期/签名：
微生物污染				
测试平板或试管编号： 培养：	结果：	质量确认： 是□ 否□	污染平板或试管编号：	日期/签名：
微生物生长——生长率		控制方法：定量□ 定性□		
菌株： 培养： 参考培养基：	判定标准：	结果：	质量确认： 是□ 否□	日期/签名：
微生物生长——选择性		控制方法： 定量□ 定性□		
菌株： 培养： 参考培养基：	判定标准：	结果：	质量确认： 是□ 否□	日期/签名：
微生物生长——选择性		控制方法： 定量□ 定性□		
菌株： 培养： 参考培养基：	判定标准：	结果：	质量确认： 是□ 否□	日期/签名：
本批发放：				
储存详情：		本批发放：是□ 否□		日期/签名：

第五章

违禁添加物指标

生乳中 L-羟脯氨酸的测定

Determination of L-hydroxyproline in raw milk

标 准 号：NY/T 3130—2017
发布日期：2017-12-22　　　　实施日期：2018-06-01
发布单位：中华人民共和国农业部

前　　言

本标准按照 GB/T 1.1—2009 给出的规则起草。

本标准由农业部畜牧业司提出。

本标准由全国畜牧业标准化技术委员会（SAC/TC 274）归口。

本标准起草单位：中国农业科学院北京畜牧兽医研究所、农业部奶产品质量安全风险评估实验室（北京）、安徽农业大学、青岛农业大学、安徽省农业科学院畜牧兽医研究所。

本标准主要起草人：郑楠、叶巧燕、文芳、李松励、许晓敏、刘萍、甄云鹏、屈雪寅、杨永新、韩荣伟、程建波、张养东、王加启。

1　范围

本标准规定了生乳中 L-羟脯氨酸的测定方法。

本标准适用于生乳中 L-羟脯氨酸的测定。

本标准检出限为 30 mg/L。

2　规范性引用文件

下列文件对于本文件的应用是必不可少的。凡是注日期的引用文件，仅注日期的版本适用于本文件。凡是不注日期的引用文件，其最新版本（包括所有的修改单）适用于本文件。

GB/T 6682 分析实验室用水规格和试验方法

第一法　分光光度计法

3　原理

样品经酸水解，游离出的 L-羟脯氨酸用氯胺 T 氧化，生成含有吡咯环的氧化物。生成物与对二甲胺基苯甲醛反应生成红色化合物，在波长 560 nm 处测定吸光度，与标准系列比较定量。

4　试剂和材料

除非另有说明，在分析中仅使用确认为分析纯的试剂，水为 GB/T 6682 中规定的二级水。

4.1　盐酸（HCl，ρ=1.19g/mL）：优级纯。

4.2　盐酸溶液（0.02 mol/L）：量取盐酸（4.1）1.7 mL 用水定容至 1 L，摇匀。

4.3　缓冲溶液：将 50.0 g 柠檬酸（$C_6H_8O_7 \cdot H_2O$）、26.3 g 氢氧化钠（NaOH）和 146.1 g乙酸钠（$NaO_2C_2H_3$）溶于水，定容至 1 L，再依次加入 200 mL 水和 300 mL 正丙醇（C_3H_7OH），混匀。

4.4　氯胺 T 溶液：将 1.41 g 氯胺 T（$C_7H_{14}ClNNaO_5S$），溶于 10 mL 水中，依次加入 10 mL正丙醇和 80 mL 缓冲溶液（4.3）混匀，现用现配。

4.5　显色剂：称取 10.0 g 对二甲胺基苯甲醛（$C_9H_{11}NO$），用 35 mL 高氯酸（$HClO_4$）溶解，缓慢加入 65 mL 异丙醇（$C_5H_{12}O$）混匀，现用现配。

4.6　氢氧化钠溶液（10 mol/L）：准确称量 40.0 g 氢氧化钠，用水溶解冷却后定容至 100 mL。

4.7　氢氧化钠溶液（1 mol/L）：准确称量 4.0 g 氢氧化钠，用水溶解后定容至 100 mL。

4.8　L-羟脯氨酸标准储备液（500 mg/L）：准确称取 50.0 mg L-羟脯氨酸标准品（$C_5H_9NO_3$，CAS：51-35-4，纯度≥99.0%）用 0.02 mol/L 盐酸溶液（4.2）溶解，定容至 100 mL。于 4℃冰箱内储存，有效期 6 个月。

4.9　L-羟脯氨酸标准工作液（5.00 mg/L）：准确吸取标准储备液（4.8）1.00 mL 于 100 mL容量瓶中，用 0.02 mol/L 盐酸溶液（4.2）定容至刻度，现用现配。

5　仪器

5.1　分析天平：感量 0.1 mg。

5.2　三角瓶：容量 100 mL，长颈，小口。

5.3　电热恒温干燥箱：±1℃。

5.4　定性滤纸：直径 11 cm。

5.5　容量瓶：50 mL、100 mL。

5.6　具塞比色管：10 mL、25 mL。

5.7　酸度计。

5.8　恒温水浴锅：±1℃。

5.9　分光光度计：可调波长 560 nm。

5.10　比色皿：光程为 1 cm。

5.11　玻璃水解管：配有聚四氟乙烯密封盖。

6　分析步骤

6.1　水解样品

准确吸取 5.00 mL 混匀的生乳样品于玻璃水解管（5.11）中，加 5.00 mL 盐酸

(4.1) 摇匀密封后，置于110℃电热恒温干燥箱（5.3）中水解12 h（加热1 h后取出轻轻摇动玻璃水解管），取出冷却。摇匀后，打开玻璃水解管，用滤纸（5.4）过滤至100 mL容量瓶中，用水反复冲洗玻璃水解管和漏斗，定容至刻度，摇匀。吸取5.00~25.00mL（视水解液中L-羟脯氨酸的含量）水解液于100 mL三角瓶中。用浓度为10 mol/L和1 mol/L氢氧化钠溶液调节pH至8.0±0.2，转移到100 mL容量瓶中，用水定容至刻度，摇匀，作为试液备用。

6.2 测定

6.2.1 标准曲线的绘制

准确吸取L-羟脯氨酸标准工作液（4.9）0.00 mL、1.00 mL 、2.00 mL、4.00 mL、10.00 mL 和 20.00 mL 分别置于100 mL容量瓶中，用水定容，摇匀。浓度分别为0.00 mg/L、0.05 mg/L 、0.10 mg/L、0.20 mg/L 、0.50 mg/L和1.00 mg/L。取上述不同浓度的溶液各5.00 mL，分别加入至25 mL具塞比色管中，加入氯胺T溶液（4.4）2.00 mL，摇匀后于室温放置20 min，加入显色剂（4.5）2.00 mL，摇匀，塞上塞子于60℃恒温水浴锅中加热20 min后取出，迅速置入20℃左右水中冷却，用分光光度计在560 nm波长处测定吸光度值，40 min内完成测定，以吸光度值为纵坐标，浓度值为横坐标绘制标准曲线。

6.2.2 试液测定

吸取5.00 mL试液（6.1）中于25 mL具塞比色管中，加入氯胺T溶液（4.4）2.00 mL，摇匀后于室温放置20 min，加入显色剂（4.5）2.00 mL，摇匀，塞上塞子于60℃恒温水浴锅中加热20 min后取出，迅速置入20℃左右水中冷却，用分光光度计在560 nm波长处测定吸光度值，40 min内完成测定。同时做空白试验。

7 计算

样品中L-羟脯氨酸的含量以质量浓度X计，单位为毫克每升（mg/L），按式（1）计算：

$$X = \frac{c_1 \times V_2 \times V_4}{V_1 \times V_3} \qquad \cdots\cdots\cdots\cdots (1)$$

式中：

c_1——从标准曲线上查得的试液浓度，单位为毫克每升（mg/L）；

V_2——样品水解后的定容体积，单位为毫升（mL）；

V_4——水解液调完pH定容的体积，单位为毫升（mL）；

V_1——吸取样品的体积，单位为毫升（mL）；

V_3——吸取水解液的体积，单位为毫升（mL）。

结果保留3位有效数字。

8 精密度

在重复性条件下获得的两次独立测定结果的绝对差值不得超过算术平均值的10%。

第二法 高效液相色谱法

9 原理

样品经酸水解、过滤、氮气吹至近干，稀盐酸溶解，溶液经异硫氰酸苯酯（PITC）衍生生成苯氨基硫甲酰-羟脯氨酸（PTC-羟脯氨酸），注入液相色谱仪测定。外标法定量。

10 试剂和材料

除非另有说明，在分析中仅使用确认为分析纯的试剂，水为 GB/T 6682 中规定的一级水。

10.1 盐酸（HCl，ρ=1.19g/mL）：优级纯。

10.2 甲醇（CH_3OH）：色谱纯。

10.3 正己烷（C_6H_{14}）：色谱纯。

10.4 盐酸溶液（0.02 mol/L）：量取盐酸（10.1）1.7 mL，用水定容至 1 L，摇匀。

10.5 三乙胺乙腈溶液（14%）：准确移取 1.4 mL 三乙胺（$C_6H_{15}N$），用乙腈（CH_3CN，色谱纯）定容至 10 mL。

10.6 异硫氰酸苯酯乙腈溶液（2.5%）：准确移取 0.25 mL 异硫氰酸苯酯（C_7H_5NS），用乙腈定容至 10 mL。

10.7 乙酸铵溶液（20 mmol/L）：称取 1.542 g 乙酸铵（$C_2H_7NO_2$，色谱纯），加水溶解后定容至 1 L。

10.8 L-羟脯氨酸标准储备液（1 000 mg/L）：称取 100.0 mg L-羟脯氨酸标准品（$C_5H_9NO_3$，CAS：51-35-4，纯度≥99.0%），用 0.02 mol/L 盐酸溶液（10.4）溶解后定容至 100 mL。于 4℃ 冰箱内储存，有效期 6 个月。

10.9 L-羟脯氨酸标准工作液（10.0 mg/L）：准确吸取 1.00 mL L-羟脯氨酸标准储备液（10.8）于 100 mL 的容量瓶内，用 0.02 mol/L 盐酸溶液（10.4）定容。于 4℃ 冰箱内储存，有效期 1 周。

11 仪器

11.1 液相色谱仪：配有紫外检测器。

11.2 电热恒温干燥箱：±1℃。

11.3 玻璃水解管：配有聚四氟乙烯密封盖。

11.4 2.5 mL 衍生管。

11.5 分析天平：感量 0.1 mg。

11.6 定性滤纸：直径 11 cm。

11.7 氮吹仪。

11.8 涡旋震荡器。

11.9 恒温培养箱：±1℃。

11.10 高速离心机：可调 15 000 r/min，15℃。

11.11 0.45 μm 水相过滤膜，直径 13 mm。

12 分析步骤

12.1 样品处理

12.1.1 准确吸取 5.00 mL 混匀的生乳样品于玻璃水解管（11.3）中，加 5.00 mL 盐酸（10.1），摇匀密封后，置于 110℃电热恒温干燥箱（11.2）中水解 12 h（加热 1 h 后取出轻轻摇动玻璃水解管），取出冷却。摇匀后，打开玻璃水解管，经滤纸（11.6）过滤。取 0.25 mL 滤液于氮吹仪（11.7）上吹至近干，残留物用 0.50 mL 0.02 mol/L 盐酸溶液（10.4）溶解，待衍生化。

12.1.2 取上述溶液 0.40 mL 于衍生管（11.4）中（标准工作液与样品同步衍生），分别加入 0.20 mL 14% 三乙胺乙腈溶液（10.5）和 0.20 mL 2.5% 异硫氰酸苯酯乙腈溶液（10.6），涡旋混匀，于恒温培养箱（11.9）中 30℃衍生 15 min。取出后加入 0.80 mL 正己烷（10.3），涡旋 30 s 后于高速离心机（11.10）15℃，15000 r/min 离心 5 min，取下层液体经水相过滤膜（11.11）过滤作为试液。

12.2 试液测定

12.2.1 色谱参考条件

色谱柱：XBridge C_{18}（4.6 ×250 mm，5 μm），或其他相当的色谱柱；

柱温：35℃；

流速：1.00 mL/min；

进样体积：10 μL；

检测波长：254 nm；

流动相 A：20 mmol/L 乙酸铵溶液（10.7），流动相 B：甲醇。

注：液相色谱流动相梯度洗脱条件参见附录 A 中表 A.1，也可根据仪器自身条件进行调整。

12.2.2 定量测定

将衍生后的标准工作液和试液，注入液相色谱仪。按照保留时间定性，以标准工作液单点或多点进行校准，并用标准工作液峰面积比较定量。在上述色谱条件下，标准品色谱图参见附录 A 中图 A.1。

13 结果计算

样品中 L-羟脯氨酸的含量以质量浓度 X 计，单位为毫克每升（mg/L），按式（2）计算：

$$X = \frac{A_1 \times c_{s1} \times V_8 \times V_6}{A_{s1} \times V_7 \times V_5} \qquad \cdots\cdots (2)$$

式中：

A_1——试液中 L-羟脯氨酸的峰面积；

c_{s1}——L-羟脯氨酸标准溶液的浓度，单位为毫克每升（mg/L）；

V_8——氮吹后加入稀盐酸溶液定容的体积，单位为毫升（mL）；

V_6——水解液的总体积，单位为毫升（mL）；
A_{s1}——L-羟脯氨酸标准溶液的色谱峰面积；
V_7——氮吹前移取水解样液的取样量，单位为毫升（mL）；
V_5——吸取生乳样品的体积，单位为毫升（mL）。
结果保留 3 位有效数字。

14　精密度

在重复性条件下获得的两次独立测定结果的绝对差值不得超过算术平均值的 10%。

第三法　氨基酸分析仪法

15　原理

样品经酸水解、过滤、氮气吹至近干，稀盐酸溶解，注入氨基酸分析仪，柱后经茚三酮衍生测定。外标法定量。

16　试剂和材料

除非另有说明，在分析中仅使用确认为分析纯的试剂，水为 GB/T 6682 中规定的一级水。

16.1　盐酸（HCl，ρ=1.19g/mL）：优级纯。

16.2　盐酸溶液（0.02 mol/L）：吸取盐酸（16.1）1.7 mL，用水定容至 1 L，混匀。

16.3　茚三酮显色液及反应液：可按照附录 B 中表 B.2 配制，也可根据仪器要求配制。

16.4　L-羟脯氨酸标准储备液（1 000 mg/L）：称取 100.0 mg L-羟脯氨酸标准品（$C_5H_9NO_3$，CAS：51-35-4，纯度≥99.0%），用 0.02 mol/L 盐酸溶液（16.2）溶解后定容至 100 mL。于 4℃冰箱内储存，有效期 6 个月。

16.5　L-羟脯氨酸标准工作液（10.00 mg/L）：准确吸取 L-羟脯氨酸标准储备液（16.4）1.00 mL 于 100 mL 的容量瓶内，用 0.02 mol/L 盐酸溶液（16.2）定容。于 4℃冰箱内储存，有效期 1 周。

17　仪器

17.1　氨基酸自动分析仪：配有自动进样装置、梯度洗脱系统。

17.2　电热恒温干燥箱：±1℃。

17.3　玻璃水解管：配有聚四氟乙烯密封盖。

17.4　分析天平：感量 0.1 mg。

17.5　定性滤纸：直径 11 cm。

17.6　0.45μm 水相过滤膜：直径 13 mm。

17.7　氮吹仪。

18　分析步骤

18.1　样品处理

准确吸取 5.00 mL 混匀的生乳样品于玻璃水解管（17.3）中，加 5.00 mL 盐酸

(16.1)，摇匀密封后，置于110℃电热恒温干燥箱（17.2）中水解12 h（加热1 h后取出轻轻摇动玻璃水解管），取出冷却。摇匀后，打开玻璃水解管，经滤纸（17.5）过滤。取0.20 mL滤液于氮吹仪（17.7）上吹至近干，残留物用2.00 mL 0.02 mol/L盐酸溶液（16.2）溶解，过水相过滤膜（17.6）作为试液供上机。

18.2 试液测定

18.2.1 色谱参考条件

分离柱：60 mm×4.6 mm不锈钢柱，交换树脂为磺酸型阳离子交换树脂或其他相当的分析柱；

柱温：57℃；

流速：0.400 mL/min；

进样体积：20 μL；

检测波长：440 nm；

注：流动相配制及梯度洗脱条件分别参见附录B中表B.3和B.1，也可根据仪器自身条件进行调整。

18.2.2 定量测定

将标准工作液和试液，分别注入氨基酸分析仪。按照保留时间定性，以标准工作液单点或多点进行校准，并用标准工作液峰面积比较定量。在上述色谱条件下，标准品色谱图参见附录B中图B.1。

19 结果计算

样品中L-羟脯氨酸的含量以质量浓度X计，单位为毫克每升（mg/L），按式（3）计算：

$$X = \frac{A_2 \times c_{s2} \times V_{12} \times V_{10}}{A_{s2} \times V_{11} \times V_9} \quad \cdots\cdots\cdots\cdots (3)$$

式中：

A_2——试液中L-羟脯氨酸的峰面积；

c_{s2}——L-羟脯氨酸标准溶液的浓度，单位为毫克每升（mg/L）；

V_{12}——加入稀盐酸溶液定容的体积，单位为毫升（mL）；

V_{10}——水解液的总体积，单位为毫升（mL）；

A_{s2}——L-羟脯氨酸标准溶液的色谱峰面积；

V_{11}——水解样液的取样量，单位为毫升（mL）；

V_9——吸取生乳样品的体积，单位为毫升（mL）。

结果保留3位有效数字。

20 精密度

在重复性条件下获得的两次独立测定结果的绝对差值不得超过算术平均值的10%。

NY/T 3130—2017

附　录　A
(资料性附录)
L-羟脯氨酸液相色谱仪色谱图和流动相梯度洗脱条件

A.1　高效液相色谱分离 L-羟脯氨酸的标准图谱见图 A.1。

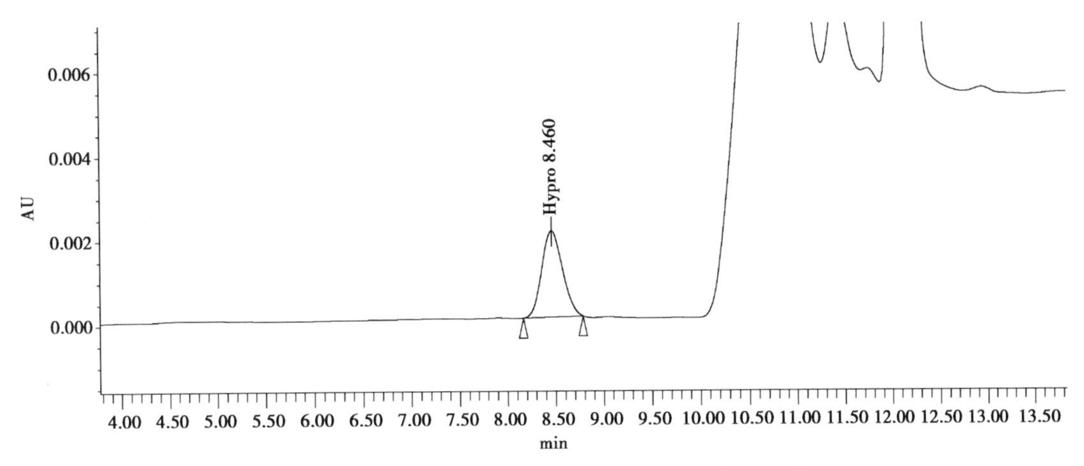

图 A.1　高效液相色谱分离 L-羟脯氨酸的标准图谱

A.2　高效液相色谱流动相梯度洗脱条件见表 A.2。

表 A.1　高效液相色谱流动相梯度洗脱条件

序号	时间/min	流速/（mL/min）	A/%	B/%
1	0.0	1.0	90	10
2	5.0	1.0	90	10
3	5.1	1.0	5	95
4	15.0	1.0	5	95
5	15.5	1.0	90	10
6	20.0	1.0	90	10

NY/T 3130—2017

附 录 B
(资料性附录)
L-羟脯氨酸氨基酸分析仪的色谱图、流动相梯度洗脱条件和溶液配制

B.1 氨基酸分析仪分离 L-羟脯氨酸的标准图谱见图 B.1。

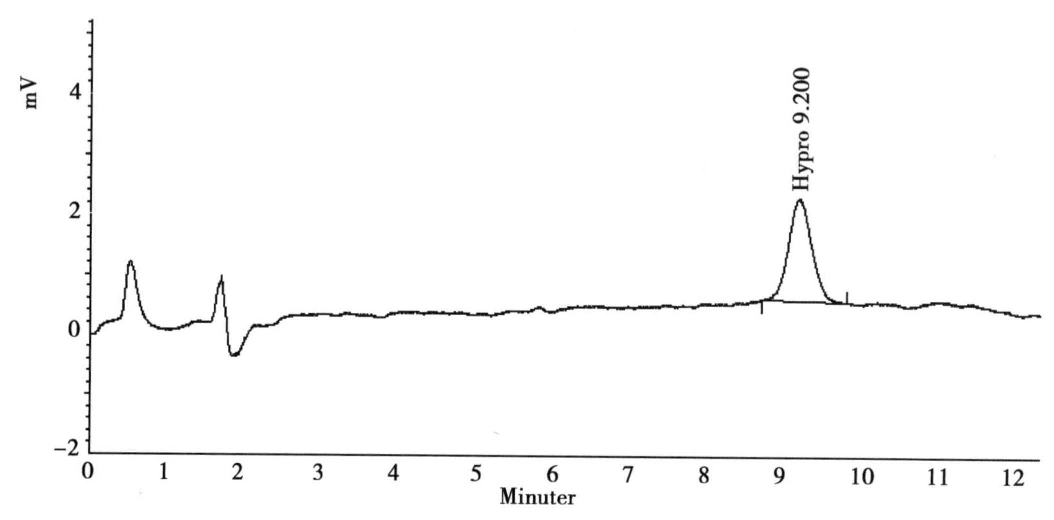

图 B.1 氨基酸分析仪分离 L-羟脯氨酸的标准图谱

B.2 氨基酸分析仪流动相梯度洗脱条件见表 B.1。

表 B.1 氨基酸分析仪流动相梯度洗脱条件

时间/min	B1	B2	B3	B4	B5	B6	流速/(mL/min)	R1	R2	R3	流速/(mL/min)
0.0	100	0	0	0	0	0	0.4	50	50	0	0.35
10.0	100	0	0	0	0	0		50	50	0	
10.1	0	100	0	0	0	0		50	50	0	
10.6	0	0	100	0	0	0		50	50	0	
11.1	0	0	0	100	0	0		50	50	0	
12.0	0	0	0	0	100	0		50	50	0	
18.1	0	0	0	0	0	100		0	0	100	
22.0	0	0	0	0	100	0		0	0	100	
23.0	0	0	0	100	0	0		0	0	100	
25.0	0	0	100	0	0	0		0	0	100	
27.0	0	100	0	0	0	0		0	0	100	
27.1	100	0	0	0	0	0		50	50	0	
30.0	100	0	0	0	0	0		50	50	0	

B. 3 氨基酸分析仪显色液及反应液配制见表 B. 2。

表 B. 2 氨基酸分析仪显色液及反应液配制

溶液	步骤	试剂	数量
R1 茚三酮	1	乙二醇单甲醚	979 mL
	2	茚三酮	39 g
	3	硼氢化钠	81 mg
	4	鼓泡	至少 30 min
R2 缓冲液	1	超纯水	336 mL
	2	乙酸钠	204 g
	3	冰乙酸	123 mL
	4	乙二醇单甲醚	401 mL
	5	定容	1 L
	6	鼓泡	至少 10 min
R3 溶液	1	无水乙醇	50mL
	2	超纯水	950 mL

B. 4 氨基酸分析仪流动相配制见表 B. 3。

表 B. 3 氨基酸分析仪流动相配制

溶液	B1	B2	B3	B4	B5	B6
柠檬酸三钠（二水）/g	5. 88	7. 74	13. 31	26. 67	—	—
氯化钠/g	—	7. 07	3. 74	54. 35	—	—
氢氧化钠/g	—	—	—	—	—	8
柠檬酸（一水）/g	22	22	12. 8	6. 1	—	—
乙醇/mL	130	20	4	—	50	100
苯甲醇/mL	—	—	—	5	—	—
硫二甘醇/mL	5	5	5	—	—	—
聚氧乙烯十二烷基醚/mL	1	1	1	1	1	1
定容至/mL	1 000	1 000	1 000	1 000	1 000	1 000
辛酸/mL	0. 1	0. 1	0. 1	0. 1	0. 1	0. 1
钠离子浓度/（mol/L）	0. 06	0. 2	0. 2	1. 2	0	0. 2

生乳中碱类物质的测定

Determination of alkali in raw milk

标 准 号：MRT/B 7—2016

发布日期：2016-12-31　　　　　　　　　　实施日期：2017-01-01

发布单位：农业部奶产品质量安全风险评估实验室（北京）、农业部奶及奶制品质量监督检验测试中心（北京）

前　　言

本规范按照 GB/T 1.1—2009《标准化工作导则　第 1 部分：标准的结构和编写》给出的规则起草。

本规范由奶业创新团队提出。

本规范起草单位：农业部奶产品质量安全风险评估实验室（北京）和农业部奶及奶制品质量监督检验测试中心（北京）。

本规范主要起草人：郑楠、屈雪寅、祝杰妹、李松励、叶巧燕、杨晋辉、文芳、王加启。

请注意本规范的某些内容可能涉及专利。本规范的发布机构不承担识别这些专利的责任。

1　范围

本规范规定了生乳中碱类物质的定性测定的原理、试剂或材料、仪器设备、样品、试验步骤、试验数据及处理、试验报告。

本规范适用于生乳中碱类物质的测定。

本规范检出限为 0.05%。

2　原理

溴麝香草酚蓝指示剂的变色范围为 pH6.0~7.6，在酸性溶液中呈黄色，在碱性溶液中呈蓝色。在生乳中加入溴麝香草酚兰指示剂，可根据颜色变化情况判断生乳中是否掺有碱类物质。

3　试剂或材料

溴麝香草酚蓝指示剂（0.4 g/L）：称取溴麝香草酚蓝 0.04 g，溶于 100 mL 无水乙醇中。

4　仪器设备

4.1　移液器：1 mL。

4.2　试管：全透明玻璃或塑料试管。

5　样品

测试样品应保存在 4～10℃的冰箱或保温箱中，恢复室温后立即测定。

6　试验步骤

吸取样品 0.5 mL，加入 0.5 mL 溴麝香草酚蓝指示剂溶液，混匀后于 10 min 内观察颜色。同时用未掺碱的样品做阴性对照。

7　试验数据处理

结果按表 1 进行判断。

表 1　结果的判断

结果	定性描述	表示符号	显色情况
检出	强阳性	+++	靛青色或深蓝色
	阳性	++	绿色或蓝色
	弱阳性	+	黄绿色
未检出	阴性	-	黄色

8　试验报告

试验报告至少应给出以下几方面的内容：

——试验对象；

——所使用的标准（包括发布或出版年号）；

——结果；

——观察到的异常现象；

——试验日期。

生乳中硫氰酸根的测定　离子色谱法

Determination of thiocyanate in raw milk—Ion chromatography

标 准 号：MRT/B 8—2016
发布日期：2016-12-31　　　　　　　　实施日期：2017-01-01
发布单位：农业部奶产品质量安全风险评估实验室（北京）、农业部奶及奶制品质量监督检验测试中心（北京）

前　　言

本规范按照 GB/T 1.1—2009《标准化工作导则　第1部分：标准的结构和编写》给出的规则起草。

本规范由奶业创新团队提出。

本规范起草单位：农业部奶产品质量安全风险评估实验室（北京）和农业部奶及奶制品质量监督检验测试中心（北京）、中国农业科学院北京畜牧兽医研究所。

本规范主要起草人：郑楠、文芳、叶巧燕、李松励、屈雪寅、王加启。

请注意本规范的某些内容可能涉及专利。本规范的发布机构不承担识别这些专利的责任。

1　范围

本规范规定了生乳中硫氰酸根测定的原理、试剂或材料、仪器设备、样品、试验步骤、试验数据处理、精密度和准确度、质量保证和质量控制、试验报告。

本规范适用于生乳中硫氰酸根的测定。

本规范检出限为 0.25 mg/kg，定量限为 0.75 mg/kg。

2　规范性引用文件

下列文件对于本文件的应用是必不可少的。凡是注日期的引用文件，仅所注日期的版本适用于本文件。凡是不注日期的引用文件，其最新版本（包括所有的修改单）适用于本文件。

GB/T 6682 分析实验室用水规格和试验方法

3　原理

试样经乙腈提取、沉淀蛋白后，对提取液进行净化后，用离子色谱分析，电导检测器检测。以保留时间定性，外标法定量。

4　试剂或材料

除另有规定外，所有试剂均为分析纯，水符合 GB/T 6682 中一级水的规定。

4.1　乙腈（CH_3CN）：色谱纯。

4.2　甲醇（CH_3OH）：色谱纯。

4.3　丙酮（C_3H_6O）：色谱纯。

4.4　50%氢氧化钠溶液（NaOH）：色谱纯。

4.5　淋洗液：根据仪器型号及色谱柱说明书使用条件进行配制。以下给出的淋洗液配制条件供参考。

4.5.1　氢氧根淋洗液（由仪器自动在线生成或手工配制）。

4.5.1.1　氢氧化钾淋洗液：由淋洗液自动电解发生器在线生成。

4.5.1.2　氢氧化钠淋洗液：$c(NaOH)$ = 45 mmol/L 和 $c(NaOH)$ = 60 mmol/L。

氢氧化钠淋洗液（45 mmol/L）：取 2.34 mL 50%氢氧化钠溶液（4.4），用水稀释至 1 000 mL，可通入氮气保护，以减缓碱性淋洗液吸收空气中的 CO_2 而失效，缓慢摇匀，室温下可放置 7 d。

氢氧化钠淋洗液（60 mmol/L）：取 3.12 mL 50%氢氧化钠溶液（4.4），用水稀释至 1 000 mL，可通入氮气保护，以减缓碱性淋洗液吸收空气中的 CO_2 而失效，缓慢摇匀，室温下可放置 7 d。

4.5.2　碳酸盐淋洗液：$c(Na_2CO_3)$ = 5 mmol/L，$c(NaHCO_3)$ = 2 mmol/L，c(丙酮) = 5%。

准确称取 0.530 0 g 碳酸钠和 0.168 0 g 碳酸氢钠，分别溶于适量水中，转移至 1 000 mL容量瓶，加入 50 mL 丙酮，用水稀释定容至刻度线，混匀。

4.6　硫酸溶液（45 mmol/L）：移取 2.45 mL 浓硫酸，加入适量水中，并用水定容至 1 000 mL，混匀。

4.7　硫氰酸根标准储备液（1 000 mg/L）：将硫氰酸钠（NaSCN，CAS：540-72-7，纯度≥99.99%）于 80℃烘箱内烘干 2 h。准确称取干燥后的硫氰酸钠 0.1397 g，用水定容至于 100 mL 容量瓶中，混匀。0~4℃保存，有效期为 6 个月。

4.8　硫氰酸根标准中间液（10 mg/L）：准确吸取 1.00 mL 硫氰酸根标准储备液（4.7）于 100 mL 容量瓶内，用水定容，混匀。0~4℃保存，有效期为 1 个月。

4.9　硫氰酸根标准工作液：分别吸取硫氰酸根标准中间液（4.8）0、10 μL、20 μL、50 μL、100 μL、500 μL 和 1 000 μL 于 10 mL 容量瓶内，用水定容混匀。得到浓度分别为 0、0.01 mg/L、0.02 mg/L、0.05 mg/L、0.10 mg/L、0.50 mg/L 和 1.00 mg/L 的硫氰酸根标准工作液。0~4℃保存，有效期为 1 个月。

4.10　过滤器：0.22 μm。

4.11　RP 柱（1.0 mL），或性能相当的能去除有机物质的前处理小柱，使用前依次用 5 mL甲醇和 10 mL 水活化，静置 30 min 备用。

4.12　注射器：10 mL。

4.13　离心管：15 mL、10 mL。

5　仪器设备

5.1　离子色谱仪：配电导检测器。

5.2 高速冷冻离心机：转速不低于 8 000 r/min，可控温至 4℃。

5.3 分析天平：感量 0.1 mg 和 0.01 g。

5.4 涡旋混匀器。

5.5 移液器：100 μL、1 mL。

5.6 烘箱：80℃±5℃。

6 样品

6.1 样品的采集和保存

生乳样品可用硬质玻璃瓶或聚乙烯瓶盛放，采集的样品应尽快分析。若样品经过 0~6℃冷藏保存，冷藏时间不应超过 48 h；若不能及时测定，应于-20℃冷冻保存，冷冻时间不应超过 30 d，解冻温度不应超过 60℃，解冻次数不应超过 5 次；不应添加硫氰酸钠、溴硝丙二醇或甲醛作为防腐剂，如有必要，可添加叠氮钠或重铬酸钾作为防腐剂（参见附录 C）。测定前将样品恢复至室温，并颠倒摇匀，待测。

6.2 空白样品的制备

以实验用水代替生乳样品，制备实验室空白样品。

7 试验步骤

7.1 试样处理

称取 4 g（精确至 0.01 g）样品，用乙腈定容至 10 mL（V_1），涡旋混匀 1 min，静置沉降蛋白 20 min，以 8 000 r/min，4℃离心 5 min。准确移取 1.00 mL（V_2）上清液用水定容至 10 mL（V_3）并混匀。取上述溶液依次过 0.22 μm 过滤器、RP 柱，弃去前 3 mL 滤液，收集后面的滤液供离子色谱仪测定。同时做空白试验。

7.2 仪器参考条件

7.2.1 仪器参考条件 1

7.2.1.1 色谱柱：氢氧化物选择性、疏水性低且可兼容梯度洗脱的高容量阴离子交换柱，如 IonPac AS-16 型色谱柱（4 mm×250 mm）和 IonPac AG-16 型保护柱（4 mm×50 mm），或性能相当的离子色谱柱。

7.2.1.2 抑制器：ASRS-300 4 mm 阴离子抑制器，或性能相当的抑制器；外加水抑制模式，抑制器电流为 112~149 mA，外加水流量 1.5 mL/min。

7.2.1.3 淋洗液：氢氧化钾溶液，浓度为 45~60 mmol/L，梯度淋洗，流速为 1.0 mL/min。色谱淋洗液梯度淋洗条件参见附录 A 中表 A.1。

7.2.1.4 进样体积：100 μL。

7.2.1.5 柱温：30.0℃。

7.2.1.6 电导池温度：35.0℃。

注：上述色谱分析条件是在 Dionex ICS-5000 仪器上完成的，此处列出仪器型号和色谱柱型号仅为提供参考，并不涉及商业目的，鼓励标准使用者尝试不同厂家或型号的仪器。

7.2.2　仪器参考条件 2

7.2.2.1　色谱柱：可兼容梯度洗脱的高容量阴离子交换柱，如 Metrosep Anion Supp5-150（150 mm×4.0 mm）阴离子交换色谱柱和 Metrosep Anion Cuard（50 mm×4.0 mm）专用保护柱，或性能相当的离子色谱柱。

7.2.2.2　抑制器：MSM Ⅱ型抑制器，抑制器再生液：硫酸溶液（4.6）。

7.2.2.3　淋洗液（4.5.2），流速为 1.0 mL/min。

7.2.2.4　进样体积：100 μL。

7.2.2.5　柱温：30.0℃。

7.2.2.6　电导池温度：40.0℃。

注：上述色谱分析条件是在瑞士万通离子色谱 883 Basic IC plus 仪器上完成的，此处列出仪器型号和色谱柱型号仅为提供参考，并不涉及商业目的，鼓励标准使用者尝试不同厂家或型号的仪器。

7.3　样品分析

将测试溶液和标准工作液，按色谱分析条件进行测定。以硫氰酸根标准品保留时间定性，峰面积（或峰高）定量。测试溶液中硫氰酸根的响应值应在标准线性范围内。在上述色谱分析条件下，标准品色谱图参见附录 A 中图 A.1 或图 A.2。

8　试验数据处理

试样中硫氰酸根的含量以质量浓度 X 计，数值以毫克每千克（mg/kg）表示，按下列公式计算：

$$X=\frac{c\times V_1\times V_3\times 1\ 000}{m\times V_2\times 1\ 000}$$

式中：

c——测试溶液中硫氰酸根的浓度，单位为毫克每升（mg/L）；

V_1——样品用乙腈提取时定容体积，单位为毫升（mL）；

V_2——移取离心后上清液的体积，单位为毫升（mL）；

V_3——上清液稀释定容的体积，单位为毫升（mL）；

m——试样质量，单位为克（g）；

计算结果保留至小数点后两位，用两次平行测定的算术平均值表示。

说明：试样中测得的硫氰酸根离子含量乘以换算系数 1.40，即得硫氰酸钠含量。

9　精密度和准确度

9.1　精密度

重复性条件下两次独立测试结果的绝对差值不大于这两个测定值的算术平均值的 20%，以大于 20%的情况不超过 5%为前提。

再现性条件下两次独立测试结果的绝对差值不大于这两个测定值的算术平均值的 30%，以大于 30%的情况不超过 5%为前提。

方法精密度测试结果见附录 B 中的表 B.1。

9.2 准确度

回收率范围应控制在80%~120%。方法准确度测试结果见附录B中的表B.2。

10 质量保证和质量控制

10.1 空白试验

每批次（≤20个）样品应至少做2个实验室空白试验，空白试验结果应低于方法检出限。

10.2 相关性检验

标准曲线的相关系数应≥0.995。

10.3 连续校准

每批次（≤20个）样品，应分析一个标准曲线中间点浓度的标准溶液，其测定结果与标准曲线该点浓度之间的相对误差应≤10%。

10.4 准确度控制

每批次（≤20个）样品，应至少做1个加标回收率测定，实际样品的加标回收率应控制在80%~120%。

11 试验报告

试验报告至少应给出以下几方面的内容：

——试验对象；

——所使用的规范（包括发布或出版年号）；

——试验结果；

——观察到的异常现象；

——试验日期。

MRT/B 8—2016

附 录 A
(资料性附录)
硫氰酸根离子色谱仪色谱图和淋洗液梯度淋洗条件

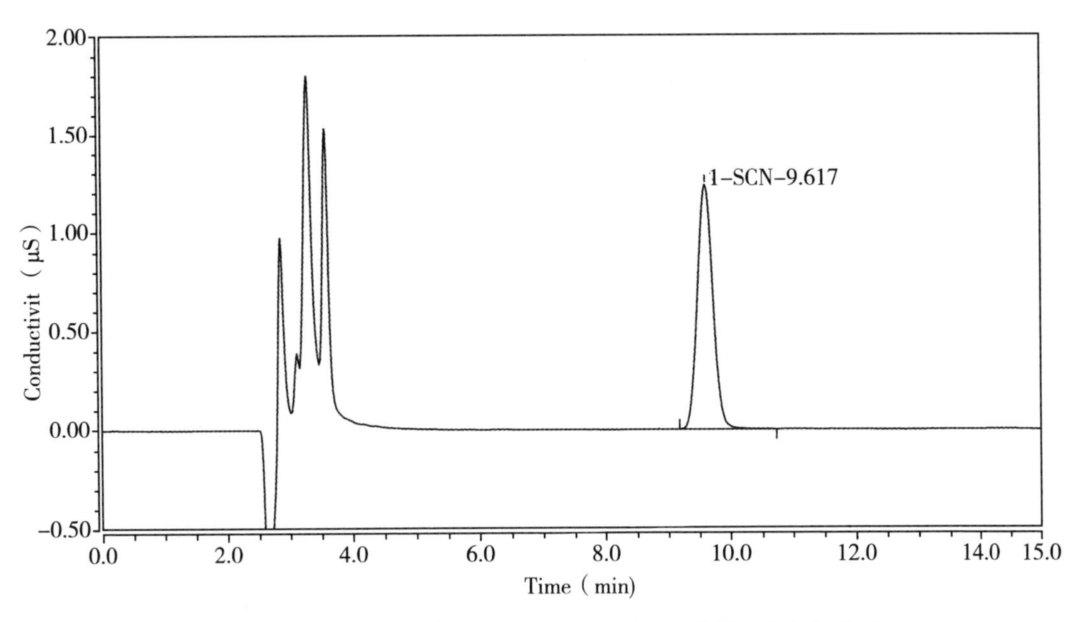

图 A.1 硫氰酸根标准溶液(0.5 mg/L)离子色谱图(氢氧根体系)

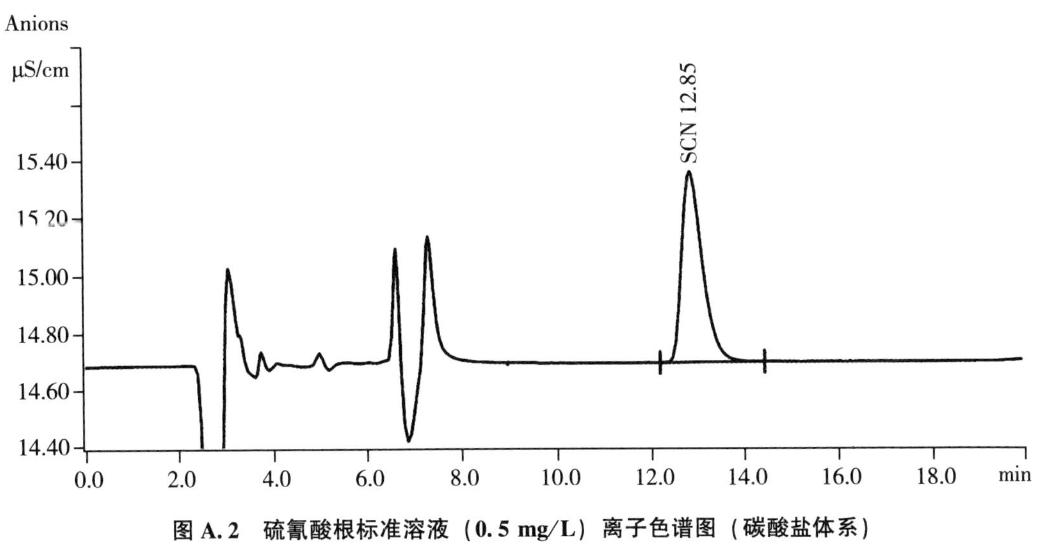

图 A.2 硫氰酸根标准溶液(0.5 mg/L)离子色谱图(碳酸盐体系)

表 A.1　离子色谱仪淋洗液梯度淋洗条件（氢氧根体系）

序号	时间/min	流速/（mL/min）	OH^-浓度/（mmol/L）
1	0.0~13.0	1.00	45.0
2	13.1~18.0	1.00	60.0
3	18.1~23.0	1.00	45.0

MRT/B 8—2016

附　录　B
(资料性附录)
方法的精密度和准确度

6 家实验室测定的精密度和准确度数据汇总见表 B. 1 和表 B. 2。

表 B. 1　方法的精密度

平均值/（mg/kg）	实验室内相对标准偏差/%	实验室间相对标准偏差/%
1. 65	1. 2~9. 6	13. 4
1. 89	0. 5~1. 8	10. 9
2. 14	0. 7~3. 1	10. 4
3. 10	1. 9~4. 6	8. 0
6. 66	0. 5~3. 3	4. 5

表 B. 2　方法的准确度

样品名称	硫氰酸根添加浓度/（mg/kg）	加标回收率/%
生乳	0. 25	84. 6~102. 7
	0. 50	89. 0~104. 7
	1. 50	90. 3~102. 6
	5. 00	95. 1~104. 9

MRT/B 8—2016

附　录　C
(资料性附录)
推荐的防腐剂添加浓度

表 C.1　推荐的防腐剂添加方法

防腐剂名称[a]	添加量/（mg/kg 生乳）
重铬酸钾	600
叠氮钠[b]	400

[a]防腐剂均为分析纯；

[b]叠氮钠毒性很强，操作时需谨慎；剩余的叠氮钠溶液，可利用 10%次氯酸钠溶液（可加入少量氢氧化钠）进行无害化处理。

生乳中舒巴坦敏感 β-内酰胺酶类物质的测定 杯碟法

Determination of sulbactam-susceptible β-lactamase in raw milk —Cylinder plate method

标 准 号：MRT/B 9—2016

发布日期：2016-12-31　　　　　　　　　实施日期：2017-01-01

发布单位：农业部奶产品质量安全风险评估实验室（北京）、农业部奶及奶制品质量监督检验测试中心（北京）

前　言

本规范按照 GB/T 1.1—2009《标准化工作导则 第1部分：标准的结构和编写》给出的规则起草。

附录 A 及附录 B 为规范性附录。

本规范由奶业创新团队提出。

本规范起草单位：农业部奶产品质量安全风险评估实验室（北京）和农业部奶及奶制品质量监督检验测试中心（北京）。

本规范主要起草人：郑楠、刘慧敏、杨晋辉、李松励、屈雪寅、张养东、赵圣国、叶巧燕、文芳、王加启等。

请注意本规范的某些内容可能涉及专利。本规范的发布机构不承担识别这些专利的责任。

1 范围

本规范规定了生乳中舒巴坦敏感 β-内酰胺酶类物质检验方法 杯碟法的原理、试剂或材料、仪器设备、样品、试验步骤、试验数据处理及试验报告。

本规范适用于生乳中舒巴坦敏感 β-内酰胺酶类物质的定性检验。

本规范的方法检出限为 4 U/mL。

2 规范性引用文件

下列文件对于本文件的应用是必不可少的。凡是注日期的引用文件，仅注日期的版本适用于本文件。凡是不注日期的引用文件，其最新版本（包括所有的修改单）适用于本文件。

GB/T 6682 分析实验室用水规格和试验方法。

3 原理

该方法采用对青霉素类药物敏感的标准菌株，利用舒巴坦特异性抑制 β-内酰胺酶的活性，并加入青霉素作为对照，通过比对加入β-内酰胺酶抑制剂与未加入抑制剂的样品所产生的抑菌圈的大小来间接测定样品是否含有β-内酰胺酶类物质。

4　试剂或材料

除非另有规定，在分析中仅使用确认为分析纯的试剂，水为 GB/T 6682 规定的三级水。

4.1　磷酸盐缓冲液（pH 6.0）：称取 8.0 g 无水磷酸二氢钾，2.0 g 无水磷酸氢二钾，溶解于水中并定容至 1 000 mL。

4.2　生理盐水（8.5 g/L）：称取 8.5 g 氯化钠，溶解于 1 000 mL 水中，121℃高压灭菌 15 min。

4.3　菌悬液：将试验菌株［藤黄微球菌（*Micrococcus luteus*）CMCC（B）28001，又名嗜根考克氏菌（*Kocuria rhizophila*）CICC 10445，传代不得超过 14 次］接种于营养琼脂（4.7）斜面上，经生化培养箱（5.2）培养 18~24 h，用生理盐水（4.2）洗下菌苔即为菌悬液，用麦氏比浊仪或标准比浊管测定菌悬液中菌的浓度，终浓度应大于 1×10^{10}CFU/mL，现配现用。

4.4　青霉素标准溶液：准确称取适量（精确至 0.01 mg）青霉素参考标准物质（Penicillin G Sodium），用磷酸盐缓冲液（4.1）溶解并定容为 0.1 mg/mL 的标准溶液。现配现用。

4.5　β-内酰胺酶标准溶液：准确量取或称取适量β-内酰胺酶标准品，用磷酸盐缓冲液（4.1）溶解并定容为 16 000 U/mL 的标准溶液。现配现用。如果购买的β-内酰胺酶不是标准物质，则应按照附录 B 方法进行标定。

4.6　舒巴坦标准溶液：准确称取适量（精确至 0.01 mg）舒巴坦标准物质，用磷酸盐缓冲液（4.1）溶解并定容为 1 mg/mL 的标准溶液，分装后-20℃保存备用，不应反复冻融使用。

4.7　营养琼脂培养基：见 A.1。

4.8　抗生素检定用培养基Ⅱ：见 A.2。

5　仪器设备

5.1　抑菌圈测量仪或游标卡尺（精确至 0.01 mm）。

5.2　生化培养箱：36℃±1℃。

5.3　高压灭菌锅。

5.4　培养皿：内径 90 mm。

5.5　牛津杯：不锈钢小管，外径（8.0±0.1）mm，内径（6.0±0.1）mm，高度（10.0±0.1）mm。

5.6　麦氏比浊仪或标准比浊管。

5.7　pH 计。

5.8　移液器：1.00 mL。

5.9　离心管：1.5 mL。

6 样品

将待检生乳样品充分混匀，各取 1 mL 待检样品于 4 个 1.5 mL 离心管中，分别标为：A、B、C、D，每个样品做 3 个平行。同时每次检验应取水 1 mL 作为空白对照。

7 试验步骤

7.1 检验用平板的制备：将菌悬液（4.3）按适当比例加入灭菌后冷却至 46℃的抗生素检验用培养基中，充分摇匀后，制备菌体数量约为 1×10^{8} CFU/mL 的含菌培养基；取 15~20 mL 含菌培养基倒入无菌培养皿（5.4），凝固后备用。

7.2 按照下列顺序分别将青霉素标准溶液（4.4）、β-内酰胺酶标准溶液（4.5）、舒巴坦标准溶液（4.6）加入到样品（6）中。

（A）青霉素标准溶液 5 μL。

（B）舒巴坦标准溶液 25 μL、青霉素标准溶液 5 μL。

（C）β-内酰胺酶标准溶液 25 μL、青霉素标准溶液 5 μL。

（D）β-内酰胺酶标准溶液 25 μL、舒巴坦标准溶液 25 μL、青霉素标准溶液 5 μL。

混匀后，将上述 A~D 试样各 200 μL 加入放置于检验用平板（7.2）上的 4 个牛津杯（5.5）中，平板加盖后放入生化培养箱（5.2）中培养 18~22 h，测量各抑菌圈直径，每个样品取三次平行试验平均值。

8 试验数据处理

水空白对照结果：（A）（B）（D）均应产生抑菌圈；（A）的抑菌圈与（B）的抑菌圈相比，差异≤3 mm，且重复性良好；（C）的抑菌圈小于（D）的抑菌圈，差异≥3 mm，且重复性良好。如为此结果，则系统成立，可对样品结果进行如下判定。

8.1 如果样品结果中（B）和（D）均产生抑菌圈，且（C）的抑菌圈小于（D）的抑菌圈，差异≥3 mm 时，可按 8.1.1 和 8.1.2 判定结果。

8.1.1 （A）的抑菌圈小于（B）的抑菌圈，差异≥3 mm 时，且重复性良好，应判定该试样添加有 β-内酰胺酶，检验结果阳性。

8.1.2 （A）的抑菌圈同（B）的抑菌圈差异<3 mm 时，且重复性良好，应判定该试样未添加有 β-内酰胺酶，检验结果阴性。

8.2 如果（A）和（B）均不产生抑菌圈，应将样品稀释后再进行检验。

9 试验报告

试验报告至少应给出以下几个方面的内容：

——试验对象；

——所使用的规范（包括发布或出版年号）；

——结果；

——观察到的异常现象；

——试验日期。

MRT/B 9—2016

附　录　A
(规范性附录)
培养基

A.1　营养琼脂培养基

蛋白胨	10 g
牛肉膏	3 g
氯化钠	5 g
琼脂	15~20 g
水	1 000 mL

制作：分装试管每管 5~8 mL，121℃高压灭菌 15 min，灭菌后摆放斜面。

A.2　抗生素检验培养基Ⅱ

蛋白胨	10 g
牛肉浸膏	3 g
氯化钠	5 g
酵母膏	3 g
葡萄糖	1 g
琼脂	14 g
水	1 000 mL

制作：121℃高压灭菌 15 min，其最终 pH 值约为 6.6。

MRT/B 9—2016

附 录 B
(规范性附录)

β-内酰胺酶活力标定方法

B.1 试剂或材料

B.1.1 醋酸钠缓冲液(pH 4.5):取冰醋酸 13.86 mL,加水 250 mL;另取醋酸钠 27.30 g,加水 200 mL,两种液体均匀混合。
B.1.2 磷酸盐缓冲液(pH 7.0):取磷酸氢二钾 7.36 g 与磷酸二氢钾 3.14 g,加水定容至 1 000 mL 容量瓶中。
B.1.3 碘滴定液(0.005 mol/L):精密量取碘液(0.05 mol/L)10 mL,用醋酸钠缓冲液(B.1.1)稀释至 100 mL 容量瓶中。
B.1.4 青霉素溶液:称取青霉素钠(钾)标准品适量,用磷酸盐缓冲液(B.1.2)溶解至 10 000 U/mL。
B.1.5 β-内酰胺酶稀释液:取 β-内酰胺酶溶液,按估计单位用磷酸盐缓冲液(B.1.2)稀释成 1 mL 中含 β-内酰胺酶 8 000~12 000 U 的溶液,使用前应在 37℃下预热。
B.1.6 硫代硫酸钠标准滴定液(0.01 mol/L)。

B.2 仪器设备

B.2.1 分析天平:感量 0.1 mg。
B.2.2 恒温水浴锅:可控温于 37℃±1℃。

B.3 试验步骤

精确量取青霉素溶液(B.1.4)50 mL,置 100 mL 容量瓶中,预热至 37℃后,精确加入已预热的 β-内酰胺酶稀释液 25 mL,迅速混匀,在 37℃准确放置 1 h,精确量取 3 mL,立即加至已精确量取的碘滴定液(0.005 mol/L)25 mL,在室温暗处放置 15 min,用硫代硫酸钠滴定液(B.1.6)滴定至近终点时,加淀粉指示剂,继续滴定至蓝色消失。

空白试验,取已预热的青霉素溶液 2 mL,在 37℃ 放置 1 h,精确加入上述碘滴定液(B.1.3)25 mL,然后精确加入 β-内酰胺酶稀释液 1 mL,在室温暗处放置 15 min,用硫代硫酸钠滴定液(B.1.6)滴定。

B.4 试验数据处理

青霉素活力以 E 计,数值以国际活力单位每毫升(U/mL)表示,按下式计算:

$$E = (B-A) \times M \times F \times D \times 100$$

式中:

B 为空白滴定所消耗的上述硫代硫酸钠滴定液的容量（mL）

A 为供试品滴定所消耗的上述硫代硫酸钠滴定液的容量（mL）

M 为硫代硫酸钠滴定液的浓度（mol/L）

F 为在相同条件下，每 1 mL 的上述滴定液（0. 005mol/L）相当于青霉素的效价单位。

D 为 β-内酰胺酶溶液的稀释倍数。

原料乳与乳制品中三聚氰胺检测方法

Determination of melamine in raw milk and dairy products

标 准 号：GB /T 22388—2008
发布日期：2008-10-07　　　　　　　　　　　实施日期：2008-10-07
发布单位：中华人民共和国国家质量监督检验检疫总局、中国国家标准化管理委员会

前　　言

本标准包括三个方法：第一法　高效液相色谱法，第二法　液相色谱-质谱/质谱法，第三法　气相色谱-质谱联用法。检测时，应根据检测对象及其限量的规定，选用与其相适应的检测方法。

本标准的附录 A 为资料性附录。

本标准由全国食品安全应急标准化工作组、全国质量监管重点产品检验方法标准化技术委员会提出并归口。

本标准第一法起草单位：中国检验检疫科学研究院、中国疾病预防控制中心、国家食品质量安全监督检验中心、北京市疾病预防控制中心、国家乳制品质量监督检验中心、浙江省质量技术监督检测研究院、国家加工食品质量监督检验中心（广州）。

本标准第一法主要起草人：宋书锋、鲁杰、安娟、杨大进、李淑娟、张晶、刘艳琴、杨红梅、杨金宝、鄂来明、廖上富、陈小珍、蔡依军、郭新东、吴玉銮。

本标准第二法起草单位：中国检验检疫科学研究院、北京市疾病预防控制中心、国家食品质量安全监督检验中心、中国疾病预防控制中心、中华人民共和国江苏出入境检验检疫局。

本标准第二法主要起草人：彭涛、吴永宁、邵兵、王浩、李晓娟、郭启雷、苗虹、赵云峰、丁涛、李立、蒋原。

本标准第三法起草单位：上海市质量监督检验技术研究院、国家食品质量安全监督检验中心、中国检验检疫科学研究院。

本标准第三法主要起草人：巢强国、常宇文、雷涛、陈冬东、赵玉琪、周耀斌、穆同娜、葛宇、曹程明、张辉、麦成华、曹红。

1　范围

本标准规定了原料乳、乳制品以及含乳制品中三聚氰胺的三种测定方法，即高效液相色谱法（HPLC 法）、液相色谱-质谱/质谱法（LC-MS/MS 法）和气相色谱-质谱联用法[包括气相色谱-质谱法（GC-MS 法），气相色谱-质谱/质谱法（GC-MS/MS 法）]。

本标准适用于原料乳、乳制品以及含乳制品中三聚氰胺的定量测定；液相色谱-质谱/质谱法、气相色谱-质谱联用法（包括气相色谱-质谱/质谱法）同时适用于原料乳、

乳制品以及含乳制品中三聚氰胺的定性确证。

本标准高效液相色谱法的定量限为 2 mg/kg，液相色谱-质谱/质谱法的定量限为 0.01 mg/kg，气相色谱-质谱法的定量限为 0.05 mg/kg（其中气相色谱-质谱/质谱法的定量限为 0.005 mg/kg）。

2 规范性引用文件

下列文件中的条款通过本标准的引用而成为本标准的条款。凡是注日期的引用文件，其随后所有的修改单（不包括勘误的内容）或修订版均不适用于本标准，然而，鼓励根据本标准达成协议的各方研究是否可使用这些文件的最新版本。凡是不注日期的引用文件，其最新版本适用于本标准。

GB/T 6682 分析实验室用水规格和试验方法（GB/T 6682—2008，ISO 3696：1987，MOD）

3 第一法 高效液相色谱法（HPLC 法）

3.1 原理

试样用三氯乙酸溶液-乙腈提取，经阳离子交换固相萃取柱净化后，用高效液相色谱测定，外标法定量。

3.2 试剂与材料

除非另有说明，所有试剂均为分析纯，水为 GB/T 6682 规定的一级水。

3.2.1 甲醇：色谱纯。

3.2.2 乙腈：色谱纯。

3.2.3 氨水：含量为 25%~28%。

3.2.4 三氯乙酸。

3.2.5 柠檬酸。

3.2.6 辛烷磺酸钠：色谱纯。

3.2.7 甲醇水溶液：准确量取 50 mL 甲醇和 50 mL 水，混匀后备用。

3.2.8 三氯乙酸溶液（1%）：准确称取 10 g 三氯乙酸于 1 L 容量瓶中，用水溶解并定容至刻度，混匀后备用。

3.2.9 氨化甲醇溶液（5%）：准确量取 5 mL 氨水和 95 mL 甲醇，混匀后备用。

3.2.10 离子对试剂缓冲液：准确称取 2.10 g 柠檬酸和 2.16 g 辛烷磺酸钠，加入约 980 mL水溶解，调节 pH 至 3.0 后，定容至 1 L 备用。

3.2.11 三聚氰胺标准品：CAS108—78-01，纯度大于 99.0%。

3.2.12 三聚氰胺标准储备液：准确称取 100 mg（精确到 0.1 mg）三聚氰胺标准品于 100 mL 容量瓶中，用甲醇水溶液（3.2.7）溶解并定容至刻度，配制成浓度为 1 mg/mL 的标准储备液，于 4℃避光保存。

3.2.13 阳离子交换固相萃取柱：混合型阳离子交换固相萃取柱，基质为苯磺酸化的聚苯乙烯-二乙烯基苯高聚物，填料质量为 60 mg，体积为 3 mL，或相当者。使用前依次用 3 mL甲醇、5 mL 水活化。

3.2.14 定性滤纸。

3.2.15 海砂：化学纯，粒度 0.65~0.85 mm，二氯化硅（SiO_2）含量为 99%。

3.2.16 微孔滤膜：0.2 μm，有机相。

3.2.17 氮气：纯度大于等于 99.999%。

3.3 仪器和设备

3.3.1 高效液相色谱（HPLC）仪：配有紫外检测器或二极管阵列检测器。

3.3.2 分析天平：感量为 0.0001 g 和 0.01 g。

3.3.3 离心机：转速不低于 4 000 r/min。

3.3.4 超声波水浴。

3.3.5 固相萃取装置。

3.3.6 氮气吹干仪。

3.3.7 涡旋混合器。

3.3.8 具塞塑料离心管：50 mL。

3.3.9 研钵。

3.4 样品处理

3.4.1 提取

3.4.1.1 液态奶、奶粉、酸奶、冰淇淋和奶糖等

称取 2 g（精确至 0.01 g）试样于 50 mL 具塞塑料离心管中，加入 15 mL 三氯乙酸溶液（3.2.8）和 5 mL 乙腈，超声提取 10 min，再振荡提取 10 min 后，以不低于 4 000 r/min离心 10 min。上清液经三氯乙酸溶液润湿的滤纸过滤后，用三氯乙酸溶液定容至 25 mL，移取 5 mL 滤液，加入 5 mL 水混匀后做待净化液。

3.4.1.2 奶酪、奶油和巧克力等

称取 2 g（精确至 0.01 g）试样于研钵中，加入适量海砂（试样质量的 4~6 倍）研磨成干粉状，转移至 50 mL 具塞塑料离心管中，用 15 mL 三氯乙酸溶液（3.2.8）分数次清洗研钵，清洗液转入离心管中，再往离心管中加入 5 mL 乙腈，余下操作同 3.4.1.1 中“超声提取 10 min，……加入 5 mL 水混匀后做待净化液”。

注：若样品中脂肪含量较高，可以用三氯乙酸溶液饱和的正己烷液-液分配除脂后再用 SPE 柱净化。

3.4.2 净化

将 3.4.1 中的待净化液转移至固相萃取柱（3.2.13）中。依次用 3 mL 水和 3 mL 甲醇洗涤，抽至近干后，用 6 mL 氨化甲醇溶液（3.2.9）洗脱。整个固相萃取过程流速不超过 1 mL/min。洗脱液于 50℃下用氮气吹干，残留物（相当于 0.4 g 样品）用 1 mL 流动相定容，涡旋混合 1 min，过微孔滤膜（3.2.16）后，供 HPLC 测定。

3.5 高效液相色谱测定

3.5.1 HPLC 参考条件

a）色谱柱：C_8柱，250 mm×4.6 mm［内径（i.d.）］，5 μm，或相当者。

C_{18}柱，250 mm×4.6 mm［内径（i.d.）］，5 μm，或相当者。

b）流动相：C_8柱，离子对试剂缓冲液（3.2.10）-乙腈（85+15，体积比），混匀。

C_{18}柱，离子对试剂缓冲液（3.2.10）-乙腈(90+10，体积比)，混匀。

c）流速：1.0 mL/min。

d）柱温，40℃。

e）波长：240 nm。

f）进样量：20 μL。

3.5.2 标准曲线的绘制

用流动相将三聚氰胺标准储备液逐级稀释得到的浓度为 0.8 μg/mL、2 μg/mL、20 μg/mL、40 μg/mL、80 μg/mL 的标准工作液，浓度由低到高进样检测，以峰面积-浓度作图，得到标准曲线回归方程。基质匹配加标三聚氰胺的样品 HPLC 色谱图参见附录 A 中的图 A.1。

3.5.3 定量测定

待测样液中三聚氰胺的响应值应在标准曲线线性范围内，超过线性范围则应稀释后再进样分析。

3.5.4 结果计算

试样中三聚氰胺的含量由色谱数据处理软件或按式（1）计算获得：

$$X=\frac{A\times c\times V\times 1\ 000}{A_5\times m\times 1\ 000}\times f \qquad \cdots\cdots\cdots\cdots (1)$$

式中：

X——试样中三聚氰胺的含量，单位为毫克每千克（mg/kg）；

A——样液中三聚氰胺的峰面积；

c——标准溶液中三聚氰胺的浓度，单位为微克每毫升（μg/mL）；

V——样液最终定容体积，单位为毫升（mL）；

A_5——标准溶液中三聚氰胺的峰面积；

m——试样的质量，单位为克（g）；

f——稀释倍数。

3.6 空白实验

除不称取样品外，均按上述测定条件和步骤进行。

3.7 方法定量限

本方法的定量限为 2 mg/kg。

3.8 回收率

在添加浓度 2～10 mg/kg 浓度范围内，回收率在 80%～110%，相对标准偏差小于 10%。

3.9 允许差

在重复性条件下获得的两次独立测定结果的绝对差值不得超过算术平均值的 10%。

4 第二法 液相色谱-质谱/质谱法（LC-MS/MS 法）

4.1 原理

试样用三氯乙酸溶液提取，经阳离子交换固相萃取柱净化后，用液相色谱-质谱/质谱法测定和确证，外标法定量。

4.2　试剂与材料

除非另有说明，所有试剂均为分析纯，水为 GB/T 6682 规定的一级水。

4.2.1　乙酸。

4.2.2　乙酸铵。

4.2.3　乙酸铵溶液（10 mmol/L）：准确称取 0.772 g 乙酸铵于 1L 容量瓶中，用水溶解并定容至刻度，混匀后备用。

4.2.4　其他同 3.2。

4.3　仪器和设备

4.3.1　液相色谱-质谱/质谱（LC-MS/MS）仪：配有电喷雾离子源（ESI）。

4.3.2　其他同 3.3。

4.4　样品处理

4.4.1　提取

4.4.1.1　液态奶、奶粉、酸奶、冰淇淋和奶糖等

称取 1 g（精确至 0.01 g）试样于 50 mL 具塞塑料离心管中，加入 8 mL 三氯乙酸溶液（3.2.8）和 2 mL 乙腈，超声提取 10 min，再振荡提取 10 min 后，以不低于 4 000 r/min 离心 10 min。上清液经三氯乙酸溶液润湿的滤纸过滤后，做待净化液。

4.4.1.2　奶酪、奶油和巧克力等

称取 1 g（精确至 0.01 g）试样于研钵中，加入适量海砂（试样质量的 4~6 倍）研磨成干粉状，转移至 50 mL 具塞塑料离心管中，加入 8 mL 三氯乙酸溶液（3.2.8）分数次清洗研钵，清洗液转入离心管中，再加入 2 mL 乙腈，余下操作同 4.4.1.1 中“超声提取 10 min，……做待净化液”。

注：若样品中脂肪含量较高，可以用三氯乙酸溶液饱和的正己烷液-液分配除脂后再用 SPE 柱净化。

4.4.2　净化

将 4.4.1 中的待净化液转移至固相萃取柱（3.2.13）中。依次用 3 mL 水和 3 mL 甲醇洗涤，抽至近干后，用 6 mL 氨化甲醇溶液（3.2.9）洗脱。整个固相萃取过程流速不超过 1 mL/min。洗脱液于 50℃ 下用氮气吹干，残留物（相当于 1 g 试样）用 1 mL 流动相定容，涡旋混合 1 min，过微孔滤膜（3.2.16）后，供 LC-MS/MS 测定。

4.5　液相色谱-质谱/质谱测定

4.5.1　LC 参考条件

a）色谱柱：强阳离子交换与反相 C_{18} 混合填料，混合比例（1∶4），150 mm×2.0 mm［内径（i. d.）］，5 μm，或相当者。

b）流动相：等体积的乙酸铵溶液（4.2.3）和乙腈充分混合，用乙酸调节至 pH=3.0 后备用。

c）进样量：10 μL。

d）柱温：40℃。

e）流速：0.2 mL/min。

4.5.2 MS/MS 参考条件

a）电离方式：电喷雾电离，正离子。

b）离子喷雾电压：4kV。

c）雾化气：氮气，2.815 kg/cm^2（40 psi）。

d）干燥气：氮气，流速 10 L/min，温度 350℃。

e）碰撞气：氮气。

f）分辨率：Q1（单位）Q3（单位）。

g）扫描模式：多反应监测（MRM），母离子 m/z 127，定量子离子 m/z 85，定性子离子 m/z 68。

h）停留时间：0.3 s。

i）裂解电压：100 V。

j）碰撞能量：m/z 127>85 为 20 V，m/z 127>68 为 35 V。

4.5.3 标准曲线的绘制

取空白样品按照 4.4 处理。用所得的样品溶液将三聚氰胺标准储备液（3.2.12）逐级稀释得到的浓度为 0.01 μg/mL、0.05 μg/mL、0.1 μg/mL、0.2 μg/mL、0.5 μg/mL的标准工作液，浓度由低到高进样检测，以定量子离子峰面积-浓度作图，得到标准曲线回归方程。基质匹配加标三聚氰胺的样品 LC-MS/MS 多反应监测质量色谱图参见附录 A 中的图 A.2。

4.5.4 定量测定

待测样液中三聚氰胺的响应值应在标准曲线线性范围内，超过线性范围则应稀释后再进样分析。

4.5.5 定性判定

按照上述条件测定试样和标准工作溶液，如果试样中的质量色谱峰保留时间与标准工作溶液一致（变化范围在±2.5%之内）；样品中目标化合物的两个子离子的相对丰度与浓度相当标准溶液的相对丰度一致，相对丰度偏差不超过表 1 的规定，则可判断样品中存在三聚氰胺。

表 1 定性离子相对丰度的最大允许偏差

相对离子丰度	>50%	>20%~50%	>10%~20%	≤10%
允许的相对偏差	±20%	±25%	±30%	±50%

4.5.6 结果计算

同 3.5.4。

4.6 空白实验

除不称取样品外，均按上述测定条件和步骤进行。

4.7 方法定量限

本方法的定量限为 0.01 mg/kg。

4.8 回收率

在添加浓度 0.01~0.5 mg/kg 浓度范围内，回收率在 80%~110%，相对标准偏差小于 10%。

4.9　允许差

在重复性条件下获得的两次独立测定结果的绝对差值不得超过算术平均值的 15%。

5　第三法　气相色谱-质谱联用法（GC-MS 和 GC-MS/MS 法）

5.1　原理

试样经超声提取、固相萃取净化后，进行硅烷化衍生，衍生产物采用选择离子监测质谱扫描模式（SIM）或多反应监测质谱扫描模式（MRM），用化合物的保留时间和质谱碎片的丰度比定性，外标法定量。

5.2　试剂与材料

除非另有说明，所有试剂均为分析纯，水为 GB/T 6682 规定的一级水。

5.2.1　吡啶：优级纯。

5.2.2　乙酸铅。

5.2.3　衍生化试剂：*N*,*O*-双三甲基硅基三氟乙酰胺（BSTFA）+三甲基氯硅烷（TMCS）（99+1），色谱纯。

5.2.4　乙酸铅溶液（22 g/L）：取 22 g 乙酸铅用约 300 mL 水溶解后定容至 1 L。

5.2.5　三聚氰胺标准溶液：准确吸取三聚氰胺标准储备液（3.2.12）1 mL 于 100 mL 容量瓶中，用甲醇定容至刻度，此标准溶液 1 mL 相当于 10 μg 三聚氰胺标准品，于 4℃冰箱内储存，有效期 3 个月。

5.2.6　氩气：纯度大于等于 99.999%。

5.2.7　氦气：纯度大于等于 99.999%。

5.2.8　其他同 3.2。

5.3　仪器和设备

5.3.1　气相色谱-质谱（GC-MS）仪：配有电子轰击电离离子源（EI）。

5.3.2　气相色谱-质谱/质谱（GC-MS/MS）仪：配有电子轰击电离离子源（EI）。

5.3.3　电子恒温箱。

5.3.4　其他同 3.3。

5.4　样品处理

5.4.1　GC-MS 法

5.4.1.1　提取

5.4.1.1.1　液态奶、奶粉、酸奶和奶糖等

称取 5 g（精确至 0.01 g）样品于 50 mL 具塞比色管，加入 25 mL 三氯乙酸溶液（3.2.8），涡旋振荡 30s，再加入 15 mL 三氯乙酸溶液，超声提取 15 min，加入 2 mL 乙酸铅溶液（5.2.4），用三氯乙酸溶液定容至刻度。充分混匀后，转移上层提取液 30~50 mL 离心试管，以不低于 4 000 r/min 离心 10 min。上清液待净化。

5.4.1.1.2　奶酪、奶油和巧克力等

称取 5 g（精确至 0.01 g）样品于 50 mL 具塞比色管中，用 5 mL 热水溶解（必要时可适当加热），再加入 20 mL 三氯乙酸溶液（3.2.8），涡旋振荡 30s，再加入 15 mL 三氯

乙酸溶液超声提取及以下操作同5.4.1.1.1。若样品中脂肪含量较高，可以先用乙醚脱脂后再用三氯乙酸溶液提取。

5.4.1.2　净化

准确移取5 mL的待净化滤液至固相萃取柱（3.2.13）中。再用3 mL水、3 mL甲醇淋洗，弃淋洗液，抽近干后用3 mL氨化甲醇溶液（3.2.9）洗脱，收集洗脱液，50℃下氮气吹干。

5.4.2　GC-MS/MS法

5.4.2.1　奶粉、奶酪、奶油、巧克力和奶糖等

称取0.5 g（精确至0.01 g）试样，加入5 mL甲醇水溶液（3.2.7），涡旋混匀2 min后，超声提取15~20 min. 以不低于4 000 r/min离心10 min，取上清液200 μL用微孔滤膜（3.2.16）过滤，50℃下氮气吹干。

5.4.2.2　液态奶和酸奶等

称取1 g（精确至0.01 g）试样，加入5 mL甲醇，螺旋混匀2 min后，超声提取及以下操作同5.4.2.1。

5.4.3　衍生化

取上述氮气吹干残留物，加入600 μL的吡啶和200 μL衍生化试剂（5.2.3），混匀，70℃反应30 min后，供GC-MS或GC-MS/MS法定量检测或确证。

5.5　气相色谱-质谱测定

5.5.1　仪器参考条件

5.5.1.1　GC-MS参考条件

a）色谱柱：5%苯基二甲基聚硅氧烷石英毛细管柱，30 m×0.25 mm［内径（i.d.）］×0.25 μm，或相当者。

b）流速：1.0 mL/min。

c）程序升温：70℃保持1 min，以10℃/min的速率升温至200℃，保持10 min。

d）传输线温度：280℃。

e）进样口温度：250℃。

f）进样方式：不分流进样。

g）进样量：1 μL。

h）电离方式：电子轰击电离（EI）。

i）电离能量：70 eV。

j）离子源温度：230℃。

k）扫描模式：选择离子扫描，定性离子m/z 99、171、327、342，定量离子m/z 327。

5.5.1.2　GC-MS/MS参考条件

a）色谱柱：5%苯基二甲基聚硅氧烷石英毛细管柱，30 m×0.25 mm［内径（i.d.）］×0.25 μm，或相当者。

b）流速：1.3 mL/min。

c）程序升温：75℃保持1 min，以30℃/min的速率升温至220℃，再以5℃/min的速

率升温至250℃，保持2 min。

d）进样口温度：250℃。

e）接口温度：250℃。

f）进样方式：不分流进样。

g）进样量：1 μL。

h）电离方式：电子轰击电离（EI）。

i）电离能量：70 eV。

j）离子源温度：220℃。

k）四级杆温度：150℃。

l）碰撞气：氩气，0.239 4Pa（1.8mTorr）。

m）碰撞能量：15V。

n）扫描方式：多反应监测（MRM），定量离子 m/z 342>327，定性离子 m/z 342>327，342>171。

5.5.2　标准曲线的绘制

5.5.2.1　GC-MS 法

准确吸取三聚氰胺标准溶液（5.2.5）0、0.4 mL、0.8 mL、1.6 mL、4 mL、8 mL、16 mL，分别置于7个100 mL容量瓶中，用甲醇稀释至刻度。各取1 mL用氮气吹干，按照5.4.3步骤衍生化。配制成衍生化产物浓度分别为0、0.05 μg/mL、0.1 μg/mL、0.2 μg/mL、0.5 μg/mL、1 μg/mL、2 μg/mL的标准溶液。反应液供GC-MS测定。以标准工作溶液浓度为横坐标，定量离子质量色谱峰面积为纵坐标，绘制标准工作曲线。标准溶液的GC-MS选择离子质量色谱图参见附录A中的图A.3，三聚氰胺衍生物选择离子质谱图参见附录A中的图A.4。

5.5.2.2　GC-MS/MS 法

准确吸取三聚氰胺标准溶液（5.2.5）0、0.04 mL、0.08 mL、0.4 mL、0.8 mL、4、8 mL，分别置于7个100 mL容量瓶中，用甲醇稀释至刻度。各取1 mL用氮气吹干，按照5.4.3步骤衍生化。配制成衍生化产物浓度分别为0、0.005 μg/mL、0.01 μg/mL、0.05 μg/mL、0.1 μg/mL、0.5 μg/mL、1 μg/mL的标准溶液。反应液供GC-MS/MS测定。以标准工作溶液浓度为横坐标，定量离子质量色谱峰面积为纵坐标，绘制标准工作曲线。标准溶液的GC-MS/MS多反应监测质量色谱图参见附录A中的图A.5。

5.5.3　定量测定

待测样液中三聚氰胺的响应值应在标准曲线线性范围内，超过线性范围则应对净化液稀释，重新衍生化后再进样分析。

5.5.4　定性判定

5.5.4.1　GC-MS 法

以标准样品的保留时间和监测离子（m/z99、171、327和342）定性，待测样品中4个离子（m/z99、171，327和342）的丰度比与标准品的相同离子丰度比相差不大于20%。

5.5.4.2 GC-MS/MS 法

以标准样品的保留时间以及多反应监测离子（m/z 342>327、342>171）定性，其他定性判定原则同 4.5.5。

5.5.5 结果计算

同 3.5.4。

5.6 空白实验

除不称取样品外，均按上述测定条件和步骤进行。

5.7 方法定量限

本方法中，气相色谱-质谱法（GC-MS 法）的定量限为 0.05 mg/kg，气相色谱-质谱/质谱法（GC-MS/MS 法）的定量限为 0.005 mg/kg。

5.8 回收率

GC-MS 法：在添加浓度 0.05~2 mg/kg 浓度范围内，回收率在 70%~110%，相对标准偏差小于 10%。

GC-MS/MS 法：在添加浓度 0.005~1 mg/kg 浓度范围内，回收率在 90%~105%，相对标准偏差小于 10%。

5.9 允许差

在重复性条件下获得的两次独立测定结果的绝对差值不得超过算术平均值的 15%。

GB/T 22388—2008

附　录　A
(资料性附录)
三聚氰胺标准品色谱图

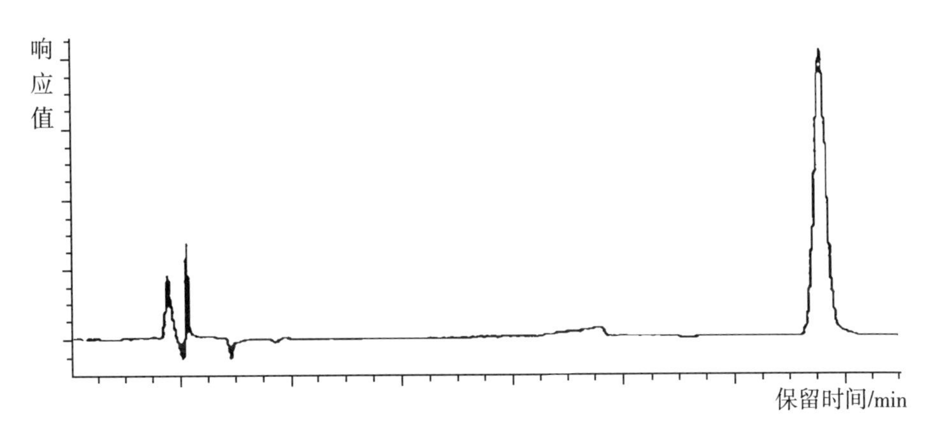

图 A.1　基质匹配加标三聚氰胺的样品 HPLC 色谱图
(检测波长 240 nm，保留时间 13.6 min，C_8 色谱柱)

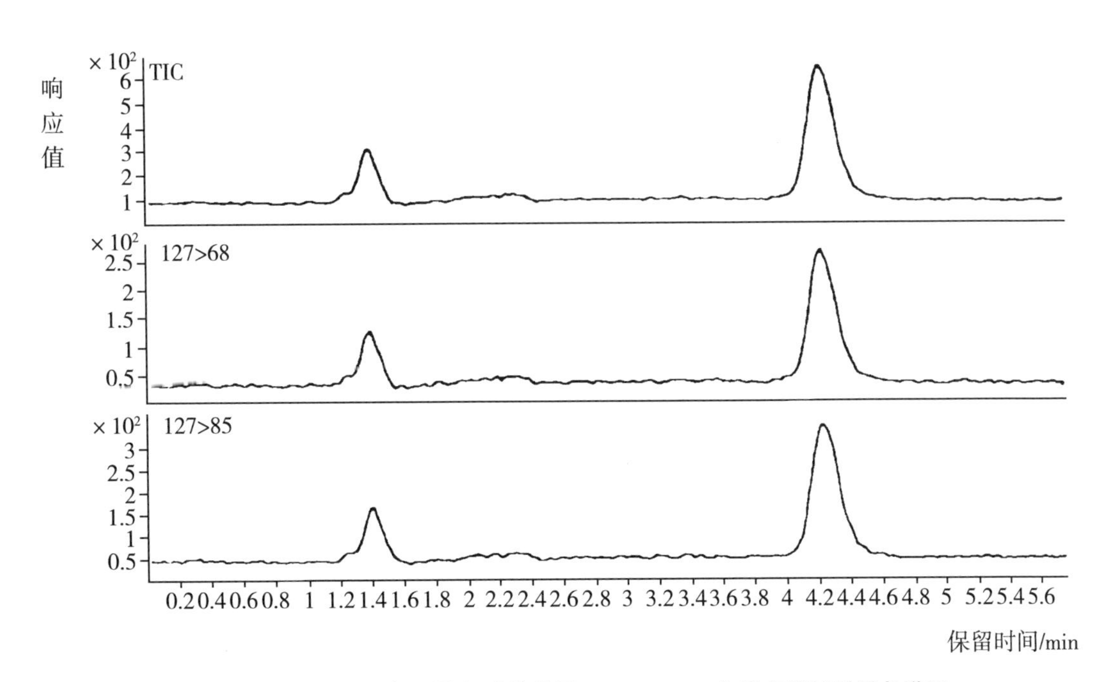

图 A.2　基质匹配加标三聚氰胺的样品 LC-MS/MS 多反应监测质量色谱图
(保留时间 4.2 min，定性离子 m/z 127>85 和 m/z127>68)

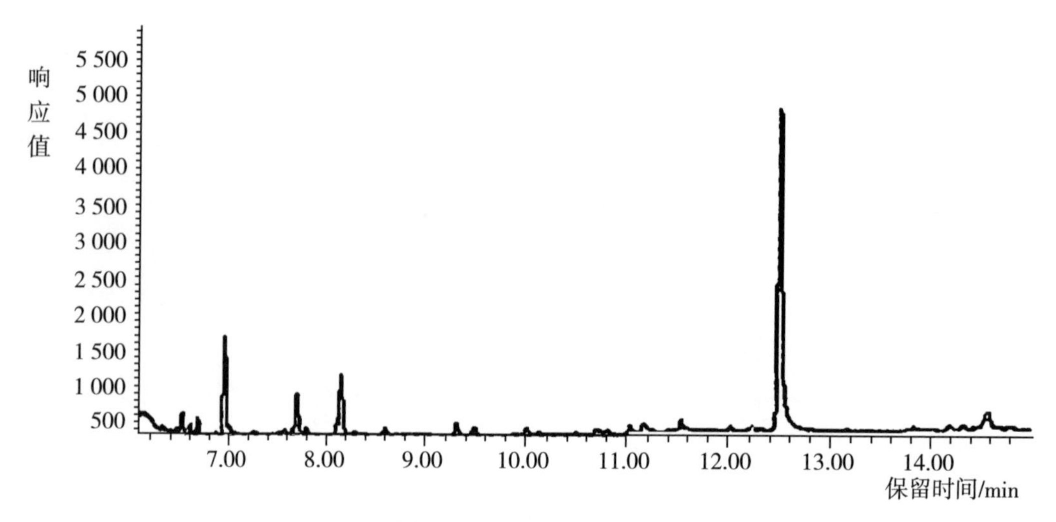

图 A.3　三聚氰胺衍生物 GC-MS 选择离子色谱图
(保留时间 12.514 min)

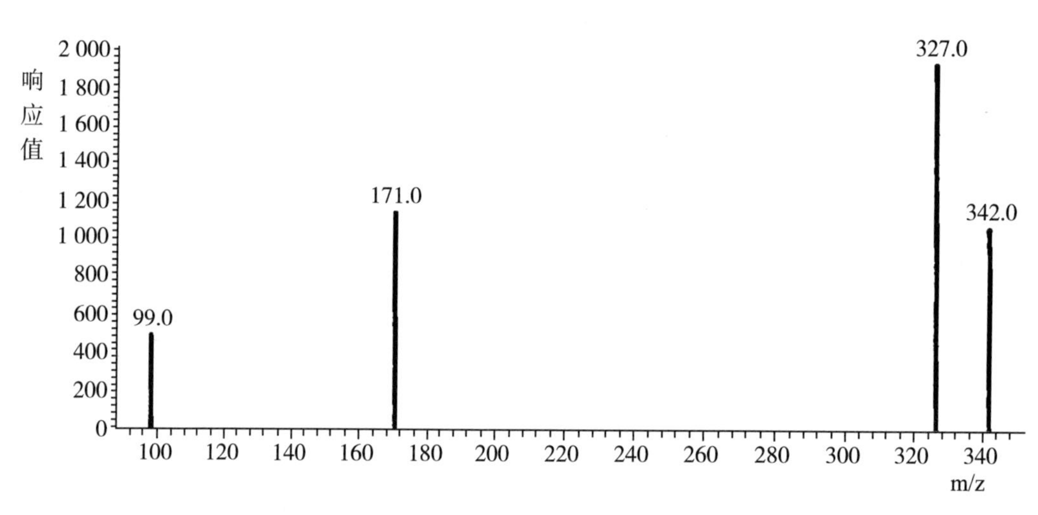

图 A.4　三聚氰胺衍生物 GC-MS 选择离子质谱图
(定性离子：m/z 99.0、171.0、327.0 和 342.0)

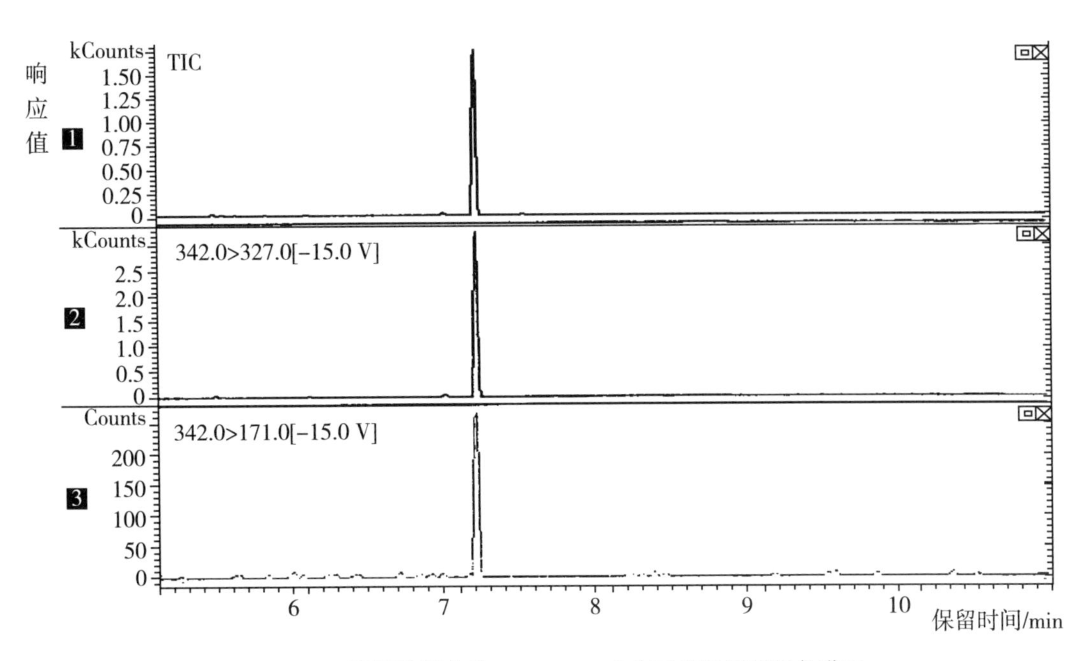

图 A. 5　三聚氰胺衍生物 GC-MS/MS 多反应监测质量色谱图
(保留时间 7. 25 min，定性离子 m/z 342>171 和 m/z 342>327)

第六章

农兽药残留指标

农药残留指标检测标准清单

序号	GB 2363—2016 要求农药指标	检测方法（共计 2 个）
1	硫丹（3） （α-硫丹和 β-硫丹及硫丹硫酸酯之和）	GB/T 5009.19
2	艾氏剂	
3	狄氏剂	
4	林丹	
5	六六六（4） （α-六六六、β-六六六、γ-六六六和 δ-六六六之和）	GB/T 5009.162
6	滴滴涕（4） （p,p′-滴滴涕、o,p′-滴滴涕、p,p′-滴滴伊和 p,p′-滴滴滴）	
7	氯丹（3） （顺式氯丹、反式氯丹与氧氯丹之和）	
8	七氯（2） （七氯与环氧七氯之和）	

兽药残留指标检测标准清单

序号	农业部 235 号公告 要求兽药指标	检测方法（共计 57 个）
1	西马特罗	农业部 1025 号公告-18—2008
2	阿维菌素	GB 23200. 20—2016、GB/T 22968—2008、GB 29696—2013
3	五氯酚酸钠	GB 23200. 92—2016
4	氯霉素	GB 29688—2013
5	多拉菌素	GB 29696—2013、GB/T 22968—2008
6	安眠酮	GB 29697—2013
7	地西泮（安定）	GB 29697—2013
8	呋喃苯烯酸钠	GB 29703—2013
9	氨苯砜	GB 29706—2013
10	苯甲酸雌二醇	GB/T 21981—2008
11	杀虫脒（克死螨）	GB/T 23210—2008
12	氟甲喹	GBT 21312—2007
13	头孢噻呋	GBT 21314—2007
14	磺胺二甲嘧啶	GBT 21316—2007、GBT 22966—2008、农业部 781 号公告-12—2006
15	甲氧苄啶	GBT 21316—2007
16	安普霉素	GBT 21323—2007、农业部 1025 号公告-1—2008
17	磺胺类	GBT 22966—2008
18	伊维菌素	GBT 22968—2008、GB 29696—2013
19	链霉素	GBT 22969—2008
20	双氢链霉素	GBT 22969—2008
21	阿苯达唑	GBT 22972—2008
22	苯硫氨酯	GBT 22972—2008
23	芬苯达唑	CBT 22972—2008
24	奥芬达唑	GBT 22972—2008
25	氮氨菲啶	GBT 22974—2008
26	阿莫西林	GBT 22975—2008、农业部 781 号公告-11—2006
27	氨苄西林	GBT 22975—2008、农业部 781 号公告-11—2006
28	氯唑西林	GBT 22975—2008
29	苯唑西林	GBT 22975—2008、农业部 781 号公告-11—2006
30	群勃龙	GBT 22976—2008
31	地塞米松	GBT 22978—2008、GB/T 21981—2008
32	杆菌肽	GBT 22981—2008

（续表）

序号	农业部235号公告要求兽药指标	检测方法（共计57个）
33	甲硝唑	GBT 22982—2008
34	达氟沙星	GBT 22985—2008、GB 29692—2013
35	恩诺沙星	GBT 22985—2008、GBT 21312—2007
36	呋喃它酮	GBT 22987—2008
37	呋喃唑酮	GBT 22987—2008
38	红霉素	GBT 22988—2008
39	泰乐菌素	GBT 22988—2008
40	头孢氨苄	GBT 22989—2008
41	头孢喹肟	GBT 22989—2008
42	土霉素	GBT 22990—2008、GB/T 21317—2007
43	金霉素	GBT 22990—2008、GB/T 21317—2007
44	四环素	GBT 22990—2008、GB/T 21317—2007
45	玉米赤霉醇	GBT 22992—2008、GB/T 21982—2008
46	己烯雌酚	GBT 22992—2008
47	氯丙嗪	GBT 22993—2008
48	呋喃丹（克百威）	GBT 5009. 163—2003
49	乙酰水杨酸	SNT 1922—2007
50	克伦特罗	SNT 1924—2011、GB/T 21313—2007
51	沙丁胺醇	SNT 1924—2011、GB/T 21313—2007 、GB/T 22965—2008、农业部1025号公告-18—2008
52	地美硝唑	SNT 1928—2007
53	林可霉素	SNT 2218—2008
54	甲砜霉素	SNT 2423—2010、GB 29689—2013
55	癸氧喹酯	SNT 2444—2010
56	克拉维酸	SNT 2488—2010
57	去甲雄三烯醇酮	SNT 2677—2010
58	氯羟吡啶	SNT_ 3144—2011、GB 29700—2013
59	孔雀石绿	SNT_ 3540—2013
60	新霉素	农业部1025号公告-1—2008
61	庆大霉素	农业部1025号公告-1—2008
62	多西环素	农业部1025号公告—20—2008
63	丙酸睾酮	农业部1031号公告
64	苯丙酸诺龙	农业部1031号公告-1—2008
65	倍他米松	农业部1031号公告-2—2008
66	大观霉素	农业部1163号公告-2—2009

（续表）

序号	农业部 235 号公告要求兽药指标	检测方法（共计 57 个）
67	替米考星	农业部 958 号公告-1—2007
68	林丹	GB/T 5009. 19
69	双甲脒	—
70	盐酸塞拉嗪	—
71	敌百虫	—
72	氟苯尼考	—
73	氟氯苯氰菊酯	—
74	洛硝达唑	—
75	醋酸甲孕酮	—
76	硝基酚钠	—
77	硝呋烯腙	—
78	毒杀芬（氯化烯）	—
79	酒石酸锑钾	—
80	锥虫砷胺	—
81	氯化亚汞（甘汞）	—
82	硝酸亚汞	—
83	醋酸汞	—
84	吡啶基醋酸汞	—
85	甲基睾丸酮	—
86	塞拉嗪	—
87	苄星青霉素	—
88	普鲁卡因青霉素	—
89	粘菌素	—
90	溴氰菊酯	—
91	二嗪农	—
92	三氮脒	—
93	氰戊菊酯	—
94	醋酸氟孕酮	—
95	辛硫磷	—
96	噻苯咪唑	—